U0231888

国家重点研发计划课题　2017YFC0702504
长三角地区基于文脉传承的绿色建筑设计方法及关键技术

江南传统建筑文化

及其对当代建筑创作思维的启示

陈鑫　著

建筑文化理论探索丛书

程泰宁／主　　编
费移山／责任主编

东南大学出版社·南京
Southeast University Press　Nanjing

前言

建筑学是研究建筑物及其周围环境的学科，它要回答建筑应该如何存在，如何满足人类需求，以及如何与社会发展相关联等问题。这些问题既与工程技术有关，也关乎人类的艺术审美、情感需求、价值取向等等，同时也与集体意识、宗教信仰，乃至对这个世界的本质看法密切相关。从这个角度来说，建筑不仅仅与文化息息相关，建筑本身也是文化的建构。建筑文化理论探索不仅对于建筑学科的发展至关重要，同时对于当代文化的建构也具有重要意义。

中国建筑有着悠久的历史传统与光辉成就，但是毋庸讳言，中国现代建筑的开端则源自西方。20 世纪初大批海外学子学成归国，从无到有的建立了中国建筑学的学科体系与建筑师执业体系。但是建筑学并不同于一般性的科学技术，它与一个地方的文化传统、社会现实密不可分，必须根植于自身的文化土壤，回应自身的社会问题。中国现代建筑从一开始就面临着一个重要问题，即来自西方的建筑学体系应该如何与中国的文化传统、社会现实相结合，走出一条自己的道路。换句话来说，就是对“现代”建筑的理解，是否存在另一种可能性，而这样一种理解，是否能扩宽这个世界对于建筑的认识。

当前中西方文化的发展正处于一个重要的历史节点，多元探索，文化重构，是这个时代的特点。在历史大潮的冲击下，中、西文化都正经历着激烈的变化。身处这样的时代，需要不同领域的学者，跨出自己的边界，从不同角度出发，相互激发，共同努力，建构属于我们自己的当代文化。

关于文化的更迭和嬗变，过去曾有过一种“经典性”的论述：“不破不立，破而后立”。但历史的事实告诉我们，这个观点有它的片面性。在我看来，比较辩证的提法可能是不破不立，破中有立，边破边立，只有“立”而后方能真正的“破”。东南大学建筑设计与理论研究中心自成立以来，长期关注建筑文化理论方向的研究与探索，旨在以更为开放、多元的视角来寻找当代建筑的另一种可能。本丛书的研究就是在“边破边立”过程中形成的一系列研究成果。

丛书研究的基本思路大致有以下几个方面：

1. 横向——跨文化比较

正如某些学者所说“中国文化更新的希望就在于深入理解西方思想的来龙去脉，并在此基础上重新理解自己”。对于中国当代建筑来说，全面的理解中西方建筑文化，对它们进行历史的、科学的分析比较，是建构当代中国建筑理论体系的一条具有可操作性的有效路径。就横向的中西比较研究来说，它不仅仅包含着对不同时空维度下两种文明所孕育的不同建筑文化的研究。而随着包括中国在内的其他后发地区的发展，对于“另一种”现代性的探讨，也逐渐成为越来越重要的议题。就建筑学内部来说，西方当代建筑存在着明显的碎片化、非理性化的发展倾向。如何思辨地看待这种倾向，以及由此产生的建筑发展趋势，是系列研究的主要思路之一。

2. 纵向——历史研究

对于中国当代建筑来说，要走出在形式上绕圈圈的老路，中国建筑必须从更为宽广的文化传统中汲取营养，而不是简单地讲中国建筑的传统，等同于中国传统建筑。与后者相比，前者的内涵更为深邃，外延也更为浩瀚，它与中国文化的深层结构血脉相连。因此对于中国建筑传统的研究，应该不仅包括对传统建筑的研究与分析，同时也应该致力于探索一种从中国的传统哲学美学中生长出来的建筑理论思想。而事实上，中国哲学中的整体性思想，对于自然系统与人类生活之间关系的思考，以及从中孕育出的独特审美理想，对于当代建筑设计具有非常重要的启发意义，或向我们敞开当代建筑乃至世界发展的另一种可能。

3. 网状——跨学科建构

中国建筑发展在面对现代与传统时候所面临的问题与挑战，并不是自身独有的。广义上来说，其他艺术门类也面临的同样的问题，诸如中国的绘画、音乐、戏剧、舞蹈等等，更深层次的还涉及文字、语言、生活方式等等诸多方面。对于当代建筑理论研究来说，与这些相关领域之间的彼此参照，不仅起到触类旁通的作用，同时也使得我们的研究视野不囿于近代以来学科化研究的狭窄视角，而从更广阔的时空中对建筑学的未来发展，对我们这个时代人类生存状态的思考产生更深刻的理解。

中国建筑学的发展正逐渐从过去单向的吸收，追随某种潮流，转而开始探索自己的路向，建构自己的思想话语。中国建筑发展的路向既不在西方，也不在后方，而是在前方。本丛书所收录的研究成果其内容不囿于古、今、中、西之界，打破文化、学科与时空的壁垒是研究的初衷。如果这些研究能对相关领域的探索起到一点作用，使得更多的学者关注中国建筑理论的建构，那就足够使人欣慰了。

目录

下篇　对当代建筑创作之“归理”“合意”“适形”

绪论

0.1 研究背景

0.1.1 全球化背景下的地域主义呼唤

随着国际化和全球化的进程，社会财富在大幅增加的同时也带来了一定的负面效应。由于科学主义对人文精神空间的侵蚀，功利主义的膨胀伴随着资本扩张的高风险造成了人们在现代社会中失去方向和情感诉求。在文化界，随着旧有观念的不断更替，本土文化已经渐渐被大量外来文化所兼并，如何在激进的变化中寻回对自我的文化认同，成为困扰人们的问题。作为文化的一个重要分支和外显，建筑业在全球化进程中的观念转变显得尤为明显。一个最典型的转变体现在众多建筑师开始越来越热衷于国际风格，以国际主义战士自诩，直接表现为对“通用符号”的任意运用和不知所云的肆意解释。大量国际主义建筑充斥我们的视野，激烈而空洞，缺乏文化内涵。

在这个大背景下，一种所谓的普遍主义倾向理所当然地认为：地方和传统特征的弱化甚至消亡是一个虽不情愿却属必然的趋势。因为建筑是时代的反映，有什么样的时代就有什么样的建筑；既然时代变了，资源和生活的关系也必然要随之改变[1]。而另一种持有特殊主义观念的人却以一种地域主义倾向对之进行反驳。他们认为：趋同是相对于差异性，尤其是地域差异性而言的，只要地域条件和文化的差异还存在，所谓趋同便永远只具有相对的含义，所以不能把

[1] 薛岩．演进中的老城区地域主义策略：结合历史街区更新案例初探分析 [D]．合肥：合肥工业大学，2005.

“趋同”作为建筑创作的原则或追求的目标[2]。对于我国，由于国际形式的大规模入侵，我们寄希望于“地域主义”建筑这个救命稻草来拯救我们的传统文化。就在此时，楚尼斯夫妇提出的“批判地域主义”以一种批判的精神和与时代紧密融合的特征进入了人们的视野。该理论从批判的角度出发，认为人们应该将区域文化作为有意识培养的而非自生自灭的文化运动，其最具开创性的地方就在于它与其他地域主义所使用的手法不同，它反对浪漫地域主义的复古手法，强调地方性，试图保护地方自身与其相联系的商业文化，使用地方设计要素作为对抗全球化和大同主义，以恢复本土化的建筑秩序[3]。

在全球化不断升温的今天，“批判地域主义”以一种先锋性的精神在文化空隙中对文化大同进行逆袭，带来了全球性的建筑创作话语的转向，对本土话语权的重视成为萦绕在当代建筑师耳边的回响。因此，全球化背景下的地域主义呼唤也构成了本研究的一个大的环境背景。

0.1.2 对当代中国建筑创作的反思

0.1.2.1 强势主体下建筑本体价值的迷失

所谓“本体”即关于本源和本质的探讨，是从外部世界、客体开始，然后再返回自身，研究客体，进而再探讨主体和客体的统一。对于建筑而言，其本体的概念一方面是将建筑作为人类的创造物，是人生存于自然的标志，它的发展是以人类早期生活的本能发现和经验为基础，是建筑发生发展的归宿和原点；另一方面，是建筑作为存在物的独特性的表征，这就涉及其功能性、技术性、艺术性、社会性、文化性等方面。而在我国，随着建筑领域自身发展与政治社会的关联性愈发密切以及外来文化的不断深入，建筑本体价值的天平逐渐发生了倾斜，具体表现为对建筑本土文化和诗意栖居这个建筑本质内核的偏废以及对建筑形式语言的过分注重。在这种思想倾向下，建筑的公共性逐渐发生转变，继而导致人们生活方式的改变。在传统公共空间，人进入公共空间，是为了能够顺畅地与他人的主体打交道，获得一种文化共同感，以此完成一种主动、积极的社会身份认同。而如今，公共空间被眼花缭乱的形式语言和外部景观所遮蔽，原本的开放性被一种刺激感官而控制个人的情绪和欲望的单向模式所取代。人与人的关系被置换成了人与物、更多是人与景观——符号的某种从属关系。从这个意义上说，我国当代的建筑本体走向了表面上的景观化道路和语言本位的价值取向。

这无疑是强势主体影响下的结果，这个强势主体在我国当代可以被理解为

[2] 薛岩. 演进中的老城区地域主义策略：结合历史街区更新案例初探分析 [D]. 合肥：合肥工业大学，2005.
[3] 怀伟. 以批判的地域主义观看建筑设计中的文化传承 [D]. 苏州：江南大学，2008.

部分建筑师的自我意志彰显或者对某种政治语境和经济利益的屈从。他们将建筑（语言）当作一种主观意念呈现，为了眼前的利益，不考虑持续发展，崇尚大规模的改造，盲目崇洋媚外，要去旧迎新，甚至改天换地。一方面，政治对建筑的强势影响还未消退，市场经济对建筑的影响又扶摇直上，继而出现从“政治本位”转变到了片面追求速度和经济效益的“经济本位”现象。另一方面，一些建筑师无暇对设计进行深入思考，而停留于建筑形式的表面模仿和抄袭又造成了“形式本位”的取向：如滥用、模仿和抄袭西方建筑一些符号，肤浅拼贴，片面追求商业化效果；对传统的理解流于肤浅的形式元素模仿和拼凑……我们好像只有一根筋，越来越紧密地被单一的全球化文明所链接，信奉的是一种抽象的以经济发展为主导的技术进步的理念，而失落了对灵魂深处内心世界、情感世界的追求，和对生存环境真实的历史感的呵护和关爱。我们看到建筑被无情地抽离出它赖以生存的环境，被作为一个个物体随意捏拿，像龙像凤，建筑成了要装扮的糕点；欧陆风情和复古风并存，脱离了国情，脱离了当代生活[4]。由于强势主体意识的存在而忽略了主体间（主体—主体、主体—自然）相互交往的作用，将生存活动建立在主体对客体的改造和征服之上，是自我的盲目扩张和对客体自身存在的伤害。以语言为本体的价值观念必然导致建筑师的“失语”。而语言并非事物评判的标准，更不是创造事物的策略与方法，而建筑设计的复杂性又岂是形式语言所能概览？如果对仅仅以美学旨趣为目标的交流而言，对形式语言的关注无可厚非；如若只是单一地通过语言和概念来理解建筑，将其当作建筑的本体和全部，就必然会陷入一种表面而虚无的形式穴臼之中，而导致建筑价值和意义的消解。

0.1.2.2 快速城镇化背景下地域文化式微

视线转向国内，在快速城镇化的大背景下，由于对效率的过度追求而从一定程度上导致固有的地域文化式微。这一方面源于我们对自身文化选择的滞后性和盲目性，另一方面则是在大量涌入的外来文化面前，我们面对自身文化而表现出来的不够自信。事实上，从发展的历史进程来看，我国建筑业一直有着对自身文化的内在追求。然而由于种种原因，这种诉求总是被压抑在某种外在的意识形态中。1950 年代初，政治意识形态扩大到学术领域，“民族风格”成为那个年代对本土文化进行形式继承的理解。到了 1970 年代末期，改革开放改善了与外界隔绝的状态。整个 1980 年代，建筑创作研究逐渐活跃起来，反思和引进并举，出现了大批具有积极意义的地域建筑文化探索的实践。进入 1990 年代，随着文化开放的不断深入，西方建筑理论开始逐渐引入，其中以李晓东教授翻译的《批判的地域主义之今夕》（楚尼斯夫妇撰写）最具代表性。同时，国内建筑理论界也逐步发展，吴良镛教授的《广义建筑学》，以及

[4] 杨春时．本体论的主体间性与美学建构 [J]．厦门大学学报（哲学社会科学版），2006（2）．

1999 年的《北京宪章》等的出版，一下子在国内建筑界掀起了向本土回归的浪潮。然而，1990 年代对于中国建筑师而言似乎又是个矛盾的年代：一方面，进入信息社会的西方发达国家正在对经典现代建筑原则进行强烈的批判或修正；另一方面，作为发展中国家，正需要现代建筑理论的支持，以适应大规模建设。这两个方面导致我国建筑师处于两难的尴尬处境：既要对经典现代建筑原则进行补课式引进，又要同时接受诸如后现代思想、解构主义浪潮、地域主义倾向，正如我国一位建筑师所言："现代主义就像一架迟到的班机，后现代主义犹如一架早到的航班，一同涌入中国这个大航空港。"事实上中国建筑又并没有真正赶上"现代主义"这条大船，而却要被迫在"是否上船"这个问题上纠结，在文化选择方面表现出明显的滞后和不知所措。

时到如今，我国建筑业在这个"不知所措"的彷徨状态中又经历了十几个年头。这数年中，在我们还没来得及对固有文化进行良好自省的前提下，我国的建设量却以一种令人称奇的速度发展着。据第一次全国经济普查结果显示，到 2004 年末，我国建筑行业拥有建筑业企业、产业活动单位和个体户近 70 万个，营业收入 32426 亿元，实现利税 1830 亿元[5]。据住建部统计，2008 年北京奥运会以来，全国房屋实际竣工面积呈逐年增长趋势，2010 年已经达到了 27 亿平方米（表 1-1）。建筑业已成为名副其实的国民经济支柱产业。

统计年	指标（万平方米）	合 计	内资企业	国有	集体
2008	房屋建筑施工面积	530518.63	527483.77	65633.72	39247.82
	房屋建筑竣工面积	223591.62	222486.89	19853.24	19224.76
2009	房屋建筑施工面积	588593.91	584387.61	72681.00	36380.95
	房屋建筑竣工面积	245401.64	244180.47	21765.36	18783.17
2010	房屋建筑施工面积	708023.51	703729.18	84452.85	39232.12
	房屋建筑竣工面积	277450.22	276045.92	22076.11	18375.00

表 0-1 按登记注册类型分建筑业企业主要经济指标——房屋建筑施工和竣工面积（2008—2010）

在表面繁荣的背后，却隐藏着一个巨大的危机。我们为了眼前的利益去一味地崇大求新，信奉的是一种抽象的以经济发展为主导的技术进步的理念，而失落了对灵魂深处情感世界的追求和对生存环境真实历史感的呵护。我们的建筑被无情地抽离出它赖以生存的环境，被作为一个个物体随意捏拿，成了要

[5] 参见：李俊波　建筑业已成为名副其实的支柱产业 [EB/OL]. (2006-09-26). http://www.mohurd.gov.cn/zxydt/200609/t20060926_221131.html.

装扮的糕点……我们一边在呼吁恢复地域文化，一边地域主义精神却被商业功利所侵染。可以说，我们的地域主义进程似乎并不顺利，甚至举步维艰。在我国全球化与地域性的这场博弈中，后者明显处于弱势，底气不足。由于人们的片面理解，加之商业运作，地域主义在与我们自身文化进行融合实践的时候极易产生一种“国粹主义”和“民粹主义”的极端民族主义倾向，建筑实践始终在风格和样式之间迷茫，致使一大批假古董被建造出来。究其原因在于对自身文化的不自信，纵然有着争创世界一流的雄心，但未能找到真正的属于自己的价值归宿。这种价值来源于对自身文化谦卑而自信的传承，而这种文化自信又涉及一个文化主导权或话语权的问题。那么当代中国，究竟是谁来主导城市空间的文化景观构建？这种文化景观构建，究竟是以何种美学标准或文化脉络为依归？如何在跨文化交流中保持自身的文化自觉和文化自适？对于建筑创作，如何从狭义的表象模仿走向对本体内涵的抽象继承？一系列的问题相继浮现出来，成为当代我们地域性建筑实践的反思，也构成了本书的一个现实性背景。

0.1.3 江南传统建筑的文化自立与自省

0.1.3.1 江南传统文化的自信与独立

本书将视野转向江南建筑文化的一个重要原因在于：相对于中华其他地域文化而言，江南文化虽然在其自身的发展和演变过程中始终贯穿着与其他（或外来）文化的交织与融合，但在其文化起源和文化交融过程中依然坚守着自身的文化自信和文化独立。

（1）文化起源说

从文化起源的角度来看，学界对于中华文化之起源一直有着“黄河流域文化一元论”和“黄河—长江文化二元论”的两种论调。而在以往学界探讨中，处于主导地位的一直是黄河文化语境，即 “黄河流域文化一元论”思想。学界对于包含江南地区在内的中华相关区域的文化认知均放置在以黄河文化为构建的中原文化这一广义的文化谱系当中，认为一切地域文化都是以黄河文化为核心的分支和拓展。从经济发展水平来看，唐代以前，北方地区经济发展较快，而江南由于地处长江中下游地区，连年洪灾，在中原人士眼中，一直是未开化的蛮夷之地。从政治、文化角度来看，因为黄河（中原）地区一直处于中国政治文化的中心地位，其文化也自然被统治者所推崇，成为主流文化，而江南的文化、政治形态一直被边缘化。

然而，“黄河流域文化一元论”观念却忽略了中国最大的河流——长江。

图 0-1 左为良渚文化饕餮纹；中右为其他文化饕餮纹

由于地理气候等自然条件与北方（黄河流域）的差异，长江流域从上古时期便孕育了与北方具有明显差异的原始文明，虽然受到北方主流文化之影响，但其渊源和发展脉络却具有自成体系的一面。

著名文化学者李学勤曾说："新石器时代的长江文化第一次以全新的面貌出现在世人面前，对传统的中国文化以黄河文化为单一中心的论点提出了强有力的挑战！"[6] 的确，随着考古的持续发现，早在史前时期，长江文明就独立于黄河文明而存在和发展了。对此考古学提供了有力证明：

其一，从时间来看，自新石器时代，长江流域已显现了其文化雏形，如浙江余姚的河姆渡文化甚至略早于北方仰韶文化，黄河流域考古发掘的古文化遗址中大多为粟粒农作物，因而称黄河文化为"粟作文化"。区别于北方，江南文化以稻作文化为始源，相继发展出马家浜文化、良渚文化等相对高级的文化形态。其二，从文化影响来看，周代以前，长江（江南）文化从某种意义上说对中原文化也产生着影响。如龙山文化时期器物上的饕餮纹，考古认为其雏形很大程度上源于江南崧泽文化和良渚文化器物上的纹样蜕变（图 0-1）。其三，从文化—经济互惠来看，中原地区的文化、经济实则有赖于南方。由于地理位置靠近沿海，水陆便利，南方自古便是通往异域的通道。早在商周时期，便有物品从东南亚等处通过南方进入中原，南方由此成为物品和文化的交汇处，为中原提供物品、经济供应的同时，也实现了自身的文化—经济互惠。

由此可见，长江流域的文化也是构成中华文化的重要组成部分，即"黄河—长江文化二元说"显得更加合理。随着历史上的三次人口迁移，南宋以降，江南文化开始走向历史舞台的中心（而此时的江南文化却被认为是北方中原文化同化的结果）。而"黄河文化一元论"则从一定程度上扩大了黄河文化对其他文化的同化能力。的确，我们承认在南北文化交流中，中原文化确实对江南文化产生了深远影响，但是，中国幅员辽阔，地理环境差异极大，从区域地理和文化多元化的角度来看，长江流域文化的独立性应当得到承认。

[6] 李学勤，徐吉军. 长江文化史[M]. 南昌：江西教育出版社，2011.

（2）孔北老南对垒互峙

一方水土养一方人，不同的地理环境条件一定会塑造出不同的文化形态。然而，任何一种文化都不是独立发展的，而是一直处于与外来文化的交流之中，这种交流要么表现为强势文化对弱势文化的覆盖和兼并，要么通过双向的互惠吸收继而更加完善和强化着自己的特性。

由于江南文化自身特征的鲜明，在南北文化交流中，并没有出现北方强势文化对江南文化的兼并，而是呈现出一种“对垒互峙”的势态。梁启超在《论中国学术思想变迁之大势》中曾经写道：“孔北老南，对垒互峙，九流十家，继轨并作……”[7] 他言：“实以（中华文化）实乃南北中分天下，北派之魁厥为孔子，南派之魁厥为老子，孔子之见排于南，犹如老子之见排于北也。”[8] 此精辟言论一语道破中国南北文化之本质差异。他对南北人士的性格分析中又言：“凡人群第一期之进化，必依河流而起，此万国之所同也。我中国有黄河、扬子江两大流，其位置、性质各殊，故各自有其本来之文明，为独立发达之观。虽屡相调和混合，而其差别相自有不可掩者……北地苦寒硗瘠，谋生不易，其民族消磨精神日力以奔走衣食、维持社会，犹恐不给，无余裕以驰骛于玄妙之哲理，故其学术思想，常务实际，切人事，贵力行，重经验，而修身齐家治国利群之道术，最发达焉……重礼文，系亲爱；守法律，畏天命：此北学之精神也。南地则反是。其气候和，其土地饶，其谋生易，其民族不必惟一身一家之饱暖是忧，故常达观于世界以外。初而轻世，既而玩世，既而厌世。不屑屑于实际，故不重礼法；不拘拘于经验，故不崇先王……探玄理，出世界；齐物我，平阶级；轻私爱，厌繁文；明自然，顺本性：此南学之精神也。”[9]

梁启超通过南北自然条件差异的因素解释了南北文化的差异性，然而却陷入了地理决定论的迷端。在梁启超之后，近代学者刘师培在《南北学派不同论》中，从诸子学、理学、经学和文学等方面论述了南北文化差异性：“楚国之壤，北有江汉，南有潇湘，地为泽国，故老子之学起于其间。从其说者大抵遗弃尘世，渺视宇宙，以自然为主，以谦逊为宗，如接舆、沮溺之避世，许行之并耕，宋玉、屈平之厌世，溯其起源，悉为老聃之支派，此南方之学所由发源于泽国之地也。由是言之，学术因地而殊，益可见矣。”[10] 刘师培跳出了地理决定论的孤立视角，从文化、人性、思想等层面更加全面地阐述了南北文化的差异。

从起源上看，两种文化理念造成了南北文化对垒互峙的局面。北方由于常年处于政治文化中心地位，受孔子儒家“入世”思想影响较深，逐渐形成了一种以儒家文化为核心的“政治—伦理”文化语境。而江南社会则广泛继承了老

[7] 梁启超．论中国学术思想变迁之大势[M]．夏晓虹，导读．上海：上海古籍出版社，2001.
[8] 黄伟宗．近现代珠江文化文圣：梁启超[J]．岭南文史，2005（3）.
[9] 梁启超．论中国学术思想变迁之大势[M]．夏晓虹，导读．上海：上海古籍出版社，2001.
[10] 参见：刘师培．南北学派不同论[M]// 刘梦溪．中国现代学术经典：黄侃刘师培卷．石家庄：河北教育出版社，1996.

子的道家“出世”思想和隐士精神，其文化精髓在“审美—诗性”精神中畅游。两者虽有相互影响，但差异性终究不可忽视。如果以典型的北方儒家文化去解读江南文化，自然会干扰人们对江南文化特质的认知与评价。只有承认江南文化的独立性，在南北文化对比和互补的基调下才能完成江南语境的构建，形成对江南文化现象的深层把握。然而，任何一种文化都不是独立发展的，江南文化也同样受到外来文化（尤其是北方文化）的影响，只是江南文化结合自身的特点，实现了北方文化的江南转化，成为中华文化洪流中一个独具魅力的分支，以此奠定了自身在中华文化中的独特地位。

0.1.3.2 江南传统建筑的文化自省

著名学者刘士林教授曾言：当代中国建筑创作的一个基本困境在于：在现代文化中得到充分发展的个体是否能够在“自我”和“他者”日益分离和对立的现实中取得一种沟通与平衡[11]。本书将视野转向江南建筑文化的另一个重要原因在于江南文化相对于其他中华文化而言更好地实现了主体觉醒与个体自由。作为中华文化的一个分支，尽管它或多或少也有外来文化（如北方文化或西方文化）的影响，但在文化交流中，它始终以一种自省的方式体现出高度的文化自觉和文化自适，以一种个体独立和与他人（以及社会）“共在”[12]的意识寻求到一种平衡，帮助我们寻找自己的位置，因此也最有可能成为启蒙、培育中国民族的个性的传统人文资源。在其基础上形成和发展起来的江南传统建筑文化也因此具有一种诗性精神和自由意识。其哲学思想内涵是源于中华文明肌体自身的东西；审美意识更贴近于东方艺术情调特征；形式表达自然也是最本土的言说。在严重物化和二元对立的今天，这也是我们所能设想的最有可能避免抗体反应的文化基因。在消费文化和建筑市场化运作的今天，我们如果以江南传统建筑的“自然—自我”思想对当代建筑进行境界本体建构，以“浑然天成”的天人境界与“自然生成”的创作境界建立起当代建筑本体价值倾向，便会离人、建筑、环境的和谐状态越发接近；如果我们以江南“诗性美学”对当代建筑意境审美进行主体情感投射，则会实现审美意趣的自由翱翔；如果我们以本土话语进行当代“民俗话语体系”构建，则会走向“言以表意、形以寄理”的言说，使言说不再是形式主义者的自我表演，而是实现了形式—意境—境界三者的复合。

在当今动态而开放的语境下，江南传统建筑文化以一种自省的方式使建筑创作的文化主体意识得以确立，以一种自我与他人的“共在”意识在跨文化交流中帮助我们寻找自己的位置，树立了当代建筑创作的文化自信。2014年10月，习近平在文艺工作者座谈会上的讲话指出“不要搞奇奇怪怪的建筑”。在这一

[11] 刘士林．江南文化与江南生活方式 [J]．绍兴文理学院学报（哲学社会科学版），2008（2）．

[12] 见后文中对“江南主体间性”的论述，是一种个体觉醒主体间性与社会存在主体间性的同一，具有一种个体与他人（社会）“共在”的意识。

契机下，向江南建筑文化传统回归这一论题的提出显得具有时效性和现实意义。这正是为什么本书选择江南建筑文化作为起始点来审视当代我国建筑创作的原因，江南视角也由此构成了本书的缘起。

0.2 研究范围

0.2.1 “江南”概念的界定

对江南建筑文化的研究必须建立在对江南文化自身的研究之上，而对于江南文化的研究，首先要对“江南”的概念和范围进行地理层面、文化层面的界定，并且应当更进一步从建筑文化本土实践的视角对江南进行界定，从而客观明确地对江南历史坐标进行定位。

0.2.1.1 江南的地理界定

当代学者李伯重先生根据日本学者斯波义信的“地文—生态地域”学说从政治、地理因素对江南进行了界定。按照他的观念，江南建筑文化体系的形成应该建立在江南文化自身相对成熟和完善的基础上。因此，我们的视角应当以江南文化形态真正走向成熟的时代为开端。尽管魏晋以降，北方中原文化开始向江南渗透，但江南文化真正走向成熟和稳定应当是从明清两代开始。因此，江南地区的界定也应当以此为前提。就此而言，根据明清时期江南道中关于江南地区“八府一州”的说法更具有可靠性。所谓“八府一州”即明清时期的苏州、常州、镇江、江宁、杭州、嘉兴、湖州、松江八府以及从苏州划分出来的太仓州（图 0–2）。

这一地区亦称长江三角洲或太湖流域，总面积大约4.3 万平方千米，在地理、水文、自然生态以及经济联系等方面形成了一个整体，从而构成了一个比较完整的区域……东临大海，北濒长江，南面杭州湾，西面则是皖浙山地的边缘，把这八府一州与其毗邻的江北、皖南、浙南、浙东各地分开，这条界线内外差异明显。其内土地平衍而多河湖；其外则非是，或仅具其一而两者不能得兼。这八府一州在地理上还有一个极为重要的特点，即同属一个水系——太湖水系，因而在自然与经济方面，内部联系极为紧密[13]。

从地理条件看，江南地区处于长江中下游平原，地形上南高北低，北部以平原为主，南部分布些许山地丘陵，水系发达，长江和钱塘江两大水系通过运河贯通联系，其河道、湖泊众多，向来有水乡泽国之美誉。有别于北方的大山

[13] 李伯重．多视角看江南经济史：1250—1850[M]．北京：生活·读书·新知三联书店，2003.

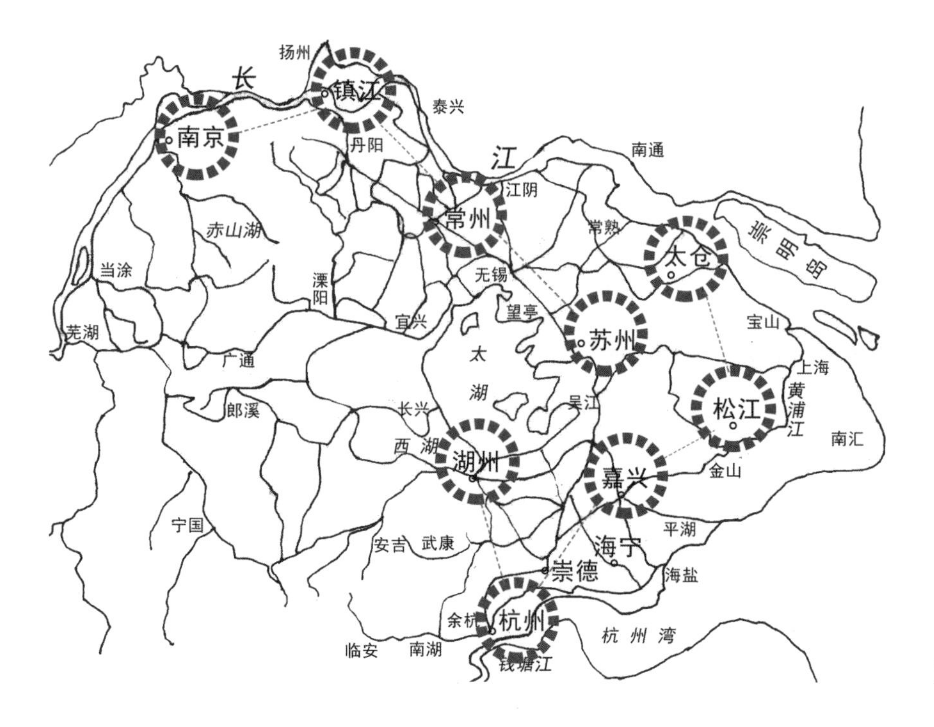

图 0-2 江南“八府一州”

大水，江南的山水尺度相对较小，秀山秀水成就了江南灵动秀气的山水环境，塑造了江南人士温婉多情的性格和审美特征，同时也塑造了江南建筑形态的清秀俊朗。根据地理上的相对完整性、地区经济的一体性、相邻地区有显著差异性的地理区域划分三项原则，以长江三角洲地区作为当代江南的核心“八府一州”区域恰恰满足了这三点基本的规范。从地理位置来看，该区域属于长江中下游平原，具有地形地貌上的完整性；从经济发展来看，自古以来以苏杭为代表的江浙地区经济联系密切，唇齿相依；从差异性来看，长江三角洲地区与周边的齐鲁、苏北、皖南、浙东等地区无论从地形地貌、经济发展模式还是从文化层面上都差异明显，具有鲜明的个性特征，满足地理区域划分的规范。

事实上，对于江南文化艺术领域的研究而言，“八府一州”的概念应当被适度放大。一方面，作为地域性文化与外来文化均密切相关的一个文化外显，包括建筑在内的一切文化艺术所体现出的文化交流倾向大大突破了江南地区自身的限定。另一方面，由于江南文化自身的辐射性，特别是在商贸与文化联系密切的周边城市，如绍兴、宁波、南通等地，虽然不在“八府一州”的范围，但受到江南文化较大的影响，生产、生活方式和城市文化与江南有着很大的一致性[14]。如果以“文化圈”的角度进行审视，这个江南文化的中心应该是以吴方言区为核心，以琴、棋、诗、酒、茶的诗性情怀为彰显的扬州、南京、苏州、杭州一带，以此延伸，西至皖南、东到海滨，西南至江西、东南到闽浙以北的

[14] 景遐东．唐前江南概念的演变与江南文化的形成 [J]．沙洋师范高等专科学校学报，2008（1）．

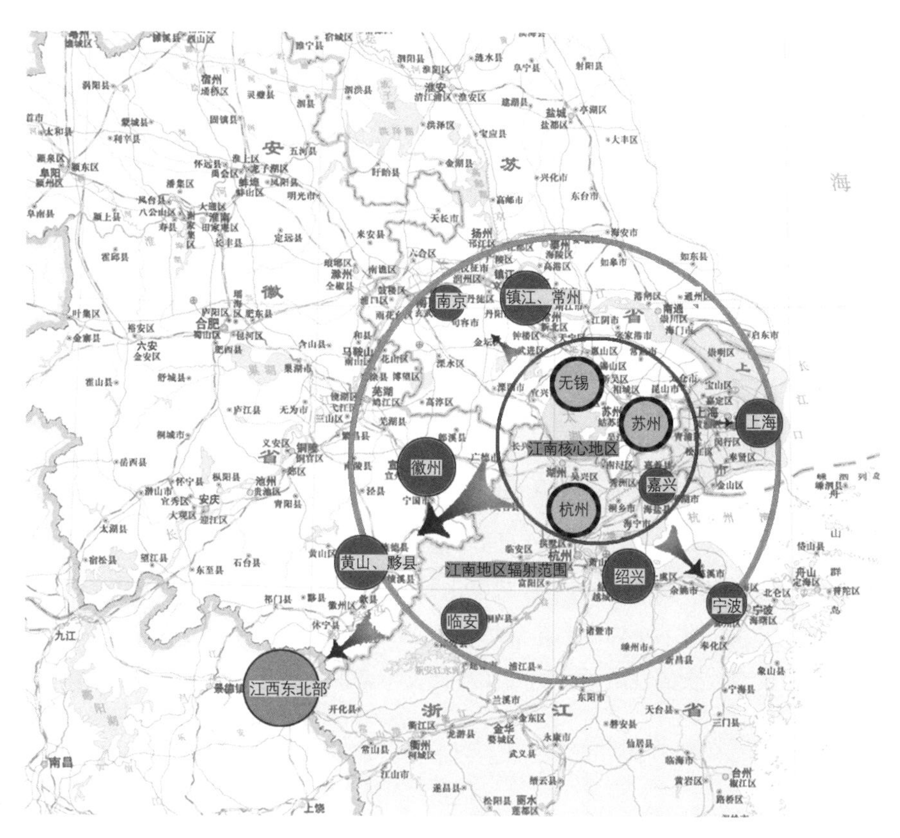

图 0-3 江南地域建筑研究范围界定

底图审图号：国标（2020）3189 号

宁波。这些都是江南文化的辐射范围，因为这一带无论是皖南古朴的民居，或是扬州别具一格的文人画，抑或是余杭的烟柳画桥，都鲜明地折射出一种江南诗情气质，从一个侧面反映了江南文化广泛的渗透性。另外，从学术的适用性而言，我们研究江南建筑文化，其目的在于其能够具有更大的适用范围，为更多的地域性建筑实践起到借鉴作用。由此，我们不妨借鉴区域经济学的“核心区”概念，将“八府一州”看作江南区域的核心区，而其他同样有浓郁江南特色的城市则可视为其文化外延部分或文化漂移现象[15]，即以太湖流域和长三角地区的苏州、无锡、杭州为中心向外辐射，东至嘉兴以及上海开埠，向北延伸至江苏中部的南京、扬州、镇江等地，向南至温岭以北的宁波、绍兴，西至安徽皖南的徽州、宣德等地以及江西东北局部（图 0-3），以此构成本研究的核心范围与地理界定。

0.2.1.2 江南的文化界定

对于作为江南传统文化一部分的江南传统建筑而言，我们的视域应该突破历史地域决定论的约束，更加注重其文化概念中对江南的界定。而任何一种文

[15] 刘士林．江南与江南文化的界定及当代形态 [J]．江苏社会科学，2009（5）．

化形态都需要在其自身与其他文化的对比与关联中实现对自身的定位，江南文化亦是如此。作为中华文化的一个独具魅力的分支，须通过与主流文化的纵向继承以及与其他分支文化的横向比较得以界定。可以说，江南文化是在长江文化体系的基础上，一方面通过对北方儒家文化的吸收、扬弃和转化，另一方面保留了其主体觉醒的诗性自由意识，通过文化的自组织与他组织而实现了对自身的定位。对于前者，笔者上一节中已有论述，本章节将通过横向比较来阐述江南文化的历史定位。

（1）江南与燕赵：生活状态的差异

人们常以“铁马秋风塞北，杏花春雨江南”作为江南与燕赵文化差异的典型概括。后者属典型的平原文化，自古以来就与政治生活密切相关，与儒家文化家国同构具有高度的文化认同。慷慨悲歌、好气任侠成为燕赵地区的典型文化特征，其生活状态同样也被制度化和规范化了。与之相比，江南地处内陆，气候宜人，人们生活更体现出与自然随和、亲近的特点。与燕赵人士心中的家国相比，江南人士的视域更多局限在对自我小家的关注上，体现一种生活的富足与安逸。

（2）江南与巴蜀：文化气息的差异

巴蜀地区位于西南腹地，自古繁华富庶，周围险峻的群山和湍急的河流显示出一种超越理性掌控范畴的崇高感。在这种拙朴原始的环境之下，人们的性格特征也变得质朴与坚韧，体现出对自然的征服欲望。同为自古富庶之地，江南地区秀美的自然风光带给人们的则是更加诗意与柔和。比起巴蜀的闭塞，江南与外界的交流促进了江南人士崇文、尚学的品质，正如刘士林所言：并非富庶的巴蜀文化中没有儒雅的诗书氛围，而与江南相比，巴蜀文化在这方面逊色得多[16]。

（3）江南与岭南：文化传承的区别

岭南地区包含了广府文化、潮汕文化、客家文化，向来以开创文化之先河的姿态示人。由于地处沿海，与外界的充分交流中逐渐形成了务实世俗、重商远儒、兼容求新的特点，文化传承上形成中西合璧的特色。江南在文化传承方式上体现出与岭南的区别，在江南文化基因里，商业文明的种子也早已埋下，但江南崇商思想体现了与儒学的结合，以形成“儒商”，在文化传承上更多地保留了传统文化的基因。

通过比较发现，江南文化在长江中下游地区找到了其能够自圆其说的根据

[16] 刘士林．江南文化与江南生活方式[J]. 绍兴文理学院学报（哲学社会科学版），2008，28（1）.

地，具有一定的自主性。换言之，江南文化作为中华文化一个重要分支，既不能脱离儒家文化而独立存在（具有“他律”的特征），又以一种诗性的自由形成了对北方文化的超越（具有“自律”的特点），并以一种高度的个体自由保持着与其他分支文化的差异性表达，由此完成了对自身的文化定位（图0-4）。正如刘士林所言：与那些生产条件贫瘠、落后地区相比，江南多出的是鱼稻丝绸的小康生活；与自然经济条件同等优越的地区相比，它多出来的是比充实仓廪更令人仰慕的诗书氛围；与“讽诵之声不绝”的礼乐之邦相比，它多出了几分“越名教而任自然”……恰是在它的人文世界中有一种最大限度地超越了文化实用主义的诗性气质与审美风度，才显示出它对儒家人文观念的一种重要超越[17]。

图 0-4 江南文化与其他文化的交织

0.2.1.3 江南的历史坐标

（1）江南文化的历史源头——马家浜文化

“文化”与“文明”绝非同一概念。对于某一特定文化起源的认定，不能仅仅从时间角度溯源人类文明发生之起点，更要突出其发生空间上的普遍性，还要具有其文化形态的典型性以及价值认同的广泛性。因而，对于江南文化起源的探寻更要通过对其典型特征进行归纳，在精神层面上建立起对后来文化传承的联系，再将之放置于特定的地理范围中进行横向比照，发现其文化价值的广泛认同性[18]。换句话说，要注重江南文化在历时性上的反复性和延续性，在共时性上的渗透性和普适性。从对长江中下游地区和环太湖流域的考古发掘来看，人们普遍认为嘉兴地区马家浜文化最有可能成为江南文化的始源。

从时间的开创性看，马家浜文化距今约 7000 年 ~6000 年，其中发现了大量稻粒遗存，虽然稻粒在其他原始文化中也有发现，但从年限上看，马家浜是迄今发现培育稻作物最早的，学界称其为“稻作文化”，而载入了《中国大百科全书·考古卷》和《大不列颠百科全书》，因而具有文化形态的典型性。

从空间的普遍性来看，马家浜文化具有很大的辐射范围。以嘉兴西南 7.5 千米处的马家浜为中心向外辐射，其遗址遍布整个环太湖流域，包括江南的苏、锡、常、沪。向北延伸至苏州的越城，常州的圩墩；向东延伸至上海的青浦崧泽，平湖的大坟塘；向南延伸至杭州的吴家埠，嘉兴桐乡的谭家湾、罗家角和海宁的坟桥港、海盐的彭城；向西延伸至湖州的邱城，苏州吴中区的草鞋山等地（图 0-5），具有空间领域的普遍性。

[17] 刘士林．江南文化与江南生活方式 [J]. 绍兴文理学院学报（哲学社会科学版），2008，28（1）.
[18] 张兴龙．从起源角度看江南文化精神 [J]．江南大学学报（人文社会科学版），2008，7（6）.

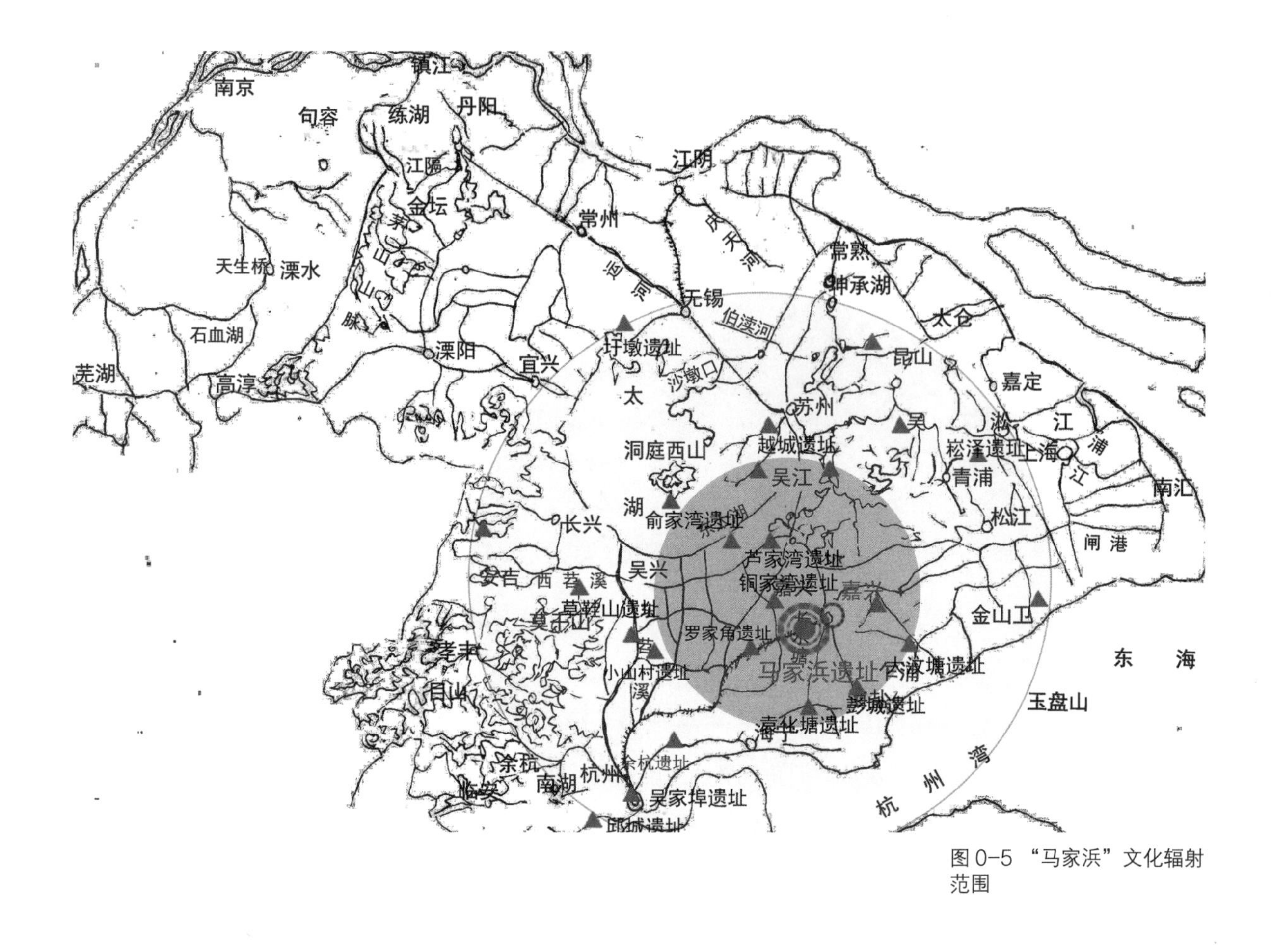

图 0-5 “马家浜”文化辐射范围

从文化价值的认同性看，马家浜文化的价值认同性可以从两个典型特征进行分析。其一，玉石崇拜。余秋雨曾言：“不同于冰冷、狰狞的北方青铜文化特征，玉器的温润、剔透、小巧渗透着江南文化的独特品质。”[19] 虽然江南以外的其他原始文化遗址中也有玉石，但比较发现，江南出土的玉器在其人工雕琢的痕迹中渗透着江南社会的巫风和浪漫神奇的思维模式，这是江南玉器文化所独有的特质，也是江南思维模式和江南原始精神的物化[20]。这种玉石崇拜的神缘结构投射了江南文化精神中浪漫主义特征，印证了马家浜文化作为江南文化起源的价值认同性。

其二，女性文化特征。马家浜文化中女性文化特征显著。虽然在北方中原地区原始文化也经历过母系社会，但与江南地区女性特征相去甚远。当时江南地区女性的突出地位涉及初民精神结构深处，初民对母性的生殖崇拜和母系制度下宽容温和的心理认同已经形成了一种集体无意识，历经千年凝结成了江南文化的儒雅阴柔、宽容精巧的特质，并成为江南文化的种族记忆，渗透到各层

[19] 陈淳. 马家浜文化与稻作起源研究 [J]. 嘉兴学院学报，2010，22（5）.

[20] 蒋卫东. 问玉凝眸马家浜 [J]. 考古学研究，2012（0）.

面中去。1977年，中国科学院考古研究所所长夏鼐根据太湖流域以及长江中下游地区一系列考古成果，确认了马家浜文化是太湖流域、长江下游地区新石器时代文化代表，经过不断地交融和变迁，最终形成了今天的江南文化。

（2）三次人口迁移对江南文化的影响

每一种文化都不是孤立发展的，江南文化也不例外，从商周时期开始，江南便一直受到外来文化的影响（尤以北方儒家文化为甚）。由于北方战乱引起的三次中原人口南迁将当时繁荣的中原文化带到了秀美的江南，经过入乡随俗和移风易俗，实现了中原文化与江南本土文化的融合，使江南地区脱离了蛮夷状态的同时，完成了江南文化的历史变迁。

1）“太伯奔吴”——江南文化的启蒙。相传周王古工亶父的儿子太伯和仲雍不愿继承王位，投奔江南建立“句吴国”。据《史记》载：“吴太伯，太伯弟仲雍，皆周太王之子，而王季历之兄也。季历贤，而有圣子昌，太王欲立季历以及昌，于是太伯、仲雍二人乃奔荆蛮，文身断发，示不可用，以避季历……太伯之奔荆蛮，自号句吴。荆蛮义之，从而归之千余家，立为吴太伯。”[21] 太伯奔吴后，江南先民开始主动向中原礼乐文化学习，从一开始中原文化的入乡随俗，到后来对江南文化的移风易俗，逐渐完成了两种文化的融合。虽然此时江南自身文化尚未觉醒，然而却在江南埋下了文化开放的种子。这个过程中并没有出现强势文化对弱势文化的兼并现象，而是实现了北方文化与江南文化的第一次对话，成为江南文化的启蒙。

2）“永嘉南迁”——江南文化的转型。如果说“太伯奔吴”开启了江南文化的先河，那么两晋时期的“永嘉南迁”则更大程度上凸显和强化了江南文化的存在意义。六朝时期，中原人士再次南迁，试图在南方寻求安宁的栖身之所和精神庇护。这次人口迁移不仅有平民阶层，更有占有社会文化资源的士大夫阶层。因此，这次迁移更加深了上层文化的融合。南迁来的北方礼乐—政治文化与南方文化进行揉融，产生蜕变。士大夫阶层脱离压抑的北方礼乐—政治环境，在南方发现了超脱的精神乐园，内心产生了超越政治伦理、超越生死忧患的诗性气质。它标志着文化精神可以超脱政治伦理的干预，以一种诗性自觉的方式存在，而非北方的政治伦理叙事，江南文化也由此首次获得了话语权。

3）“宋室南渡”——江南文化的稳定。如果说上述两次人口迁移预示着“黄河叙事体系一元论”的瓦解，那么北宋末期的“宋室南渡”则直接导致政治中心和经济重心的南移。北宋末期，中原没落的文人士大夫们投身江南，追求精

[21] 参见司马迁《史记》。

神寄托，他们骨子里的北方礼乐—政治文化被江南秀美的湖光山色所感染，尚勇好斗的英雄气概被吴侬软语所柔化。他们寄情于江南山水的世外桃源，在山水环境中悟出了原始的“诗性智慧”。江南文化精神体系也由此逐渐成熟起来并日趋稳定，江南文化开始从边缘地带渐渐走向历史舞台的中心。

综上所述，从江南文化发展沿革看，虽然中原文化与江南文化起源不同，但早期的江南文化一直受到外来文化（尤其是中原文化）的影响，是在本土地域性文化和外来文化交融中逐渐生成和发展起来的。从某种意义上说，江南文化是一个不断被发现、被整合和再塑造的过程。

（3）江南文化的三维坐标系

如上所述，江南文化是在内外因素的不断交融、取舍中推动着自身的发展，完善自身文化属性，最终表现出较为稳定的状态。从历时性角度看，作为长江流域孕育而来的道家思想流派被认为是江南文化的思想本源，而三次中原人士南迁，使江南受到了传统儒家文化的熏陶和影响，最终实现“儒道合流”。然而，如果我们仅仅从儒道两种思想来审视江南文化，将很难厘清江南独有的审美文化、意境哲学以及主客体二元关系等问题。至此，结合了佛学的“禅宗思想”便不可能被忽视，它与江南儒道思想一起引发了审美自觉的“诗性精神”，因而成为江南文化又一个不可忽视的因素。

可以说，江南文化是结合了“儒家思想”“道家思想”和“诗性精神”的三维动态体系。换言之，“儒家思想”“道家思想”和主体觉醒的“诗性精神”构成了江南文化的三大历史根源。在这个三维坐标系中，三个因素并非均衡并行，而是有所侧重：“诗性精神”作为江南人文特征的显性因素，塑造着江南人物品藻和价值内涵，进而主导着江南文化的发展；“道家思想”作为江南本土意识结构，建构着人们潜意识中的处世哲学和美学积淀；“儒家思想”作为江南文化的内隐，从内在层面强化了其社会伦理和人学秩序。基于这个三大历史根源的三维坐标体系（图0-6），江南的人文性格、宗教伦理、审美哲学等文化命题才得以合理地诠释和理解。

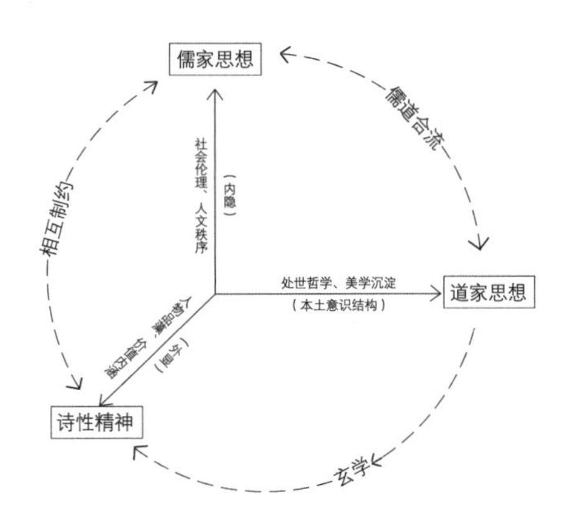

图0-6 江南文化三维坐标体系

0.2.2 江南地域现当代建筑实践概况

1980 年代以来，中国已经逐步开始了从现代文化到当代文化的转向。而就在同一时期，我国建筑业似乎还未领会“现代建筑”的真正内涵，便被历史浪潮强行推入当代文化的构建中。因此在建筑创作上呈现出一种现代性的营养不良和当代的过度功利化特征。而就在这一历史的交会和转折时期，我国的江南地域性建筑创作却呈现出了一个短暂的辉煌。尤其在 1980 年代，以冯纪忠、葛如亮、黄仁、钟训正、孙钟阳、王文卿以及齐康、程泰宁等为代表的建筑师在江南这个乡土环境中创作出了大量优秀建筑。这些建筑作品直接向民间学习，关注地方文化和具体环境，既没有完全采用现代建筑形式，也没有采用复古做法，超越了对建筑意识形态的追求，而在某种程度上具有本体意识的创作特点，在传统文化缺失的今天具有深远意义。步入 21 世纪，新一代建筑师如孟建民、张雷、王澍、张应鹏、章明、柳亦春等结合当代形式环境继续走在江南建筑文化复兴的道路上。从范围上来看，20 世纪中后期至今，江南建筑思想已经突破了江南地域的局限，而被各地的建筑创作所借鉴和吸收。然而，任何一种地域文化都不可能是普世的，江南建筑形式语言在与当代语境相融合的过程中也可能出现水土不服的症状，所以，如何实现江南建筑文化的当代构建便成为本研究的立足点。

0.3 研究目的与意义

0.3.1 研究目的

随着我国城市化进程的加快，当代中国建筑师一方面并没有对西方优秀的建筑理论充分吸收和消化，另一方面又对旧有的建筑价值观持怀疑态度，最终导致当代中国建筑创作从形上追求到形下实践的一系列问题，如建筑意义的异化、价值理性的缺失、审美准则的混乱以及形式语言的误用。

中国建筑的问题还须从中国自身的文化中去寻找解决途径。本书通过对江南传统建筑文化的“理（哲学思想）—意（艺术审美）—形（形式语言）”三个角度的深入解读，以现象学的视角和类型学的方法对典型的江南建筑思想、审美和形态特质进行抽离和归纳，并以此为基础审视当下我国建筑创作中的哲学思想、艺术审美和形式语言三个层面存在的问题，从而针对性地对当代建筑创作中的某些问题提出一定的解决之道。虽然不可能面面俱到，但江南建筑文化背后渗透出的人本思想内涵和具有东方审美共识的意识形态能够突破形式语言的束缚成为具有共识性的传统价值。本书将江南传统建筑文化置于当代语境之下，就是要以中国自身的江南传统建筑文化视角去审视当代建筑创作，期望为当代一些问题的解决提供一定的思路与启示。

0.3.2 研究意义

0.3.2.1 理论意义

从建筑创作的自主意识恢复来看，本书之所以将目光转向江南建筑文化，是因为其背后的人本主义思想突破了经验主义和伦理道义，建筑环境的营造中更多地体现出一种对本真存在的人生感悟而非伦理道德的功利性迎合。在此基础上孕育的诗性自由精神更接近民族与生俱来的艺术天性，其建筑形式和生成机制更直观地反映民族集体无意中对美的追求，以一种文化自省和自为的方式抵抗外界因素对建筑价值和审美的异化，具有很强的自主意识[22]。本书期望这种高度的文化自省和自为能够对当代建筑创作中建筑师的自主意识进行恢复。

从跨文化交流中的文化自信来看，由于江南文化起源于工业化相对成熟的商业繁荣时代，早期城市发展水平较高，明清时期市镇的出现和市民阶级的形成使农商文化逐渐走向成熟和稳定。由此，江南建筑文化扎根于城市基础之上，形成一种高度自信的都市文化模式[23]。这种模式使江南建筑文化在各种文化交织的浪潮中，以一种优越感恪守着自己固有的人文精神，保持自己的本土性特征和民族立场，因此可以作为在当今多元文化相互碰撞和交融的状态之中恪守建筑民族精神和文化自信的典型经验，在当代跨文化语境下，对日益具有文化领导权的长三角都市群的文化建设具有参照系的作用。

0.3.2.2 实践意义

本书理论联系实际，以实证性研究的角度对现、当代典型的优秀江南建筑创作进行案例分析，并对 1950、1960 年代以来江南具有代表性建筑师的创作实践进行概要梳理。以时间为线索，通过对现、当代江南建筑创作实践以及江南建筑师的师承、合作关系的史证研究和梳理，使人们对不同时期江南建筑创作中审美倾向的变迁以及形式语言的嬗变进行了认知。此外，本书包含大量当代建筑创作的实证性研究。通过横向比照的方式对现、当代典型的江南建筑以及具有代表性的江南建筑师的作品进行图解分析和深度剖析，在阐述过程中饱含大量建筑形式语言和空间环境营造的具体手法，并同时涉及江南典型建筑语言符号的提取和归纳以及意境的呈现方式等方面。以此为契机，对如何构建以“境界”为本体的当代建筑本体论进行了“理象合一”的方法论阐述，对“情

[22] 沈福熙．江南建筑文化的审美结构 [J]．时代建筑，1988（2）．
[23] 胡发贵．江南文化的精神特质 [J]．江南论坛，2012（11）．

景合一”的意境审美实现途径以及形式如何向意境、境界复合均进行了方法论的阐明。

0.4 国内外相关研究现状

本书研究涉及以下几方面内容：其一，地域和乡土建筑文化研究；其二，江南传统文化研究；其三，江南传统建筑文化研究；其四，中国现、当代建筑创作现状研究。

0.4.1 地域和乡土建筑文化研究

0.4.1.1 国外相关研究

地域主义建筑倾向可以追溯到 18 世纪末的浪漫地域主义运动。那种代表一种渴望摆脱通用的设计规范而归属于单一种族共同体的感情诉求虽然一定程度上表现为一种浪漫主义的复古情怀，但从一个侧面体现出人们对建筑创作的本土化和乡土化的青睐。20 世纪中期，刘易斯・芒福德关于批判性地域主义建筑理论便开始在他的一系列著作中零散地体现出来，早期的《技术与文明》[24]《夏威夷报告》《城市发展史》[25] 等论著充分体现了他的地域主义创作思想。1970 年代末，亚历山大・楚尼斯夫妇在刘易斯・芒福德等人理论的基础上提出了“批判地域主义”概念，在其著作《批判性地域主义：全球化世界中的建筑及其特性》中回顾了半个世纪以来批判性地域主义的历史，并介绍了第二次世界大战后及当下正在发展中的批判性地域主义建筑创作实例。随后，肯尼斯・弗兰姆普敦在其《现代建筑：一部批判的历史》[26] 中对楚尼斯思想做了充分解说，而他在《走向批判的地域主义：抵抗建筑学的六要点》中对批判地域主义的乡土化继承方面起到重要作用。

此外，鲁道夫斯基《没有建筑师的建筑》一书的出版，更以详尽的图片说明的形式促进了人们对本土化创作的认识。正如吴良镛先生在《广义建筑学》中所总结的：1970 年代以后，《没有建筑师的建筑》一书问世，在建筑界引起了很大的反响。一些已被忽略的乡土建筑重新被发掘出来。这些乡土建筑的特色是建立在地区的气候、技术、文化及与此相关联的象征意义的基础上。许多世纪以来，不仅一直存在而且日渐成熟。这些建筑中反映了有居民参与的环境综合的创造，本应成为建筑设计理论研究的基本对象 [27]。

批判地域主义观念引发了当代建筑师对各地区本土建筑和地域文化的重新

[24] 芒福德．技术与文明 [M]．陈允明，王克仁，李华山，译．北京：中国建筑工业出版社，2009.
[25] 芒福德．城市发展史：起源、演变和前景 [M]．宋俊岭，倪文彦，译．北京：中国建筑工业出版社，2005.
[26] 弗兰姆普敦．现代建筑：一部批判的历史 [M]．张钦楠，等译．北京：生活・读书・新知三联书店，2004.
[27] 吴良镛．广义建筑学 [M]．北京：清华大学出版社，2011.

认识和理性评价。如日本学者原广司通过对世界范围的聚落调查，著有《集落的启示 100 与解说》。美国建筑理论家、环境行为学的创始人阿莫斯·拉普卜特（Amos Rapoport）以人类学、人文地理学为研究基础，在调查非洲、亚洲和澳洲土著居民的居住形态的基础上，出版了一系列著作：在《建成环境的意义：语言表达方法》中，作者从环境行为学的角度进行研究，并将人与环境研究看成与环境设计新理论有关的学科；在《文化特性与建筑设计》中，作者发展其一贯坚持的文化人类学观点，坚持建筑设计应以所在环境的文化特性研究为基础。另外，墨西哥的《关于乡土建筑遗产的宪章》也紧随其后地提出："乡土建筑遗产是重要的：它是一个社会的文化的基本表现，是社会与它所处地区的关系的基本表现，同时也是世界文化多样性的表现。乡土建筑是社区自己建造房屋的一种传统的和自然的方式。为了对社会的和环境的约束做出反应，乡土建筑包含必要的变化和不断适应的连续过程。这种传统的幸存物在世界范围内遭受着经济、文化和建筑同一化的力量的威胁。"[28] 可以说，地域主义和乡土建筑倾向一直秉持文化相对论的立场，认为文化的优劣不应简单地以进步或落后来区分，传统的文化特征应当受到尊重，并应顺其自然地演变。

0.4.1.2 国内相关研究

在国内，20 世纪末，吴良镛先生开创性地提出"广义建筑学"理论，他的论文《乡土建筑的现代化，现代建筑的地区化：在中国新建筑的探索道路上》很好地体现了他对批判性地域主义建筑理论的研究与创新。他的著作与实践对国内批判性地域主义建筑理论的发展起到至关重要的作用。随后，清华大学的单军、李晓东、王路等对该理论也有不同程度的研究和著作出版。

以吴良镛为开端，掀起了我国对于地域性建筑的研究，1980 年代之后，一大批基于乡土民居测绘调研的论述相继出现，如《浙江民居》《云南民居》《福建民居》《广东民居》系列丛书从单纯的建筑学范围拓展到传统的社会生活和文化领域，随后的《明清徽州祠堂建筑》《湘西城镇与风土建筑》《闽粤民居》《中国传统民居建筑》等均对传统民居的内涵与表层特征之关系进行了有益的探讨。同时，村落和聚落的研究如《风水观念与徽州传统村落之关系》《宗法制度对徽州传统村落结构及形态的影响》《小城镇的建筑空间与环境》等，则着重在自然因素与社会因素对传统聚落的空间构成、组织布局及形态的影响方面进行研究和解析[29]。

在众多地域建筑理论中，值得一提的是天津大学杨昌鸣撰写的《东南亚与

[28] 陈志华，赵巍. 由《关于乡土建筑遗产的宪章》引起的话 *[J]*. 时代建筑，*2000*（3）
[29] 熊伟. 广西传统乡土建筑文化研究 *[D]*. 广州：华南理工大学，*2012.*

中国西南少数民族建筑文化探析》，他首次提出了“文化圈”的概念，从整个东南亚建筑文化圈的角度出发，将研究的领域扩展到境外地区进行大范围的比较研究，深化了对中国建筑早期格局的认识。随后余英的《中国东南系建筑区系类型研究》及后续越海系、闽海系、湘赣系、广府系及客家系的研究，借助民系的概念，将东南系建筑按不同特质分为五大区系以及各自不同的亚区、次亚区，并对不同模式建筑进行每一区系具体的文化背景（民族迁徙、地理环境、社会形态）和民居的空间、形制、技术要素的深入研究，开拓了民居建筑的研究视野。这些理论著作记录和测绘的信息量极大，忠实地记录了我国传统乡土聚落及建筑的现存状况，夯实和扩宽了传统建筑文化保护与传承的基础。

0.4.2 江南建筑文化研究

0.4.2.1 江南传统文化研究

江南传统文化研究主要以国内研究为主，其中以李伯重和上海交通大学刘士林的研究最具代表性。从分项研究来看，对于江南文化的研究分为“江南地理区位专题”研究和“江南文化显学”研究两个方面。前者从发生学角度，以史学研究的方法对江南进行地理定位，是所有江南文化研究的基础。该研究成果分为三大类。其一，从历史背景层面界定江南范围（南北朝人口南迁—唐末期—南宋—明清 ）。其二，从经济发展层面界定江南范围（长三角、环太湖流域城市经济圈）。其三，从人文生态地理和人口学角度界定江南区位（运用因子生态分析法对江南区域的人口分布、生态环境进行量化分析）。相关的文献有：李伯重《简论“江南”地区的界定》、朱逸宁《江南都市文化源流及先秦至六朝发展阶段研究》、刘士林《江南与江南文化的界定及当代形态》、薛玉坤《试论江南文化精神形成的地理基础》、景遐东《唐前江南概念的演变与江南文化的形成》等。

江南传统文化的研究主要以南北对比研究的方式阐述江南文化的多样性。涵盖面包括江南文学（诗词、曲艺、影视）、江南艺术（园林、书画）、江南人文历史（名人、典故）等领域，试图从文学视角、艺术（诗学）视角、区域经济学视角对江南文化特征进行分析和阐述，通过提取特有的江南人文精神内涵，归纳出典型的文化类型、审美结构，抽离出典型的江南文化符号，继而阐述江南文化精神在当代跨文化交流中的作用。相关的文献有：刘士林《江南文化的当代内涵及价值阐释 》和《江南文化精神的“在”与“说”》、胡发贵《江南文化的精神特质》、陈望衡《江南文化的美学品格》、刘永《江南文化的诗性精神研究》、宋奕《影像江南》、张骏《当代江南城市审美意象研究》、侯丹青《江南园林建筑要素的当代解读》、陆红权《江南文化精神与长三角地区经济发展》等。

通过对上述文献阅读发现，对江南文化层面的研究已经相对成熟，而从建筑文化和建筑类型角度对江南地域进行定位，继而对其进行文化溯源的目前并不多见。

0.4.2.2 江南传统建筑文化显学研究

正如刘士林所言：江南文化存“‘在”与“说”两个层面，前者属“存在观”，后者属“解释学”。而目前江南文化的解释和表达层面尚存在“不好说”“说不清”或“怎么说都行”的状态[30]。对于江南建筑文化而言更是如此，目前对于江南传统建筑文化的研究大多停留在形而下的建筑符号语言和空间形态表达方面，即对“形”的研究和论述，至多上升到江南建筑的审美意象和意境表达，即“意”的层面。而对其背后生成机制以及哲理层面的诠释，即“理”的阐述和深度挖掘相对较少，更少有从建筑学角度出发，以日常生活的视角对江南建筑文化及其人文精神进行梳理和表达。从文献来看，关于江南建筑研究的博士学位论文仅不足十篇，现有的文献大多以“江南（皖南）民居调研”为主，以及相关硕士论文和期刊论文，如马晓燕《江南传统建筑技术的理论化（1520—1920）》、厉子强《江南明清建筑文化与符号研究》、袁莎莎《江南传统建筑符号在景观设计中的运用：以南京白酒坊民俗风情街景观设计为例》、乌再荣《基于“文化基因”视角的苏州古代城市空间研究》、张骏《当代江南城市审美意象研究》、顾蓓蓓《清代苏州地区传统民居“门”与“窗”的研究》，等等。其大多针对具体建筑构造、技艺或对具体审美客体进行研究，对江南建筑文化研究目前尚缺乏系统性和哲学体系建构。

横向比较来看，目前国内对于地域性建筑文化研究的相关论文以华南理工大学的“岭南建筑文化研究”最为完善和具有代表性。其从宏观—中观—微观各个层面对岭南建筑文化进行诠释，并且结合现、当代建筑创作环境和跨文化交流的大背景对岭南建筑文化的适应性进行研究。相关硕士、博士论文有：宏观层面的《岭南建筑学派研究》《岭南建筑学派现实主义创作思想研究》《当代岭南建筑的地域性探索》，现代性层面的《基于现代性理念的岭南建筑适应性研究》，地域文化溯源层面的《广西传统乡土建筑文化研究》，跨文化交流层面的《外来建筑文化在岭南的传播及其影响研究》，对比研究方面的《岭南水乡与江南水乡传统聚落空间形态特征比较研究》，以及具体的分项研究如《近

[30] 刘士林. 江南文化精神的“在”与“说”[J]. 江南大学学报（人文社会科学版），2008，7（6）.

代岭南建筑装饰研究》《珠三角地区当代博物馆设计的地域性研究》《莫伯治建筑创作历程及思想研究》等。

其他地域性建筑文化研究的相关论文有西南地区《黔贵文化区建筑景观的文化生态学解读》《中国西南地域建筑文化研究》、中原地区《中原文化与河南地域建筑研究》、同济大学《海派文化解析》、巴蜀地区《传统川西民居的符号学特征研究》等。比较来看，对于江南建筑文化这一独具特色的地域性建筑文化研究目前尚未形成体系。

0.4.3 中国现、当代建筑创作现状研究

中国现、当代建筑创作现状的研究是本书的现实性基础。综合来看，对于此的研究大多是针对现、当代中国建筑创作环境的宏观梳理。如郝曙光的《当代中国建筑思潮研究》对从 1980 年代至今的中国建筑创作思想转变历程、传统的现代继承之路以及当代建筑的本体实践几个方面进行了全面论述。徐千里的《创造与评价的人文尺度：中国当代建筑文化分析与批判》从当代社会环境对建筑创作的影响入手，以一种文化自省的方式探讨了当代建筑创作的人文尺度复归。再如赵巍岩的《当代建筑美学意义》针对我国当代建筑创作背景，从美学角度阐述了当代中国建筑创作中的审美意识变迁以及当代建筑美学观念的构建。

另外还有一些硕士、博士论文从地域性、建构文化、复杂性以及横向对比角度对当代中国建筑创作现状进行了探讨，如马明华的《消费社会视角下的当代中国建筑创作研究》、刘鹏跃的《当代中国建筑创作发展动力研究》、李有芳的《改革开放以来中国建筑美学思潮研究》以及朱博的《当代中国建筑实践中的理性主义》等等。其中，同济大学姚彦彬的《1980 年代中国江南地区现代乡土建筑谱系与个案研究》从历时性的角度纵向剖析了改革开放以来江南地域性建筑的当代实践，对具有代表性的当代江南建筑创作进行了梳理，对本书提供了一定的实证性参考。

此外，值得一提的是 2013 年程泰宁院士领衔起草的《当代中国建筑设计现状与发展研究》专题报告，以客观事实为依据，全面洞悉了现、当代中国建筑创作的社会、自然环境状况，并提出了在全球化语境下如何树立中国建筑的文化自信。该书对本研究提供了真实可靠的事实依据，为江南建筑话语的当代构建奠定了理论基础。

综上所述，就目前的学术研究来看，对于中国地域性及乡土建筑文化的研究以岭南地区和西南地区较为多见，对于江南传统文化的研究较为普遍，但大多集中在艺术文化领域。针对江南传统建筑文化的研究视角较为狭小，大多停留在对江南建筑形式语言（至多上升到审美意蕴层面）的分项探讨。对江南传统建筑文化之“理（哲学内涵）—意（艺术审美）—形（形式语言）”自上而下的系统性阐述仍较为少见，以江南建筑文化的诗性精神和自由思想去审视当代建筑创作更为鲜见。因此，江南建筑文化亦然成为本书的一个具有明确针对性的切入点，以此来审视我国当代建筑创作思维和实践。

0.5 研究内容与方法

0.5.1 研究内容

本书分为上、下两篇。上篇对江南传统建筑文化的“理（哲学思想）—意（艺术审美）—形（形式语言）”进行分析和解读，下篇在上篇的基础上，以江南建筑文化视角对当代中国建筑创作思维中现存的某些具体问题（意义与价值层面、艺术审美层面以及形式语言表达层面）进行审视和分析，继而对江南语境下当代建筑创作思维特征进行归纳与梳理，期望以此对当代一些问题的解决提供某些启示和借鉴。

全书共分为 7 章：第 1 章从哲学层面阐述江南传统建筑思想内涵（理）。首先从社会学的角度还原江南建筑之理的知觉根源，并从自然—自我两个层面对江南传统建筑的自然观、时空观、物我关系论进行阐述，继而对江南建筑哲学中的本体思想意蕴做归纳。

第 2 章从美学层面论述了江南传统建筑的艺术审美特征（意），对江南诗性美学在建筑中的呈现进行阐述。通过南北建筑审美比照，进一步对江南建筑意境美学特征以及江南虚实之美、世俗之美等美学特质进行论述。

第 3 章从宏观—中观—微观递进式地阐述江南传统建筑形式语言（形）。宏观层面归纳江南传统聚落结构特征；中观层面阐述江南空间界面形态、尺度特征进；微观层面分析某些特定江南建筑构件形态及其文化意蕴。

第 4 章对江南传统建筑自然—自我思想（理）中所蕴含的“境界”本体论进行当代构建，并以此对当代思辨体系下的建筑本体论进行一定的批判，继而通过“浑然天成”的天人境界与“自然生成”的无为境界的追求实现了建筑诗意栖居的本质内涵。

第 5 章从江南传统建筑艺术诗性美学（意）中凝练和抽离出其意境审美的物质性和精神性内核，并对当代我国建筑创作和审美意识中物质性与精神性分离的问题提供了一定的解决之道。

第 6 章概括与总结了江南建筑语言结构特征，归纳出“在语言结构中言说”的江南传统建筑语言的典型特征，从言说方式、言说途径和言说目标三个层面阐述了江南建筑对当代建筑形式语言的启示，以及言说的多样化实现。

第 7 章为结语与展望，从江南建筑的现代化和现代建筑的“江南化”两个层面对江南建筑的当代实践进行总结和展望，以批判的眼光和文化自省的方式激发当代建筑创作的传统意识和文化自信。

0.5.2 研究方法

0.5.2.1 文献研究

文献研究主要包括对前人的文字资料整理以及建筑测绘资料汇总两个方面，以此对江南传统建筑文化历史发展规律进行深入研究和把握。文献资料整理包括江南各地区地方志、历史记载典籍以及各相关学科关于江南地区历史文化风俗的研究著作和论文。建筑测绘资料主要参考段进等的《城镇空间解析：太湖流域古镇空间结构与形态》以及王其亨的《中国古建筑测绘大系》中关于江南民居的土建测绘成果。以文献研究为基础，从人文地理学、社会学等多学科视角对江南建筑文化的发生、发展进行深度剖析，以了解当时的社会环境，力求研究的结果更加符合客观实际。通过对文献资料的搜集和整理，使本研究的基础更加充实，研究视野更加宽阔，研究更为深入。

0.5.2.2 跨学科研究

跨学科研究方法以学科互涉为特色，打破各学科之间的界限，促进各学科的融合。在本书的研究中，作者不仅涉及与建筑关联较为密切的知觉现象学、类型学等领域，更将研究视野拓展到相关学科，包括环境行为学、拓扑几何学、认知心理学等，既包括自然科学又包括人文科学，既有艺术审美层面的探讨又有工程技术层面的研究。这种交叉学科的研究，使得研究成果具有更坚实的理论基础与学术价值。

0.5.2.3 田野调查

对江南地域建筑文化的发生现场进行充实的田野调查，获取充分的一手资料是本研究必备的步骤和前提。从时间来看，田野调查的范围和内容包括两个方面。其一，对传统江南建筑聚落和民居进行调研，深入太湖流域以及长三角地区的江南腹地，以最为典型并且至今保存相对完好的江南传统聚落如西塘、朱家角、周庄以及徽州的宏村等地进行实地调查，对江南聚落的社会结构、风俗习惯以及建筑空间形态、营造方式等进行系统性的调研和梳理；其二，对现、当代具有代表性的江南建筑创作案例进行实地考察，通过照相和图纸解读的方式对江南传统建筑文化在当代的延续和继承进行研究。由于研究的地域范围较广，在选择考察对象时首先确保调研案例的典型性，其次确保调研点尽量全面覆盖研究区域，除了典型区域的典型代表外，也相应兼顾区域周边的过渡地区。

0.5.2.4 图解分析

人类对于图像的认知敏感度远远超过文字，图形信息的直观性表达更易于人们对聚落、建筑空间形态的理解。本书大量借助图解分析的研究方法，对江南传统建筑、聚落空间测绘资料以及当代江南建筑创作的典型案例进行图纸解读，通过图像信息解析深度还原设计者的创作思维过程，从建筑与环境的关联、建筑单体与群体的关系等多方位揭示江南建筑空间的特质及内涵，以避免因文字二次加工而产生语义误解或字面分歧。

0.6 研究创新点

0.6.1 从问题出发的针对性研究

为避免对江南文化自身的阐述呈现一种解释学的任意性倾向，本书在阐述江南传统建筑文化时，跳出江南概念的地理约束，避开建筑语言自身的遮蔽性，以“文化发生学”的视角，紧扣江南文化在跨文化发展中的多元融合特点，运用人文地理学、环境行为学等多学科融合的研究方法对江南建筑形态特征背后的文化扩散和变迁因素进行溯源。同时，在对当代问题的论述过程中，为避免问题泛化，抓住当代创作环境对建筑意义、价值及审美的异化这一现实性问题，从小角度入手，以江南传统建筑文化中的境界本体思想和诗性审美为基本视角，对当代建筑创作进行针对性的审视。

0.6.2 “理—意—形”思想的内涵深化与外延拓展

本书以程泰宁院士对江南传统建筑文化之“理（境界哲思）—意（意境审美）—形（形式语言）”的知觉探源为根基，并进一步对该理论的内涵进行深化，对其外延进行扩充。在论述中建立起一种文化关联域的概念，通过与北方（中原）建筑文化以及其他地域建筑文化进行比照，挖掘出江南传统建筑内在的文化基因，外延出其典型特质和表征，自上而下地对江南传统建筑文化理论框架进行初步构建。即：对江南传统建筑自然——自我哲学思想进行论述，对审美的空灵意境生发机制进行阐明，以及对江南建筑特有的语言结构特征进行概括。同时理论结合实践，系统阐述江南传统建筑文化的当代实践。即：从“自然—自我” 哲学内涵中深化挖掘出其中蕴含的本体思想意蕴，突破性地以“境界本体”的构建对当代建筑本体的迷失进行正源；以“情景合一”的意境审美作为当代建筑的审美意象；再以“言意表意、形以寄理”完成当代建筑对自身形式语言的跃迁。

0.6.3 自下而上的方法论呈现

本书从现、当代典型的江南建筑创作入手，以具体实践为线索，自下而上地对江南建筑的现代性表达进行阐述。换言之，在理论阐述之后将之落实到具体的实现途径和操作方法中去，提出以“理象合一”的具体实践实现境界本体的方法论构建；以建筑审美向日常生活回归实现意境审美的物质性与精神性合一；而当代大众文化语境下的“民俗话语体系”构建又为形式向意境、境界的复合提供了道路，同时也对当代建筑形式语言表达的多样化实践提供了方式和方法的创新和具体操作的手段。以上均从可操作的手法层面对当代建筑创作实践提供可以借鉴的方法论内容。

上篇

江南传统建筑之“理”“意”“形”

第1章
“理”：江南传统建筑的自然—自我思想

建筑是人类文明的载体，反映着特定的社会形态、政治制度，投射出一定时期的宗教、文化、习俗以及意识形态。从共时性看，建筑以其独特的地域性特征实现了其多样化和丰富性的表征；从历时性看，它是地域文化和历史传统的载体，是传统文化的物化、继承和延续，并且具有时代性的特点。

江南传统建筑作为江南传统文化的一个分支和外显，从江南独特文化土壤中吸取着充足的养分，以特定的物质形态再现着江南文化的各个层面。本章节将从哲学层面对江南建筑文化之“理”进行剖析。所谓“理”即道理、缘理和溯源，是从江南文化宏观背景中对江南建筑的生成缘由、伦理哲学和思想内涵进行挖掘，旨在阐述江南建筑之思想本源、哲学内涵以及生成机制，包含了主体（人）对客体（建筑文化）的认识论内容（值得注意的是，笔者在此所讲的“认识”并非西方认识论中主体基于理性科学的分析和对客体的认知判断，而是以国人独特的感性知觉和意象思维对江南建筑的知觉感受和理性认识）。

从发生学的角度来看，建筑是人与自然相互作用的产物，一定的自然环境塑造了一定的地域建筑形态；从环境决定论的角度来说，建筑的“自然性”是建筑的第一要义，一定的自然环境造就了特定的建筑性格和形式。当然，江南建筑也不例外，风景秀美的江南水乡自然环境造就了江南建筑灵动、多情、融于自然的特性。如果说北方建筑或者西方建筑天生也有“自然性”的特点，那么，江南传统建筑在“自然性”的基础上更多地抛弃了某种社会理性或者神圣思想的约束，更纯粹地追求一种超越主体意识的自由思想，因此比重形制的北方建筑多了一点随性、随机、自然和亲切，又比强调建筑主体意识的西方建筑更凸显了东方文化崇尚自然、注重人—建筑—自然共生共荣的精神内涵。

此外，由于江南主体意识的觉醒，江南传统建筑文化中的主体意识得到了充分展现。在北方礼制文化的作用下，几千年来一直被压抑的主体情感因素在江南建筑艺术和审美个性中得到了充分的释放，从而使江南建筑创作比北方多了一丝真情的流露和内心本真的诠释。在审美经验上，江南建筑区别于西方建筑重形式、空间的视觉经验表达，转而注重主体（人）的自我体验，把审美活动由视觉经验引入静心观照的领域，追求情景交融、物我合一，在心物间寻求一种和谐，以至更高层次上的托物言志、形以寄理的精神世界。换言之，江南建筑实现了对形式的突破和对社会理性以及神灵思想的超越，而达到了主体（人）与客体（建筑、自然）完美契合的心性情感的升华。由此，江南建筑的另一个特征——“自我”显现了出来。

由此可见，“自然—自我”构成了江南建筑之“理”的两个方面。其两者并非二元对峙，而是以一种相互融合与共生的状态并存。“自然”是江南建筑的先验存在，顺应自然、天人合一就是让“自我”以一种自在的方式融“我”于自然之中，达到物我合一的超然状态，属无我之境。而同时，“自我”又是主体意识的凸显，是以一种自为的方式从“自然”中经验到“我”的存在，又将“我”与“自然”在更高层面上融合。因而，江南建筑中的“自然”与“自我”没有谁是第一性、谁是第二性的问题，而是你中有我、我中有你的依存关联。从论述角度来说，无论是天人合一、时空观念，还是主客体关系论，均无法严格区分哪些因素归属“自然”，哪些归属“自我”，两者始终以一种胶着状态显现出来。“自然”“自我”相互包容和渗透的关系贯穿整个江南传统建筑之“理”的始终，构成了江南传统建筑文化的总体特色。

1.1 “理”的知觉根源

江南建筑文化是作为中华文化一个分支的江南文化的一个外显，其发展演变始终受到外来文化的影响，并在不断的文化交流中走向融合，其主要表现为南方道家文化与北方儒家文化之间的相互吸收、改良和转化。一方面，南迁而来的北方儒家文化在江南被赋予了江南注解；另一方面，道家文化与江南秀美的自然环境结合，成为江南人士的心灵慰藉。此外，江南文化中所独有的自由意识又以一种有别于“主流”的形态成为中原人士的情绪释放和精神寄托。可以说，江南文化是结合了“儒家思想”“道家思想”和主体觉醒的“诗性自由”的三维动态体系，并以此构建了江南传统建筑文化之“理”的知觉根源。

1.1.1 儒家之理的江南诠释

儒学作为先秦百家之首，给中国传统文化（包括建筑文化）带来了持久、深刻的濡染。儒学重人伦教化，强调的是一种理性秩序、一种群体意识，是人的自然感性向社会理性的积淀。儒学传入江南，结合当地自然气候和人文特征，经过江南人士的再诠释，形成了带有着江南情感的民间诠释，并以此生成江南内在的伦理内因，在人文性格、宗教伦理、审美哲学的各个方面均有体现，建构着江南的社会伦理和人学秩序。

1.1.1.1 从入世精神到善学品质

儒家主张“修身、齐家、治国、平天下”的政治抱负，是一种“入世”精神的表现。而江南却将入世的精神抱负转化成一种现实可行的崇文思想和尚学的优良品质。“学而优则仕”便是这种思想倾向在江南的充分体现。自东晋、南朝时期，江南社会读书风气盛行，对待文学的良好态度对社会风气的转变也起到了很大的推动作用。刘知几云：“自晋咸、洛不守，龟鼎南迁，江左为礼乐之乡，金陵实图书之府。”[1] 史学记载，“唐宋八大家”中的欧阳修、王安石、曾巩以及“三苏”父子兄弟全在南方。北宋时期的儒者中南方有 306 人，而北方仅有 125 人。科考进士南方有 7869 人，北方仅有 789 人。《宋史》列传人物，南方 537 人，北方 755 人。其中宰相一列中，南方 38 人，北方 31 人。南方在诗文、科举及儒学上占绝对优势 [2]。江南的崇文善学品质通过多种艺术形式得以彰显，为日后诗性精神的表达和审美精神觉醒奠定了扎实的基础。

善学品质也促进了人文性格的转变，使江南人物品藻具有水文化的阴柔特点。老子曰：“天下莫柔弱于水，而攻坚强者莫之能胜，以其无以易之。弱之胜强，

[1] 刘知几．史通 [M]．黄寿成，校．沈阳：辽宁教育出版社，1997.

[2] 参见：北人南来，2004-04-22．出自《中华长江文化大系》，数据来源《长江文化史》。

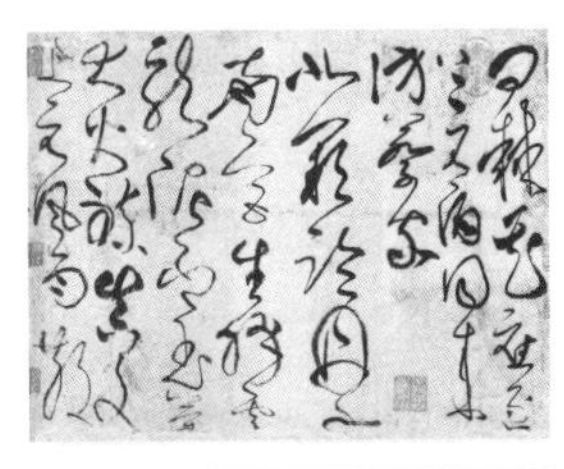

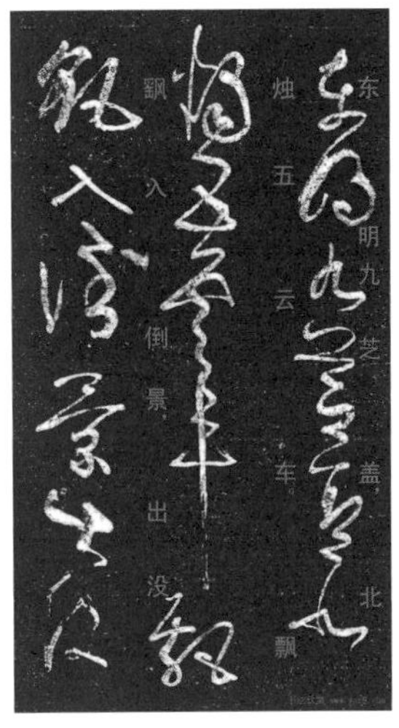

图 1-1 张旭狂草书法

柔之胜刚，天下莫不知，而莫能行。”[3] 老子从水的品性中悟道，得出做人的智慧和至柔至刚、能屈能伸的优良品德。首先，江南人士多柔情，多水的江南山川秀美、气候温和的自然环境启迪着江南人士的遐思，滋润着人们的灵性，塑造着人们温文尔雅的品行。在这种环境熏陶下，江南文学艺术也多显自然婉约之风，格外清秀俊逸。其次，江南人士性情也有刚毅的一面：受吴越之争的历史遗存和南下魏晋之风的影响，江南民间还保留着悍勇刚强的精神意志和隐忍待发的不屈精神。而六朝以后，江南人士的性情逐渐由尚武转为崇文，柔性成分外显，刚性特征往往通过文学、艺术的内隐方式流露出来，如张旭的狂草书法、贺知章的豪放诗歌等均有狂放不羁之势（图 1-1），这些作品展露出江南人士的刚毅品质和隐忍气质，看似“出世”，实则是另一种方式的“入世”。

1.1.1.2 从礼仪政治到民间信仰

儒家传统礼制下的伦理观由祭祀的典章和规矩中演化而来，是以神缘为基础、以血缘为纽带的一种自上而下的伦理规范，引导出宏观政治环境下的等级制度。而江南的伦理却在很大程度上消解了政治因素和神缘精神结构，转向一种更为现世的民间信仰，并形成更易于理解的“宗法制度”。江南先民的原始信仰中保留了大量巫文化的元素，传统礼学的神缘崇拜与江南巫文化的现世精神相融合，形成了既有儒家伦理制度，又充满现世哲学的民间信仰，即由礼学的天神崇拜、君王崇拜转向世俗的土神崇拜、祖先崇拜。其伦理体系也由君臣制度转向更为民众所理解的家长式“宗法制度”。

“宗法制度”是传统儒学与江南本土神缘结构相融合，运用本土语言，建立起的一种现世的、世俗的伦理—心理模式，体现的是神权向族权的转变。它一方面延续了儒学礼乐—伦理的核心价值体系，另一方面又将其拉下了形而上的圣坛，并将之消融在以亲子关系为核心、以血缘关系为纽带的日常心理和现世关联中。其不是典型的宗教，又能代替宗教功能，扮演着准宗教的角色，作为礼乐伦理的江南诠释，使民间信仰和天子敕谕的矛盾得到了很好的协调，在社会伦理、聚落格局以及审美哲学层面都产生了很大的作用和影响。

1.1.2 道家之理的江南呈现

任何一种文化形态都是根据一定的历史条件对人的某些属性的强化，而同时又是对另一些潜能的抑制，这是文化对人的选择和塑造。传统儒家文化发挥

[3] 参见《老子 · 章七十八》。

出人的社会属性的同时，将人的内在自然属性弱化了，遏制了人之所以成为人的个体自然性，使人不成为人的本质而存在，这是文化对人的异化。老子的道家学说就是以此为起点，以自我救赎为思想根源，批判儒家社会理性文化对人的自然感性和现实生存的异化。

道家学说把人的本性放置于文化之前，人属于自然界，统一于自然物，强调以天为徒、向天求取。它结合禅宗“玄学”思想，试图将人从压抑、扭曲的现实世界带向虚静、超脱的彼岸世界。然而，道家思想仅仅是一种精神上的慰藉，人并没有离开现实世界而生存。辩证来看，道家思想实则是对人的自然属性的天道异化，将人从儒家的礼乐伦理中解放出来，却又陷入了虚无主义和不可知论的深渊。然而这种对传统的反叛意识以及由此产生的天人合一、无为而治、主客关系论等思想却成为开启江南美学大门的一把钥匙。

1.1.2.1 以天为徒——无为之道

老庄认为人应该消除自我意识，归顺自然，将自身消解于天地万物之中：以天为徒，安时处顺；听天由命，以致无情；无情则无欲，无欲则无痛苦。庄子曰：“有人之形，无人之情。有人之形，故群于人；无人之情，故是非不得于身。眇乎小哉，所以属于人也；謷乎大哉，独成其天。”[4]。那么，怎样才能实现无情，达到万物与我合一，回归天地之德？老子认为最重要的是无为。无为与有为是天与人的本质区别：“无为而尊者，天道也；有为而累者，人道也。”[5]老庄认为一切的感官之乐都是有为，得不到真正的快乐，只有效仿天地之无为，以本真状态面对宇宙万物，将自我消解在天地之中才能体会到极乐。

这种以天为徒、无为之道的品格凸显出老子的“出世”人生哲学。正所谓“我无为而民自化，我好静而民自正，我无事而民自富，我无欲而民自朴”[6]。它消减了儒家社会实践的内容。以无为回归内心自由，使尘俗激荡之心回归平静欢愉。这种以无为态度融入大自然、身与物化、与天地合德、安时处命的态度和状态是道家思想的根源和处事原则。无为思想深入人心，这是与自然的审美机制相通的，既而才会引发“有我之境”和“无我之境”的辩证美学。

1.1.2.2 物我合一——有无相生

物我合一。“人”与“物”的主客体二元关系一直是贯穿审美活动过程的主要因素。传统儒家美学思想中将美与社会伦理联系起来，人与社会作为审美的第一要素，以人与社会的价值去判断和衡量美之功效，实则将“人—物”“主—客”二分。西方审美观念更是强调人的主观能动性，站在物的对立

[4] 参见《庄子 · 德充符》就是说人可以有人之相貌，不应有人之情欲，无人之情，才能和于天地，达到“融我于万物”的境界。老子的“无情”与儒家的“约情”有相似之处，只不过后者将情感约束在礼义道德之中，前者将情感消解在天道自然之内。

[5] 参见《庄子 · 在宥》。

[6] 参见《老子 · 章五十七》。

面，以科学理性的头脑对客体之物进行分析、剖视，试图得到一种更为客观和理性的审美准则。而道家的审美区别于上述两种审美方式，以一种更为感性和直接的方式拉近主客体之间的距离，以主客一体的审美态度实现“物我合一”的审美自由。

如何才能实现“物我合一”？老子提出“吾丧我”“坐忘”等一系列消解自我的途径。“今者吾丧我，汝知之乎？”[7] 此处的“吾丧我”是一个必要的前提。“吾”是真实的我，“我”是偏见的我，即真实的我对偏见的我的物化与消解。这个过程改变了原本物我对立的关系，而是一种无物无我、即物即我的超现实审美心理。“我”丧失了主体性转而成为一种客体化的受位，这时的我才是“与天和、与物化”的。相对于传统儒家美学和西方本体美学的“有我”论，老庄的主客体关系论实则一种“无我”之境，包含了从有限的自我意识超越到无限的宇宙自然的哲学思想，是道家审美活动的前提和基础，为江南审美评鉴以及艺术创作尤其是园林创作提供了哲学依据。

有无相生。庄子曰：“若一志，无听之以耳，而听之以心；无听之以心，而听之以气。听止于耳，心止于符。气也者，虚而待物者也。唯道集虚。虚者，心斋也。”[8] 庄子主张以无意识的、平和的虚明内心自然地去感应物，即“虚而待物”。“虚”就是反观内心而不向外求索，于外界事物视而不见，听而不闻，只有这样才能避开心智活动，避免物我对峙，返回“道”中。对虚境的欣赏实则审美主体超越具体的“象”的束缚，超越功利、伦理的约束，直指自由的内心。宗白华指出：“化景物为情思，这是对艺术中虚实结合的正确定义。以虚为虚，就是完全的虚无，以实为实，景物就是死的，不能动人；唯有以实为虚，化实为虚，就有无穷的意味，幽远的意境。”[9] 因而，“虚”乃气韵所存，乃“道”之根本。虚实关系其实就是有无关系，实有限而虚无限，反映到情景关系中则是景有限而境无限。以实写虚，以有论无，以有限表达无限是道家审美意境的方法论。老子的有无相生和虚实之美从主客体两个角度反映了作为客观存在的“象”与源自内心的“境”的依存关系，开启了触景生情、情境合一的审美篇章，为主体意识的觉醒创造了思想准备，具有深刻的哲学内涵。

1.1.2.3 淡泊无极——寂空思想

“淡”与“情”是互为对立的概念，前者是无味，是一种淡泊虚静的境界，即为真；后者是人欲，是满足口耳之欢的欢愉，不能悦心，是为伪。庄子曰：“悲乐者，德之邪；喜怒者，道之过；好恶者，德之失。故心不忧乐，德之至也；一而不变，静之至也……不与物交，淡之至也。”[10] 老子的无味之淡并非

[7] 参见《庄子 · 齐物论》。
[8] 参见《庄子 · 人间世》。
[9] 宗白华. 艺境 [M]. 北京：商务印书馆，2011.
[10] 参见《庄子 · 刻意篇》。

表面上平淡无味，而是蕴含着深层次的悦心之味，乃是至味。由此实现了从愉悦感观的初级形态向愉悦内心的审美意识高级阶段的跨越。类似淡然无味的状态有“漠、清、素、纯、朴、柔、弱”等等，这些往往都以“静”的方式呈现出来[11]。“淡”与“静”互为因果，实则源于道家“无为”思想的再现。而这里的“静”并非佛家的死寂，而是表面“静”而内在“动”也，是“道”在虚境之景中往复流溢，循环不止，由此构成了自由、无限的宇宙本体。因而，淡泊无极的虚静又蕴含着动静相济的辩证内涵，是江南诗性审美的精神基础。

可见，道家的审美是过程论的体现，首先心无杂念（“心斋”）是审美活动的前提，即实现自我内心的寂空。以物观物，以“空寂”的状态排除理性的“我”，使我的情欲变得空无一物，而达到“物我合一”；再通过“体道”的方式进行感悟，以寂空的状态感受到淡泊无极的虚静之美，最终达到境界之美，完成整个审美过程（图 1–2）。

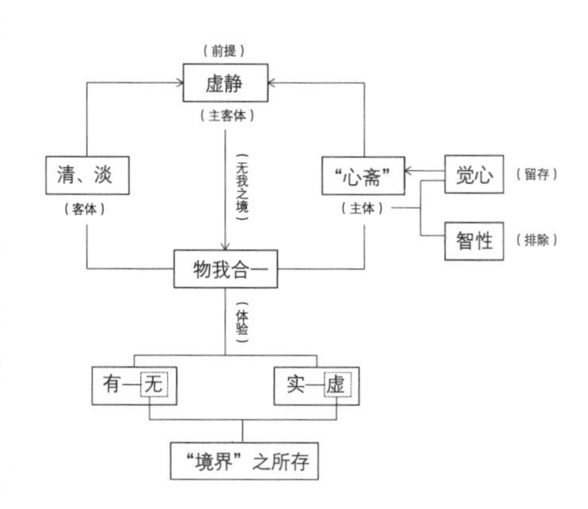

图 1–2 虚静之美审美心理

客观而言，由于中国政治权力中心大多数时间存位于北方，江南虽受到儒家礼乐政治之影响，但在江南意识形态尤其艺术审美中，传统儒家思想一直未成为其主导因素，转而以一种内隐的方式存在。而老庄的道家思想和禅宗思想加上其向往彼岸的思想，由于更契合江南自然，更契合吴越的本土文化基因，直指江南人士得内心，成为其寻求精神慰藉的庇护所，因而得到了更多的关注和发展。所以，江南宗教伦理特征体现出重道轻儒的特征。由于弱化了儒家道德伦理对艺术表达的束缚，道家和禅宗思想的发扬为江南文化、艺术的发展提供了更为开放的空间和更为真实的表达。

1.1.3 主体觉醒的诗性自由

从上述分析来看，无论是传统儒家思想和道家思想，都表现出对人的个体意识和个性自然不同程度的抑制：儒家，通过礼乐道德的束缚将人的自然“出卖”给社会理性；道家虽然将人的个体感性从社会伦理中解救出来，但又将其“出卖”给天道自然。因而，儒道两家都没有实现对个体的自我救赎。与儒家和道家思想的不同，个体精神的觉醒是从儒家社会理性中觉醒，从而发现了自己的

[11] 成复旺. 中国古代的人学与美学 [M]. 北京：中国人民大学出版社，1992.

自然属性；又从道家的物性中觉醒，从“向天求”取转而“向心求取”。因而，觉醒之后的“我”是具有独立意识的主体，是含有情感的主体，个体开始从礼义道德和天道自然转向对现世生存的观照。个体的觉醒实则个体情感的觉醒，是对非人的礼义道德的反叛，和对天道自然的抗争。个体觉醒唤起了原始的诗性智慧，是江南诗性文化的起始，由此造就了江南与众不同的人文情怀。

1.1.3.1 从天道社会到现世生存

主体意识的觉醒带来了传统社会伦理秩序的变革，即：人从道德社会和宇宙权威中回归现世生存中，这种回归从本体论来说是对人心的回归，从文学、艺术来说是对情感的回归。这种对现实的回归是通过对传统社会理性的反叛而争取心灵上的自由开始的。以李贽为代表的“穿衣吃饭即是人伦物理”这一革新性的命题为开端，前无古人地开创了一套新的社会理想，建构了一个新的心灵世界，描绘了一个现实生存的伦理之“道”。李贽曰：“道本不远于人，而远人以为道者，是故不可以语道。可知人即道也，道即人也。人外无道，而道外亦无人。”[12] 李贽所谓“道”乃人之本性，是自我需要，一切对人加限的东西都不是道。这是对传统儒家社会伦理的反叛。李贽之“道”也有别于道家排挤人性的宇宙之“道”，此时的“道”是“以其非民之中，非民情之所欲，故以为不善，故以为恶耳”[13]。即，以民之所欲为善，顺从天下百姓穿衣吃饭、置业生产，让其自由创造自己的幸福生活是为“道”。可见，李贽站在民本主义的立场上，具有开创和无畏的反叛意识。由李贽对“道”的探索可见，主体意识觉醒之道从天上转为人间，从伦理道德转向物质生活，它吸收了儒家注重人世的思想而摒弃了其礼义伦理；继承了道家的崇尚自然，但扬弃了其以天论人，划清了与儒、道的界限，着眼于现世生存，完成了人世之道的创立，实现了人学、文学、艺术向现世生存的回归（图 1–3）。

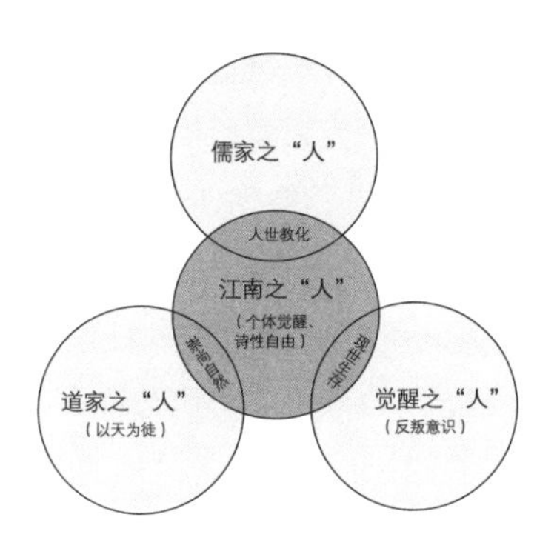

图 1–3 江南之“人”的特征属性

1.1.3.2 从依附人格到独立人格

个体意识的觉醒伴随的是人格的独立与解放。早在魏晋南北朝时期，南迁的文人士大夫阶层在秀水江南便有了个体感性意识的萌动。由于江南受传统儒家思想禁锢较少，其文化意识形态易于从社会理性中分离出来，向人的现世生存靠拢。江南人士的个体精神情感和日常生活开始从社会生活中分化出来，从而拓展了文化、艺术的多样性。文化艺术活动开始脱离社会理性和天道理性而

[12] 参见（明）李贽《李氏文集·明灯道古录》。
[13] 同 [12]。

独立存在。此时的人格也从之前的依附人格向独立人格转变。换言之，是感性心灵的苏醒实现了人格的独立与解放。鲁迅称这一时期是“文学的自觉时代”[14]。

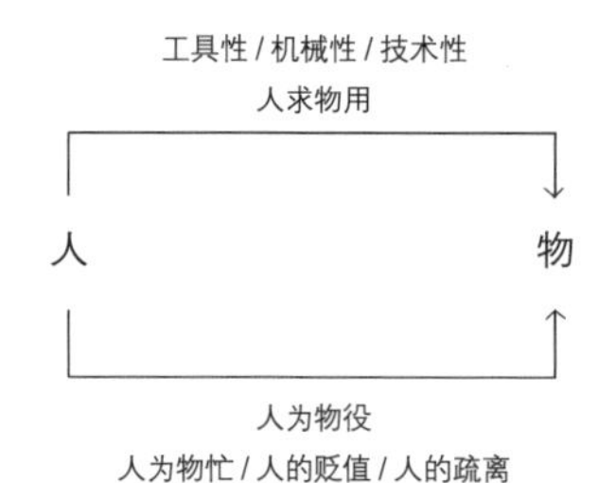

图 1-4 西方人—物关系

随着觉醒的不断深化，时至明清，江南大地涌起了广泛的启蒙思潮，人们意识到社会生存应当以人的现实生存为依据，社会应根据人的利益改善自己而非牺牲自己去顺应社会，这就是人的主体意识觉醒。由此，人的个体感性的合法地位首次得到承认。随着主体意识的觉醒，作为美之本源的感性心灵也获得了自由抒发，审美活动摆脱了社会理性和天理的桎梏，其形式也实现了自由表达，人们多年被束缚和压抑的情感获得了自由的释放，那颗被禁锢的内心终于得到情的观照，美学因此真正实现了解放，走向了审美自觉。这种现实主义思想是对传统的突破和革命。觉醒的心扎根于身体需要的现世生存，由依附变为主宰。这种思想下的人格与儒家的伦理人格、谐世人格大相径庭，又有别于道家“出世”人格的清高。它不依附于任何社会群体或者宇宙天地的权威，独立于自由精神之上，是对传统精神的抗争和反叛，从而塑造了人格的独立、文学的独立以及审美的独立，并由此启发了江南诗性精神。

图 1-5 北方建筑中的人工秩序

1.2 江南传统建筑自然观

如同一切人工产品一样，人们将侧重表达日常生活实用性的人工产品称为“实用物”，将侧重表达一定社会思想文化的人工物称为“观念物”。建筑作为功能和意义的呈现，自然具有实用物和观念物的综合意蕴，只是在不同的文化中，对于两者的侧重点有所不同。西方文化体系中，建筑作为人类价值的载体，往往通过一种向外扩张的态势孑然于自然之中，无论是形态、空间还是精神都是一种为我所用的态度和价值体现（图 1-4）。而在中国文化中，从未有过如西方那样将建筑视为不朽之物的概念。李渔言：“人之不能无屋，犹体之不能无衣。”[15] 先人对待建筑的态度如平常的日用物一样，与自然保持协调与统一，而不是与自然的对立。然而在表达建筑象征性的途径上南北方却有着微妙的差异。儒家将建筑的象征性转化到人世社会的伦理道德观念中去，以建筑（群体）的宏大象征人的德行崇高。在这种思想下，从城市布局到普通民居均具有严谨的等级结构和逻辑清晰的轴线意识，处处体现出人工痕迹和礼义诉求（图 1-5）。这种现实的超稳定结构具有精神上的教化功能。建筑营造虽不是西方意识中自然的“为用”，但是礼义精神上的“为用”。

如果说西方与中国传统儒家思想的建筑观念体现了人的“有为”和主体意识的“为用”，那么，江南建筑的自然观则充分体现了道家的“无为”

[14] 成复旺. 中国古代的人学与美学 [M]. 北京：中国人民大学出版社，1992.
[15] 参见（南朝）刘义庆《世说新语 · 任诞》第二十三门。

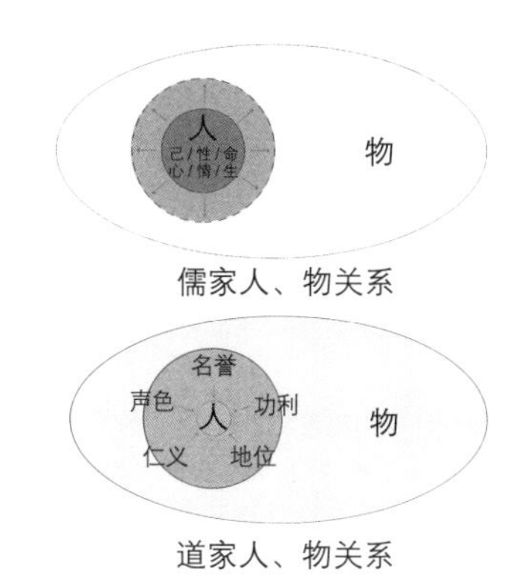

图1-6 “人—物”关系认知差异

思想和“无用之用”。不同于西方和儒家对建筑的认知，老子认为建筑虽由人作，却要融归自然之“道”，不可以人的力量破坏建筑的自然属性，更不可以社会的礼义秩序绳之，应当以一种自然生成、反哺自然的原始状态呈现。换言之，在老子的概念中，建筑是对宇宙自然本真状态的再现和象征，这种象征性通过江南建筑的“天人合一”论而完全呈现出来(图1–6)。

1.2.1 “天人合一”论的江南诠释

“天人合一”哲学思想起源于春秋时代，最早在西周时期孟子便提出了“人命天予”的思想，将人世与上天联系了起来，认为天是人道的本源。老子进一步继承了天命论思想，并将之以“道”的形态诠释出来，具有玄学的思想特征。无独有偶，在西方哲学思想中也同样存在天人关系论，如柏拉图的“理念说”就与中国“天人合一”思想有着相似的论调，只不过西方哲学语系将“天”泛化至“物”的客体概念，是“物”的集合。其实，就思想本源和意识形态来说，天人合一思想影响着包括中国传统建筑营造在内的各种思想和实践领域。如果对“天”“人”“合一”的各个概念进行梳理会发现，由于地理环境、意识形态、文化渊源的差异，天人合一具有非常多义的思想内涵。从这一点来说，江南建筑文化作为中国传统建筑文化的一个分支，其所体现的也并非天人合一思想的全部内涵，而是其泛化意义的一个局部。对江南建筑文化中的天人合一思想进行研究就是要挖掘其特定的那一支思想脉络，并将其呈现出来。

对于“天人合一”的理解首先要厘清两个问题：其一，天—人的二元关系问题；其二，如何“合一”的问题。

1.2.1.1 “天—人”的江南诠释

中国传统的“天人合一”思想永远包含着两个命题，即以何为“人”，以何为“天”？两者以一种怎么样的关系存在？对于该命题的回答，西方哲学与东方思想有着本质的差异，儒、道两家亦有着理解的差别。人作为主体思想的本源存在，无论是西方还是东方，其合法地位均得到承认。然而在儒、道两家思想中对人的诠释却显现出分化：儒家异化了人的自然属性，只保留了其社会理性和礼义道德的社会之人，而江南道家传统思想中，人是显现了个体感性和自然属性的人。而个体觉醒之后，江南之“人”成为含有原始情感欲求的个体存在。承认人的自然属性和情感诉求，是江南对“人”的理解的一大进步，为江南传统审美的意境说奠定了思想基础。

对于“天”的概念，西方将之泛化为广义的“物”的概念，是万物的集合，建筑作为一种存在物，也处在万事万物的关系网络中。而儒家的“天”视野相对狭窄，进入儒家视野之天只有天道位序和宇宙秩序，并且通过建筑营造将宇宙图示与人世社会对应起来，天与社会人生秩序同构，即义理之天，是一种务实精神的宇宙观。在江南道家思想中，“天”是不加人工伪饰的本真之天，是消解了宗教含义和社会实践内容的天道自然和宇宙万物的自然属性，而建筑被理解为和宇宙同构的“小宇宙”。

1.2.1.2 “人合于天”——江南的合一方式

从世界范围来看，就思想发展程度和认知深度而言，天人关系存在三种时间关系上的结构体系：“前主体性”阶段、“主客体二元”阶段和“后主客关系”阶段。“前主体性”阶段是主、客不分的关系认识阶段。“主客体二元”阶段是人的主体性开始发挥的阶段，形成了自然科学，以知识对客体进行征服。“后主客关系”是天人关系发展的最高阶段，超越了第一阶段的主客体混沌状态，又扬弃了第二阶段的主体意识的扩张，而进入了天人和谐。在西方天人关系结构中，早期古希腊哲学便已经进入了“前主体性”的懵懂阶段，以黑格尔为代表的“绝对精神”实行的就是主客统一的“前主体性”阶段的合一。然而，由于笛卡尔几何科学的建立，“主客二元对立”思想渐渐成为西方认知天人关系的主流。主体通过认知的桥梁实现了与客体的统一，而这种统一是以物的损耗为代价，换言之就是科学认知。近代，海德格尔再次继承了黑格尔的思想，进一步提出天地人神四位一体的观念，从理论上实现了主客体的和谐统一和“后主客关系”的架构[16]。

与黑格尔的“绝对精神”一脉相承，中国早期由于自然科学发展的局限性，天人关系缺乏（不是完全没有）主客对立的科学认识论，整个封建阶段的天人合一思想没有进入主客关系的第二阶段，停留在“前主体性”桎梏中。传统建筑思想中也呈现一种混沌的思维特征，一切关于功能、意义、精神等形而上的概念还没有得到分化，建筑的概念也仅仅在万物的关系中呈现。但是，就在这混沌的关系体系中，建筑与自然的和谐关系却得到了充分表达。然而，要说明的是，儒道两家思想在对待“合一”的态度上显出明显的差异。在儒家眼里，礼义秩序被视为与天同德的至高无上法则，宇宙秩序要通过人世秩序得以展现，建筑营造更是将天上秩序落实到物质层面的具体体现，从而实现天道秩序向人

[16] 黄玉顺. 前主体性对话：对话与人的解放问题——评哈贝马斯“对话伦理学”[J]. 江苏行政学院学报，2014（5）.

图 1–7 “诸葛村”规划形态

世秩序的“合一”。江南的“合一”与北方儒家走了一条不同的道路。首先，作为中华传统思想的一脉，江南的天人关系论也属于“前主体性”的范畴。但由于江南地区远离政治中心，受礼乐政治影响相对较少（并非没有影响，三次中原人口南迁将传统儒家思想传至南方），加之江南自然条件优越，山水秀美，江南人的性格也相对柔和、随性，因此，江南的天人合一思想主要继承了道家“人合于天”的关系论。在江南长期的以小农经济为主体的社会中形成了崇尚自然的心理，在传统聚落规划和建筑营造中追求“以山水为血脉，以草木为毛发，以烟云为神采”[17] 的“自然性”。追求自然宇宙的本真，在江南小山小水的俊秀自然之中寻找和构建与自然的融合和谐，通过将自身消散在环境之中，寻求一种合于天地之间的状态。如果将儒家比作穿上合适的鞋子，双脚才是自由的，那么道家的自由更是一种赤足放任的自由状态。在建筑、园林和城市规划实践中，道家推崇的是超然于伦理功利的纯粹艺术境界，以天然胜人工，以朴素胜华丽。如果说儒家的天人合一是“天合于人”，那么道家的天人合一则是“人合于天”，是人的精神意趣在天道自然中优哉游哉的境界。此外，由于江南实现了人的主体意识觉醒，又将道家的天人合一向前推进一步，继而实现了与自我内心的合一。

1.2.2 “天人合一”在江南传统建筑中的体现

1.2.2.1 合以相生——建筑中的二元对反关系

《易经》太极图中的“S”形曲线是天人和谐的生命律动，人与自然的和谐、自然与建筑的和谐、明与暗的统一、动与静的互补仿佛都包含在这条生命线的运动轨迹中。这种人与自然的拓扑关系被运用到江南诸多传统聚落布局中，浙江诸葛村的早期聚落形态更以太极八卦图为基本原形，通过建筑与水面的拓扑形态完善内心中天人合一的原始欲求（图 1–7）。

[17] 参见郭熙《林泉高致》。

另外，太极八卦图示的二元对立统一思想内涵也对江南建筑空间营造产生了深远的影响。北方地区由于皇权绝对统治的存在，其空间形态从城市布局到官式建筑再到普通民居，是层层递进的线性关系，在这种关系中，始终以一种明确的、绝对的、统一的实体性空间为主导，不允许有对垒互峙或相互暧昧的空间呈现。与此不同，在江南建筑空间概念中始终有两股对立的力量和谐动态地共存于建筑主体之中，形成一种永恒的二元对反关系：有—无、大—小、实—虚、动—静、直—曲、收—放等各个矛盾统一体始终在相互对峙、转化，相生相克，周而复始，无限运动。在永恒的运动中，并无孰轻孰重、孰主孰次之分，而是你中有我，我中有你，统一于自然而然之中（图 1–8）。由于空间主体性的缺失和线性特征的消解，人们对江南建筑空间的认知和理解可能陷入彷徨和暧昧不清中。然而，也正是由于这些对比的存在，在人们内心形成了强大的心理力场和知觉动力，从而在更高层次上构建了江南建筑与环境的合一。

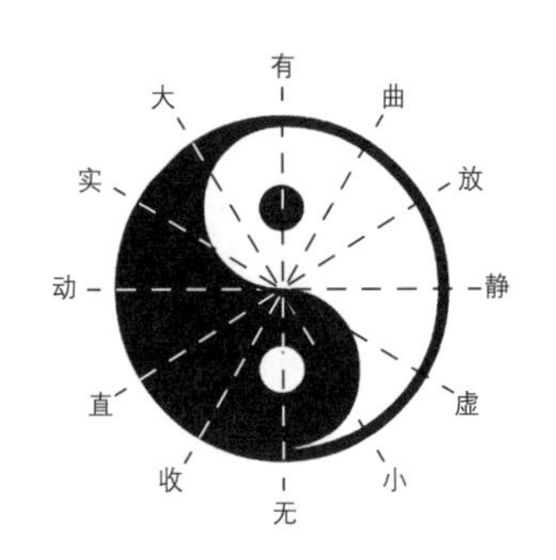

图 1–8 江南建筑中存在的二元对反知觉力场

1.2.2.2 合于自然——曲线与变调特征

合于自然无疑体现出一种典型的曲线思维特征，而曲线思维被认为是人们认知事物的初级阶段，直线体系能够以最直接的方式表达事物给人以直观的知觉意象，曲线的被发现和应用则表现了人们认知思维的进化，是饱含感情的状态。其实，直线是人们抽象思维的产物，自然万物中没有绝对的直线，一切自然物都呈现出曲线的状态。美国当代建筑师波特曼说道：人们对曲线形式感到更有吸引力，因它们更有生活气息，更自然。无论你观看海洋波涛、起伏山岳，或天上朵朵云彩，那里都没有生硬笔直的线条。在未经人们改造过的大自然，你看不到直线……人们的才智与直线有关，但感情却与大自然的曲线形式相维系[18]。因此，曲线是自然的本质特征。

儒家尚人工，人工必多直，北方无论是城镇布局还是普通民居大多都是明确的直线体系延伸，以礼法绳之，处处体现人工痕迹。而贵柔、守雌的道家哲学讲求道性至柔、柔则必曲[19]，老庄取法自然就是发现了自然万物的自然形态，因为江南地理特征不同于北方的大山大水或者一马平川。江南的山水以俊秀为特色，处处小山小水，因此可供人们建造房屋的用地相对局促，必须处处顺应自然态势，尽量采用曲线母题，这不仅是融于自然的审美态度，更是一种崇尚自然的价值取向。从江南聚落布局来看，蜿蜒曲折的河道水系成为聚落生成的天然线索，一个个村落沿着水系逐渐延伸，联系成一片浑然天成的自然形态。

[18] 波特曼，巴尼特. 波特曼的建筑理论及事业 [M]. 赵玲，龚德顺，译. 北京：中国建筑工业出版社，1982.
[19] 参见《道德经》。

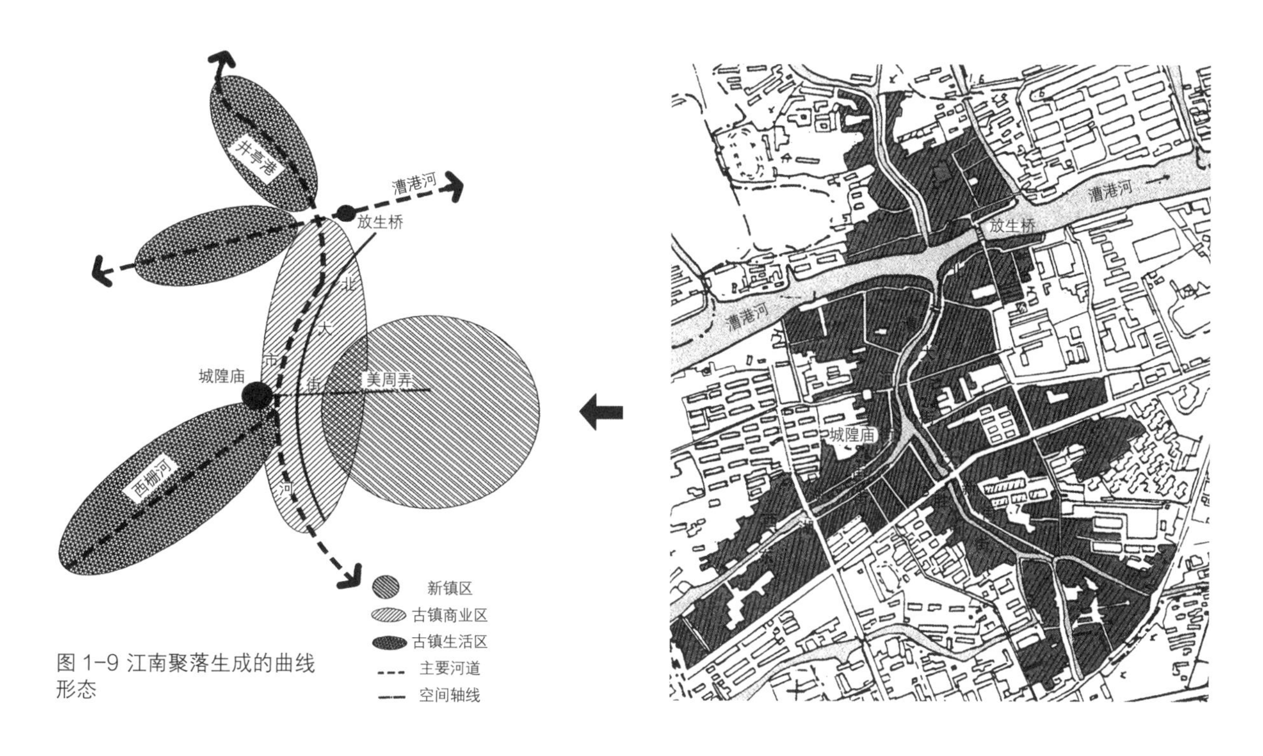

图1-9 江南聚落生成的曲线形态

街巷沿着水系展开，也呈现出开放的曲折界面，结合广场、水埠起承转合，形成了丰富多变的曲线空间系统。从建筑序列来看，虽然也有轴线的成分，但江南民居的轴线分化了北方四合院严整的轴线对称，民居往往与园林相结合，产生了多格与变调，轴线随着地势特征由直变曲，由一变多，根据生活功能的需要自由弯曲或增减，不讲求绝对的对称，而追求一种内在知觉的平衡（图1-9）。再看园林，曲线特征更为明显，从围墙到连廊，从驳岸到庭院，从门洞到窗棂，从屋檐起翘到美人靠，到处是绵延的曲线（图1-10）。其游赏路径设置更是以曲折为上，正所谓“水必曲，园必隔，不妨偏经，顿置婉转”[20]。可以说，曲线给江南建筑布局提供了多种可能和自然意趣。江南人士以最接近自然状态的形式美（曲线）迎合着人—建筑—自然的合一。

曲线也符合江南人士的审美志趣、认知思维、处世原则以及性格特征。曲线由于路径被拉长而充满着不确定性，意味着一切随时可能发生，内容上蕴含着丰富的感情变化，形态上充满着动感，神韵上含有韵律和阴柔感。江南水乡曲折的水路系统将心理美学体验表达得淋漓尽致。朱自清写道：月色洒在清淋的水面上，悠扬的琵琶声一阵一阵地传来，那船驶得飞快，搅动了河中的月，眼看就要到桥头，船家忽地一个转向，那戏台便出现在眼前了[21]。这是只有江南才有的场景体验，两岸的民居挟持的曲折水道在视觉上形成了视线阻隔，只

[20] 参见（明）计成《园冶》。
[21] 朱自清．朱自清散文集[M]．北京：西苑出版社，2006.

图 1-10 江南园林建筑的曲线形态

有耳的感官接收到河道另一边的信息，由此在内心蕴藏了冲动，形成了心理力场。桥的存在形成了一个节点，造成空间和心理暗示，“忽地一个转向”，心理期待的画面呈现在眼前。这如同园林空间的欲扬先抑，通过一藏一露、一抑一扬，实现人们内心的审美愉悦。这是建筑环境与天然自然的完美合一，是江南建筑美学的至高境界。

1.2.2.3 合于内心——自我意识呈现

无论是儒家的“天合于人”，还是道家的“人合于天”，都是外向的“合一”，在江南大地，由于人的自我意识开始觉醒，天人合一的思想逐渐向人心内在转化。江南人士开始意识到自我的现世生存，人的价值、意义和生命本体的终极关怀得到呈现，这是人本思想的体现，是老子天人合一观向内心的辐射，合于内心，是江南的天人哲学实现超越有限生命和终极价值意义的途径。人们注重内心培养中的明心见性，比儒家、道家的天人关系更具进步意义，是江南天人合一论的又一典型特征。

那么，如何才能合于内心呢？老子主张向内把握，就是要超脱于功利、伦理与政治的牵绊，反观内心而进入虚静状态。在空寂之中澄怀味象以实现“心物合一”。这种精神在江南传统园林营造中得以完美地体现。江南园林虽以动观，但空间营造主静，这与老庄的“虚境”不无关系。以“理水”来说，由于空间有限，园林水面往往处理成静水，静水使人敛神沉思，返照自身，传达的是一种虚无的心境，而这水里并非一片死寂，岸边垂柳静抚着堤岸，微风吹来，水中建筑的倒影徐徐荡漾，几条小鱼时而跃出水面，一片生机景象。其象在“静”，其意在“动”，唯有景物之静才有意的流动。就在这一静一动之间，人心得以净化，内在之气与自然之气对接，于是“道”得以呈现。从天人和物我关系来看，首先，这种“物我合一”的境界不可能在主客二分的框架下完成，是主体的自我意识消融，将“我”物化到“物”的层次，是“以物观物，故不知何者为我何者为物”[22]的“无我之境”，是人与宇宙生命精神融为一体的宁静超脱。这是合于内心的第一步。然而，“消我”不是目的，其终极目标是“有我”，是在物我一体的境界中将“我”的有限生命升华为无限的本体生命，是沉积着理性的感性体验，是无目的又合目的之愉悦。江南建筑、园林等一切环境艺术均是通过一种自然虚静的客体景物营造与主体相互进入与融合，实现“物我合一”，再通过物化的我对内心的我进行观照，将个体意识再度还原出来，实现“以我观物，故物我皆着我之色彩”[23]的“有我之境”，进而完成主体情感的呈现和升华，这是深层次的精神愉悦，是主客、天人关系在更高层次的统一，是对道家“物我合一”的升华，是合于内心，江南传统建筑文化的“天人合一”就在这个物我关系的矛盾统一体中得以诠释。

1.2.3 江南自然观中的无为思想

1.2.3.1 “无”的内涵

老子的“无为而治”与“无用之用”是江南建筑自然性的良好诠释。“有”是实体的存在，其意义是有限的，而“无”却是虚化的，但并非虚无无物，是能够育化万物的“场”的存在。江南建筑中的“无”包含着两个层次的内涵，首先，作为一个空间，它包含了具体的人的活动。人们根据日常生活的需要营造具体的空间形态，因此，“无”充满了真实的现世生活。由于一定程度地摆脱了儒家礼制的约束和限制，显得更为自由，可根据功能和精神上的需要进行调整，是容纳了江南日常生活的事件空间。从这个意义上说，江南传统建筑中的“无”是合目的性的要求，具有经世致用的思想。其次，“无”又在精神领域扮演了重要角色。江南建筑中，尤其是园林中，“无”往往孕育着人的丰富情感，与具体的“有”不同，“无”包含了更为广阔的意象，它们形成一种境域，在这个境域中或者洋溢着某种情感，或者形成了某种氛围，或者蕴含着某种哲理……可见，相对于“有”而言，“无”并非虚无，而是无限，比“有”更有。与“无”相对应的是“无为”，这是从人的能动性角度进行限定。“人法地，地法天，天法道，道法自然”[24]，老子认为宇宙万物都有自己的“道”，即客观规律，无须以人的行为绳之，是合规律性的一面。

[22] 参见王国维《人间词话》。
[23] 参见《观物论·内篇》。
[24] 参见《道德经·章二十五》。

1.2.3.2 “无为”与“无用”

老子曰：“三十辐共一毂，当其无，有车之用。埏埴以为器，当其无，有器之用。凿户牖以为室，当其无，有室之用。故有之以为利，无之以为用。”[25]老子从哲学层面揭示了虚实互化、有无相生的建筑观。庄子认为物本身没有高低贵贱之分，以“有用”“无用”对物进行功利上的限定是泯灭了物的本真属性，是人对物的强迫和奴役。同时，对“有用”的追求也会使人陷入物的约束中，人的本真生命也会被物所戕害和异化。因此，为避免“求用”而造成的人与物的双向消耗，庄子提出了“无用之用”的观念，即“不伤物者，物亦不能伤也”[26]。由此建立起一种超功利性的人物关系，而这种关系是通过“无为”而体现出来的。老庄无为与无用观念在江南“天、地、人、事、物”的关系论上得到充分体现（图 1–11）。

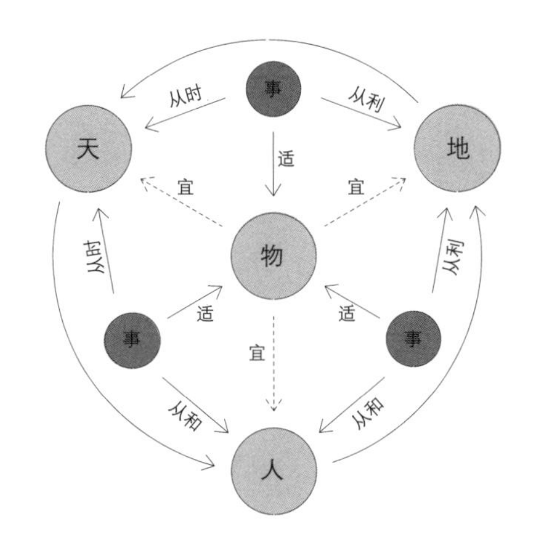

图 1–11 江南天—人、物—我关系

江南之“天”。天即“天时”，与儒家不同，江南的“天”不是宇宙秩序，也削弱了皇权至尊，而是投射到人世生存的自然环境和四时变换。在传统的农耕经济时代，人的一切活动都要顺应天时变化，抓住四时变换的时机，顺应时机则为吉，悖逆时机则为凶。江南的建筑活动也严格遵循这一规律，与自然时机契合。因此，从时间观念来看，“无为”也是“顺天时”。

江南之“地”。地乃“地利”，江南的“地利”概念缺少了儒家天象观的宏观思想，而是更加现实和易于把握的朴素风水观。老子认为，良好的地段是自然之“气”所在，聚气则万物生。在聚落和建筑选址上，首先对周围自然环境进行考察，选取背山面水的地带，营造宜居小环境，也是面向现世生存而非宏大的宇宙秩序或社会伦理。因此，“无为”也是“顺地气”。

江南之“人”。老庄思想注重人的个体性和自然属性的显现。一切的环境营造都是以人的价值实现为根本目的，而只有在消解了社会理性的自然而然的原真环境中，人的自然属性才能够得以呈现。因此老子强调“无为”，其根本目的就是保持人的原本状态，回归自然无为的生存之道。

江南之“事”。“事”是“物”的存在方式，人与物发生关联，必须通过“事”的中介和桥梁。换言之，一切人造物的本质就是其赋予人的具有价值的目的和功利性的特征。如水杯之所以为水杯，是因为它被人们用来喝水，离开了喝水

[25] 参见《道德经 · 章十一》。
[26] 参见《庄子 · 知北游》。

图 1-12 牛腿柱

的行为，杯子便不成为杯子。因此，“事”揭示了人与物的关系性的存在。“无为”就是“从事”，即建筑活动的一切准则要遵循自然万物的客观规律，不与此相悖，由于物与物属性各异，因而事与事关系不同，只有合规律性才是合自然之“道”。因此，江南建筑的“无为”又具有合规律性的一面。

江南之“物”。“物”泛指材料、工具、设备以及一切技术手段。老子认为一切自然物都有其本真的自然属性。“施工造艺，必相质因材”[27]是老子对材料本身的尊重，也是对自然的尊重。这也包括关注材料本身的美感特征，将材料自身的结构特征、物理性能、美学效果产生的综合美感呈现出来。这种思想下，江南传统建筑中的装饰呈现出材料天然质朴的美，这是一种顺应和崇尚自然的态度。另外，江南建筑装饰与结构始终保持一种依存关系，如民居中二层挑梁下的牛腿柱，根据受力特点和结构特征进行雕刻装饰，既具有结构作用又具有美化效果，是功能与艺术的统一（图 1-12）。因此，“无为”就是“不物”，不以人的主观意念强加于物而折损物的本身属性。

总之，天人关系与物我关系构成了江南传统建筑自然观的基本框架。其承继了老庄的“无为”思想，是“不物”，是“从事”，是“顺天时”，是“利地气”，目的在于通过强化建筑环境的自然性，回归人的自然属性。这里的无为与无用并非无所事事、听天由命，而是顺应自然，无为而治，是更高层次的“有为”，是无为而无不为，是合规律性与合目的性的统一。

1.2.4 无为思想在江南传统建筑中的体现

1.2.4.1 对人工规范的消解

庄子曰：“且夫待钩绳规矩而正者，是削其性者也；待绳约胶漆而固者，是侵其德者也。”[28]建筑亦是如此，当人们求用时，必以相应的规范准则对其功能（实用功能或精神功能）进行限定，使建筑成为社会准则的附庸，束缚了建筑作为人之“衣冠之属”的天然属性。庄子否定儒家建筑营造中的“正、中、轴、矩、整、齐、编”等一系列人为规范和标准化体系，认为这些处处体现人工痕迹和人工技术，是“求用”的表现。人工技术和人工规范表面上看是为人改造自然提供了力量支持，但容易使人沉沦于外物而丧失自我的初心，使人沦为“物”的低级状态。人们利用技术改造自然本身就是一种“求用”的态度，易于让人与自然对立，在改造自然的同时离人性越来越远，因为它削弱了物的丰富性，从而人也被局限在这个死寂的框架中不得自由。“无用之用”首先就是要消除人与物（建筑）之间的彼此约束，没有强迫，没有对立，使人们回到“山

[27] 参见《周礼 · 考工记》卷下篇之《矢人为矢》。
[28] 参见《庄子 · 骈拇》。

无蹊隧，泽无舟梁”的低技术状态，这样才能“同乎无欲，是谓素朴，素朴而民性得矣”。在江南传统建筑实践中，体现的就是这种“适用技术”，反对过分的人工环境，倡导人与自然的和谐与亲近。亦如海德格尔所言：“通过思考物本身，物居留于其自身，人栖居于其近旁。”[29]

1.2.4.2 功能的泛化和延伸

对于人们普遍认为有用之物，庄子则认为“以为舟则沉，以为棺椁则速腐，以为器则速毁，以为门户则液樠，以为柱则蠹”[30]，是为“无用”；对普遍认为无用的“大本拥肿而不中绳墨”，庄子却视其为“大用”。以此还原建筑本真的丰富生命。在建筑营造上，老庄将“无用之用”的思想转化成功能的泛化的延伸，消解空间的固有属性和僵化格局，以空间的灵活多变和开放的状态取而代之，即通过极少的限定和约束，将功能性空间泛化到广义的非功能性空间中去，极大地拓展了人的行为和精神的自由度。例如，江南建筑中广泛存在的檐廊、前厅、骑楼等“灰空间”（日本当代建筑师黑川纪章称其为“缘侧”，即“建筑的廊檐部分”，“缘”乃连接之意，“侧”乃旁边也），就是处于建筑内外之间的一个中介领域（图 1-13）。其在功能上和归属性上均体现了空间的模糊性，处于一种介乎之间的状态，相对于实体功能性空间来说，它消解了确实的功能效用，但又是一个多义的泛化功能空间。这种空间以一种混合性、丰富性和多义性的“场”的形式而存在。相对于儒家所追求的实用性空间，“场”是一个虚的概念，没有具体功用，因此在求用的概念里，“场”是不合格的。但是江南建筑环境中，“场”无处不在，在这个“无用”的“场”中，或者孕育着某种情感，或许形成了一定氛围……随着时间的变化，场的表情和性格也在发生着微妙的转移，人的行为也随着场的变迁而改变。这是功能的泛化带来的“无用之用”。如江南园林中的亭子，消除了四面的墙体，仅仅在屋顶给予限定，在“求用”的思想看来，亭除了遮雨的功用之外毫无意义，而就在这四角起翘的曼妙曲线之下，却是一个充满情思的“场”，放眼青山秀水，呈现了多少风情逸事，人的情思在这个“无用”的构筑物中得到无限延伸。

功能的泛化还带来了传统功能上的变迁。由于江南里坊制的解体，聚落界面线性地展开，原本内向封闭的外立面沿街开放，民居由传统单一的居住功能转变为前店后寝或下店上寝的新样式。白天，店面沿街开敞，是一片熙攘繁荣的生活场景，具有商业功能属性；夜晚，店面关闭，街道由商业特征转为居住模式，萧瑟的街道以线形展开，又是一番安逸的景象。江南的街道就在这日月轮转的场景变换中默默延伸。这是具有革新意识的转变，是“无用”的营造理念给功能带来的无限可能。

[29] 海德格尔《筑·居·思》。
[30] 参见《庄子·人间世》。

图 1-13 江南“灰空间”

1.2.4.3 营造观念中的“建构”思想

江南传统建筑营造与实现从某种意义上说就是以文化建构的方式对江南地域性文化进行观照，返回到江南建筑内在的建造逻辑和民俗文化表达中去。因为民俗话语源于民间文化体系，是在本土文化叙事结构中形成的。从广义上说，建构具有江南诗意建造的意味，能够对艺术、文化、生态、地域等特性进行体现。这里的特性就是所谓的本土性与地域性，对于江南建筑而言，就是其特有的民俗文化内涵。而江南建筑的建构文化就是基于对这个文化的特殊性和差异性的尊重，以保证江南建筑语言的表达在适当、恰当、合乎情理的语境下进行。

从狭义上说，“建构”可以理解为材料、结构、构造技艺所形成的建造逻辑关系。它体现出在特定的历史文化背景下，对建筑结构的忠实呈现和对建造逻辑的清晰表达，以呈现真实的建筑技术态度和诗意的建筑文化品位。江南建筑的言说既然面向民俗话语，就必然体现民间传统技术工艺。民间建造技术作为一种长时间的历史文化的积累，蕴含了我们祖先对于他们的生存环境所采取的对策，寄托了他们对于环境的情感，具有浓厚的人文价值。这种民间技艺作为民间话语的表达，一方面体现在对本土材料的选择和运用上，另一方面则体现在对材料结构属性的把握以及合乎逻辑的关联组织中。首先，“对材料真实而清晰的表达”是建构文化的思想本源，如江南民间建筑材料中常见的竹、小青瓦、青石板等原始素材。对这种大量性材料构造的真实表达，是对建筑材料性能的完整表现，同时这种建构文化的美学倾向是对审美趣味和美学价值的原真性表达。其次，根据材料的物理、力学特征，依据建造技术合理组织、整合材料，整合的前提是对材料的理解，如对江南小青瓦的不同拼接方式会产生不同的肌理效果。建筑的建造就是将这一抽象系统物质化的过程。可以说，对江

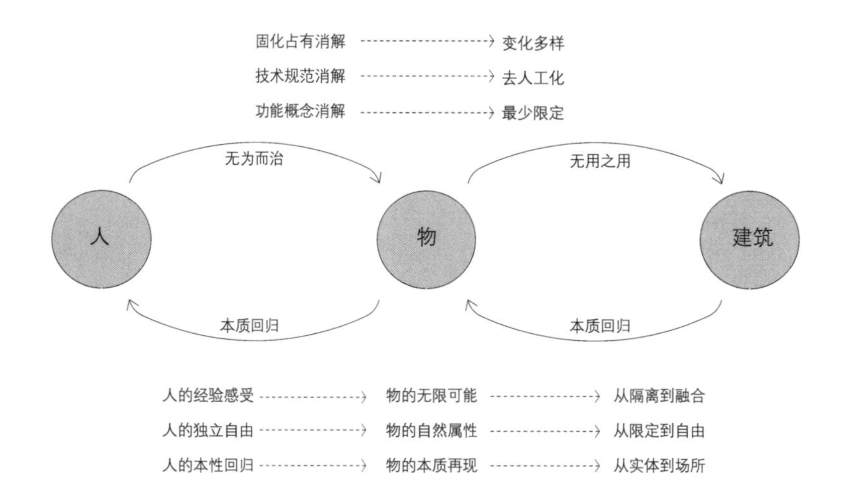

图 1-14 江南建筑的“无为”思想

南建筑材料合乎逻辑的真实表达是建构文化地域性价值的回归，对江南本土技艺的运用是建构文化民间智慧的展示。

总之，江南建筑的自然观体现在对道家“无为”思想的追求，通过“无用之用”和低技术状态实现了建筑、人、自然的和谐统一，通过对人工秩序、规范的消解，及功能的泛化、延伸，以及建构思想避免了人对物本真属性的戕害和奴役，是物的自然本性复归（图 1-14）。

1.3 江南传统建筑的主客体关系论

无论是西方还是东方，主客体关系永远是认识论和审美论的核心问题，而由于社会文化心理的差异，中西方对于主客关系论有着明显的区别。总体而言，西方文化体系中有着主客对立和天人二分的倾向，对物我关系的认知侧重于认识心理，表现为人作为认识主体脱离于世界万物之外去分析、判断客观世界，将客体之物作为人的对象来思考。而中国早期物我关系的认知缺乏科学、理性、抽象的思辨心理，认识心理与审美心理常混为一谈，停留在一种原始的混沌状态。既然自然不是以人的认知对象而存在，而是与人的生命活动、生存方式密切相关，那么很自然，中国文化的主客关系的核心就不是自然科学而是人的精神状态，注重人的本质生命体验和精神探求。如金岳霖所说：最多、最广意义的‘天人合一’，就是主体融入客体，或客体融入主体，坚持根本同一，泯除一切显著差别，从而达到个人与宇宙不二的状态[31]，这个落脚点不在天、不在物，而在人生、人事。

[31] 金岳霖．知识论 [M]．北京：中国人民大学出版社，2010.

1.3.1 “无我之境”——主客体从对立到统一

1.3.1.1 物我两忘

作为中国文化的一个分支，江南文化也具有主客统一的形态意识。然而，由于江南较早地实现了主体精神的觉醒，江南艺术审美领域在主客统一的状态下却蕴含着一个主客二分的思辨阶段。我们以审美活动中主客体互动观照的方式来审视这个思辨过程。马克思说：“对象如何对他说来成为他的对象，这取决于对象的性质以及与之相适应的本质力量的性质，因为正是这种关系的规定性形成一种特殊的现实的肯定方式。”[32] 他认为艺术的审美是审美主客体之间一种对象性的活动。在审美过程中，主客体之间建立起一种同构关系，这个同构是指审美主体心灵存在着与客观世界相类似的结构，客观世界必须进入与主体的同构关系中才能成为审美对象。格式塔心理学认为这是一种力的作用模式，当客观事物所呈现的力的结构与人情感中所蕴含的力的结构同构时，便产生了一种依存关联。处在这个依存关系中的主客体都不再是自在的，都不以自身来实现独立的意义，而是以对方的存在模式作为自己存在的依据。在这里，客体以其独有的形式结构刺激着主体，而主体在接纳刺激感知的同时也将客体的结构纳入已有的心理格式塔图示中，并以此主动地来对客体的刺激进行反向归纳、想象、联想等一系列加工，正所谓“触景生情”。最后以这种包含强烈主体色彩的价值观作用于客体，对客体进行审美赏味和精神投射，即“寄情于景”，最终达到主客两忘的境界。

1.3.1.2 无我之境的实现途径

如何才能实现“无我之境”？老子提出“吾丧我”“坐忘”“不物”等一系列“消解自我”的途径。“今者吾丧我，汝知之乎? 汝闻人籁而未闻地籁，汝闻地籁而未闻天籁夫。”[33] 此处的“吾丧我”是老庄审美“无我之境”的前提。“吾”是“真实”的我，“我”是“偏见”的我，即真实的“我”对偏见的“我”的物化与消解。这个过程改变了原本物我对立的关系，而是一种无物无我，即物即我的超现实的状态，它是一种审美心理机制。是“我”丧失了“主体性”转而成为一种客体化的“受位”，这时的“我”才是“与天和、与物化”的，是客体化的我对主体性的“我”的排除。物我合一的主客体二元论实则是一种“无我之境”，这个过程包含了从有限的自我意识超越到无限宇宙自然的哲学思想，是主客体之间回返往复的互摄机制，它的实现必须以人的审美意识自由为前提，换言之，也只有江南主体意识觉醒才得以实现。在这个过程中，觉醒的人完成了主体情感的投射，实现了自我肯定，使客体具有了主体情感或理智精神，客体也进入和影响了主体，使主体的内在结构根据客体形

[32] 参见马克思《评普鲁士最近的书报检查令》，选自《德意志年鉴》（1844）。
[33] 参见《庄子 · 齐物论》。

态发生自适和调整。主客体由此处在互为情理、互相转化的过程状态中，进而在更高层面实现合一。

1.3.2 “有我之境”——主体情感彰显

审美主体的个人意识呈现一定程度上使审美活动开始对人的现世生存和生命本真进行观照。对于中国传统文化来说，由于南北文化积淀的差异，主体的个人意识也向着不同的路径发展。北方传统儒家思想中的个人意识主要向社会礼义制度积淀，而江南审美主体的个人意识却朝着个体情感迸发。明清以降，江南思想激进的知识分子开始突破伦理道德的约束，转而向内心情感观照。受陆王心学影响，再由李贽、苏轼等学者提倡的尚情扬性所倡导，江南大地成了一片充满情感的世界。李贽曰：“盖声色之来，发于情性，由乎自然，是可以牵合矫强而致乎？故自然发于情性，则自然止乎礼义，非情性之外复有礼义可止也。”[34] 这个“情”是指人的自然生理欲求，属自然本能的情感。可以说，在明清时期的江南，天性之情得以真正解放。在此精神下的主客体互摄显得更加直接和自然，主体意识产生不再是封闭压抑的礼义道德，而是发乎内心、由乎自然的本真情感的自我表达，实现的是人与万物同情同构的自由精神境界。

图 1–15 直线思维与曲线思维

1.3.2.1 情的思维特征

传统儒家思想的社会等级制度的思维特征体现了明确的层次性、序列性和直线形特征，具有人工化的倾向。有别于儒家，江南主体觉醒之后，主体情感逐渐彰显出来，尤其在思维方式上表现得尤为明显：江南人士通过对自然曲线的妙悟，体现了情感迂回的曲线特点。相对于直线特征的目的性关联和理性秩序，曲线思维消解了明确的目的性和层层递进的推导性思维梯度，更重视感性体验的过程性和阶段性。表面看来，曲线思维拉远了与认知目的之间的距离，但正是这个曲折性和不确定性诱发了多种可能，蕴含了多种机遇和解决问题的途径，为“顿悟”提供了触发条件（图 1–15）。这种思维与江南聚落空间营造的手法暗合，通过去人工化、顺应地形地呈线性展开，为江南“事件空间”的诱发创造了条件，强调一种随时发生的或然性与不可预见性，为人们的行为体验创造了基础（如前文所述戏台的出现）。这种思维在江南空间营造中得到充分体现。如留园中，通过入口空间的曲折通幽、起承转合，逐步欲扬先抑、引人入胜，这就是曲线思维的空间体现。

1.3.2.2 情之滥觞

明清以降，由于情感被推崇之至而一发不可收拾。继而，江南的艺术创作

[34] 参见（明）李贽《读律肤说》之《焚书》卷三。

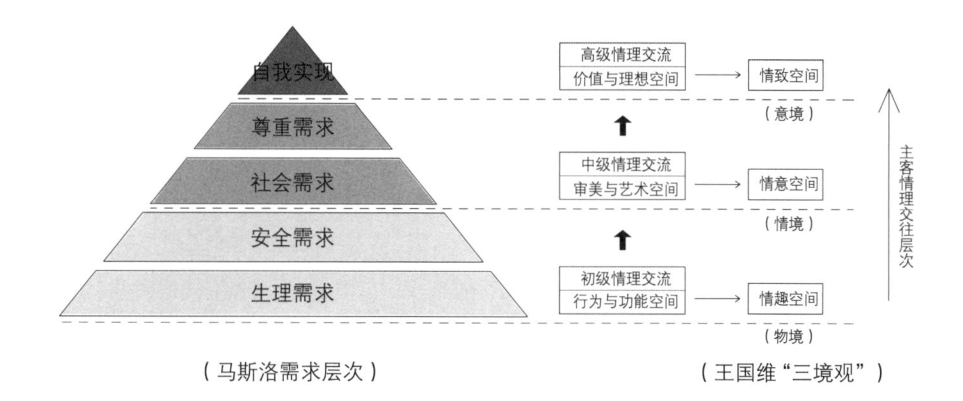

图 1-16 境界三层次图示

从“蕴情于理”发展至“以情统理”的情感滥觞。在这种观念下催生了“俗文化”的产生，并与士大夫文人阶层的“雅文化”形成二元对立统一的局面。俗文化来源于民间，又分为两类，其一是民间百姓日常生活中所产生的市民文化，是民众对美好生活的憧憬和表征，是士大夫文化向日常生活的投射。另一种是仅仅为满足物质欲望而产生的庸俗文化，其与文人雅士的文化相互对峙，是纵情的表现。在雅俗文化的相互碰撞中，明清时期的江南社会文化艺术开始出现僭越之象，人的欲望和情感得到宣泄，建筑营造也打破礼义规矩，加之江南士绅阶层与富商众多，人们将大量资金投入房屋建造和园林修缮中去。这一方面造就了大批艺术价值极高的民居、宗祠以及山水园林，另一方面开启了世俗之情的过度和奢靡之风的滥觞，是江南建筑、园林之情感文化的独特表征。

1.3.3 主体情感在江南传统建筑环境中的体现

宗白华指出：在一个艺术表现里情和景交融互渗，因而发掘出更深的情，一层比一层更深的情，同时也透入更深的景，一层比一层更晶莹的景；景中全是情，情具象而为景，因而涌现了一个独特的宇宙，崭新的意象，为人类增加了丰富的想象，替世界开辟了新境[35]。宗白华指出艺术创作中情感的重要性，并进一步说明江南建筑情感表达的层次性。王昌龄也曾对诗的意境层次做过归纳：“诗有三境：一曰物境。二曰情境。三曰意境。物境一。欲为山水诗，则张泉石云峰之境，极丽绝秀者，神之于心。处身于境，视境于心，莹然掌中，然后用思，了然境象，故得形似。情境二。娱乐愁怨，皆张于意而处于身，然后驰思，深得其情。意境三。亦张之于意，而思之于心，则得其真矣。”[36]（图1-16）其中，“物镜”是第一层次，是生理愉悦的初级情感，在江南建筑空间中可对应于“情趣空间”营造。“情境”是第二层次，是较高层次的审美情感诉求，可对应于江南文人艺术生活所需的“情意空间”。“意境”是人类情感

[35] 宗白华. 艺境[M]. 北京：商务印书馆，2005.
[36] 参见（唐）王昌龄《诗格》。

图 1–17 情趣空间（瓦肆茶馆）

释放的最高层次，是自我实现和自我存在的内心观照，是超脱于空间的物理限定而获得无限的“情致空间”。这三个层次是依主客体情理融合程度而体现的层次递增。

1.3.3.1 情趣空间

主客体交流是主体通过行为与客体空间发生交流以达到感官享受，其依赖于客体对主体的感官知觉刺激与主体自身的感性认知。宋代以降的江南，人的日常情趣生活变得更为丰富，大量专供休闲娱乐的瓦肆、茶馆、戏台、青楼等世俗建筑相继出现，导致了建筑类型的多样化和空间的多变和丰富，不同的空间形态与相应的艺术情感需求相结合，满足了人们世俗的感官体验和享受（图 1–17）。再以江南戏台为例，正是通过戏曲的演唱才引发了观戏的行为，于是戏台将周围环境一起纳入这个特定的时空，形成了一个情趣场所，它依赖于人的知觉行为得以产生，是个雅俗共赏的情趣空间。

1.3.3.2 情意空间

比起情趣空间，情意空间较少依赖于客观实体，而侧重于主观思维活动。其主客体交往多依赖于联想和心灵感悟，是将客体世界经过心灵加工之后的审美体验，更体现情的释放。相较之下，情意空间一定程度上脱离了世俗的内容，更为儒雅和清韵。由于江南文人众多，对日常业余休闲方式的追求也多体现修身养性的内圣之道，表现出较高的品位和修养。因此，在情意空间中也注意其儒雅氛围的营造。如拙政园中的“梧竹幽居”，曾是其主人陆龟蒙着棋之地（图 1–18）。亭子呈方形，和四面的圆形洞口形成对比，取“天圆地方”之意，又

图 1-18 情意空间（梧竹幽居）

与围棋黑白圆子和方正棋盘相暗合。对弈是智与知的融合，纵横交错之间囊括天地之相，暗喻智慧人生。在绿色环抱的亭中对弈，已不在意输赢，更多的是对取舍之德的修炼，对智慧人生的感悟，更是一种悠哉游哉的自如心静和情意。

1.3.3.3 情志空间

它是江南文人的思想寄托，是自我实现的空间营造。情志空间的主客关系体现了人生最高理想，是主观意识世界与客观物质世界的情理融合，超越了物质空间限定而进入无限的心灵空间领域。在情志空间中，人的主观意识具有主导作用，往往通过象征手法对心中之景进行比附。如留园后园水池中堆小岛称“小蓬莱”，前立太湖石称“冠云峰”（图 1-19）。虽实景与想象之景形式差异甚大，但并未损心中之蓬莱之境和奇峰之势，体现了超凡至远的胸襟。人心之大已突破窗牖之限而趋于无穷，正如李渔所云：“是此山原为像设，初无意于为窗也。后见其物小而蕴大，有‘须弥芥子’之义。尽日坐观，不忍阖牖”[37]。这是人心之大的意识空间与园景之小的物质世界至高的情理互通，是江南文人空间营造的“内圣”之道，是一种对自我实现的追求。

至此，我们得以大致梳理出一个江南传统建筑物我关系的认识框架。首先，作为中国建筑体系的一个分支，其遵循的是“主客体统一”的原则，并且落脚点是人，围绕人对物进行组织和理解。然而，在江南传统建筑审美前期过程中也存在着“主客二分”的倾向，凸显出审美主体的个人意识。由于较少受儒家礼义道德影响，加之主体意识的觉醒，意识自由脱离了礼义道德约束。一方面遵循建筑的“自然性”，融于自然，天人合一，另一方面转向天性自然的抒发。

[37] 李渔. 闲情偶寄（白话插图本）[M]. 李树林，译. 重庆：重庆出版社，2008.

图 1-19 情志空间（“小蓬莱”“冠云峰”）

这个抒发导致了“情”的出场，使建筑审美从以物观物到以我观物的递进，实现了从“无我之境”到“有我之境”的情感升华，同时，根据物我关系的融合程度而体现出不同的情感层次性，印证了江南人士对自我的心理空间营造由“外王”到“内圣”的演变。这是江南传统建筑“自然—自我”的双向表达。然而，由于江南主体情感的过度表达，促进了俗文化的出现，具有积极与消极的双面效应。

1.4 江南传统建筑时空观

时空是经验主体对存在于世的感知。一切的客观存在都占据着一定的空间，经历着一定的时间，时间和空间都是人的观念之物，时间经验是人对客观世界物质运动变化的感知，没有脱离时间的运动。同样，脱离了空间，运动也不能被理解。建筑作为人的实践活动，沐浴在时间的长河之中，占据着一定的空间，经历着一定的时间，然而不同的地域、文化存在着不同的建筑时空观，笔者将通过对中西方以及中国南北方的建筑时空概念认知的差异性阐述逐步揭示江南传统建筑中的时间—空间特征。

1.4.1 江南传统建筑的空间认知

1.4.1.1 关系性空间

作为一个客观存在，空间是人对世界万物和周围环境认同、理解的根基和起点。然而，东西方对于空间认知存在着质的区别。在西方空间概念里，建筑的主体是空间，建筑空间往往以几何的、抽象的、被精确度量过的空间存在，呈现出一种“实体性”特征。与西方不同，我国传统建筑中，空间从来没有孤立存在过，它必须与周围环境发生关联，通过将自己置身于更广阔的空间场和更广义的关系性空间序列中，其个体空间属性才能被揭示和理解，这种空间被称为“关系性”空间。最突出的特征就是对控制秩序的表达，它是协调客观物质与主体精神需求的一种关系，能够使客观物质在满足其理性规律的同时不迷失自身，是物质在人们（主体）意识中的观念存在。然而，对于关系性空间的理解，南北方也存在着差异，北方将建筑空间的关系秩序理解成政治—礼教的叙事体现，而江南则将此消融在自然山水的自然序列中。

1.4.1.2 事件性空间

如果说“关系性”空间作为中国传统建筑空间的一个共性特征，那么“事件性”空间则是江南建筑空间区别于北方的一个典型特质。由于受到传统儒家礼乐—政治思想影响，北方中原地区城市布局与建筑空间几何被社会理性编码成一个模数系统并与政治—伦理联系起来，是一种叙事空间，换言之，是将空间的关系性消融在宏大的叙事结构中。在这个空间体系中，前后两个空间逻辑结构是确定的，连接是线性而不可改变的，其统一性是要被首先强调的。在这个宏大的叙事空间体系中，体验到的时间是连续变化的，人的运动受建筑空间序列的视觉引导和外在规范的制约而缺乏自主性。

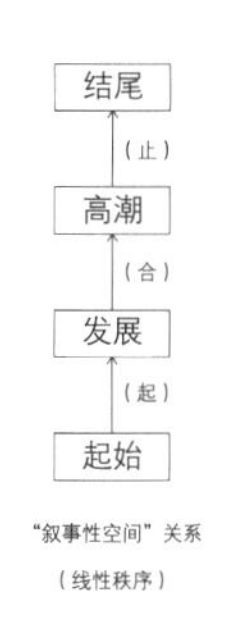

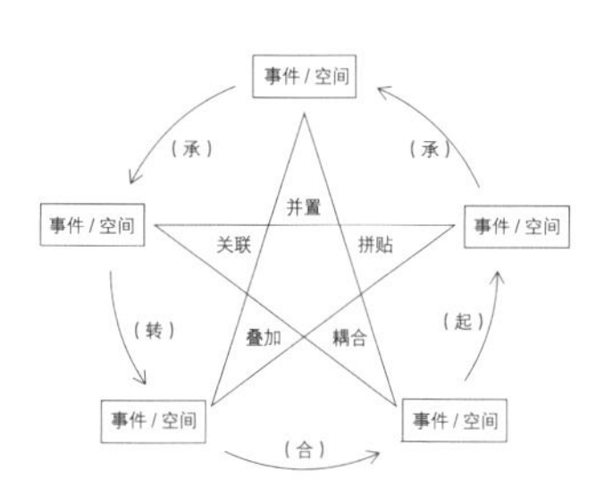

图1-20“叙事性空间”与“事件性空间”比较图示

相对于北方宏大叙事空间，江南建筑空间由于较少受到儒家礼乐—政治影响，聚落布局和建筑空间营造相对自由多变，可根据生活功能的需要自由增减。江南建筑空间不以宇宙秩序和礼义伦理绳之，也不讲求空间叙事所标榜的几何秩序，转而显现出一种经世致用的价值原则、日常生活的审美情调和顺应自然的天然秩序。在这里，空间的概念打破了中国北方以及西方几何理性的人工模式，而呈现一种自下而上的空间体验模式。在空间生成过程中，一个个异质的事件空间在同一个时空并置。在这里，“事件”构成了空间存在的意义。事件空间如同蒙太奇电影中的“非有理（理性）连接”，后一个镜头画面在前一个镜头中找不到明确的因果联系，不同属性的空间、场景拼贴在一起，具有偶然性和随机性，只有体验才可以使空间和事件的属性得以揭示（图1-20）。然而这并不意味着某个事件必须与某个空间发生对应，而是空间为不同事件的发生提供可能，它引导、加速或滞后某个事件的发生。这种空间特征在江南自然生成的聚落中得到充分体现，如水系、巷道、广场、宗祠、民居等一系列空间场所诱发并容纳着事件的发生。这些点、线、面的空间共时并置、叠加和再组织，原有的结构和关联性被打破，线性的理解线索被消解，取而代之的是非线性整体关联，必须通过视角的拉伸，从更宏观的层面对整体进行把握。从某种

意义上说具有“解构”的特征。在江南事件空间中，空间是断裂、多元的，线性秩序的感觉运动图示分崩离析，

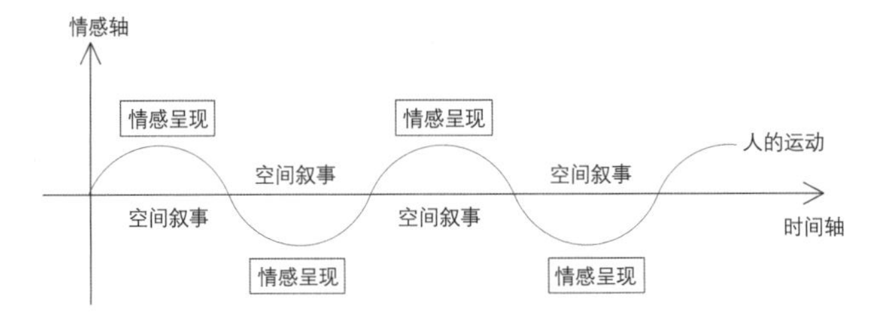

图 1-21 以体验为线索的空间叙事

这里消解了固定的空间位所，否定了抽象的叙事动力，唯有运动成了解释空间性质的唯一手段。人的运动是具体的、身体的运动，不再受空间因果串联的秩序支配，而是主动的、有意识的体验，从某种意义上说，运动见证了空间性质的变化。在这个事件性空间感知中，视觉效用被消解（因为事件空间缺乏可以被视觉所感知的线索）转而为一种各种感官联觉的全息体验，更是情感的呈现（图 1-21）。

1.4.2 江南传统建筑的时间认知

1.4.2.1 时间化的空间

海德格尔存在主义现象学认为，时间构成了一般意义上的存在，我们询问存在的意义，就是询问时间的本质。因此，对于西方建筑而言，其时空观是一维的、直线的，并且空间物理地包含着时间，时间在空间中显出静止的、绝对的神圣性特征，这里的空间是主导，时间是“空间化的时间”。

在中国传统时空一体化思想中，时间占有主导地位，时间率领着空间，空间是“时间化的空间”。建筑群体空间通过平面的无限延伸，使人在一个丰富多变的空间序列中慢慢经历时间变化，此时单个的空间已经失去意义，只有被纳入时间进程中，其意义才得以展现。正如宗白华所说：“我们的空间意识的象征不是埃及的直线甬道，不是希腊的立体雕像，也不是欧洲近代人的无尽空间，而是潆洄委曲、绸缪往复，遥望着一个目标的行程！我们的宇宙是时间率领着空间，因而成就了节奏化、音乐化了的‘时空合一体’。”[38] 时间超越了空间成为人们对建筑感知的主导，空间沦为时间的一维，变得软弱无力，时间成为主宰，空间是“时间化的空间”。然而由于南北文化对时空认知的差异，北方的时空观中，空间绵延在宏大叙事的时间之维，而江南却把空间消融在现世生活的日常生活时间之中。

1.4.2.2 日常生活时间

如果说“时间化的空间”是中国传统建筑时间观的一个共性特征，那么“日

[38] 宗白华. 美学散步 *[M]*. 上海：上海人民出版社，*2005.*

常生活时间”则是江南建筑时间观区别于北方的一个典型特质。北方儒家思想下的时间意识经历了天体崇拜阶段，论语曰：“譬如北辰，居其所而众星共之”[39]，将北极星象征人世政治的整饬严谨和皇权至尊。于是，北方传统建筑中的时间是天象时间。时间蕴含在建筑的恒常性和宏大叙事当中，从而将人从目前的状态中分离出来，孤立而纯粹地感知时间流逝，是“宏大叙事时间”。

如果说北方建筑空间和时间的永恒性凝固在可以纪念的宏大叙事体系中，那么江南则把这一殊荣融化在所有能为真实的生活提供丰富体验的日常生活场景中，是“日常生活时间”。如前所述，江南的空间是事件性的，对于生活在万千琐碎的日常中的人来说，江南的事件就是与现世生存息息相关的日常事件。捕捉到生活空间中的瞬间体验，在时空中感知人之“此在”，从而获得对自身的观照，是江南建筑时空观的根本所在。江南建筑并非想在空间营造中刻意体现超越时空的宏大意象，而是来源于最平凡朴实的现实生活中的日常体验和感知。一个个生活场景片段细碎纷杂又接连不断，证明着人的参与和存在，人们在此中感受着时间的消融，知觉着生命的延续。这些知觉体验经过慢慢沉淀，经过精心的空间组织和安排被抽象表达出来，显现出光晕的流转和生命的律动。这种平凡的生活因生命的默默无闻而显得更加坚韧和伟大。

这种无处不在、充满生命尊严的日常空间比那种宏大的空间更凸显出时间的永恒和亲切。这种短暂的平凡中折射出一种对希望和彼岸的不懈追求，但彼岸似乎又是遥不可及的，似乎永远摆脱不了一种周而复始的宿命深渊。当人们意识到这个悲哀时，意识便会转向渺小的自身，转向对现世生活的精神寄托和对存在于世的感慨。这种短暂而又轮回的时间与恒久而又蔓延的时间形成对比，建筑的时间感由此与人的现世生存相照面。

1.4.3 时空观在江南传统建筑中的体现

1.4.3.1 现世生存的时空景象

对于江南而言，建筑和时间的关系往往隐藏在日常的现世生活当中，区别于北方宏大叙事时间的客观存在，江南建筑中的时间意识是一种心理外射，更具主观因素的特征。江南建筑的时间通过在日常和现世的空间中往复流动和轮转而表达着自己，被人们内心所捕获和感知。郑板桥有一段对庭院空间的描述真实反映了江南建筑的时空特征：“十笏茅斋，一方天井，修竹数竿，石笋数尺，其地无多，其费亦无多也。而风中雨中有声，日中月中有影，诗中酒中有情，闲中闷中有伴，非唯我爱竹石，即竹石亦爱我也。彼千金万金造园亭，或

[39] 参见《论语·为政》。

游宦四方，终其身不能归享。而吾辈欲游名山大川，又一时不得即往，何如一室小景，有情有味，历久弥新乎！对此画，构此境，何难敛之则退藏于密，亦复放之可弥六合也。”[40]一方小小庭院给人带来的是变化无穷的情感体验（图1-22）。这里的空间不是确定的，而是有弹性的，随着人内心的意境可放可收；这里的时间不是静止、恒常的，而是绵延的，随着人的主观情感轮回往复，周而复始；这里的人不是孤立的，而是融入安逸的生活中去，在时空绵延的纠缠中感受着存在之意义。再如江南民居中的天井空间，作为一个现世生活的中心所在，容纳了人世间的万物景象。作为一个唯一朝外的向度，在封闭、内向的民居空间中接纳着自然的恩赐，人们在其中感受着四时周而复始的轮转，在心中搭建了空间与时间的桥梁。人们在此中感受的不是宏大叙事，而是亲切日常和生命无限。静谧与光明抹平了人与现实世界对立的缝隙，人们在无声处倾听世界，感受悠悠时空中的“此在”。

图1-22 天井竹石

1.4.3.2 周而复始——以时率空

江南的时间并非均匀流淌，而是随万物运动有着起伏的节奏和韵律，由此，江南传统建筑中的时间并非直线，而是呈现一种循环往复的轮回特征，空间也随着时间的周期性变化处在阴阳轮回、有无相生、虚实转化的永恒运动中。此时，空间让位于时间，空间情感融入时间的变化之中。如江南园林，通过峰回路转、曲径通幽，将万千自然之景容纳在咫尺之间，在有限的空间中表现无限的时间之美。李渔曾对江南园林景观的时空意象有过描述：“坐于其中，则两岸之湖光山色、寺观浮屠、云烟竹树，以及来往之樵人牧竖、醉翁游女，连人带马，尽入便面之中，作我天然图画。且又时时变幻，不为一定之形，非特舟行之际，摇一橹，变一像，撑一篙，换一景，即系缆时，风摇水动，亦刻刻异形，是一日之内，现出百千万幅佳山佳水。”[41]这种空间和路径的曲折构成一个多向而又闭合的回路（图1-23），

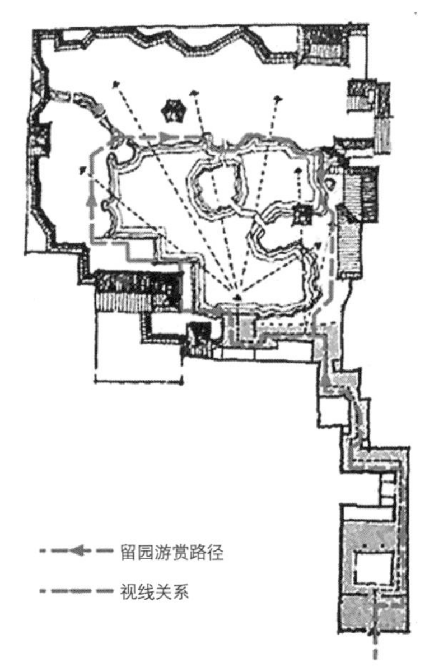

图1-23 园林流线的曲折回路

[40]参见《郑板桥集·竹石》，出自：吴泽顺. 郑板桥集[M]. 长沙：岳麓书社，2002.

[41]李渔. 闲情偶寄（白话插图本）[M]. 李树林，译. 重庆：重庆出版社，2008.

这里的空间被压缩，时间却被无限拉长，人们在往复运动中逐渐形成对空间的整体意象，这暗合了江南时间的往复轮转、周而复始，在观赏历程的推移中感受时间的变迁。这时，空间成为凝固的时间，时间率领着空间向着人们内心无限延伸。

1.5 江南传统建筑自然—自我思想中的本体意蕴

通过对江南传统建筑文化哲学内涵的梳理可以发现，自然—自我思想中具有“本体论”的意蕴呈现。中国传统哲学思想中虽然没有完整而系统的“本体论”的理论形态，但是传统道家和儒学思想中却蕴含着大量的人本主义哲学内涵。无论是儒家的“文质彬彬”还是老庄的“道法自然”都蕴含着对人存在本质的思考。这一点体现了与西方当代本体论内涵明显的一致性。然而就“本体”的内涵来看，中国南北方依然存在着一定的差异，这个差异主要就体现在其核心内容——“人”的理解上。江南由于人的主体觉醒，其本体论中充分体现出人本主义思想，这与当代本体论内涵保持了思想上的一致性。笔者将以这个“人”的差异性为线索，审视江南本体论在建筑中的体现和表达，通过对江南传统建筑文化中的“情—理”“有—无”“体—用”等一系列辩证思想的表达来逐步揭示江南建筑的本体论特征。

1.5.1 情理之辨——人的本体存在方式

根据海德格尔“存在本体论”观点，对于建筑而言，其最终目标是实现人的诗意栖居，因此，人的本体存在方式很大程度上决定了建筑本体的实现。所以，探讨江南建筑本体的开端，首先要厘清江南的人是如何存在的，并以此为楔入点来反观江南建筑的本体实现。

从人类发展史来看，马克思将人的发展总体上分为三个历史阶段：其一，自然发生的“人的依附关系”是人的最初阶段状态。在此阶段的人只能依附于一定的人类共同体，他的生命意义是从所依附的群体中获得。其二，“以物的依赖性为基础的人的独立性”为第二阶段。在此阶段，生产力的进一步发展使人在一定程度上突破了自然的局限性，将人置于更广泛的联系和交往中，一定程度上成为自我的存在。其三，“建立在个人全面发展和他们共同的社会生产能力成为他们的社会财富这一基础上的自由个性”是人类发展的最高阶段。当个人获得了人的性质，或者说“狭隘的地域性的个人为世界历史性的、真正普遍的个人所代替”之后，个人才得到了全面的发展，人才成为自由的存在[42]。

[42] 马克思．马克思恩格斯选集（第1卷）[M]．北京：人民出版社，2012.

这个最高阶段也是最容易对人产生异化的阶段。这个异化有两种表征和倾向。其一，社会理性的过度强化导致人的自然属性消解和异化。由于最高阶段强调人的社会纽带关联，人往往不能实现对社会关系的自觉支配，反而社会关系会反向钳制人的个体独立，不能实现真正的个体自由。其二，由于物质财富的过度发展，人被异化成为物的附属，这是社会生产力发展到一定阶段造成的人的物化。虽然与社会理性的异化不同，但结果相似，人亦被工具理性所束缚，得不到个体的价值实现。可以说，无论哪种异化都难以实现人的真正自由。

以此来审视中国传统文化中人的本体发展，其北方和江南的差异性便不言而喻了。众所周知，中国北方地区由于一直处于政治中心地位，在家国同构、宗法一体的人伦教义统治之下，人的自然属性与个体自由被牢牢限制在“天地君亲师”的道德约束之中。道德又与统治阶级意识形态联系，为其利用，宣称是“理性的自由”，但不能算作高层次的自由形态。对于此，可以通过匈牙利当代哲学家卢卡奇晚年提出的人的“社会存在”概念进行解释。卢卡奇认为，“社会存在的本质是目的性的。在社会存在中，人的劳动占据着核心的位置，而正是劳动把目的性和因果性的二元基础作为相互之间的关系引入存在中，这样一来，改造现实的目的性设定这一模式就成了人的每一个社会实践的本体论基础”[43]。卢卡奇所言“社会存在”是建立在生产关系基础上的，强调的是社会属性对于个人价值实现的物质基础。而在其先后关系上，卢卡奇言：人作为生物学意义上的生物，其肉体的再生产始终是每一种社会存在的本体论基础，换言之，“社会存在”是以“自然存在”为前提的[44]。然而，中国北方传统文化中，显然是把人的社会本体属性扩大化了，这显然是对本体存在的误解和偷换概念，实现的不是人的个体自由而是社会理性。

相对而言，江南的本体思想所表达的人本特征则更为深刻和全面。说其深刻是因为江南地区实现了人的主体精神觉醒和审美意识自由，具有“情”的感性体现，这正是人的自然存在的精神基础和思想本源；说其全面是因为江南文化精神中亦含有儒家宗法思想和社会理性精神的延续，是人作为“社会存在”的根基，可以说江南人的本体实现是“自然存在”和“社会存在”的统一。江南文化中最具人文特色和最为珍贵的一面就是实现了人的主体精神觉醒。李贽曰：“盖声色之来，发于情性，由乎自然，是可以牵合矫强而致乎？故自然发于情性，则自然止乎礼义，非情性之外复有礼义可止也。”[45] 这个“情”是指人的自然生理欲求，属自然本能的情感。受李贽、苏轼等学者和陆王心学影响，江南大地成了一片充满情感的世界，实现的是自由精神境界。之所以江南实现了主体精神觉醒是因为江南社会在一定程度上从社会理性的约束中“跳出来”，

[43] 卢卡奇．历史与阶级意识[M]．杜章智，任立，燕宏远，译．北京：商务印书馆，1992.

[44] 俞吾金．存在、自然存在和社会存在：海德格尔、卢卡奇和马克思本体论思想的比较研究[J]．中国社会科学，2001（2）.

[45] 参见（明）李贽著《读律肤说》之《焚书》卷三。

也只有“跳出来”才能真正开始对自我存在的反问和思考。也正是由于“跳出来”，江南人士从一定程度上失去了对社会主导价值的心理依附和寄托，从而造成了一定的迷失感和心理空虚。此时，反观与回望自我存在的意义与价值实现是对即将迷失的自我最好的安慰。犹如西方人一旦主体开始迷失便诉诸宗教一样，江南人士将这种迷失的内心寄托在道家的“物我合一”思想和“有我之境”的艺术审美中来实现对自我内心的救赎。从前后关系上看，“无我”是将我消融在自然万物之中，作为一种自然存在的状态而进入一种玄德的出离境界。“有我”是个体情感的本体呈现，是以物的视角反观自我存在的意义和价值实现。这一无一有的过程实际上是“我的自然化”和“自然的人化”过程，这里不含有社会理性的成分，是纯粹的我与自然的对话，实现了对我的自然存在的内省和反思。

然而，如果仅仅从“自然存在”的角度去审视江南本体论，那么难免会使本体论变成对自然崇拜的玄虚，这是因为其“社会存在”的一面被遮蔽了。而江南本体论全面之处就在于它实现了两者的统一。由于不可避免地受到儒家礼制思想的影响，明清之后的江南社会可以说是“程朱理学”与“陆机心学”的共同产物。其实不仅仅是江南社会，对于任何一个社会而言，人的社会属性都是客观存在的。如马克思所言：社会存在在本质上体现为一种关系论，犹如一个黑人就是一个黑人，在一定的关系中他成为奴隶；一架纺机就是一架纺机，在一定的关系中它成为资本[46]。人一定是处于一定社会关系中的人，这个关系决定了人的社会属性，没有脱离社会存在的人。江南社会也不例外，江南社会中广泛存在的宗法思想就是人的社会属性之体现。然而，由于受儒家社会理性约束相对较少，江南人的社会属性并没有像北方社会那样超越了自然属性而存在，而是将其消融在日常生活和自然存在之中，成为一种隐性的存在。如同卢卡奇的本体论，江南本体论亦是将“自然存在”视为人的存在本源，承认人的自然属性为第一要义，在此基础上继而对人的社会属性进行观照。正是这种（人的主体之）“情”和（社会礼制之）“理”的辩证统一最终构成了江南人的本体存在方式（图1-24），即在“自然存在”的基础上实现人的“自然存在”和“社会存在”的统一。

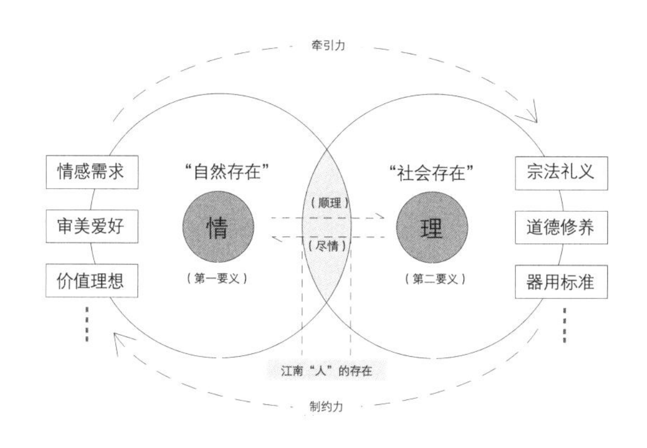

图1-24 “情理之辨”

[46] 马克思. 资本论[M]. 北京：人民出版社，2004.

1.5.2 有无之辨——建筑本体的形上追求

中国传统建筑思想中一直都不缺少对本体的形上思考。这种形上思考尤以江南老庄思想中的“体道”最具有代表性。这里要说明的是，北方或者说儒家思想中并非没有对本体的形上思考，只是在北方儒家思想的绝对权威和思想霸权之下，包括建筑在内的一切人的活动被规范在一系列礼制和道德的形上追求之中，而没有为孤独漂泊的内心安置一个自我可以栖居之场所。而自我实现的一个前提是人们已经开始意识到自我的异化和心灵的无所皈依，这就是人的主体精神之觉醒，只有觉醒的人才具有反观内省的意识和愿望。相对而言，江南的人更具有这种思考的冲动和诉求，并将此落实在对建筑的意义追求上，帮助人们一步步实现对建筑本体的形上追求。

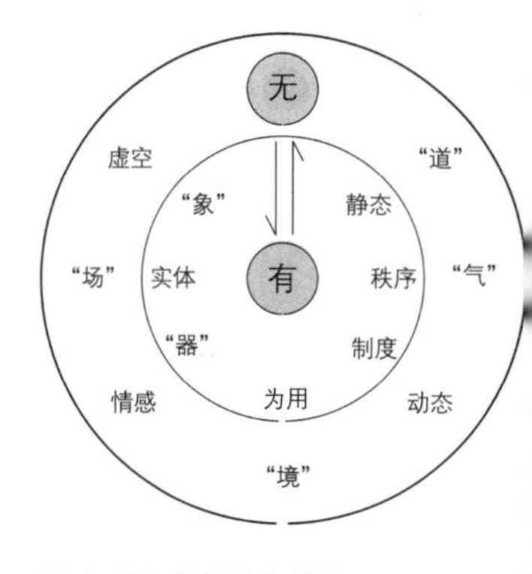

图 1-25 “有无之辨”

老子曰“道生万物”，“道”作为万物的统领，是超物象的，属不可被感知的形而上成分。“道之为物，惟恍惟惚。惚兮恍兮”[47]，由于道的杳渺，只能以恍惚之气的方式存在。那么，将如何对恍惚的“道”进行认识和把握呢?老子曰“体道”，即以亲身体验的方式去体察道之存在，进而把握万物之本。对建筑的体验过程其实就是对建筑本体的形上思考的过程。“道”从某种意义上说是一种“无”的存在。在老庄哲学中，“无”有着比“有”更高的地位，可以说“存在”相当于“无”；而“非存在”相当于“有”。如果用“有”来充当建筑的本体，那么则意味着将思辨层次下降至“器”的层面。之所以这样说，是因为老庄认为“有”是实体的存在，其意义是有限的，而“无”却是建筑空间和场所中所蕴含的“道”之无限运动。此外，由于“无”的虚空，便可容纳人的主体情感，相对于僵死的“有”而言，“无”当然是生动的，对建筑环境和场所中“无”的追求就是对形式、功能、材料和结构的一系列具体建造之“有”的超越。老庄的“体道”和“贵无”思想是对建筑及周边环境、场所之整体的把握和超越。“无”的意识是自由的意识，意识不到“无”，就谈不上对现实之物的超越，超越不了现实，就更无高层次的自由意识。可见，对建筑生成之“道”的体验就是对“无（限）”的追求，就是对建筑本体存在的形上追求（图1-25）。因为它关系到建筑意义的生成，这个意义源于真实的内心体验，是觉醒的自我情感的投射，是把即将迷失和异化的自我带回到自我的复归，重获诗意之栖居，具有很强的人文特征。

1.5.3 体用之辨——建筑本体的形下实现

也许是海德格尔吸收了中国道家“贵无”的思想，在海德格尔的存在主义

[47] 参见《老子·章二十一》。

哲学中也对“无”有着哲学的思辨。而海德格尔的最高境界——“无”是针对长期主客二分思想和过度的理性追求所导致物对人的异化现象而发展起来的。因此，海氏的本体哲学包含了西方哲学的主体进取精神又超越了积极进取的日常活动而达到的泰若宁静的高远态度。也许是中国的“无”意识出现过早，其在思想深度上并没有达到海德格尔的意识自由。原因很简单，中国哲学思想并没真正经历“主客二分”的历史阶段（主客二分仅仅在艺术审美领域的意境论中有所体现）。由于缺乏科学、理性、抽象的思辨心理，认识心理与审美心理常停留在一种原始的混沌状态，认知活动主要是对人的本质生命的体验和精神探求，导致老庄的“无”由于缺少了物质积累的历史阶段而略显缥缈。这也是学界一直以来比较中西方本体哲学异同点的关键所在。

然而，尽管如此，道家本体哲学思想并没有因此而走向玄虚和消极。这是因为江南文化思想中的“体用之辨”和“经世致用”的现实主义思想的存在。英文“ontology”之所以译为“本体”，因为“木下曰本”，“本”属“木”，是植物，是农业社会赖以生存的根基——一本而生万物。可见对“本”的依赖根植于农业民族的自然观念之中，成为建筑本体哲学的隐喻和根基。“体”则首指身体，是人的自身体验。与“体”直接相连的是“用”，“用”乃作用、功用。中国自古对“用”十分重视，而“用”却是依附于“体”的，为体所用。由此，本体的概念便与“用”联系了起来，这是具有现实意义的，它直接意味着建筑本体思想向现实生活世界的转向。

江南建筑本体思想中的“道”“无”“境界”等虽然本身不是经验事物，但落脚点却是现实的自然生活世界，是通过“能近取譬”的类比法来比附于直接的经验事物才能理解。可以说，江南建筑本体思想中对于超越的追求从来都不与人的现实生活所分离，也不与天地万物相分离，正所谓“道不离物”犹如“形不离器”；又如建筑审美崇尚禅宗的虚静境界，但谈禅论佛却不离人伦日常……如此种种说明江南建筑本体的形上概念并不超出特定的时空阈限，也并不表现为对彼岸的狂热追求，而是通过真实的结构、质料、形式的建构和空间的围合形成一定的建筑环境和氛围，通过对随处可见的日常中去寻觅建筑存在之意义，去启发人们对现实生活世界的切身感悟，具有很强的建造性和场所感，是场所精神的实现。由此可见，江南建筑本体思想与海德格尔“当下的器物上手论”[48]有着一定的契合，虽然充满着对“体”之无限的形上追求，但这个追求并不玄虚，而是将对形上的追问落实到扎扎实实的、能够随时把握的现实生活中，通过对形下之“用”的具体建造而实现的。江南建筑本体思想中的体用之辨可以说具有极大的现实意义，它是对建筑本体形上追求的物化，通过对现

[48] “器物上手论”是海德格尔在《存在与时间》中阐述的重要思想，“器物上手论”认为人的日常存在就是同器物打交道，同器物打交道就是使用物、操作物，让物处于上手状态之中。其中包含着反抽象认识、肯定器物的有用性、反主客观照等思想内涵。这些思想内涵同康德以来的现代美学的非概念、非功利等基本观念有着既对应又对立的复杂关系。

实生活世界的回归以及建筑具体的营造和构建将形上追求与形下实现联系在一起了，并通过物对人的关系呈现出来（图 1-26），是对具体现实的人的生命过程和日常生活事物的入微关怀展开对建筑存在的本体论思考，以实现人的生活、生命的意义和诗意的栖居。

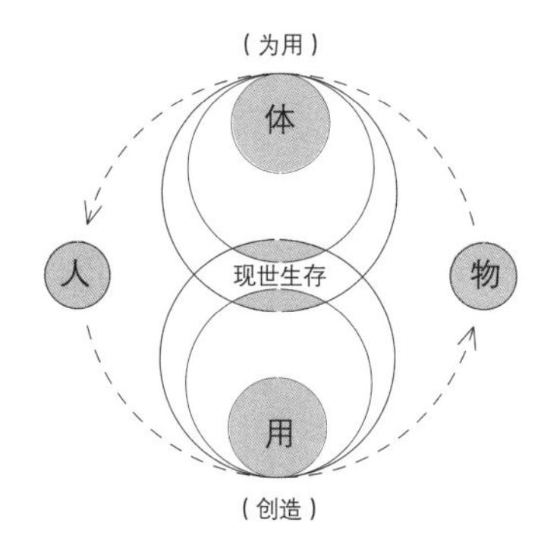

图 1-26 人与物的关系

本章小结

本章从哲学思想层面对江南传统建筑之“理”进行了阐述。首先以社会人学角度对江南建筑文化思想进行知觉溯源，继而从“自然—自我”两个方面对江南传统建筑之“理”进行构建。“自然”是江南建筑的先验存在，这种思想下的建筑自然观是通过对“无为—无用”的强调，对人工规范的消解和建筑功能的泛化与延伸实现建筑原本的真实。而“自我”是主体意识的凸显，是以一种自为的方式从建筑的自然属性中经验到“我”之存在。两者的辩证关系具体体现在建筑的自然观、时空观以及主客体关系论之中。

江南建筑天人合一论作为中国传统天人关系论的一个分支，实现了从“人合于天”到“合于内心”的转变。建筑上体现为一种类似于八卦图景的两股对立力量的动态平衡和二元对反关系，同时也体现为一种顺应自然的曲线构成关系。在物我关系论中，江南建筑依然属主客未分的前主体性阶段，但由于主体意识觉醒，实现了个体情感的张扬，导致江南建筑从情趣空间到情境空间再到情致空间的层层递进。对于江南传统建筑时空观，区别于北方“宏大叙事”的时空观，其体现出一种“事件性空间”特征，和时间上的周而复始，以时率空。从整体来看，江南传统建筑“自然—自我”思想中充满着对自然本体和人的本体的双向关怀，在其思想下所创作出来的建筑具有一种浑然天成的天人境界以及自然生成的营造境界，对当代建筑的“境界”本体构建具有广泛的启示作用。

第 2 章 “意”：江南传统建筑的诗性美学意象

“意”泛指“意象”“意境”“意趣”等主体情意感受，属审美范畴，是艺术创作中主客体相互关联和互动的产物。建筑作为人类艺术活动的一部分，当然也有“意”的体现。黑格尔曾说，建筑的重要作用在于它的象征意蕴。的确，建筑作为人类一定时期和社会历史文化的载体，其意义远远超越了适用性目的，而在于它成为特定时期和特定社会人们审美文化的产物。无论是历时性还是共时性，建筑都被不同文化赋予特殊的审美文化意蕴。如在西方美学体系中，将建筑审美对人体美学进行比附，认为建筑构件、空间比例符合人体比例则是美的，具有人的本体论思想，这是古希腊美学体系的人本主义美学建构。

与西方不同，中国建筑“意”的呈现是以客观物象为基础，以主体情感为激发而产生的一套完善的诗性美学理论。而由于中国南北方地域、环境和社会文化差异，诗性美学本身也存在着微妙区别。虽然北方大山大水的自然环境和儒家思想下有对诗性美学的追求，但是这种追求被囿于“以善为美”的道德美学范畴之内。相比而言，诗性美学在江南青山秀水的环境中得到了充足的养分，其对美的追求更突破了功利性的约束，获得了真正的审美自由，在此基础上孕育的意境美学自然也凸显出别样的风情和特质。本章从诗性美学在江南的表征入手，逐步对江南传统建筑美学特质进行阐释。

2.1 诗性美学在江南传统艺术中的显现

诗性美学在中国传统文化中早已存在，从庄子提出“逍遥游”开始，诗性的审美精神就在中国尤其在江南大地上广为流传。也许是由于出现过早，在中国江南艺术审美中的诗性思维没有经过西方“主客二分”思想的洗礼，停留在主客未分的“前主体”性阶段[1]，而正是由于这个主客一体的思想造就了江南艺术审美独树一帜的物我合一境界，成为江南诗性精神的典型代表，并深深影响着包括江南建筑在内的艺术审美领域。

2.1.1 何谓“诗性”

2.1.1.1 诗性智慧与诗性思维

我们知道，人的思维方式，即人的精神、意识与世界发生联系的途径有两种方式：其一是站在物外，以智性的逻辑分析、思辨的方法用“脑”去科学地认知；其二是置身物中，凭直觉去感受，这是一种非逻辑的以“心”去体验的方式。应该说这两种思维模式各有所长，各自适用不同的领域。但我们似乎习惯于以一种逻辑思辨的方式去考察事物，难道我们通过智性去分析得出的结论就是那么真实可信么？面对大千世界，尤其是美学世界，如果我们换一种思维模式，以一种超越认知的情感思维去面对，就会发现这个世界其实与人的内心世界是相知相契的，这种思维就是“诗性思维”。

无论是西方还是东方，这种观照内心的诗性思维都早已引起人们的普遍关注。18 世纪中期，意大利哲学家维柯就在其《新科学》中论述了“诗性思维”与“理性思维”的差别。他说，诗性思维旨在开拓人的另一种创造性思维模式，这种思维是非逻辑、非推演的，是一种直觉、想象的方式。但非逻辑不等于无逻辑，而是有别于理性思维的推理逻辑，即“原逻辑”，它可以唤起人们积极主动的内再创造能力，成为当代人抵抗自身异化的思维武器[2]。如果说理性思维是人们外求于世界的方式，那么诗性思维就是人们内求于自身的途径，是比

[1] 所谓“前主体性”是指小农经济和家族体系下，个体与社会、人与神没有充分分离，即将自然与社会也当作主体来审视，表现出人对自然和社会的依附性。如儒家注重仁学，将道德理念当成主体；道家注重天人感应，将天道自然当成主体的先在存在。因此其艺术审美理想还停留在田园牧歌的原始和谐层面，没有深入对生命内涵的审美探求。

[2] 刘永．江南文化的诗性精神研究 [D]．上海：上海师范大学，2010.

理性思维更加本己的活动，这个内在性就是人性，因而也成为人类生活的人本尺度的标尺（图 2–1）。在西方美学体系中也曾经出现过以笛卡尔为代表的数理美学，但这种理性美学却在表达人的本真情感层面显得无能为力。可以说，智性思维在艺术审美领域已经捉襟见肘，而诗性思维更能显现出艺术所要传达的美学真谛。正如海德格尔所说："诗意已成为我们所知的本性，即称为所有度量的尺度。这种度量是本身的度量，不是使用已经备好的标杆，为图纸制作而测定。"[3]

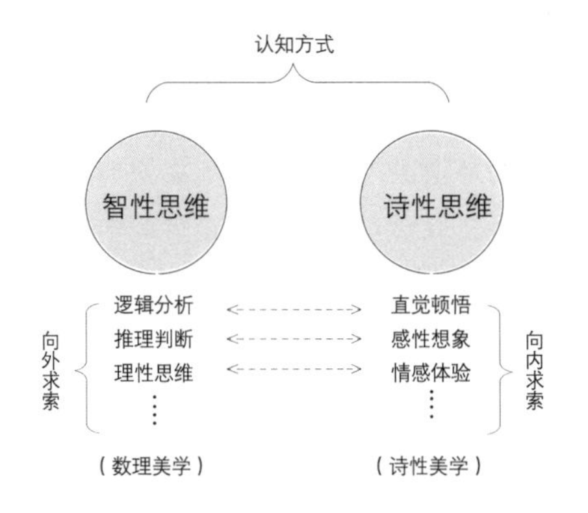

图 2–1 认知思维差异

2.1.1.2 江南美学的诗性特征

中国是诗的国度，"诗性"在中国大地上由来已久。而由于南北方的差异，北方社会由于儒家伦理—政治概念较重，诗性思维在北方被压制在强权高压的礼制之下没有得到良好的发展，而只有江南的富饶水乡才真正实现了诗性—审美机能。之所以这样说，是因为其背后的人本主义思想突破了经验主义和伦理道义，建筑环境的营造中更多地体现出一种对人的本真存在的感悟而非伦理道德的功利迎合。在此基础上孕育的诗性自由精神更接近民族与生俱来的艺术天性，其建筑形式和生成机制更直观反映民族集体无意识中对美的追求，以一种文化自省和自为的方式抵抗外界因素对建筑价值以及审美的异化，具有很强的自主意识[4]，更贴合东方艺术审美特征。如果说北方的哲学是纯粹人学的，那么江南哲学是美学与人学的统一，在江南哲学中始终贯穿着"天—人—自然"之美的高度和谐。因此在江南老庄的道家美学思想中，充满着以自然大美的高度进行向内的自我反思，以直觉感性的思维去把握和寻求人生的意义，是在"欣赏和满足于模糊笼统的全局性的整体思维和直观把握中，去追求和获得某种非逻辑、非纯思辨、非形式分析所能得到的真理和领悟"[5]。

鉴于此，就特征而言，江南诗性美学不是理性的而是审美的，不是抽象的而是具体生活的，不是理性思索的而是感性生命的，不是智性的探求而是诗性追问的……因此可以说，江南审美的"诗性"精神的本质是对现实生存的真实关怀，是人之情感的开放呈现，其途径是理性向感性的融合，通过对日常生活中物质性基础的情感投射而实现物质性与精神性的统一。

[3] 海德格尔．诗·语言·思 [M]．彭富春，译．北京：文化艺术出版社，1991.

[4] 沈福熙．江南建筑文化的审美结构 [J]．时代建筑，1988（2）.

[5] 李泽厚．李泽厚学术文化随笔 [M]．北京：中国青年出版社，1998.

2.1.2 诗性美学在江南的生发契机

2.1.2.1 诗性美学的“中得心源”与江南觉心论

王国维的“三境界”从主客体的存在关系层面对诗性美学的境界特征做了充分的描述。从表面上来看，在境界的三个层次中，第一层次与第三层次似有相同，但本质上却有着根本差异。在第一境界中，物我是分离的，我是站在物的对立面去评判和审视，物我之间横亘着理性的障碍，是“我”的主观意念和理性彰显。而在第三境界中，我回归到了物中，我即山、即水、即物，山水万物虽然成为我的自由享受对象，虽然亦有“我”的意念呈现，但此时的山水万物已经不再是概念物的存在，更不是理性观照的对象，“我”也不再伫立于世界的彼岸，而是放下对主体的自恋，回归到世界万物之中去自在地感受。这正是诗性审美的态度：在万物造化之中感受初心之始源——“外师造化，中得心源”[6]。

此处的“心源”出自佛学之概念，佛学与禅宗认为心为万法之源，此心为真心，是无念、无住、无妄的始源[7]。而“造化”则为外在万物世界。对于诗性美学的这一审美态度可以从唐代的庞蕴居士的一句“好雪片片，不落别处”[8]的诗句来加以理解。此处的“好雪片片”并非对雪所做的评价，而是将雪作为我的审美情感的投射，将我融于雪中，化作片片白雪；“不落别处”也并非说此处下雪了而别的地方没有下，这里的“处”具有时间和空间意味。“不落别处”即不以时间（上午、下午或者黄昏）来看雪，也不以空间（此处、彼处）来看雪，而是强调一种当下的既悟，此句意味着生活处处皆有意义，这个意义在我们的“看”中隐遁了，只有超越时空、超越自我，融我于其中才得以领悟，这正是“中得心源”的本意。“外师造化，中得心源”，就是在心源——生命之源头发现存在的意义。所谓造化，不离心源；所谓心源，不离造化。造化即心源，心源即造化。脱离心源而提造化，造化只能是纯然外在的色相；以心源融造化，造化乃可谓心源之实相[9]，这是“以己度物”，正是诗性美学的审美态度。

诗性美学强调以觉觉之心去观照世界的方式和态度与江南的主体意识觉醒具有良好的比照关系。江南的个体意识的觉醒伴随的是人格的独立与解放，江南人士的个体精神情感和日常生活开始从社会生活中分化出来，从而拓展了文化、艺术的多样性。随着主体意识的觉醒，作为美之本源的感性心灵也获得了自由抒发，审美活动摆脱了社会理性和天理的桎梏，其形式也实现了自由表达。人们多年被束缚和压抑的情感获得了自由的释放，那颗被禁锢的内心终于得到

[6] 张彦远．历代名画记 [M]．北京：人民美术出版社，2002.
[7] 彭玉平．“境界”说与王国维之语源与语境 [J]．文史哲，2012（3）.
[8] 参见朱良志著《中国美学十五讲》中引“庞蕴居士”典故。
[9] 朱良志．中国美学十五讲 [M]．北京：北京大学出版社，2006.

情的观照。美学因此真正实现了解放，走向了审美自觉。主体意识的觉醒实现了诗性审美的第一步，即见出自我之情感。在随后的审美“境象”论中，通过对客观物象的描述，即“外师造化”，而触发感官联想与幻象，实现寄情于景、情景交融。这是超越了主客体关系的审美状态，获得的是言外之意、景外之境的审美感受，达到实象与虚象的统一、主体与客体的统一，即“中得心源”，完成了诗性审美的第二步。可以说，江南大地上广泛兴起的觉心论思想以及由此而发的境象论为诗性美学提供了良好的生发契机。

2.1.2.2 诗性美学的抽象学理性与江南虚实论

相对于西方思辨美学而言，诗性美学对美的获得缺乏严密的论证，而是注重主体对概念的抽象理解和对美学范畴的主观把握，始终具有不确定性和飘移性特征，难以用语言清晰地言说。这是因为诗性美学所嫁接的诗性思维并非逻辑的，而是模糊的、开放的。这就决定了诗性美学相对于西方思辨美学而言显得比较“虚”，体现出天然性的美一艺圆融，以至于我们无法把美的见解与美的艺术表现真正分开，无法把形而上的道与形而下的艺完全分开，充分体现了诗性美学具有形而上的抽象性色彩。

然而，尽管诗性美学是对不可言说者的本体直观和诗性阐发，却仍然体现出“学理性”的色彩。诗性美学的学理性主要表现在其概括性，这个概括性的实质是形象概括而并非逻辑概括，是介于理论逻辑概括与艺术形象概括之间的一种特殊形态。换言之，它既不同于一般的逻辑概括，也不同于艺术形象概括，而是二者的因素兼而有之。说其具有学理性，是因为它是蕴含于“诗”中的“理”，介于“诗”与“理”之间，所以能最大限度地揭示“诗”与“理”之间的奥妙；说其抽象，是因为这些概念并非经过思辨分析而获得，却又与美学理论有着明显的区别，它无须像理论那样严格界定范畴，也无须逻辑推演，它在直觉形象的体验中隐含着理论概括所无法言尽的东西。如“妙”“远”“淡”“玄”“虚”“象”“逍遥”“气韵”“意境”“飘逸”“涵泳”“空灵”，等等，这些字眼绝妙地体现了文思交融的抽象性特点。可以说，诗性美学在艺术与理论之间扮演着一个微妙的角色，它有一种特殊的、有待深入发掘的新的学理性——“抽象学理性”。这种学理性实际上是“以诗说理”，可以看作“理”的诗化，又可以看作诗性中涵泳出来的“理”，即让可理解性从诗性阐发中自然而然地涵泳、生长出来，并沿着诗化的路径，向美学之“思”的具体领域辐射和伸展[10]。这个被展开的领域尽管可能与理论美学的论域有相似之处，但又绝不是理论美学所能完全涵盖的，这就是诗性美学的抽象学理性所在。

[10] 杨林. 论诗性美学的阐说方式 [J]. 中共中央党校学报，2001（8）.

诗性美学的抽象学理性与江南虚实论具有很强的比照关系。庄子言：或使则实，莫为则虚。有名有实，是物之居；无名无实，在物之虚[11]。老庄从哲学宇宙的高度阐述了万物的虚实观念。在老庄观念中，“虚”是孕育一切真实生命的基础，比实更“有”。正所谓“空明觉心，以纳万境”，就是以主体虚静空无的内心去感受和容纳万物之有。在老庄看来，美存在于虚无之中，这个虚无也正是诗性主体之根本，虚无化的生存成为他们共同推崇的生命境界，提倡主体走向一种绝对澄明的顿悟境界，追求虚无化的精神境界，认为“无我”是获得诗性自由的途径之一。这正是诗性美学主观抽象性的体现。然而，庄子的美学并非仅仅是形而上的玄虚，更有形而下的实现，对于“无”“情”“体”等一系列抽象范畴，自然会有“有”“理”“用”的实在范畴给予对应，即形成“有无之辨”“情理之辨”“体用之辨”的辩证思想，以保证美不会成为形上的玄虚而具有可以言说的实在特性，具有学理性的一面（图 2-2）。正因为如此，才为诗性美学在江南大地的存在奠定了坚实的思想基础。

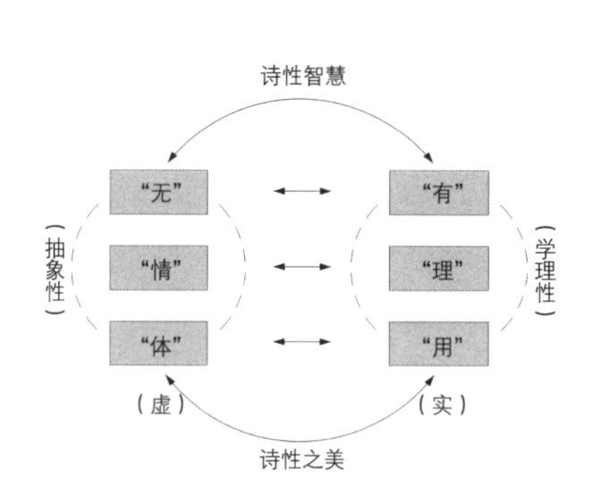

图 2-2 诗性美学的“抽象性”与“学理性”

2.1.2.3 诗性美学的当下境遇与江南现世生存之道

有别于儒家以“大”“壮”为美的审美倾向，在诗性美学的表达倾向中始终有一种对“小”的青睐——“以小见大、壶纳天地”成为江南尤其是宋元以降的江南审美情怀。从书画艺术到园林设置、从民居修建到市镇规划均毫不讳言“小”的特征。在江南画卷之中“寂寂小亭人不见，夕阳云影共依依”，此亭之境也；“一点飞鸿远山外，烟霞灭没有无间”，此山之境也；“一竿寒竹含清泪，独对青天说纵横”，此竹之境也……豁然胸中万千丈，下笔却是三两竹，画家试图通过这个“小宇宙”来表达“大乾坤”[12]。江南诗性审美的这一表征旨在说明空间再小、物象再微，都是一个自在圆融的世界，都是一个“全”。这种对小的青睐反映了诗性审美中对平和、悠远、淡雅的心理需求。“小”未必不值一提、微不足道，相反，“小”反映了人们对自我生存境况的一个真切认知：人们意识到世界是广袤深远的，我们不可能认识到每一件事，我们能够妙会和表达的只是有限时空的一个有限真理，认识到这一点，则会将视野从无际的宇宙转向当下的现世生存境遇，让人们的思念在有限时空中游荡，继而以小见大，以少见多，最终唤起思念在无限宇宙中的翱翔，正所谓“一花一世界，一草一天国”[13]。经过这个由大转小的过程，人们意识到了当下即全部，面对大千世界，不必有所遗憾，把握当下世界即圆满，获得觉悟即全部。正如陶渊

[11] 参见《庄子·则阳》。
[12] 朱良志. 曲院风荷：中国艺术论十讲 [M]. 北京：中华书局，2014.
[13] 陈士强. 佛典精解 [M]. 上海：上海古籍出版社，1992.

明所言“采菊东篱下，悠然见南山”[14]，正是对当下的直接体验和顿悟，一个小院、一朵浪花，即全然的满足，是诗性圆满的呈现。

诗性美学的当下视域与江南的现实生存之道具有很强的比照关系。从李贽的“穿衣吃饭即是人伦物理”这一革新性的命题开始，江南大地便把当下的现世生存当作人世之道，实现了人学、文学、艺术向现世生存的回归。如欧阳修的诗句“今年花胜去年红，可惜明年花更好，知与谁同”[15]，这是对未来的猜测，今年很好，当下很好，但来日又如何？明年又不知流转于何处？时间转瞬即逝，人是未来永远的缺席者，因此，强调对当下和现世的真切感受，珍惜和把握当下，领会当下的圆融，正是诗性精神所标榜的瞬间永恒。当下即永恒，即全部，所谓当下，就是截断时间，当下并不是区别于此时彼时、此处彼处的概念，当下并不强调眼中所见，而注重心中所参，江南时间之永恒正是任由世界自在的兴显，在这种纯粹的体验中，不以我念去过滤世界而是以空寂去照应世界[16]，在这个世界中，即便是世俗的也变得美好，因为那是当下的真实表征，是诗性的妙悟。

2.1.3 诗性美学在江南传统建筑中的存在基础

按照江南诗性精神的内省方式来看，建筑的精神之维既在理性的规定性之中又超越了外部的规定性，是向着人本质生存的内在属性进发。因此，如果我们只强调建筑活动的理性功能，或者将功能的理性与人的心灵感性相分离，那么终将导致建筑的物质性与精神性分离；建筑功能性与艺术性的分离以及建筑活动与日常审美的分离，使建筑活动及审美偏离“诗意栖居”的本真目标。由此而言，江南建筑以真实性存在以及主体情感的实现两个方面满足了诗性美学的存在基础，一方面，合于自然是江南建筑客观存在的内在诉求，另一方面，其在满足建筑的规定性同时将人们从这种规定性中解放出来，并将之向人的内在感性中渗透，实现理性与感性的融合。这个理性向感性的渗透与融合就是建筑审美的境界，即“诗性”的境界。建筑的艺术性就是建筑的诗性，或者说建筑的本性应当是诗性的，它要实现人类的“诗意栖居”。正如海德格尔所言：“居住发生的条件是诗意实现并且现身……诗意，作为居住维度的本真测定，是居住的根本形式，诗意是对居住本源性的承诺。”[17]

所以说建筑的“诗性”并非仅仅是外在的东西在建筑实体上的再现，而是内在于人的生活需要，诗意内发于人的居住活动并通过居住活动显现出来，同理，人的居住活动也只有在诗意的显现中得其本源。就此而言，建筑的“诗性”

[14] 参见（东晋·南朝）陶渊明《饮酒·其五》。
[15] 参见（宋）欧阳修《浪淘沙·把酒祝东风》。
[16] 朱良志．中国美学十五讲 [M]．北京：北京大学出版社，2006.
[17] 海德格尔．诗·语言·思 [M]．彭富春，译．北京：文化艺术出版社，1991.

是与人的居住本源性互为因果的，而这个居住本源正是因江南建筑向本真的日常生活回归得以呈现。

2.1.3.1 客观存在的真实性

就诗性的本质而言，是对人类现实生存和物质性存在的真实关注。江南建筑之所以是美的，并非所谓的“绝对理念”或者“道”的玄虚，而是所有的“理念”和“道”都要落实到人类生存这个基础上来。它并非仅仅靠造型、色彩、比例关系等外在的形式美规律，也不是从抽象的“理念”而来的标签化操作，而是将建筑与江南平凡的日常生活中的有机境遇（“事件”）联系起来，将其放置在具体社会因素的物质性环境中去审视，强调建筑的或然性与随机性，与人们的现实生活世界密切相连，由此实现了对建筑更加真实、客观的解释。正如海德格尔说：“绘画、雕塑和建筑必须回到诗。”[18] 回归建筑的诗性就是把握住建筑首先要满足人们在世界上诗意地栖居这个真实的存在论事实，这也正是江南建筑诗性精神实现的物质性基础。

2.1.3.2 主体情感的实现

就诗性特征而言，是人的情感的本真呈现，其途径是理性向感性的融合与统一。江南建筑之所以升华了诗性情怀，正是因为其从一定程度上打破了建筑营造的规定性，通过建筑空间和意境审美的开放性营造使建筑成为人与人的广泛情感交流，以及人与环境之间充分的情感互摄，这样才能够实现建筑的诗意体验，这也正是江南建筑诗性精神实现的精神性基础。

2.1.3.3 建筑审美的日常生活化

就诗性的实现而言，是建筑审美向日常生活的回归。因为日常生活中充满着真实的物质存在和人的情感，只有面向真实的日常生活世界，其诗意的内容才能够更加充实和真实。江南建筑诗性审美的实现正是其物质性基础和精神性内涵在向日常生活世界的回归中得到融合，从乡土人文的生活世界中去吸取营养，继而体现了建筑艺术充分的自律性。江南建筑审美向日常生活回归预示着建筑创作和审美从结果到过程的转变，是审美的生活化，同时也是日常生活的审美化，实现的是建筑的物质性与精神性的统一。

2.2 意境美在江南建筑诗性美学中的表征

意境是中国古典美学的重要特征之一。在中国古典文学、艺术中，意境是创作主体的内心情感充分融入自然万物之中而铸造成一种情景交融的审美感

[18] 海德格尔. 诗·语言·思 [M]. 彭富春，译. 北京：文化艺术出版社，1991.

受，是中国人朴实的宇宙观和人生真谛的深刻表现，能够超越具体实际而达到广阔时空的艺术化境。虽然中国南北文化中均具有对意境的审美追求，而由于南北文化的差异性，意境美的呈现方式也产生不同的倾向。如果说北方大山大水的自然环境和儒家思想下的传统建筑追求一种宏大的“壮美”意境，那么江南传统建筑审美中的“意”主要表现为一种追求青山秀水、俊俏精巧的“优美”和“空灵”意境，这种意境渗透在江南建筑环境的整体意象感知中，是人主观情感的深化，是江南建筑文化“有我之境”的意象来源，并以此构建着江南诗性美学的深层内涵。

2.2.1 意境论概说

2.2.1.1 意境的概念

意境论起源于庄子思想哲学，《庄子・齐物论》中庄周梦蝶的寓言首次提出了“物化”之概念，为意境论提供了认识论的契机和方法论的途径。之后，陆机以“诗缘情而绮靡”的山水田园诗为契机，将意境论引入诗学和画论中去。到了盛唐时期，王昌龄在《诗格》中曰：“诗有三境：一曰物镜、二曰情景、三曰意境”[19]，再次赋予意境论以重要的意义和内涵。直至明清，意境广泛运用在诗论创作中，时至晚清，王国维再度将意境论提升到中国艺术创作的最高追求。

在中国传统意境审美中包含着两个方面要素：其一是特定和具体的艺术审美形象；其二是它所表达的艺术情感、氛围以及可能触发的感官联想与幻象，即包含具体的“象”的实体存在以及“境”的虚体感受或氛围。“象”是具体的实象，可以理解为意境的显性结构，是意境生成之基础，而“境”则是隐性结构，是主体情感与自然意趣的揉融，以实现情景交融，只有情景发生交融，才真正有了意境实现。这里的“虚”亦具有两个层面内涵：其一，从创作者角度看，是景物设置的虚化处理，通过“隔、透、连”的手法造成一种空间和时间的距离感，以产生“陌生化”[20]的虚幻效果（依然属于“象”的范畴）；其二，从欣赏者角度看是审美主体情感的嫁接，通过具体的“象”激发人之情感，在心中形成联想和幻觉的虚幻境界。因此，意境可以说是“在艺术活动中，情景交融的人与自然审美统一的艺术形象和美感情态”[21]。由此可见，意境论已经超越了单纯的以物论物，而是牵扯到了审美主体的主观情感。因此，意境美学的重点也超越了对“象”的直观探讨，而是在于象外之境、言外之意、景外之境的审美感受。如宗白华先生所说：情和景交融互渗，因而发掘出最深的情，一层比一层更深的情，同时也透入最深的景，一层比一层更晶莹的景……因而

[19] 参见（唐）王昌龄《诗格》。

[20] “陌生化”由俄国形式主义评论家维克多・鲍里索维奇・什克洛夫斯基提出的。他在《作为手法的艺术》等文章中认为陌生化就是对常规常识的偏离，造成语言理解与感受上的陌生感。在指称上，要使那些现实生活中为人们习以为常的东西化为一种具有新的意义、新的生命力的语言感觉；在语言结构上，要使那些日常语言中为人们司空见惯的语法规则化为一种具有新的形态、新的审美价值的语言艺术。陌生化在艺术领域的运用就是将主客体之间拉开一种“心理距离”继而产生美感。

[21] 古风．意境的泛化和净化 [J]. 北京大学学报（哲学社会科学版），1997，34（6）.

涌现了一个独特的宇宙，崭新的意象，为人类增加了丰富的想象，替世界开辟了新境[22]。通过具体可感的景物形象引发主体的艺术想象，达到实象与虚象的统一、主体与客体的统一及创作者与欣赏者的统一。

2.2.1.2 意境的生成机制

意境创造中，主体不仅要营造具体实在的“象”，更要依托实象在欣赏者心中塑造虚化的“象”。“境”的生成是具体的“象”和虚幻的“象外之象”的统一。在作者营造的实象与欣赏者心中的虚象之间存在一种力的图示和召唤结构。通过这种力场的双向互动，最终实现了象的虚实统一以及创作者与欣赏者的知觉统一，最终实现了意境呈现。

首先，实象作为虚象的物质载体，后者由前者所激发，并且实象对虚象进行规范和制约。如清代孙联奎在《诗品臆说》中说：“人画山水亭屋，未画山水主人，然知亭屋中之必有主人也。是谓超以象外、得其环中。”[23] 这里对于“山水主人”的联想无疑受到“山水亭屋”的制约，虽超以象外，却得其环中。

其次，虚象以其丰富的内容给实象以生气，让实象超越自身限制而获得更丰富的内涵，这是虚象对实象的丰富和深化。由此，实象与虚象之间便通过广泛的联系和相互作用而产生了一种力的效果。实象作为一种向内的力，制约着外放的虚象的扩展；虚象作为一种外向的力，使内力以实象为基点一层层向外延伸。由此可见，向外的力是意境产生的原动力，而内力对外力却有着方向的规定性和力的控制效用。外力发展到一定阶段便会受到内力的牵引，再次回复到内，内外力之间的相互抗衡便促进了意境产生。

虚实二象的内外张力实则是创作者与欣赏者之间的心理力场图示。创作者通过实象的塑造将某种心理力场传递给欣赏者，同时预留一定的“空白”，接受者对实象解读的过程实则一种主动的“补白”，而这个“补白”不可能无限自由而是受到力的制约作用和方向的规定性限定。反之，由于接受者的个体文化差异，其补白过程充满着多义性和无限可能性，实象之“具体、少、隐、缺”相对于接受者内心虚象之“抽象、多、显、全”形成了一种不平衡的状态，促进了创作者与接受者之间心理力场的运动和调剂，于是在接受者内心产生了一种压迫感。由于“格式塔”心理[24]的存在，这种压迫感会大大激发接受者的想象，在自我意识中对“象”进行抽象、多、显、全的完善，通过对虚象进行主动的营造，彰显一种接受主体的心理力场，如同杠杆原理，以一种最小的力，以具体的实象之微小掘起内心的虚象之广大。

[22] 宗白华. 艺境 [M]. 北京：商务印书馆，2011.

[23] 参见（唐）孙联奎《诗品臆说》中引司空图《二十四诗品》。

[24] “格式塔”心理学是 20 世纪初在德国出现的一个学派，诞生于 1912 年，是德文“Gestalt”一词的音译，意思为“形式”“形状”，在心理学中用这个词表示的是任何一种被分离的整体。格式塔也被译为完形心理学。“格式塔”认为，人的心理意识活动都是先验的“完形”，即“具有内在规律的完整的历程”，是先于人的经验而存在的，是人的经验的先决条件。人所知觉的外界事物和运动都是完形的作用。人和动物的智慧行为是一种新完形的突然出现，叫作“顿悟”。

由此我们可以根据创作者与欣赏者的互动关系大致梳理出意境的生成机制：首先，实象要具有一定的感官形态，这是意境产生的基础，具有向内的力之作用。其次，审美主体以这个实象为线索去主动寻求所隐含的意蕴。此时，实象既是得“意”的途径或中介，又规定和制约了虚象的生成。之后，审美接受者激发联想给实象灌注生气，从视觉之快通向心灵之怡。通过心理力场的制衡，便进入畅神的境界，这是道家境界审美的最高层次（图 2–3）。

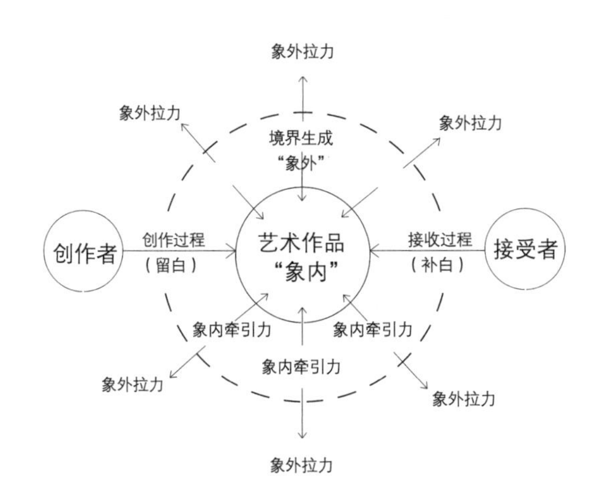

图 2–3 艺术创作的意境生成机制

2.2.2 建筑审美中的意境呈现

2.2.2.1 建筑意境的概念与特征

对于建筑而言，客观存在的体量、形态、材质、色彩等具体的艺术形象是建筑意境的实象构成基础，而其与周围环境所呈现出来的艺术情趣、氛围以及所触发的联想与想象构成了意境的虚境部分。在中国传统建筑营造中，从来就不是以构建客观的实体形象为最终目标，而是通过具体的、有限的建筑空间环境传递耐人寻味的某种气氛和情调，使欣赏者触景生情、睹物思意，在有限的空间环境中感受无限的情意。于是，意境空间成为主体与客观景物心灵沟通的媒介，成为创作者与欣赏者情感的桥梁，使其在实境中寄托情意，追求韵外之致，通过具体景物的空间设置，酝酿一种富足的情意，从有限的实在景物中知觉到无限的自然境界和生命真谛。

我们可以结合白居易对园林环境所做的两句诗词来领会建筑意境的特征。白居易在《家园三绝》中言：“沧浪峡水子陵滩，路远江深欲去难。何似家池通小院，卧房阶下插鱼竿。”[25] 在这两句诗中，前两句为虚境，后两句写实，“家池、小院、卧房”是对实境的描述，是具体的“象”；“沧浪、峡水、子陵滩”是作者心中之景，是“象外之象”，为虚。这一实一虚构成了虚实相生的二元结构。具体实在的家池小院诱发了作者对沧浪之水的感情迸发，透视了作者虽隐居田园却心系天下的壮志胸怀。这是灵动秀美的家院空间环境在作者心中所表现出来的艺术形象的扩张，具有思维的主体性，又具有时空的广延性特征。

[25] 参见（唐）白居易《家园三绝》。

随后，作者通过“插鱼竿”这一举动将人与环境结合在一起，“路远江深”与“卧房阶下”在空间上又形成对比，由于受到“家院”的制约，将作者的心从象外再次拉回象内，实现的是诗人优哉游哉的畅神之境和退隐生活的无穷韵味。由此可见，是一定的建筑空间环境营造了某种氛围，由此触发了作者（或观赏者）的联想和幻觉。再通过具体体验和活动（插鱼竿）使心境从虚幻又回归具体，实现了从有限到无限再到有限的转变，实现了审美对象与审美心境的统一。

由此我们可归纳出建筑意境的特征：

（1）时空广延性：诗歌与绘画意境是通过一维空间来展示的深远意境，由于受到篇幅和画面的限制，其时空特征主要依据观者的内心模仿实现。而建筑空间则是实在的三维空间表达，通过人的亲身游历，空间感知更为强烈，营造多维的时空感受，在内心形成空间和时间的延伸感，具有广延性特征。

（2）思维主体性：主体性是艺术意境的一般性特征，对于建筑而言，意境也涉及主观与客观两个层面。前者是创作者或欣赏者能动的思维活动，后者是建筑的外在形象、空间序列以及环境氛围。主体思维的发散性是主客体之间外力的召唤图示，是虚境生成的重要因素。

（3）“象外”虚幻性：相对于具体实际的“象”来说，“象外”具有虚幻性特征。对于建筑意境来说，审美境界是超越时间和空间的自由人生境界，是人生境界浮现在建筑空间中的幻影。幻境化为心灵环境，实现的是超越有限环境和形象之美的或空灵、或崇高、或壮美的人生感悟。

（4）无限轮回性：境界说源于老庄思想之“道”。“道”的时间、空间以及思维特征具有曲线轮回特征。从内外力的结构来看，“象外”之象将主体的心带向远方，而同时又受到“象内”之力的制约。于是，两种力相互制衡，使人的心灵与身体在实境与虚境之间徘徊，实现了从有限到无限再回归有限的循环往复之中，实现了心灵与身体的统一，虚体（无）与实体（有）的统一。正如司空图所言：“超以象外，得其环中”[26]。

2.2.2.2 建筑意境的层次性

根据审美主体与客观物象之间的关联程度以及主体情感的显现程度，建筑意境论可划分为“意象”“意境”与“境界”三个层次。三者之间表现为审美层次的逐级递增关系。

[26] 参见（唐）司空图《诗品·雄浑》。

（1）“意象”的概念源于《周易》中的“立象以尽意”，一切蕴含着“意”的表象均可为“意象”。它是融合人之情意的客观物象，是形象与意念的统一，侧重于艺术形象的展现。对于建筑来说，“意象”注重其带有着某种意味的外部特征，虽然包含人的情意诉求，但其关注点更多地停留在形象层面，是主体情感的外化和物化。只不过这个形象是带有某种主观情意的形象，为个性化的建筑创作提供了道路，但并没有脱离“象”的具体化表征。

（2）“意境”相对于“意象”来说是更高一级的审美层次，是超越客观具体的“象”的主体内心观照和心理感受，在建筑中表现为某种独特的环境氛围。在这个特定的氛围中，我们所感受到的已经不仅仅是客观的实体或空间存在，而是一种难以言传的虚幻特征。这种幻境往往通过隐喻等手法注入时间意识、生命感悟等抽象要素，以表征某种主观情绪，模拟某种生活场景，以形成带有某种情绪的现象场[27]。相对于“意象”偏重建筑艺术的显性层面，“意境”侧重于象外的虚境，可以说“境”是对“象”的突破和超越。建筑之“境”由无数的“象”建构而成，实现的是实境与虚境的统一，是从有限到无限的质的飞越。

（3）“境界”的概念来源于佛学和禅宗。魏晋之后，佛学与道家思想相结合，形成了以玄学之虚空为美的境界审美思想，其以清逸疏淡为特征。具体到实际创作中，认为“象”约束了人的精神自由，只有对“象”的消解才可获得精神境界的逍遥。在建筑创作中则体现了对实体与空间的无限简约，甚至可有可无，在最原始质朴的虚空的环境中通过主体的自我虚静获得超越自我的审美境界，达到人生的感悟[28]。境界说是审美层次的最高等级，是超越了“象”的约束进入主体精神的绝对自由。但建筑境的塑造并不能离开客观的“象”而独立存在，离开了“象”的寄托，主体情感会陷入绝对虚无之境。

由此我们可以看出，“意象”“意境”和“境界”是主体情感的层层递进（图1-16）。其意境的生成是客体的“象”与主体情感之“境”共同作用的结果。主体情感不可脱离“象”的载体和依托而独立存在，犹如“境界”；亦不可拘泥于“象”而使情感之“境”隐而不发，犹如“意象”。因此，对于建筑审美而言，“意境”是最为确切和适当的表达，主客体之间的力的关系恰到好处，既表达了其虚幻性的一面又体现了形象性，是主客体关系的和谐与统一。

2.2.3 江南传统建筑意境审美倾向——空灵意境

不同的主体情感、审美情趣、知识背景、文化性格都使建筑意境的表达带

[27] 叶朗. 说意境[J]. 文艺研究，1998（1）.

[28] 张燕玲. 中国古代文论中的“意境”“境界”“意象”辨析[J]. 北京科技大学学报（社会科学版），2006（1）.

图 2-4 壮美意境（左）
图 2-5 优美意境（右）

有多样化的特点，这也是中国南北方建筑意境表达的差异性根源。中国北方地区将建筑视为社会礼乐政治的彰显和附庸，将建筑意境嫁接在社会政治伦理的功利性境界之上，以个人的道德实现为最终目标，更多地表现为一种“壮美意境”和“崇高意境”。子曰：“大哉，尧之为君也！巍巍乎！唯天为大，唯尧则之。荡荡乎！民无能名焉。巍巍乎！其有成功也。焕乎！其有文章。”[29] 儒家认为“大”者可以容纳，所以见其“德”。因此，北方建筑空间美感经验和意识中具有绝对“大”的概念，这里的“大”可属崇高、壮美范畴，可使人产生纵向拉伸的无限空间感（图 2-4）。这种意境一方面体现了初民对原始自然的敬畏与崇拜，另一方面反映了儒家思想下，人们对社会道德和绝对权威的崇拜在这些行为中获得美感实现。

由于一定程度上消解了社会礼乐道德的束缚，江南传统建筑意境失去了壮美意境和崇高意境的生存根基，更接近于一种去功利性的纯粹审美观照，体现了一种悦人感官的“优美意境”。王国维在《红楼梦评论》中言道：“若吾人与审美对象无利害关系，又毫无生活之欲存在，则此时吾心宁静之状态，名之曰优美之情，而谓此物曰优美。”[30] 可见“优美”与“壮美”的本质区别在于客观之物是否能够排除功利性，以审美主体的婉约之情产生一种纯粹的、悦人感官之美。如江南建筑、园林的空间营造，以小巧、婉约、秀丽见长，通过宜人的尺度、色彩的雅致、光影的柔和塑造充满情调的小天地，使人们能够玩赏其中，获得感官愉悦（图 2-5）。

如果说优美意境是对感官的取悦，其仍然停留在形式美的层面，是人们对具体物象的赏玩与品味，而未进入悦心的层次，未实现心物交融的畅神与感悟，那么，建筑“空灵意境”的审美之门打开时，才真正使人的栖居充满了诗意。

[29] 参见《论语 · 泰伯》。
[30] 参见（清）王国维著《红楼梦评论》。

空灵意境是江南道家学说与玄学结合，将禅宗虚空的境界引入美学概念中来的产物。从审美的心理特征来看，建筑的空灵意境则渗透着人们对现世生存的自我观照以及心灵的诗性栖居与寄托。传统江南建筑、园林空间通过空灵意境的营造，使人们在当下的瞬间体察到生命的灵动和本体的永恒，通过虚静清空获得内心的安宁。

2.2.3.1 空灵意境的形成与发展

空灵意境审美起源于老庄的“虚无”思想。“空”实为“空无”和“虚静”，是空寂的本体。与儒家崇尚的“大”“有”不同，道家认为美存在于“虚无”之中。老子曰：“致虚极，守静笃，万物并作，吾以观复。”[31] 即大美之道存在于“空无”之中，只有通过笃静，排除心中杂念，使内心处于虚空状态才可得出空灵审美的玄机。“灵”则为“灵动”，是生命的跃动。这里的“动”与道家的“虚静”并不矛盾，此时的“动”是生命完满的灵动一瞬，是各知觉要素在即将完满之前，由于完形作用，在内心召唤起的力构建，若想实现这个灵动一瞬，必须先进入虚静的状态，涤除杂念，明心静气，从某种意义上说，“动”反而更是“静”的一种升华表现。

空灵意境在江南得到了长足发展的另一个重要原因归于禅宗思想在江南的影响。横向比较来看，在北方儒家思想以德为美的依附性审美中，人的个体感性审美被社会理性所异化，在这种入世美学中，没有彼岸意识，于是就不存在对自我“存在”意识的顿悟和内心的反观，一切均同化在以德为美的清规戒律中，这是北方建筑审美意境的本质特征。再来看道家审美，在老庄的审美意识中，“以天为徒”的思想虽具有彼岸意识，但宇宙茫茫而不可知，始终未能将人从现实的生命痛感中解脱出来。此时道家与玄学结合，发展了禅宗哲学。禅宗书籍《五灯会元》中有这样一段话。徒弟问：如何是禅人当下的境界？师父回答：“万古长空，一朝风月。”[32] 这里，“万古长空”是世间万物本体的静与空，“一朝风月”则是现实世界变幻的灵与动。禅宗哲学旨在让人从世间万物的生机中去参悟本体的静，以当下的“有”来觉悟本体的“空”。因此，禅宗并不主张摆脱尘世的纷扰，也不漠视生命的机趣，人们唯当凭借“一朝风月”的舟筏，方可驶达“万古长空”的彼岸[33]。这是禅宗所追求的意境，不离此在，又超越此在。此时的北方并非没有禅宗思想的体现，而在江南，道家学说的出世精神和彼岸思想为禅宗的发展提供了良好的思想基础，使禅宗既继承道家思想又超离于此，可以说两者的本质区别在于对待现实生存的态度上。如果说道家追求的是一种脱离尘世的自由境界，而禅宗在意的是对现世生存的包容和立足当下而明觉本体的永恒。叶朗在《美学原理》中说道：禅宗所确立的空灵意境之美

[31] 参见《道德经 · 章十六》。
[32] 参见(北宋)《五灯会元》卷二。
[33] 姜竞. 初探建筑空灵意境的生成要素 [D]. 杭州：中国美术学院，2012.

启示了一种新的审美体验，就是超越有限和无限、瞬间和永恒的对立，把永恒引到当下、瞬间，要人们从当下、瞬间去体验永恒……使人们了悟生命的意义，获得一种形而上的愉悦[34]。由此可见，江南的道家思想为禅宗思想发展提供了契机，禅宗的现世精神又给江南艺术的空灵意境提供了发展的基石。

2.2.3.2 空灵意境的生成机制

空灵意境的生成是以审美客体对主体的情感激发为前提的，它主宰着审美主体各种知觉力的运动指向和运动方式，这就对客体的知觉要素构成方式提出了要求。首先，审美客体必须具有能够引发主体情感的知觉力场，其次，这种力场与主体内心的知觉动力实现异质同构，进而两者形成知觉合力，实现情景交融。我们可以借鉴王维的一首田园诗来对空灵意境进行领会，“空山不见人，但闻人语响。返景入深林，复照青苔上”[35]。开篇即为“空”，“空山”是对整体环境氛围的写照，是一种空寂的状态，但“空山”并非空无一物，隐约耳闻的“人语”将山的寂静打破，与“鸟鸣山更幽”的意境相似。“人语响”说明诗人并未将自己与当下和现实分割开来而陷入内心的寂寥，空山之“空”与诗人内心之淡然自若形成了一种异质同构的合力，继而产生共鸣，体现一种悠然自得的恬淡之情和平常心态，这些是审美主体的感情准备。那么客观事物是如何激发主体情感的呢？首先从视觉上看远处高低起伏的绵延山峰呈现一种有序的平稳结构，眼前山林中阳光照射在青苔上，温暖湿润。远景的山峦、中景的山林和近景的青苔显出一种完备的视觉形象，构图已经趋于完满，但似乎又缺了点灵气，忽然耳闻“人语响”打破了画面原有的平衡和宁静。于是，整个画面在人们心中产生了一种趋于完满又未完满的若即若离的状态，由此进入了一种灵动的境界，产生了空灵意境。

通过上述我们可知，空灵意境生成的前提是审美主体进入淡泊虚静的状态，只有涤除一切的空寂内心才能感受到生命的灵动。其次，对于客体而言，各知觉要趋于一种临近完满和相互消解的临界状态。知觉要素的临近消解是指在审美客体中，各要素的正、负性的量度达到相互减弱而接近消解的状态。这里的消解并非消亡和消失，而是各要素处于一种能量级上的对等和临界状态，继而产生一种似空非空、若有若无的特征[36]。此时，审美主体在对各知觉要素把握的过程中便可以扩大知觉心物场，由于原始的平衡被打破，主体通过心理力场的完形效应对整体意象进行自我完善和补偿，继而自发寻求一种新的平衡。这就要求审美客体具有一定的“空白”和“余地”，不能过满。“空白”的存在使各知觉要素与完美、标准的形式无限接近，处于即将完满而又未满、即将平衡又未平衡的状态，各知觉要素处于一种动态之中，游离在原初的平衡与新的

[34] 叶朗. 美学原理 [M]. 北京：北京大学出版社，2009.
[35] 参见（唐）王维《鹿砦》。
[36] 张美萍. 宗白华“空灵”美学思想论 [D]. 长沙：中南大学，2009；姜竞. 初探建筑空灵意境的生成要素 [D]. 杭州：中国美术学院，2012.

平衡之间。在主体凭借淡泊虚静之心对即将完满的各要素进行整合的灵动一瞬之间，一种完满的形式便若即若离地闪现出来，于是一种空灵意境便呈现出来。这一瞬间不仅是客体形式的完满，更是审美主体通过内心世界的“无”去审视客观世界隐约呈现的“有”，是对自身精神完满的不懈追求和自我反照。可以说，空灵意境除了具有笔者前述的广延性、主体性、虚幻性以及轮回性的意境一般性特征外，还具有灵动性和瞬时性的特征。

2.2.4“空灵意境”在江南传统建筑中的呈现

如果说诗词中的空灵意境是读者的主观心象补偿，那么建筑、园林的空灵意境则是一种综合了各种感官和心理知觉的全方位体验。对于建筑而言，主观层面是创作者或欣赏者的思维活动，客观层面是建筑、园林所形成的外部形象、空间秩序和与环境形成的整体氛围。首先，江南人士含蓄多情、淡泊明志的性格为空灵意境的生成提供了先决条件，其次，江南山水如画的自然之美为空灵意境的呈现奠定了物质基础。那么，接下来人们要做的就是通过建筑空间环境的营造将这个灵动一瞬呈现出来。这里，笔者借鉴郑板桥对天井的描述来窥探江南传统建筑中的空灵意境呈现。

图 2-6 板桥画竹、天井竹石

《板桥题画竹石》中有这样一段话：“十笏茅斋，一方天井，修竹数竿，石笋数尺，其地无多，其费亦无多也。而风中雨中有声，日中月中有影，诗中酒中有情，闲中闷中有伴，非唯我爱竹石，即竹石亦爱我也。彼千金万金造园亭，或游宦四方，终其身不能归享。而吾辈欲游名山大川，又一时不得即往，何如一室小景，有情有味，历久弥新乎！”[37](图 2-6)首先“十笏茅斋，一方天井”“无多”“无费”限定了空间的范围和结构，天井中仅有的客体是数量不多的竹、石之物，属具体的“象”。这种空寂、极简的空间布局与主人内心淡泊名利、恬淡虚静的心境异质同构，为空灵境界的生成提供了先决条件。从图底关系上看，尺度宜人的天井空间作为背景，其中寥寥点缀些许竹石，“竹”“石”“斑驳的墙面”三知觉要素的量度趋于平衡，似乎趋于完满。然而，从构图上看，几棵竹、几块石并非填满了整个天井，整个空间依然存在着大量的留白，否则便无处容纳自然界的“风雨之声”和“日月之影”。正是墙面上斑驳的竹影产生的一灵动之趣以及雨打竹叶之声和月色摇竹之影打破了天井中原初的平衡，使整个空间画面处在动态游离的状态。此情此景便激发了主人内心无限的联想。“游宦四方”“名山大川”是象外之象，是竹、石的具体之象激发的产物，主人的心境受到象外之象的拉伸，漂移到四方游宦一番，最终又被拉回到“一室小景”中来，这表明主人并未将自己与当下的现实隔离开来，是以一种悠然自

[37] 参见《郑板桥集·竹石》，出自：吴泽顺．郑板桥集 [M]．长沙：岳麓书社，2002.

得的恬淡之心直面现世生存和内心观照。这一番心灵游历的过程其实是主体内心对天井空间的“补白”。由于天地之气将原初的平衡打破，主人将要通过主体情感的参与和实践重新获得新的平衡。于是借着灵动的竹影，伴着耳边风雨之声把酒吟诗，于是，一个有声、有形、有情、有伴的闲适自得的环境被营造了出来。趁着酒的蒙昽状态，主体对各知觉要素进行重新整合，一刹那间，天井、竹、石、风雨、日月等，似乎与我融为一体，达到了“物我合一”的境界。于是一个新的平衡被建立起来，在这个天井中，一种完满的形态若即若离地闪现出来，呈现了空灵的意境之美。

通过上述可见，空灵意境对审美主体的状态和审美客体的性状都提出了要求。对客体来说，要求物象与主体之间具有“远”的距离感，显出模糊和混沌的特征；从审美时间来看，则需要具有“韵”的悠长和时间回味；对主体来说，则提出了“清淡”的审美心理准备和前提，这同时也是对客体简约和素雅形式的诉求。

2.2.4.1 模糊与复合——空灵意境的呈现契机

“模糊”一词在语义学中意指由事物属性的不明确性而引起的判断的不明确性。所以模糊性也就是客观事物在相互联系和相互过渡时所呈现出来的“亦此亦彼”性[38]。在传统的道家和禅宗哲学语境中，模糊有着深远的含义，老子曰：“道之为物，惟恍惟惚。惚兮恍兮，其中有象；恍兮惚兮，其中有物。”[39]道之恍惚就是一种混沌模糊、难以言说的状态。禅宗“以心相传”提倡非理性的直觉顿悟，也表明了禅理玄妙的模糊特征。从意境生成来看，“模糊”的不确定性是空灵意境发生的潜能与动力。与儒家的崇高意境不同，江南建筑的空灵意境诉求的是一种各知觉要素之间亦虚亦实、亦此亦彼的动态平衡和生命灵动。这就要求建筑空间各个要素处于一种不确定的模糊状态，以此产生空间属性和知觉感受的复合效应，继而出现灵动之感。

在江南传统聚落空间中存在着大量的模糊因素。江南地区水系交错，聚落分布往往沿着水系自由生长，边缘很不清晰，亦无明确划分（常常以房屋的逐渐稀少作为聚落与环境的自然过渡）。此外，区别于北方严谨的里坊制城镇结构布局，江南聚落空间中主次街道相互交错，次一级的巷道作为交通体系的过渡层次往往属性不明确，既有街道的开放性，又有巷弄的私密性；既可归属街道的交通体系，亦可归属住宅的联系结构。由此，巷道体系的模糊性便凸显出来，具有功能的复合性。此外，这种街巷体系还体现了知觉的复合。白天街道两侧商业店面沿街开放，在视线上打通了内与外的联系，室内空间已经由私密转为

[38] 于立波，周立晗. 为有源头活水来：浅析建筑模糊性的应用[J]. 林业科技情报，2002（3）.
[39]《道德经 · 章二十一》。

图 2-7 江南街巷的昼夜不同形态

公共，成为街道向室内的渗透。此时，店门口临近的街道区域已经被纳入房屋的范畴，沿街廊棚下几张茶几围坐几人悠闲聊天，与周围人来船往和睦共处，这是功能的模糊与复合。这种复合感受还体现出时间效应，到了晚上，沿街店面关闭，整个街道呈现出封闭的线性形态，商业街一改白天的喧嚣场景，转而成为单纯的交通性空间（图 2-7）。这是由功能的模糊性而产生的知觉感受的复合，两种截然不同的空间感受的叠加与复合使人们对江南街市空间形态获得了完满的认知。

综上所述，为方便表述，暂且将江南聚落、建筑中的巷道、廊棚、水埠、天井等模糊性空间要素称为“模糊因子”，将商业街道、民居房屋等相对整体和趋于完满的空间称为“临界空间”。任何一个“模糊因子”都处在相邻两个“临界空间”之间，任何一个“临界空间”都由于“模糊因子”的缺失而产生“空白”。同时，三者之间在于一种力的作用下，相互制衡而取得初始的平衡。从空灵意境知觉要素的量度平衡来看，一旦一方的“临界空间”获得了与之比邻的“模糊因子”，即可获得“补白”而得到“完满”，而这个完满则是以另一方的缺失为代价。与此同时，由于对方“临界空间”对该“模糊因子”也存在着力的拉伸作用，而最终使得该“模糊因子”保持一种中立，处在亦此亦彼、此消彼长的暧昧状态。于是原初的平衡被打破，三者处在一种新的、永恒的动态平衡和整体平衡之中（图 2-8）。就在审美主体根据这个动态平衡对建筑空间各要素进行重新整合与调试的灵动一瞬之间，一种完满的形式便若即若离地闪现出来，于是一种空灵意境便呈现出来。由此可见，江南传统建筑知觉要素的模糊性体现了空间、功能以及知觉感受的复合，更营造了意境的空灵之美。这是空灵意境呈现的契机，是对客观物象的规定性。

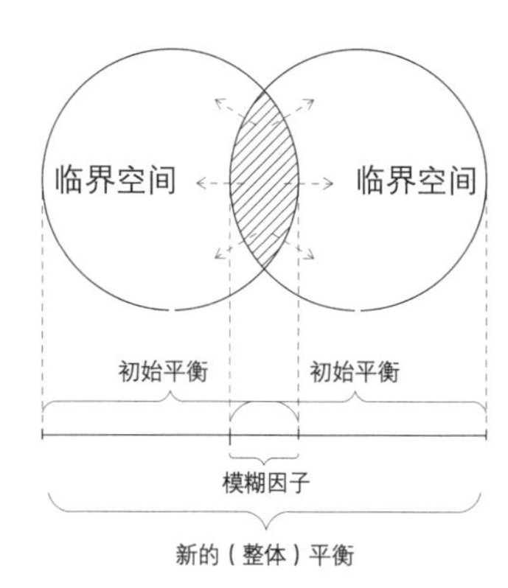

图 2-8 临界空间与模糊因子

2.2.4.2 清淡与素雅——空灵意境的呈现前提

清淡与素雅是对主体和客体两个向度提出诉求。对于前者而言，清淡之心境是空灵意境生成的前提和心理准备；而对于后者，是要求审美客体具有简洁清素之美，以回归自然质朴的原始诉求，呼应主体的空寂、淡泊之心境。

（1）主体的清淡

庄子云：“平易则恬淡矣。平易恬淡，则忧患不能入，邪气不能袭，故其德全而神不亏。”[40] 庄子认为，淡然之味并非无味，而是能够悦心的至味，得到的是意蕴之美。禅宗美学也对清淡之心提出要求，通过“清净”“空寂”使人反观内心，体验恬淡平静的精神境界，进而实现内心解脱。这种解脱并非消极避世，而是顺应自然之美，以平常之心获得空灵活泛的精神完满[41]。从思想来源看，江南的清淡之美首先源于对“水”的崇拜。虽然儒家也有对水的比德，但儒家之水是自然流淌的水，其崇尚的是流水不腐的高尚品德。而江南之水是宁静的，道家认为清净之水能够使人心得到净化，有助于涤除功利之心而进入空寂的虚灵境界。主体心境之清淡、空寂是空灵意境产生的前提和心理准备，只有如水般虚静平和、淡泊明志的心境才能映照万物，感受到客观物象的灵动一瞬，感受到生命的律动，从而感触到空灵的意境。

（2）客体的清淡

清淡雅致之美对审美客体的构建也提出了诉求，道家之“淡”的另一层含义即为无味而无为，“为无为，事无事，味无味”即自然，意指反对做作与卖弄，去除人工痕迹以追求自然质朴之美。这一思想来源于对玉石清素之美的崇尚。南北方对玉石欣赏的态度截然不同。孔子以玉比拟君子之德，在重视其德行之外，还重视其人工雕琢之后的华美。而道家赏玉则是去除人工雕琢，赏味玉的原始质朴的自然之美，这是道家“不物”和“无为”的态度。江南建筑的清淡素雅之美就是以此为思想本源，通过用材的简单、形式的简洁还原自然质朴的本真形态，以此营造清净淡雅的环境氛围。从整体来看，江南建筑形式相对单一，无论公共建筑还是普通民居均通过“口字形”或“日字形”平面的基本单元拼合或拓扑变形而来。从色彩上看，区别于北方建筑用色的华美和艳丽，整个江南建筑的室外空间色彩呈现出一片黑白灰的整体基调（图 2-9），建筑内部也仅在具有结构作用的构建上给予适度装饰，尽显清素雅致之美。总之，江南建筑从整体到局部均体现出简洁素雅的质朴之美和返璞自然的原真形态，从客观层面呼应了审美主体清淡、虚灵的审美心境和审美诉求。这种凝练清素的视觉美感，正是道家和禅宗清淡的精神诉求，在这个平和安详、超然物外的审美氛围之中，所体验到的是一种空灵虚静的意境呈现。

[40] 参见《庄子 · 刻意篇》。
[41] 马峰. 禅宗的“空”与意境“空灵”的内在关联性 [J]. 新疆艺术学院学报，2006，4（4）.

图 2-9 南北方民居用色差异

2.2.4.3 “平远”——空灵意境的呈现条件

对“远”的追求源于中国传统绘画。从魏晋时期开始，中国传统山水画的意境塑造中就出现了对“远韵”的追求。到了北宋时期，郭熙在前人的基础上建立了“三远”的写意绘画思想，云：“山有三远，自山下而仰山巅，谓之高远；自山前而窥山后，谓之深远；自近山而望远山，谓之平远。高远之色清明，深远之色重晦，平远之色，有明有晦。高远之势突兀，深远之意重叠，平远之意冲融，而缥缥缈缈。”[42] 不同于西方固定视点的静态审美，“三远”的构图中，视线是曲折流动的，由高转深，再由深转平，以俯仰还往的视线对整体环境进行审视，从整体来安排部分。这种方法不拘泥于西方的透视原则，而是以视线的流动带动心灵的节奏律动，于有限中见无限，又从无限回归有限，构成一个音乐化、节奏化的虚灵空间。在“三远”中，“高远”体现出对自然山川的原始崇拜和赞美，具有高山仰止的壮美意境和崇高意境，“深远”由于注重空间的渗透与纵向的拉伸，具有透视学的意味，其体现的是幽谧的境界，与现世保持着距离，与江南禅宗所追求的现世精神相悖。而“平远”的塑造往往用墨较淡，以舒朗的笔触营造空间之横向绵延和层次的变化，以连续不断的物象营造一种祥和、悠游之感。“平远”的视线非俯非仰，而是以平视的角度观察，用心灵去把握空间节奏的变化，通过内省时空去弥合主观心境与客观现世之间的裂痕，继而在现世生存中寻求一方内心的清净，以一种“心远地自偏”的态度和“悠然见南山”的平淡去享受自由、质朴的人生。“平远”所造成的空间环境无限延伸，虚实结合、有明有晦，也暗合了道家虚空无为、清静淡泊的情志。在这个虚实动静、明暗交汇的节奏变化中体现的是一种心理力场的动态平衡，实现的是超旷虚灵、舒朗星稀的空灵意境（图 2-10）。

对“平远”的追求主要体现在江南传统聚落、城镇的整体空间营造上。北

[42] 参见（宋）郭熙《林泉高致·山川训》。

图 2-10 郭熙三远意境
上左：高远；上右：深远；下：平远

方城镇往往通过严整、宏大的规模和尺度以及规整布局和均质化的格局显示君权至上的社会心理。相较于北方，江南城镇、聚落的规模相对缩小，布局上体现了“正格”与“多格”的协调[43]。在此，我们拿典型的北方城市“汴梁”（今开封城）与典型的南方城市“临安”（今杭州城）做比较，两者均为宋代都城，但在规模和格局上有着明显的差异。汴梁城严格遵守周礼，整个城镇形态大致呈方形，外城总面积约 27.73 平方千米，城内里坊结构，呈规整的田井式布局，内城为宫城，宫城南门外南北向为中轴线，称御步道。整个城镇规模宏大、地势平坦，城内格局规整、均质。

南宋迁都临安后，城市规模与形态呈现出另一番景象。从整体规模看，临安城面积约 15 平方千米，仅为汴梁城的一半。由于西湖和南部山体的存在，整个城镇布局顺应自然条件呈不规则形态。因为消解了里坊制结构，城内布局更为有机，民居与商业交替结合，疏密有致，水系与街道交错协同与和谐（图 2-11）。城镇规模的减小导致了建筑尺度的缩小，这是有意拉大人的视野，将目光伸向远处以引发联想，并不注重展现单体建筑的完全，重在方寸之间拥有无限的空间想象。这种不求大而求韵味、不求宏丽壮观而求有明有晦的美学思想正暗合了江南城镇、聚落摒弃严整均质，追求疏密相间、明晦相适的生机变化，不强调人工痕迹的刚直有序，转而成为一种自然柔美的城市性格和含蓄之致的意蕴表达。这是“平远”以大见小的审美追求在整体布局中的再现，这种美是虚灵而有余味的，这个余味就蕴含在江南城镇建筑的灵逸、生动、清秀、精致

[43]《传统的本质——中国传统建筑的十三个特点》中归纳出中国传统建筑具有“正格”与“多格”并存，在江南聚落、建筑中，由于受宗法思想的影响，宗祠、官衙所在区域布局相对规整，体现“正格”的理性，而大量的民居则大多顺应自然地势和水系走向，布局疏密有致，体现“多格”的变调性特征。

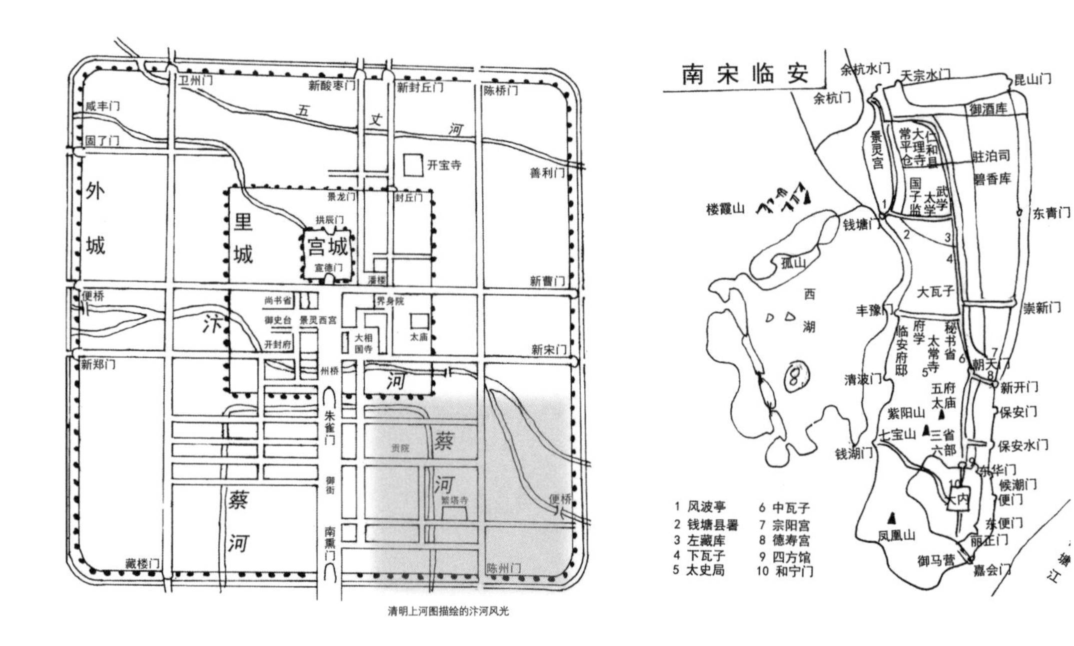

图 2-11 形态比较
左：汴梁城；右：临安城

与平和之中。由于“远”而使整个建筑、聚落空间变得暧昧与模糊，易于激发审美主体的知觉补偿和灵动一瞬的完满意念，继而产生空灵的意境。这种“平远”的审美特征也与南宋时期的江南单纯、内敛的社会文化不无关系。南宋的江南是个文弱的时代，人们习惯于沉下心来，虚空自我，收敛光芒，以内敛的、不张扬的审美品格去体味空灵的意境和真味。这是空灵意境产生的客观条件，亦是对客观物象所提出的要求。

2.2.4.4 “韵”——空灵意境的时间维度

“韵”从形而下的形式特征来看，表现一种节奏变化飘逸的动态特征，从形而上的意境层面看，体现为一种时间向度的规定向。换言之，就是提供一个开放的可以进入的审美空间，营造一种意味深长的审美意境，并且这个意境可以回味绵久，余味悠长，具有时间的恒持性。韵味说以老子的“无味之味”为原点，其本意是指乐的调和与律动，当“韵”被用于艺术创作领域，则形成一种审美境遇，这个境遇的内涵是由实到虚，再漫延之无穷的领域，形成一个弥散的时空，所包含的时空越来越空灵和宽泛。正所谓“余味曲苞，韵外之致，象外之象，含不尽之意，见于言外，言有尽而意无穷”[44]，就是拉开作品与现实的距离，为接受者提供一个广阔的心理活动境遇。在这个过程中，人能够充分体验到一种灵动的生命意蕴。同时，这个回味和品评的过程拓展了时间上的恒常性和持久性。

“韵”常常与“气”进行比照，相对于后者的意气风发和情感浓烈，前者

[44] 参见（宋）欧阳修在《六一诗话》中引（宋）梅尧臣诗句。

图 2-12 江南聚落绵延韵味

显得更加婉约幽隐、淡泊清雅，更与江南人士内敛、含蓄的温良性格形成呼应。其所表现的美学特征是形式的灵动和飘逸以及意境的深远与绵长，这在江南建筑营造中得到了充分展现。鸟瞰江南聚落，白墙黑瓦的民居顺着水系向远方无尽绵延，连续、起伏、渐变、交错，显出错落有致（图 2-12）、疏密相间的节奏感和韵律感，仿佛一曲悠扬的江南小调，抑扬顿挫，飘逸绵延。这是北方严整、均质的空间格局所不具备的灵动特质。空间上向远处无尽延伸，由实到虚，进入虚弥。时间也随着空间无限蔓延开来，在时间的流淌中，感性的情思亦隐亦显，融入自我的旨趣，形成一种朦胧、灵动的意境美。

2.3 虚无之美在江南建筑诗性美学中的体现

如上所述，意境之美（尤其是“空灵”意境）都对“虚”提出了要求。庄子主张以虚而待物，“虚”就是反观内心而不向外求索。只有这样才能避开心智活动，避免物我对峙而返回道中。“道”以一种大美的“虚”而存在，是一切“实”的本源存在。对虚境之美的欣赏实则审美主体超越具体的“象”的束缚，超越功利、伦理的约束，直指自由的内心。宗白华指出：化景物为情思，这是对艺术中虚实结合的正确定义。以虚为虚，就是完全的虚无；以实为实，景物就是死的，不能动人；唯有以实为虚，化实为虚，就有无穷的意味，幽远的意境[45]。“虚—实”关系其实就是“有—无”关系论，实有限而虚无限，反映到情景关系中则是景有限而境无限。以实写虚，以有论无，以有限表达无限是道家审美意境的方法论。

2.3.1 江南建筑美感的存在方式——“虚”

2.3.1.1“虚”的意义与内涵

儒家尚“实”，孟子云：“充实之谓美，充实而有光辉之谓大”[46]，就是强调“实”的效用，强调美的具体形式。道家思想从“虚”，庄子曰：“或使则实，莫为则虚。有名有实，是物之居；无名无实，在物之虚”[47]，老庄从哲学宇宙的高度阐述了万物的虚实观念。在老庄观念中，“虚”是孕育一切真实生命的

[45] 宗白华．艺境 [M]．北京：商务印书馆，2011.
[46] 参见《孟子 · 尽天下》。
[47] 参见《庄子 · 则阳》。

基础，比实更“有”。禅宗的“空寂”“无相”也体现了虚无思想，所谓“空明觉心，以纳万境”就是以主体虚静空无的内心去感受和容纳万物之有。

宗白华曾言：艺术境界中的“空”并不是真正的空，乃是由此而获得的“充实”，由“心远”接近到真意[48]。由此可见，“虚”与“淡”“远”“韵”均有着广泛的交织与联系，并一同构建起“空灵意境”。

（1）虚与清、淡：“清、淡”出于虚空的境界。在许多场合，“淡”与“空”相联系，引出空淡、静淡；“清”亦与“虚”结合，引出清虚、清雅。一切都是源于对虚无之境的美的追求，反映出道家的悠然逍遥和禅宗的空寂了然。

（2）虚与远：“远”是通过拉开审美主客体之间的距离以造成朦胧模糊之感和整体意蕴。远则虚，近则实，通过“远”的混沌造成虚幻空灵的意境效果。可见，“远”生于“虚”中，而“虚”又藏于“远”中。

（3）虚与韵：“韵”更是一个虚无的境遇，是一个绵延无穷的时空领域。在这个领域中，容纳了主体的无尽想象之虚，是“虚”的广泛呈现。

综上所述，虚空的境界是不即不离的境界，不离物象又不即物象，由虚生淡、由虚生远、由虚生韵，共同营造的是一个虚幻空灵的意境。

2.3.1.2 江南传统建筑环境中的虚实互化

江南传统建筑的虚实关系是亦此亦彼相互转化的关系，如果仅仅以虚论虚则会陷入空泛和虚无，反之，以实论实亦会导致物象的僵死和滞待，只有虚实互化才能产生无穷的意味和玄远的境界。宗白华认为：以虚代实，以实代虚，虚中有实，实中有虚，虚实结合，这是中国美学思想中的一个重要问题[49]。

在这里，借鉴郑板桥画竹的一段文字来理解“虚实互化”的实质。郑板桥言：胸中勃勃遂有画意。其实胸中之竹，并不是眼中之竹也。因而磨墨展纸，落笔倏作变相，手中之竹又不是胸中之竹也。总之，意在笔先者，定则也；趣在法外者，化机也。独画云乎哉？[50]郑板桥在画竹的整个过程中审美意识经历了两次飞跃和三个阶段：从“眼中之竹”到“胸中之竹”是一次飞跃，从“胸中之竹”到“手中之竹”是第二次飞跃。第一个飞跃是将实在的物象化为内心的虚象，即化实为虚。“胸中之竹”是经过审美心理整合过的虚象，即化景物（竹）为情思。化实为虚，就是“移世界”，创作者可以将主观意念融入客体，

[48] 宗白华．艺境 [M]．北京：商务印书馆，2011.
[49] 宗白华．美学散步 [M]．上海：上海人民出版社，2005.
[50] 俞剑华．中国古代画论类编 [M]．北京：人民美术出版社，1957.

以真实的形象表达内在的情感。第二个飞跃是将心中虚化的“胸中之竹”再转化为具体的“手中之竹”。此时的竹相对于“眼中之竹”有了质的不同，这个过程是转虚为实，就是“移我情”，将带有我之情感的虚象再以具体的形式映射出去，这时的象是高度抽象的，带有我的理解和感情。

江南园林的理景手法就是从化实为虚再到转虚为实的充分运用。江南园林讲求以小见大，方寸之间可见山高玄远。这就要求创作者对自然山水尽心体验和细致观察，“搜尽奇峰打草稿”，在心中形成自己对自然山水之理解，这是化实为虚的过程。再通过假山的堆砌和艺术化表达，对自然山川的层次、形态特征进行抽象模仿，转虚为实。此时的假山虽没有自然山水的气势磅礴，却也有着山岳的神韵和灵动。

2.3.2 虚无之美在江南建筑环境中的呈现方式——含蓄婉约

“虚”的本质特征是含蓄而不显的，无法通过线性思维进行推理和判断，只有多曲折而避直线的思维方式才能得其真谛。在这种认知方式的观照下，江南人士的情感表达和性格特征逐渐内敛和含蓄起来，艺术审美也常常忌直露而重婉约。此外，从方法论角度看，含蓄可以通过拉开审美主体与物象之间的空间距离，易造成一种“心理距离”，通过空白、叠合、隔藏以及兴喻等手法营造“言有尽而意无穷”的韵味美。

2.3.2.1 含蓄之“空白”

“空白”是“虚”的具体表征和显性形式，在道家的虚无思想中，空白并非一无所有的死寂，而是充满丰富内容的象外之象，里面容纳了审美主体的充分想象和情思，是意境生成的重要成分。传统绘画中的“计白当黑”手法就是为意境的生成留有想象的余地，为了激发欣赏者主动地“完形建构”。从格式塔心理学来说，空白就是一个开放式的召唤结构，为欣赏者的自我补白提供可能。对于建筑而言，设置空间悬念、线索缺失等手法，就是刻意营造一种空间实体要素和审美心理上的空白，打破体验者对空间认知的思维惯性而产生一种陌生感，从而激发无限的意境生成（图 2-13）。

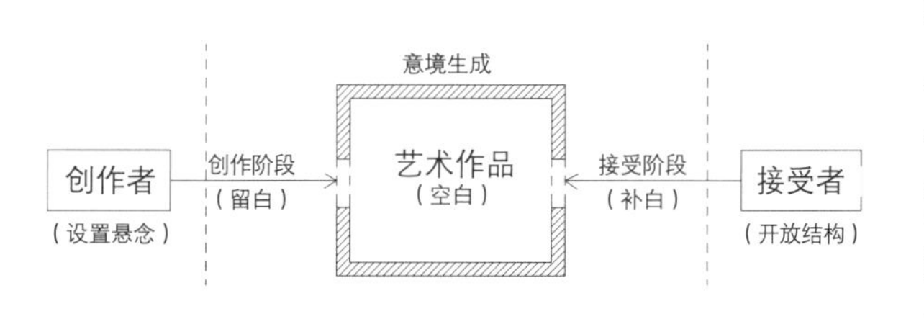

图 2-13 意境生成的“留白”与“补白”

建筑中的空白造成了建筑要素的一种“不在”的意味，但并非真的不存在，而是一种“未出场”，让人们以“出场”的部分为根源，在思维和意念中能动地将“未出场”进行补白。

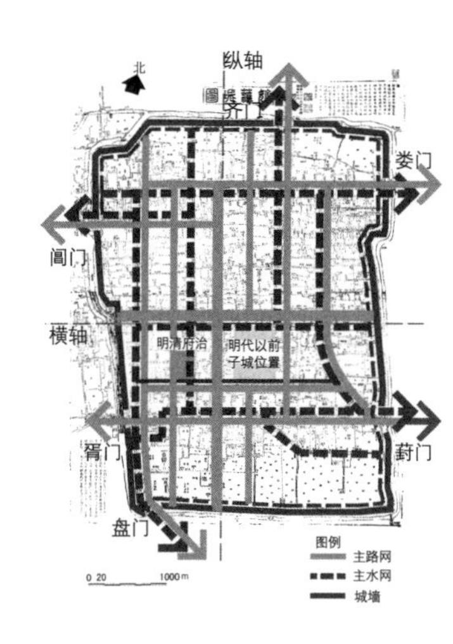

图 2-14 平江城“双棋盘”结构

以江南园林的“理水”来说，园林中一切建筑、廊桥等构筑物（包括绿化植被等）均可视为“实”的部分，水面则为“虚”的部分，可视为空白。在江南拙政园中，水面占据了 2/3 的园区面积。而这空白的水中并非一片死寂，微风吹来，水中建筑的倒影徐徐荡漾，产生灵动生机，以此填补了这个空白的虚无，体现了整体环境的空灵与静穆。在这个空白中容纳了人们无限的情思，不是向无尽的世界苦苦求索而不安，而是一种深深静默的与当下自然合体为一的空灵，是在更高层次对内心的本真观照。

2.3.2.2 含蓄之“叠合”

“叠”是通过两种（或以上）的多元体系或空间的并置从而产生一种虚化的“透明性”，促进人们思维能动地参与和多元地解读。在此，我们可以借助柯林·罗的“现象透明”原理阐述空间秩序的“叠”对意境生成的效用。柯林·罗在《透明性》一书中指出：凡是拥有两种或两种以上的参照体系的空间位置，都会出现透明性，观者一会儿觉得与一种空间秩序发生关系，一会儿又觉得起作用的是另一种空间秩序，结果张力越来越大，产生深入解读的动力[51]。这种“透明”现象的产生源于空间秩序的二维叠合。在叠合中，两个体系互为图底，某些节点同时从属于两个体系之中，它们相互纠结、重叠与交织，共同拥有着彼此。一个层次包含于另一个层次之内，两者之间互相排斥与融合，形成复杂性与连续性的统一，这些节点类似于笔者上述的“模糊因子”，其空间位置到底属于哪种关系系统暂时悬而未决，为接受者留下了自主理解和选择的空间。于是，在人们对这个深层的暧昧关系进行自我诠释和感知时，在某个灵动一瞬，空灵意境发生了。

以叠合效用来理解江南聚落中的水路双向网络结构，则虚灵意境更易把握了。江南水系众多，街巷与河道紧密相邻形成双重网络的复合交通体系，这是江南典型的水陆两套体系的叠合，南宋时期的“平江图”就是典型代表。宋代之后的平江城内（今苏州）河道总长约 82 千米，较大的河道南北向 6 条，东西向 14 条（其中支流交错），共同形成水网秩序系统。由于里坊制的解除，坊墙拆除，水道被真正打通，与方格状的陆路交通并行，共同建构了城市空间轴线和整体格局。这种水陆共生的交通体功能上相互独立，结构上彼此相依，宛如两张棋盘重叠在一起，形成极具特色的“双棋盘结构”（图 2-14）。由于叠合的作用，水陆两个体系的交汇点由实变虚，“模糊性”与“透明性”

[51] 罗，斯拉茨基. 透明性 *[M]*. 金秋野，王又佳，译. 北京：中国建筑工业出版社，*2008*.

呈现了出来。桥头、水埠、广场等等节点空间往往成为水陆的交汇处，这些空间由于从属于不同的体系而产生多维的功能表达和多元的意义呈现。从功能来说，它们承载着生产、交流、商业、交通等各种活动；从意义上看，此类空间往往被赋予民俗思想和文化内涵，例如同里的“太平”“长庆”“吉利”三座桥被设置为“品”字形跨于三河交汇处，每逢婚庆佳节，人们都要“走三桥”以示吉利。由此可见，江南水乡双重秩序系统的叠加造成了节点之“虚”和性状的模糊，由此提供了一个开放式结构，给人们思维想象与解读提供了空间，产生功能上和意义上的复合与多元解读。在这个亦此亦彼的临界状态中，形成了虚幻和空灵的意境。

2.3.2.3 含蓄之“隔藏”

宗白华指出：“美感的养成在于能空，对物象造成距离，使自己不沾不滞，物象得以孤立绝缘，自成境界：舞台的帘幕，图画的框廓……都是在距离化、间隔化条件下诞生的美景。”[52]“隔”是指审美主体与客体之间保持一定的空间距离，从而造成心理上的深远感以体现含蓄之美。瑞士心理学家布洛提出的“心理距离说”[53]也指出，在艺术创作和欣赏时，都应当拉开心理与物象的时空距离，这种距离能给欣赏者留下审美想象空间而产生陌生化的效果。当然，这个心理距离必须恰如其分，距离太近无法产生“隔”的效果，距离过大又会使艺术难以被理解而无法产生审美共鸣。恰当地运用“隔”会产生雾里看花的含蓄审美韵味，增强意境美的产生。

“隔”的手法充分运用在江南园林的空间营造和室内空间分隔当中，通过门、窗、隔断等媒介形成空间的“隔”与“透”，将原本静态的空间流动起来，营造空间的暧昧与含蓄之感。园林中的廊桥是构成“隔”的重要因素，人们在廊上开出各异的窗，通过窗去欣赏另一侧的景物，进而拉开欣赏者与景物的距离。这时的窗成了一个个画框，透过窗子，对面的景物从具体的三维自然山水转变成了抽象的二维水墨山水，从动态之景变为静态之景。由于隔着一个层次，远处之景显得更为含蓄和深远，加深了空间的层次感，给人以丰富的审美感受。

“隔”往往与“藏、曲”同时作用以形成含蓄之美。如江南园林中“欲扬先抑”的理景手法，通过对主要之景进行人为的遮挡和掩饰，通过路径的蜿蜒曲折，给人一种“山穷水尽疑无路”的错觉（图 2-15）。人们在进一步动态游览的过程中，通过空间的或虚或实、或开或合、步移景异，一步步获得信息，最终根据曲折路径的引导实现主题之景的呈现，产生“柳暗花明又一村”的兴奋和满足。

[52] 宗白华. 论文艺的空灵与充实 [J]. 中华活页文选（教师版），2008（7）.

[53] 布洛在《作为艺术因素和审美原则的“心理距离说”》一文，提出了“心理距离说”这一美学理论。其核心概念是受到“实际空间距离”“重现空间距离”“时间距离”等概念的启发而产生的。“心理距离”是在艺术鉴赏和艺术创作活动中，作为主体的人的审美心理能力，或是主体与客体之间审美心理状态。布洛的“心理距离说”具有两个层面的内涵，其一，物质空间的距离，他认为欣赏创作时应当适当拉开主客体之间的时空距离，继而给欣赏者留下审美想象空间而产生陌生化的效果。其二，精神心理距离，他认为理想的艺术审美心理是非功利性的，是超越了关乎主体自身实际需要和目的（如占有欲、性欲等物质需要）的心理，为了形成理想的审美心理，就必须拉远主体与客体之间的心理距离，使主体以超脱个人物欲的欣赏的眼光看待客体，对客体进行审美观照，所以布洛说“距离乃是一切艺术的共同因素”。张彦. 浅析布洛的美学理论“心理距离说”[J]. 漳州职业技术学院学报，2006(3).

图 2-15 园林空间之“隔”“藏”

2.3.2.4 含蓄之“兴喻”

“喻”同于诗六义“风、雅、颂、赋、比、兴”中的“比”，是托物言志的一种手法。其源于审美通感，是假借另一个事物来说明一件事物，是含蓄美的典型手法之一。江南园林建筑往往通过诗词楹联对隐匿于情景之内的意境进行隐喻和心理补偿，如拙政园中的一展小亭名为“与谁同坐轩”，主人通过“与谁同坐”这个开放的提问来引出“明月、清风、我”的回答，以“明月、清风”来隐喻“我”的空寂、淡然之情。再如文人园林中常见的梅、竹、松，称“岁寒三友”，是以其孤傲、清雅的品质隐喻主人之淡泊、清高的心境，是通过主体情感的比附而造成抒情表达的含蓄之至。总之，江南建筑的含蓄婉约与江南人士的性格特征如出一辙，是江南建筑意境之所存，成为江南建筑审美的又一典型特征。

2.3.3 虚无之美的获得途径——体验

2.3.3.1 体验的知觉真实

对于主体而言，在实现了内心的虚静和空淡之后，接下来便可以进入审美的体查和明验，即“体验”。“体验”就是以身体之，以心验之，其观念来源于老庄的“体道”。老子论“道”是不可见、不可言、不可闻的无状之状，无物之象，那么如何才能感受“道”之存在？老子曰：“致虚极，守静笃，万物并作，吾以观复。”[54] 这里的“观”并非现代语义中的“观看”，而是一种反观内心的心灵体验，是将自身放在“万物并作”之中，随万物一起流行，从中体会“道”之所存。

在体验中，人不再置身物外，评论其功过是非，而是进入物中，切身感受物的存在，两者之间产生了情意绵绵的精神互摄。在这个过程中，人与物的关系得到了升华：物不再是异己的存在，而带有了人性的光辉，成为人的生命和心灵的载体，同时，人的生命和心灵也在体验中获得了实现。这是一种超越认知和功利的审美方式，为人们展示了一个有情有义的世界，开辟了一个个体感性的精神生活，哺育了中国传统美学的民族特征，这就是体验的知觉真实。

2.3.3.2 体验的心理机制

奥地利精神分析学家弗洛伊德认为体验是一种瞬间的幻想：是对过去的回忆——对过去曾经实现的东西的追忆；也是对现在的感受——早年存储下来的意象显现；是对未来的期待——以回忆为原型瞻望未来、创作美景，通过瞬间幻想来换回过去美景，以便掩饰现在的焦虑[55]。弗洛伊德的体验说强调了记忆的“纠结体验”，具有明显的知觉现象学意味。在其看来，体验的价值在于能够将情节转化为一种特定、具体的时间空间结构。这个时空结构是以过去的某种知觉经验为原型（这个知觉原型已经进入人们的集体无意识当中，成为沟通过去、现代和将来的知觉线索），并为将来提供了一个开放的知觉系统。笔者根据其阶段性和层次性特征，对体验的心理机制进行进一步阐述。

直觉：直觉关注的是客观物象的直接形式而非意义或事理，是体验的第一步。体验者的感官在接受外界色彩、声音、形状等刺激时会不假思索地产生一种心理反馈，这时主体所感受到的客体是无功利性的、客观直接的，具有瞬时性和概念的模糊性。在直觉感受中，审美主体将客观表象内化成自己心中初始的形象即审美心象，并储存在记忆中，为日后审美意象的形成提供原始素材，这就是弗氏所谓的“知觉原型”。审美心象无目的性和方向性，它被打上了主体的思想、直觉和情感烙印，构建着人们的集体记忆，为下一步审美体验奠定基础。

通感：通感又称为“联觉”，是直觉体验的感官深化，它是一种心理现象，

[54] 参见《老子 · 章十六》。
[55] 王一川. 意义的瞬间生成[M]. 济南：山东文艺出版社，1988.

通过感官的相互渗透、相互沟通、相互迁移达到眼、耳、鼻、舌、身各个感官的互通与联系，以实现对客观物象的全方位整体感受。在通感作用下，物象的整体显现来自不同感官的信息融合。此时，声音仿佛有了轻重，色彩似乎有了温度……[56] 然而在通感体验阶段，实现的仅仅是知觉的深化，还未出现想象和情感的介入，体验者是直接从客观物象的外在形式的感知中获得生理愉悦。但是，它实现了主体对客体性状的深度感知和全面体验，完成了主客体情感互摄的一切感官准备。

移情：移情作用是人在聚精会神中观照一个对象自然或艺术作品时，由物我两忘达到物我同一，把人的生命和情趣移注到对象里去，使本无生命和情趣的外物仿佛具有人的生命活动，使本来只有物理的东西也显得有人情[57]。在移情体验中，主体获得的快感是通过“内模仿”而实现的。“内模仿”是审美主体通过对客体的知觉感受，在内心中形成与之相应的知觉力场，并根据早期记忆中形成的审美心象（知觉原型）实现内心中对客观物象的心象模仿和自我构建。在“内模仿”中，主客体的情感交流是双向流动的，移情体验的快感是对客观化的自我进行欣赏，因此，与其说欣赏的是客观之物，不如说欣赏的是主体的自我心境和本真情思。由此可见，移情说与“有我之境”有着异曲同工之妙。相对于通感而言，移情首次实现了主客体情感的互摄，是体验的一个飞跃，为审美主体能够顺利地对客体进行接受和认同奠定了基础。

接受：接受体验的发生有赖于客体知觉要素的开放性。上一章节在论述意境的存在方式中涉及的“空白”其实就是一个开放性结构，一个为体验者自我补白提供的空间。然而，这个补白并非随心所欲。首先，客体以其特有的形式指向了体验者记忆中某个特定的知觉原型和“前理解”。其次，接受者根据自己的文化条件、经验背景等条件对客体信息进行主动、定向的选择、过滤、加工和处理，以此将片段化的情节转化为一种自己可理解的时空结构。如果说移情作用在本体意义上证明了主客体情感渗透的可能性实现，其情感的表达是多维和发散的，那么此时的接受规定了审美情感渗透的方向和维度。

认同：这是审美体验的高级阶段，也标志着体验的完成。在认同的心理阶段，体验者充分调动和呼唤心理世界中过往的一切审美心象（知觉原型），将客观物象与他所经历过的事件记忆深度契合。这种记忆与联想将有助于体验者将未知的陌生环境融入自我的知觉世界中，形成自我理解的时空结构。此外，体验者进一步以知觉原型为线索，通过联想、综合、分析等思维活动，创造出未曾出现过的新的形象，这便是时空结构的开放性特征，也是体验的终极目标。

[56] 汪少华. 通感·联想·认知 [J]. 现代外语，2002，25（2）；程泰宁，王大鹏. 通感、意象、建构：浙江美术馆建筑创作后记 [J]. 建筑学报，2010（6）.
[57] 朱光潜. 谈美书简 [M]. 南京：江苏文艺出版社，2007.

认同阶段是体验者与客观物象情感上的深度共鸣，并由此实现审美情感的升华。

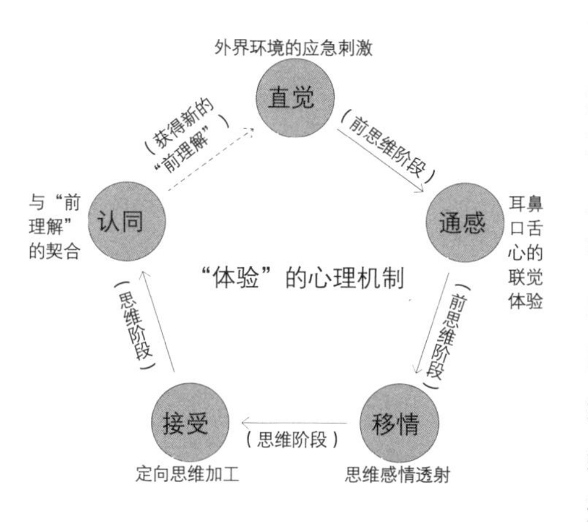

图 2-16 “体验”的心理机制

综上所述，从最初阶段的“直觉”感受到“通感”的全感官体验，再到“移情”的主客体情感互摄，属于“前思维阶段”，此时还没有出现思维理性的介入，而之后的“接受”再到最终的审美“认同”是思维理性通过定向筛选最终获得自我对空间环境的认知，继而形成新的“前理解”，以此进入下一次体验的无限轮回（图 2-16）。这是体验的过程和心理机制，是审美体验由低级到高级的递进和深化。

2.3.4 江南建筑环境的“情景—空间”体验

建筑体验，是人们对建筑空间及外在形式所蕴含的地域特征、历史文脉、日常生活等文化意蕴的独特感受。对于主体而言，人们置身于建筑空间中，情感随着空间的变化而波动，或自然、或不安、或欣喜、或悲伤……以此完善对空间的认知、感受和对场所精神的获得。对于客体来说，空间承载着生活情节，形成了具体的情景片段，并结合活动功能对空间结构秩序进行编排，构建起情景丰富的深层体验框架。在这个编排过程中，不是将生活情景融入空间，就是将空间作为生活情景的一部分进行观照。缺少情景，体验会缺乏整体关联性而难以被理解；缺少空间，体验会失去物质载体而变得空泛。总之，只有将生活情景与空间结合，即“情景合一”，才能使空间场景被理解而获得体验的真实意义，才能使主体自身与建筑环境的关联意义得到确认。知觉现象学大师梅格－庞帝以“纠结的体验”从另一个侧面印证了情景与空间的关联体验。梅氏认为：将所有的景象和现象融合起来，空间、光影、色彩、几何、细部、肌理、质感、气味等初始质料作为一个连续的体验，以此将主观与客观、主体与客体融合一起。重视体验便在本质上将现象和建筑的知觉综合起来，将各种知觉作为一个经验的整体来对待，因此是更为整体的对待建筑现象的感知与体验[58]。这些“初始质料”便是真实生活情景的具体和物化，情景与空间的统一实现的是身体与建筑的统一，完成的是人们内心对场所环境的认同。

[58] 沈克宁. 建筑现象学 [M]. 北京：中国建筑工业出版社，2008.

江南传统建筑空间环境的体验也基于情景—空间共同体而实现。通过身体的进入，借助视觉、触摸、听觉、嗅觉等感官联觉去衡量真实的、全方位的江南世界，产生一种“江南味”的知觉意象，从而获得个人真实的经验与知性。江南情景—空间体验以江南整体氛围和场景为开端，逐渐深入到微观的细枝末节。与北方建筑环境氛围的热情与浓烈不同，江南的空间情景始终给人一种湿润忧郁的情调（直觉）。江南多烟雨，一提到江南，那种雾雨朦胧的场景便浮现在人们眼前，空气中夹杂着芝兰花的清香和雨后泥土的芬芳，这就是典型的江南味道，它构建着人们初始的江南知觉原型。由于弥散的光线削弱了建筑的轮廓和体量感，这里的生活经验似乎是如画的、平面的，基调是忧郁的、含蓄的。在这如诗如画的时空中，人们的空间概念被大大弱化，因此，用体量与空间来诠释和量化江南是徒劳的，只有置身于这个平面的画卷中，弱化视觉的感知，将身体融入雾气中，以肌肤与湿润之气相接触，感受江南独有的湿润，侧耳倾听细雨滴在檐下石阶上的嘀嗒声响，眼前池中泛起雾霭，与天空融为一体，鼻中嗅到芝兰花幽幽的香气，坐在游廊长凳上感受到微微凉意，悠闲地看着水中荡漾的乌篷船……（图2-17）所有这些形成了一个无法分割的整体知觉意象（通感）。这是日常生活情景与空间环境相融合的江南体验。江南特有的平面化的空间秩序将一个个真实生活情景串联起来，形成一幅生动的长卷。这是最真实的江南情景—空间体验，主体情感的融入形成了人们心中对江南知觉原型的时空构建。人们在这个时空框架中发生着与景物的情感互摄（移情），并且根据集体记忆中的“江南味”进行审美对照，形成对江南意象的自我诠释（接受），最终帮助人们完成了对江南场所环境的认同。另外，这个“江南味”的知觉原型根植于人们的集体记忆当中，成为一个开放的认知结构，为今后的聚落、建筑、园林空间的江南意象营造提供真实的质料。而且随着人们体验的持续深入，这个记忆的库存会不断丰富和完善，继而为新的江南样式出现提供契机。

图 2-17 烟雨江南

2.4 世俗之美在江南建筑诗性美学中的显现

如前文所述，早期江南主要受到两股文化的作用：其一，江南本土文化（吴文化），这是民间文化的代表；其二，北方士大夫精英文化，具有儒家礼乐—政治色彩。作为江南传统文化的一个分支，江南建筑文化的发展也体现了南北交融的特点，在继承本土民俗建筑文化的同时也吸收与融合了外来（这里主要指北方，近代西方建筑文化对江南建筑之影响将在后文论述）建筑文化的特征，继而形成鲜明的江南建筑美学特色。概括来说，江南建筑文化的审美倾向经历了从雅俗并包到重俗轻雅的转变。

2.4.1 江南传统审美的雅俗之辨

雅俗之辨，究其本源是文化观念之差异，是士大夫阶层所代表的精英文化与民间大众所代表的通俗文化的对峙。“雅”最早出现在《诗经》中，与“风、颂”同属音乐的范畴。相对于“俗”的感官之悦而言，“雅”更注重审美的精神内涵。在对“雅”的审美中，人的精神会于无形中被拉上一个超凡的高度，期待通过它能够实现对人生的深度体查。这种审美体验将人们从现实的日常生活中抽离出来，其审美愉悦往往也未必是乐的快感。“俗”是根植于社会现实，在大众之中广为流传的艺术形式。其源于阡陌里巷，生于民间风尘，由于其面向现实，易于理会，是民众心声的真情流露与真实写照，因此具有良好的地缘基础。这里的“俗”并无贬义，反之更突显一种富有生命、率真朴实之美。在对“俗”的欣赏时，并没有欣赏“雅”时的心理紧张感，而是一种放松、喜悦和惬意：“你若需要安慰，它就给你慰藉；你若需要宣泄，它就让你痛快；你若需要刺激，它就让你激动；你若需要放松，它就让你开怀。”[59] 所以，“俗”的审美感受是浅显直白的感官快乐，是痛快淋漓的喜悦。而正是由于这种对感官之乐的追求也注定了“俗”的审美效用的短暂，以至于难以恒久与深刻。

随着江南大地人的主体意识觉醒，江南审美逐渐从对雅的附庸转换到对俗的青睐，虽然受到北方儒家思想的影响，亦有对雅的推崇，但此时的雅已经少有礼仪、道德之雅，而是将其转化到日常生活的个体心性之世俗之雅的追求，注重个体感性的优雅自在与禅意感受。

2.4.2 江南建筑审美的世俗化倾向

江南传统建筑审美的重俗轻雅主要表现在崇雅的传统儒家礼乐—政治理念

[59] 朱斌. 雅俗的审美心理比较及其审美启示 [J]. 南昌大学学报（人文社会科学版），2011，42（5）.

与崇俗的江南民俗—宗法思想之间的相持相融上，并通过市镇空间结构的转变、建筑类型的多样化以及建筑装饰的雅俗共赏性几个方面得以体现。

2.4.2.1 市镇空间结构的转变

中国传统意识中“择中而居”一直是先人追求的定居理念。无论北方或是江南，中心意识都是聚落和城镇规划的一个显性特征。以北京城为例，布局以子城居中，内城设坊，坊外为四隅，城门外的城郭为关厢，形成以子城（皇城）为中心，向外依次为城坊、四隅、外郭的层层嵌套的发散式布局。再看江南市镇，虽大大弱化了子城，但由于宗法制度的存在，中心往往被官衙或宗祠建筑占据，而与北方不同的是，江南宗祠相对分散，一个宗祠被若干不规则的斑块簇拥围合，因此，江南城镇的中心往往是发散的，形成一种多中心斑块结构。由于江南民间信仰和民俗文化的存在，宋元以降，这种以宗祠为中心的结构已经发生了改变。由于江南上古时期吴越文化中巫文化的意识，弥散在民间大众的早期审美意识结构中形成了“信巫鬼，重淫祀”的民间习俗和风气。艺术审美也从巫文化中抽离出来，弥散着鬼魅神奇的野性浪漫，形成了具有本土意识的民间信仰。民间信仰促使了“镇庙”建筑的出现，这些镇庙往往由村民自发筹资修建，供奉的神灵也从政府理想的孔子、关帝等正统历史人物转变成各异的地方神（如龙王、城隍等）。由于江南商品经济的发展，镇庙往往与前置广场结合而形成“庙市”，成为祭祀、休憩、交往、娱乐、商贸等世俗日常活动的综合性场所。由此，一部分宗祠演变为庙市，并与周边广场、商业街道共同形成新的宗教、商业、娱乐的多功能中心。

这种非官方的民间自发形制通过民俗仪式的挪用和民间叙事的方式对传统的“宗祠—斑块”格局进行改造，通过“游龙”“巡境”等一系列民俗活动和仪式联系了各个庙市，强调了庙市与庙市的路径之间街道的功用，使街道不仅局限于交通功能，更成为仪式、娱乐、商业等功能的综合体[60]（图 2-18）。这种多点连线的空间结构使原有的中心（宗祠）发生了分散和转移，与北方的层层嵌套布局大相径庭，而是展开了一个以民俗祭祀为核心，以商业娱乐为依托，以街巷骨架为联系，以庙市空间为原始生长点的“点—线—点”跨街巷网络式空间结构模式（图 2-19、图 2-20）。这是江南民俗文化在建筑、聚落布局上的体现，是通过对人们行为心理的转变而实现的聚落、市镇结构的改造，并与原有的官衙以及部分宗祠一起形成新的雅俗共同体。

2.4.2.2 建筑类型的多样

江南世俗文化的多样性促使了建筑类型的多样发展。由于江南风景如画，

[60] 乌再荣．基于“文化基因”视角的苏州古代城市空间研究 [D]．南京：南京大学，2009.

图 2-18 江南庙市“游龙”“巡境”民俗

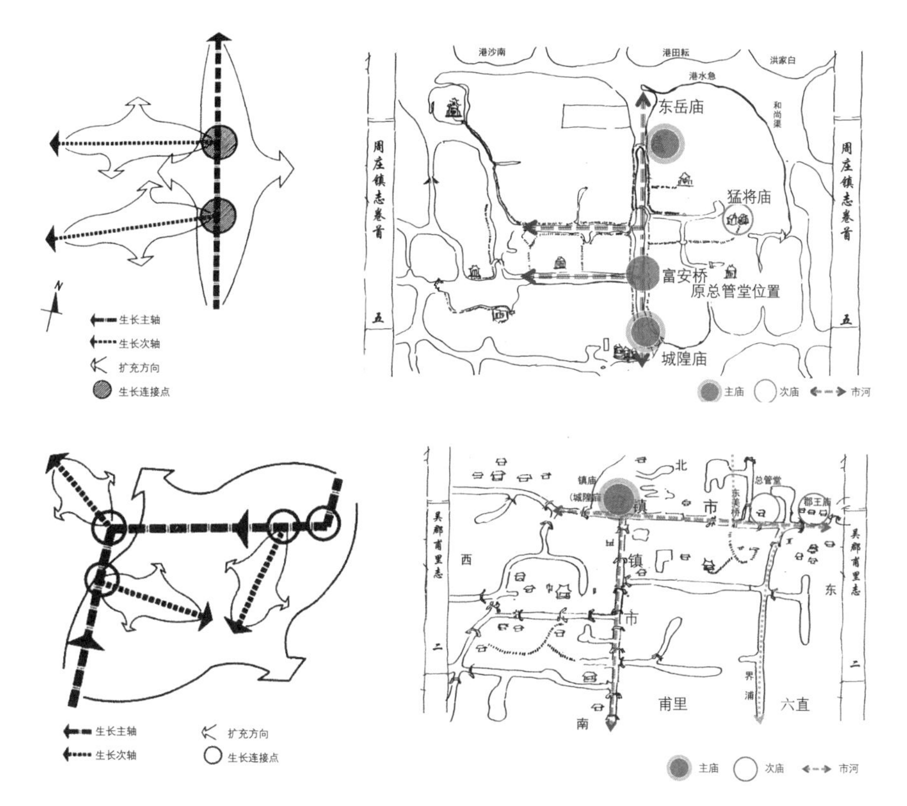

图 2-19 周庄市镇结构图

图 2-20 甪直镇结构图

加之文化的繁荣和财力的雄厚，吸引了大量的文人才子，为江南文艺形式多样创造了条件。这些艺术形式既有“驿路红尘鼓吹”的高雅，也有“池塘青草蛙声”的通俗。无论雅俗，均需要相应的建筑为其提供施展的空间。于是，一时间，江南遍布园林、瓦肆、酒楼、茶馆、青楼、勾栏、戏台等清雅与世俗的建筑。这些地方有的清新脱俗，显出雅致的意境追求，如充满诗画意境的文人园林，成为文人雅士的论道之所；有的气派艳丽，充满脂粉气，成为人们夜夜笙歌的宣泄之处。例如明清时期金陵的秦淮河畔就是江南世俗文化的典型代表，秦淮河河边遍布酒肆、青楼、戏台等娱乐场所，这些建筑往往装饰秀美，充满了靡靡之气，尽显世俗之情。“俗”文化的感官之悦可将人从紧张精神中解脱出来，进入自在的情感释放，对处于现实压力中的人具有治疗、调节作用，正是江南传统文化的雅俗并包促进了江南建筑形式的多样和雅俗共赏。

2.4.2.3 庸俗与僭越现象

江南传统建筑审美也出现过由于对物质欲望的过度追求而显现的庸俗化倾向，加之江南士绅财力雄厚，人们将大量资金投入房屋建造和园林修缮中去，建筑营造也往往打破礼仪规矩，一时间，“江南奢靡为天下最”，僭越现象屡屡发生。这一方面造就了一大批艺术价值极高的民居、宗祠以及山水园林，另一方面体现了世俗之情的过度而导致了奢靡之风的出现和庸俗文化的滥觞。综上所述，江南传统建筑、园林营造以及市镇布局均体现了雅俗的交织和共存，两者相互补充和互渗，通过以雅转俗、化俗为雅消解了双方的对峙而共同营造一个雅俗共赏的审美世界，这也从一个侧面体现了江南文化的多元化，具有开放性和包容性的一面。

本章小结

本章从美学层面论述了江南传统建筑的艺术审美特征（意）。对江南诗性美学在建筑中的呈现进行阐述。通过南方和北方建筑的审美比照，进一步对江南建筑意境之美学特征以及江南虚实之美、世俗之美等美学特质进行论述。从江南建筑意境审美倾向来看，区别于北方建筑的壮美意境，秀美灵动的“空灵”意境成为江南建筑空间，尤其是江南园林空间的典型特征和内在追求：江南聚落空间的模糊与复合为空灵意境的产生提供了呈现契机；审美主体与客体自身的清淡与虚静为空灵意境的产生做了准备；江南聚落空间的“平远”和对“韵”的追求为空灵意境提供了时间上的绵延之感。而这种空灵意境存在于虚无美之中，并通过含蓄婉约的方式呈现出来，因此，必须通过切身的体验才可以获得。此外，由于南北文化的交流，江南建筑审美呈现出雅俗并包的特点，而江南四民阶级的形成，致使江南建筑审美经历了从雅俗并举到重俗轻雅的转变，并以此构成了江南传统建筑的审美特征。一方面，江南市镇结构对传统里坊制的瓦解促进了江南建筑类型的多样化，另一方面也不可避免地造成了庸俗文化和僭越现象的发生。从整体来看，江南传统建筑艺术审美既有诗性美学的物质性内容，也有其精神性的旨归，而其两者在日常生活之中实现了统一，这正是审美真正实现诗性自由的内在基础。

第 3 章
“形”：江南传统建筑的形态语言特征

3.1 江南传统聚落空间结构形态

“结构”是指任何事物内部因素之间的关系属性，这种关系是各要素本身彼此存在、彼此关联的意义基础。“结构主义”认为：在任何一个既定的关系结构中，一种因素的本质就其自身而言是没有意义的，它必须将自身搁置于既定情境中，并与其他因素之间发生关联才变得有意义[1]。瑞士心理学家皮亚杰由此对结构进行了更加全面的阐述：“结构是一种由种种转换规律组成的体系，人们可以在一些实体的排列组合中观察到结构，具有整体性的特征。”[2]所谓“整体性”就是内部关联性，强调了事物内部各个要素的有机关联，即整体大于部分之和。江南传统建筑—聚落空间形态历经了数千年的发展，业已形成稳定的结构体系，作为一个自组织的结构系统，其具有独特的形态特征和结构属性，

[1] 霍克斯. 结构主义和符号学 [M]. 瞿铁鹏，译. 上海：上海译文出版社，1987.
[2] 皮亚杰. 生物学与认知 [M]. 北京：生活·读书·新知三联书店，1989.

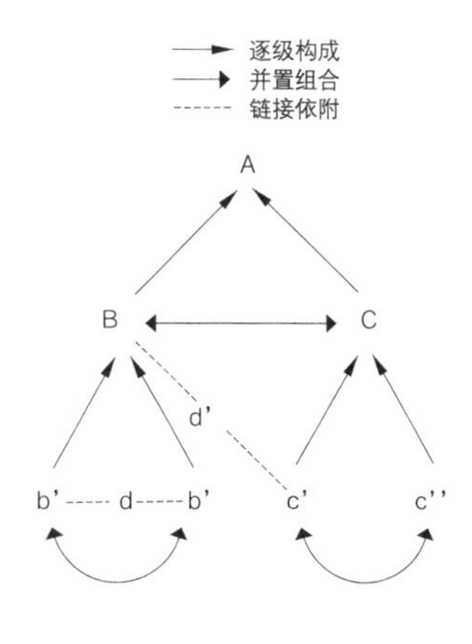

图 3-1“群体结构”示意

并且通过群体结构和层级结构的统一与互补呈现出来。因此，笔者借助“结构”的原理从宏观层面对江南建筑—聚落空间形态的整体特征进行阐述。

3.1.1 江南传统建筑——聚落的群体结构形态

“群”源于数学中一个最基本的原型概念，即一个系统不但包含诸多要素，更表现为各要素之间各种排列组合的构成关系，这种构成关系并非要素的堆砌，而是呈一种非线性多层级网络结构。简言之，一个系统各因素之间相互关联而形成群体，群体又由次一级群体构成，次一级群体又会进一步分解。根据此概念，群体结构可分为逐级构成、并置结合与链接依附三种构成关系。图 3-1 中，系统 A 由 B、C 两个要素组成（B、C 可视为 A 的次群体）。B、C 又可分解成 b’、b’’，c’、c’’两个更次一级的群体，依此类推，形成逐级构成的整体网络结构框架。在各要素之间的关系考察中，我们发现，b’、b’’在共同构成上一级 B 的过程中是并置结合的关系（同理 c’与 c’’或 B 与 C 依然）。此外，b’与 b’’还可通过 d 的链接而产生进一步关联，并且 d 依附于二者，d 与 b’、b’’之间是同层级的链接依附之关系。于是，该三种关系的复合构成了系统中网络关系的呈现。

通过归纳分析可见，江南传统建筑—聚落中的街巷、河道、广场、宅院、水埠等空间要素构成关系对上述三者的自合关系均有体现。为方便阐述，笔者将该三种构成关系分别称为“等级群体”“并列群体”以及“链接群体”。从共时性和同一性的角度阐述江南传统建筑—聚落空间的多层次网络结构形态。

3.1.1.1 等级群体

江南传统建筑—聚落空间各要素之间存在由大到小、由繁到简的逐级构成关系，体现出明显的等级结构特征。从对江南传统建筑空间原型的提取和归纳中可发现，其多由一明两暗的“间”经拓扑变形演化而来，因此，“间”即为江南建筑空间结构的基本单元，由“间”组合而成合院，由合院组合成为院落组，由院落组再组合成为地块，再进一步形成街坊，逐级递增形成江南建筑—聚落空间的主体结构（图 3-2），即“间—合院—院落组—地块—街坊—聚落”。

（1）间：一明两暗或三房两耳的三开间形制是江南单体建筑的基本空间原型，从普通民居到官式宗祠，间的基本形制变化不大，只是在进深和开间上有所变化。（2）合院：间的围合形成“院”，间转向 90° 形成“厢”，间与厢围合成“门”字形、“口”字形或“L”形院。合院是间的上一级结构，又

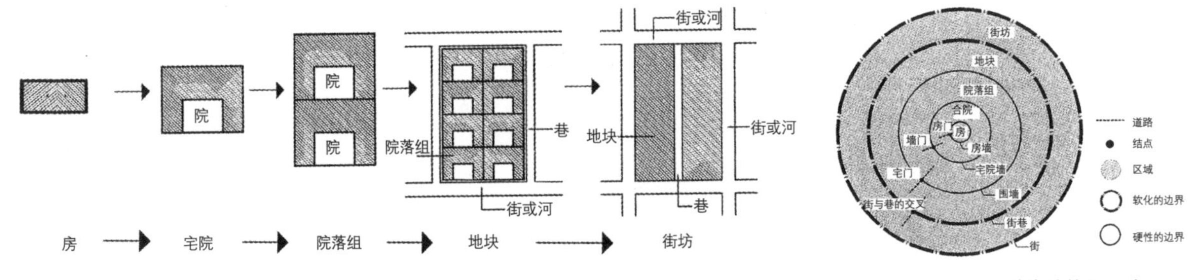

图 3-2 “群体结构”示意图

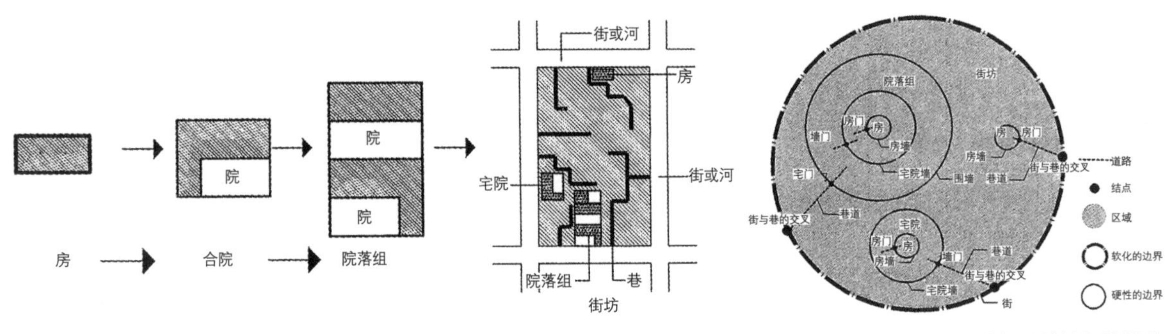

图 3-3 消解“地块”的结构示意图

是江南整体群结构的基本单元。（3）院落组：当合院不能够满足人们的生活生产需求时，便开始以合院为单元向纵向和横向扩张，形成若干院落组。由于受地块限制，院落组的扩张往往顺应地形，因而具有自调性的特征。（4）地块：数个院落组组合成地块，前后为街道，左右为巷道，是最基本的邻里单元。（5）街坊：数个地块组合构成并达到一定规模便成为坊。此时，街道成为划分街区的界线，地块与巷弄成为街坊的组成部分。最终，若干个街坊通过道路联通组织构成江南整体聚落，完成了从自下而上的群体等级架构。

总体而言，大多数江南聚落的等级结构较为明晰，如同里、芦墟等江南古镇，各层级空间形成逐级递增的关系组合，交通层级泾渭分明。然而，由于受到自然条件、人文因素以及后期开发等影响，有些江南聚落的等级关系随之产生各种变体，不仅有纵向的逐级构成还有横向的并置关联（图 3-3）。如合院，往往是院落组的次一级要素，也是街坊的次一级构成，即消解了“地块”这一层级，使合院与街坊产生层级上的并置。然而，也正是由于这种变调性和自适性，更体现出多变的空间情趣和多样形态，如周庄、西塘、乌镇、朱家角等江南古镇多为此类型。但无论整体形态如何变化和复杂，其“间—合院—地块—街坊—聚落”的等级群体结构是趋于稳定的，一方面与自然环境保持着拓扑联系，另一方面与江南的宗法思想具有同构性，是认识江南传统建筑—聚落宏观整体结构形态的框架基础。

3.1.1.2 并列群体

江南水系的发达，使江南聚落的整体空间结构呈现出一种沿水系展开的线性肌理特征，不同于等级群体所呈现的块面组团特征，这种线性结构产生一种顺应河道的动态延伸特征，即河道、街巷及房屋的平行并置组合，形成“并列群体”，也就是一种弱化层次性的“河、街、房”平行构成序列（表 3–1）。

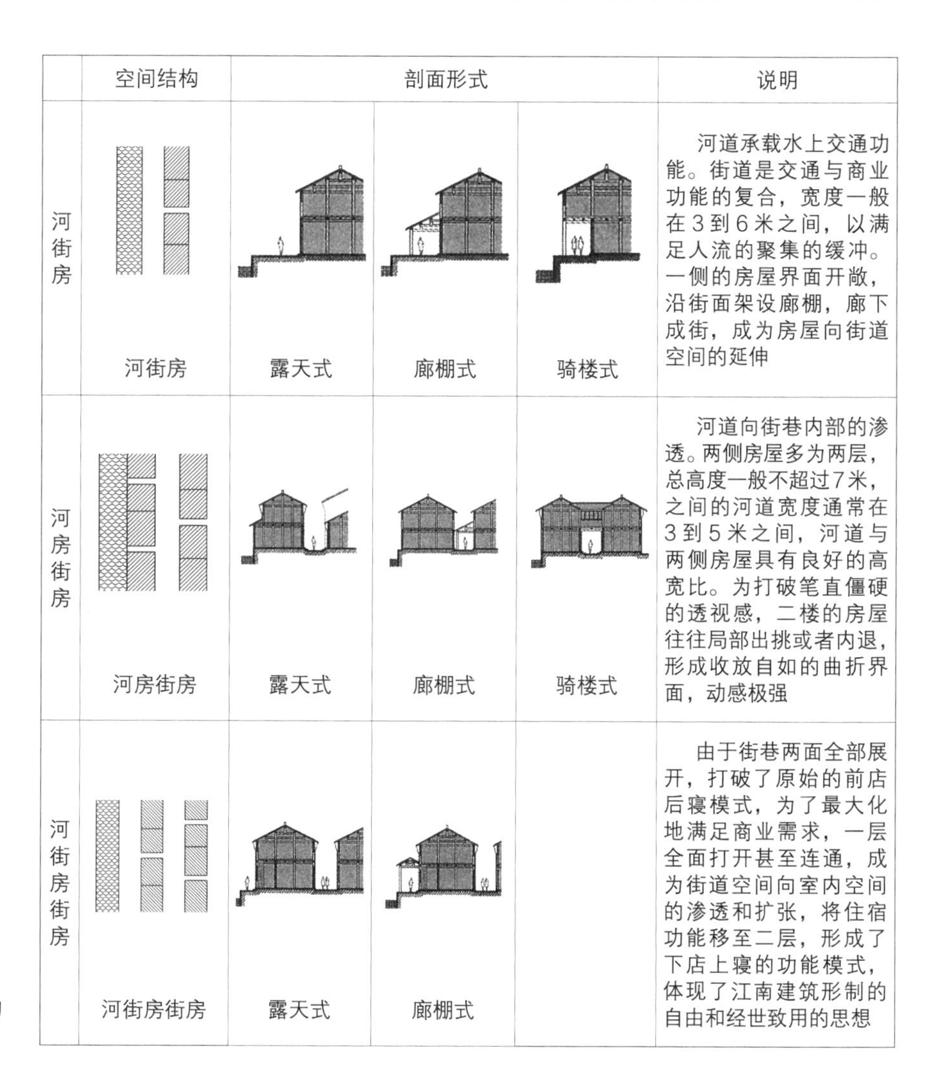

	空间结构	剖面形式			说明
河街房	河街房	露天式	廊棚式	骑楼式	河道承载水上交通功能。街道是交通与商业功能的复合，宽度一般在 3 到 6 米之间，以满足人流的聚集的缓冲。一侧的房屋界面开敞，沿街面架设廊棚，廊下成街，成为房屋向街道空间的延伸
河房街房	河房街房	露天式	廊棚式	骑楼式	河道向街巷内部的渗透。两侧房屋多为两层，总高度一般不超过 7 米，之间的河道宽度通常在 3 到 5 米之间，河道与两侧房屋具有良好的高宽比。为打破笔直僵硬的透视感，二楼的房屋往往局部出挑或者内退，形成收放自如的曲折界面，动感极强
河街房街房	河街房街房	露天式	廊棚式		由于街巷两面全部展开，打破了原始的前店后寝模式，为了最大化地满足商业需求，一层全面打开甚至连通，成为街道空间向室内空间的渗透和扩张，将住宿功能移至二层，形成了下店上寝的功能模式，体现了江南建筑形制的自由和经世致用的思想

表 3–1 河—房—街并列结构界面形态类型

这种线性并列结构往往随着地势、河道的曲折而变换，空间形式收放自如、曲径通幽，成为承载着生活功能和美学特质的多种界面。这种空间界面关系可大致分为“河—街—房”“河—房—街—房”以及“河—街—房—街—房”三种。

等级群体和并列群体共同出现，分别主导着聚落的斑块结构特征和线性结构特征，那么两者是以一种什么关系共存？首先，前者是以后者为分界，一些街坊便是以线性商业街巷或河道为其边界进行划分。其次，沿河道或者街巷的房屋界面往往受到两种结构模式的共同作用，易于产生格局和形制的变化：当等级群体的斑块结构占优势时，界面空间多表现为生活性的一面；当并列群体的线性结构处于优势时，沿街、河界面便更多地表现为商业性特征[3]。总之，江南传统建筑—聚落的空间就是在这两种群体结构的共同作用下相互渗透和补充，形成生活与商业空间的混合。

3.1.1.3 介质群体

如果说等级群体呈现一种街坊的块面结构，并列群体呈现一种沿河街巷的线形特征，那么江南传统建筑—聚落空间中大量存在的水埠、广场、桥头等空间节点则以一种相对独立的点状形态出现，它们依附于宅院、街巷、水系等空间之中，又承载着各要素之间的中介功能，通过与其他元素的关联而使自身的意义得以呈现，成为一种“介质群体”的存在（图 3-4）。

（1）水埠：水埠与江南居民的日常生活密不可分，它暗示着街巷在水道的尽端收头，是水陆交通的链接之处。由于水埠的存在，河道与街巷不再是互不相干的两个交通系统，而是通过人的行为和空间上的咬合使水陆体系上下链接成一个立交的空间统一体。（2）桥：“小桥、流水、人家”是江南古镇给人们的第一印象。桥在江南聚落空间结构中必不可少，江南形态各异的桥作为一个水陆两种交通的节点，从某种意义上说已经超越了其固有的功能意义，而是江南独特人文因素的表征和江南人们日常生活意象的来源。（3）广场：严格意义上来讲，江南聚落中并无典型的广场概念，其所谓广场仅仅是由少数公共建筑（如宗祠等）预留的前置空间，其面积并不大，担负着交往、交通、商业、集会等复合功能。如朱家角城隍庙广场以戏台为中心向周围辐射，成为以娱乐空间为主导的聚落空间节点。广场的出现，暗示着空间关系的承接或者空间性质的转换。（4）街巷节点：街巷节点是整个聚落的交通核心，在连续线性的街道中通过空间的局部放大、收合、转折、过渡等变化形成街巷等级变化的中介与暗示，从体验美学角度来看，这种空间的收放打破了空间单调性，获得了视觉上的变化与统一。

介质群体的介入，使得各空间之间发生良好的过渡与转化。由于节点空间往往结合牌坊等人文构筑物，便被赋予了一定的人文内涵，使一个个独立的、片段化的空间链接成一副整体的动态画面，体现了江南传统建筑—聚落营造的

[3] 段进，季松，王海宁. 城镇空间解析：太湖流域古镇空间结构与形态 [M]. 北京：中国建筑工业出版社，2002.

图 3-4 介质群体类型：广场、街巷节点、桥头、水埠

整体性思想，同时极具人文意蕴，是建筑—自然—社会—文化的统一。

综上所述，三种群体结构反映了江南传统建筑—聚落空间特征的三种基本模式，显示了“河、街、房”三种物质形态共同参与下的点、线、面构成关系。通过三种不同群体空间的复合，体现了江南传统建筑—聚落的整体性特征。

3.1.2 江南传统建筑——聚落的层级结构特征

上一节中笔者从共时性和同一性的角度出发，横向论述了江南传统建筑—聚落的群结构系统。本节中，笔者从历时性和差异性的角度入手，进一步考察江南传统建筑—聚落的纵向层级序列，从聚落街巷结构和建筑单体空间两个层面审视其空间序列的递进关系，揭示其空间层级结构特征。

3.1.2.1 江南传统聚落空间层级特征

江南聚落中的街巷、水网是一个相互交织的网络化结构体系，包含主河道、次河道、沿河街道、商业街道、巷道、弄等不同的交通空间层级。(1)主次河道：一般承载着聚落的主要水上交通，兼具排污泄洪（古时还有防卫功能）的功能，从空间形态上看，主次河道在很大程度上决定和影响了聚落生长的走向和发展趋势，是聚落的生长轴和生命轴。（2）沿河街道：位于河道两侧，与河道平行发展，承载一定的陆上交通，往往以生活性街道为主，尺度宜人，空间相对外向，并伴随着商业的运转和发展。（3）巷道：与街道相比而言，是次一等级的交通系统，是两座建筑山墙之间的空间，往往垂直于街道，是线形街道向斑块内部的延伸，一般是生活性道路，宽度 3~6 米，尺度较小。（4）弄：是巷道向街坊内部的进一步延伸，更为狭窄和封闭，高宽比甚至达到 10:1，仅为联系前后两个巷道之用。

江南聚落往往以先天存在的河道为基本生长点，沿河流一侧或两侧街道自然发展。紧接着，为进一步发展需要，聚落开始向垂直河道的纵向空间延伸开来，之后通过建筑山墙面的自然围合，巷道系统自然出现，将道路系统纵横联系起来，形成回路，由此构建起聚落的水陆网络体系的雏形。在这个自组织发展中，犹如树的生长演化“根—主干—次干—分枝—枝杈”，江南聚落的网络层级结构亦体现为：“河道—沿河街道—垂直河道的街道—巷道—弄”的层级结构原型（图 3–5）。这个空间层级结构体系从空间形态上看是从主到次的等级序列差异，从空间功能上看是从复合功能到单一功能的差异，从空间生成变化看是由快到慢的逐级演化，从空间属性而言是从公共到私密、从开放到闭合的等级差别。

3.1.2.2 江南传统建筑空间层级特征

“合院”是江南传统建筑结构的基本单元，其是以间、厢、院（天井）所组成的空间整体，间与厢的尊卑、门与堂的主次、院与屋的虚实是宗法制度位序观的体现，也是江南建筑单体空间层级序列的表征。以合院为单元进行纵向或横向的套接生长是这种空间层级序列的重复与强化。因此，“合院”不但是横向群体结构的基本单元，从纵向空间体系来看，其同样是江南传统建筑单体空间层级序列的基础。无论是大宅院还是天井住宅，抑或是前店后宅的沿街商铺基本都遵照这个层级序列体系，该体系亦会产生各种拓扑与变形以适应不同形制的需求。

（1）普通住宅空间层级体系：此为江南最为常见的形制，院落（天井）规模一般较小，通常不会大于三进。轴线上依此设门屋—天井院—厅堂—后院（可有可无）空间从前至后由开放到私密，前置的天井和厅堂形制等级均高于后置厅、院，形成从公共—半私密—私密的空间序列层级分布。

（2）前店后宅空间层级体系：该类是普通住宅的变体，通常为 1~2 进。由于沿街店面开放，因此“前”“后”被明确划分开来，前置空间承载商业，

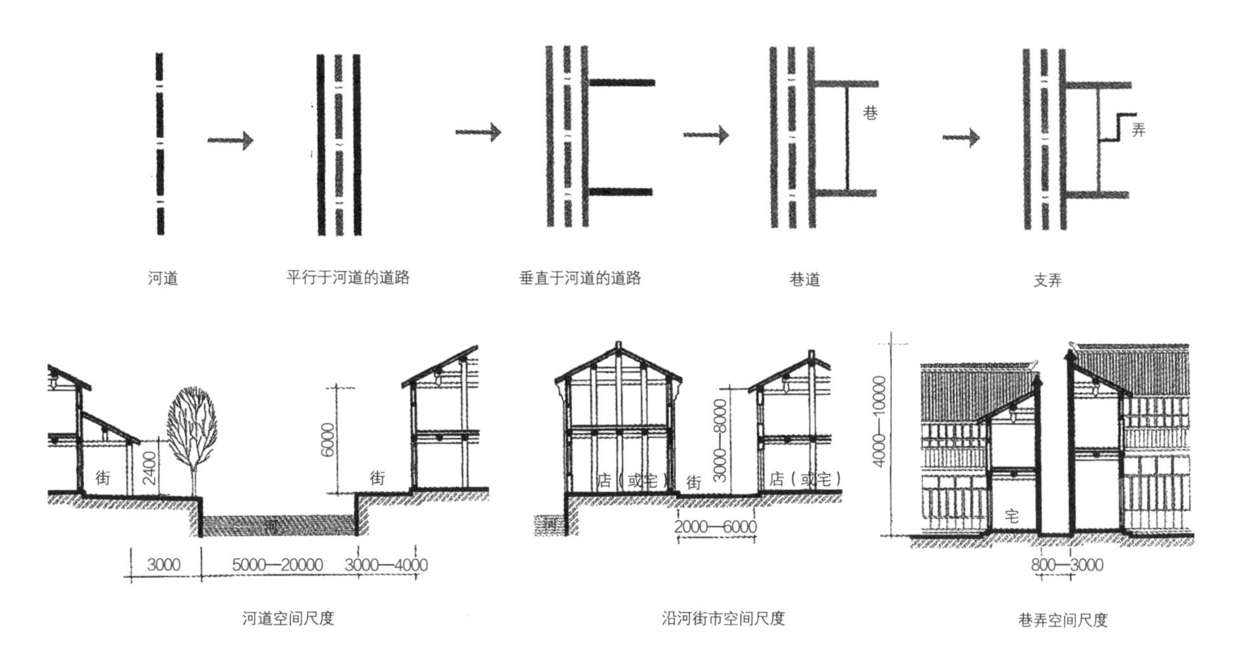

图 3-5 江南聚落街巷等级结构

最为开放，后置空间为住宅，较为私密，空间层级主要依据商业功能需求而划分。

（3）下店上宅空间层级体系：为商业建筑空间的一种，一般为 1 进，因为前后均临街，底层全部开放，立面已经成为隐形的存在。该空间的层级序列一改水平分布的特征，成为纵向分布，下部开放，上部私密，其是在商业经济利益驱动下出现的形制。

（4）大宅院空间层级体系：无论大宅形制多么复杂，就其空间层级序列来看，依然是以合院为单元的层层套接。通常以 1 条（或另有 1—2 条辅助轴线）轴线纵向贯穿，层级明确、序列清晰。轴线上以厅堂、院落、墙门等空间元素交替出现，构成虚实结合的空间节奏。更有甚者，将街巷、河道纳入自家宅院之中形成河从宅中过的景象，体现了院落形制的变调性（表 3-2）。

比较发现，江南传统建筑单体空间中层级序列的差异性主要是序列感的强弱与繁简的差别，因为其合院单元是一致的，因此不同的空间层级序列就有了拓扑相似的特征：首先，无论宅院大小内均有明确的中心空间，而与北方以厅堂为中心的格局不同，江南中心空间大多以天井的“虚”空间为主[4]。其次，无论是否明显，都能感受到轴线控制的意向。只是，一方面这里的轴线关系相对内敛，轴线意识的存在是江南宗法思想中等级秩序的体现；而另一方面，根

[4] 蒋春泉．江南水乡古镇空间结构重构研究初探：从水街路街并行模式到立体分形模式的转变 [D]．大连：大连理工大学，2004.

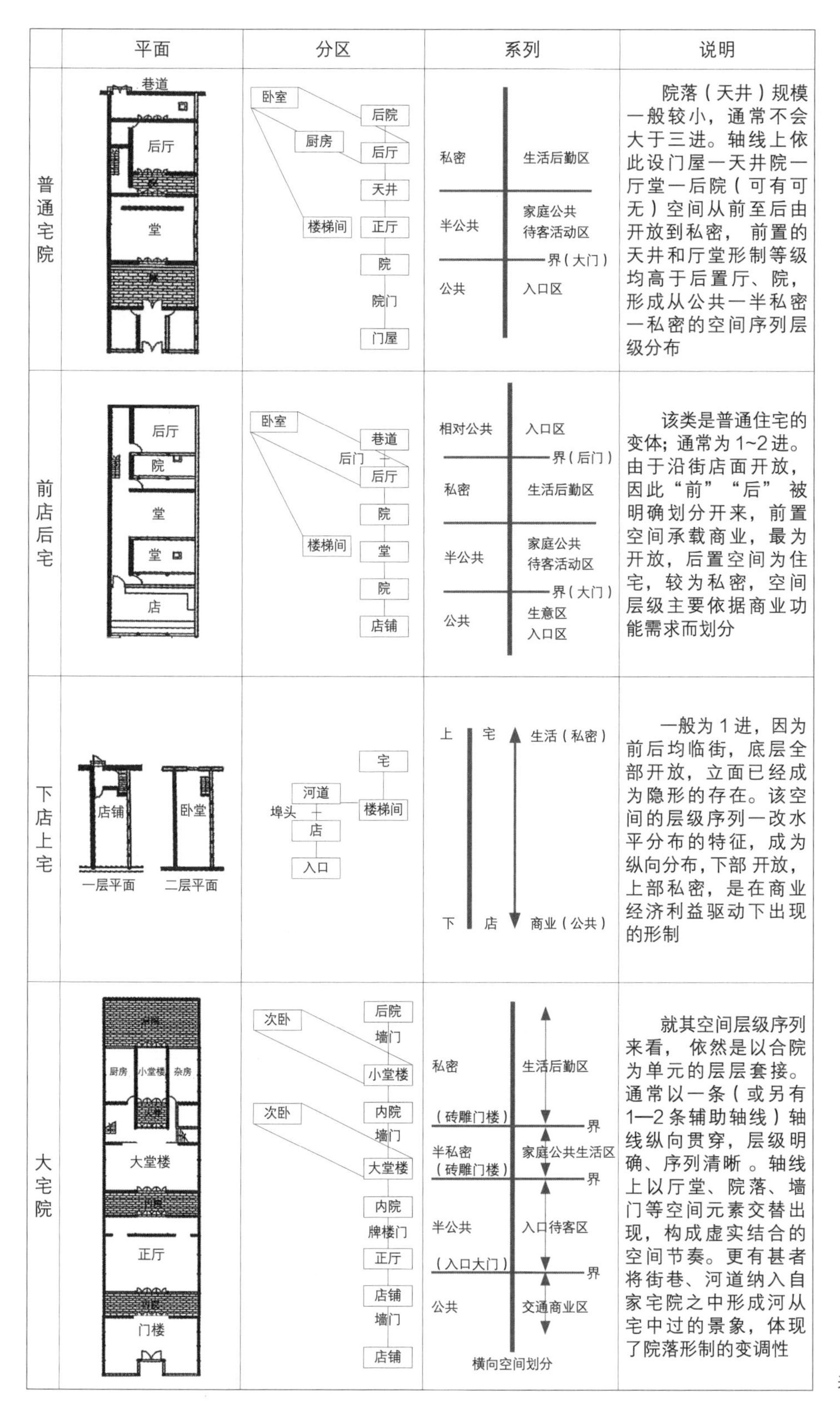

	平面	分区	系列	说明
普通宅院	巷道 后厅 堂	卧室 厨房 楼梯间 后院 后厅 天井 正厅 院 院门 门屋	私密 生活后勤区 半公共 家庭公共待客活动区 界（大门） 公共 入口区	院落（天井）规模一般较小，通常不会大于三进。轴线上依此设门屋—天井院—厅堂—后院（可有可无）空间从前至后由开放到私密，前置的天井和厅堂形制等级均高于后置厅、院，形成从公共—半私密—私密的空间序列层级分布
前店后宅	后厅 院 堂 堂 店	卧室 楼梯间 巷道 后门 后厅 院 堂 院 店铺	相对公共 入口区 界（后门） 私密 生活后勤区 半公共 家庭公共待客活动区 界（大门） 公共 生意区入口区	该类是普通住宅的变体；通常为1~2进。由于沿街店面开放，因此“前”“后”被明确划分开来，前置空间承载商业，最为开放，后置空间为住宅，较为私密，空间层级主要依据商业功能需求而划分
下店上宅	店铺 卧堂 一层平面 二层平面	宅 河道 楼梯间 埠头 店 入口	上 宅 生活（私密） 下 店 商业（公共）	一般为1进，因为前后均临街，底层全部开放，立面已经成为隐形的存在。该空间的层级序列一改水平分布的特征，成为纵向分布，下部开放，上部私密，是在商业经济利益驱动下出现的形制
大宅院	厨房 小堂楼 杂房 大堂楼 正厅 门楼	次卧 次卧 后院 墙门 小堂楼 内院 墙门 大堂楼 内院 牌楼门 正厅 店铺 墙门 店铺	私密 生活后勤区 （砖雕门楼） 界 半私密（砖雕门楼） 家庭公共生活区 界 半公共 入口待客区 （入口大门） 界 公共 交通商业区 横向空间划分	就其空间层级序列来看，依然是以合院为单元的层层套接。通常以一条（或另有1—2条辅助轴线）轴线纵向贯穿，层级明确、序列清晰。轴线上以厅堂、院落、墙门等空间元素交替出现，构成虚实结合的空间节奏。更有甚者将街巷、河道纳入自家宅院之中形成河从宅中过的景象，体现了院落形制的变调性

表 3-2 江南民居的拓扑变形

据地形需要进行轴线转折或附加，使空间呈现一种“起—合—止”的叙事模式。这又是江南老庄思想道法自然的意蕴呈现。

3.2 江南传统建筑空间界面与尺度

3.2.1 江南传统建筑界面形态

《美国传统词典（双解）》中对“界面”的定义是：在相关区域、实体、物质或阶段之间所形成共同界限的面；独立的系统间或不同的群体间相互作用的接合点、接合部位[5]。就空间而言，界面是实体与空间的接触面，是一种可被视觉、触觉等感知的具体形态构成要素。作为一个系统与环境互动的中介，其对于信息传递、氛围营造以及空间意义的呈现都具有一定的作用。由此而言，空间界面的意义不仅仅是围合与限定，而是成为某种特定场所精神的所在。对于江南传统建筑空间而言，其最具特色的界面特征就是自然形态的水陆交通网络系统所呈现的亲人尺度线形界面系统。由于慢行交通作用，中观层面的线性街巷界面成了最容易被感知且最具江南特色的界面系统。通过线形界面的延续、曲折而获得了丰富的层次，这种特定的界面形式以超稳定的形态存在于人们集体意识当中，成为江南小桥流水人家的场景意境，构建起超验的集体记忆场所。

3.2.1.1 线形界面形态

对于江南传统线形街巷界面而言，建筑是作为面来呈现的。当两侧建筑线形展开以形成界面时，所夹的空间与其说是建筑外部空间，不如说是由建筑外界面所围合起来的“内部”空间，即，具有内部界面特征的外部空间。由于所呈现的仅仅是建筑单个立面的一维，因此，街巷两侧的大门形式、临街店面、墙体形制、立面层高以及檐口天际线等因素都成为街巷界面形象的直观反映，是决定街巷形态和功能属性的关键因素，也是江南传统建筑文化多样性的充分表达。对于江南街巷界面而言，由于街巷承载着交通、商业、居住等复合功能，因此界面打破了封闭的单调性，而是开敞与封闭相结合，通过建筑的突出与凹退以及立面的打开与闭合实现虚实结合，具有明快的节奏感和韵律感。总体而言，街巷界面主要存在两种虚实关系：其一，通过形体进退以形成虚实关系，毗邻沿街建筑立面为实，后退节点空间、凹入建筑立面为虚；其二，通过界面材料而形成虚实，连续的实体墙面为实，临街门面、门洞、窗格等为虚（图3-6）。通过虚实对比，使界面节奏形呈现变化，形成“强—弱—强—弱”的空间节奏，打破线形系统原本的单调性，缩短了街巷长度的心理距离，既不损害界面的延续又活跃了空间性格，同时实现功能的复合。

[5] 参见《美国传统词典（双解）》2004年版。

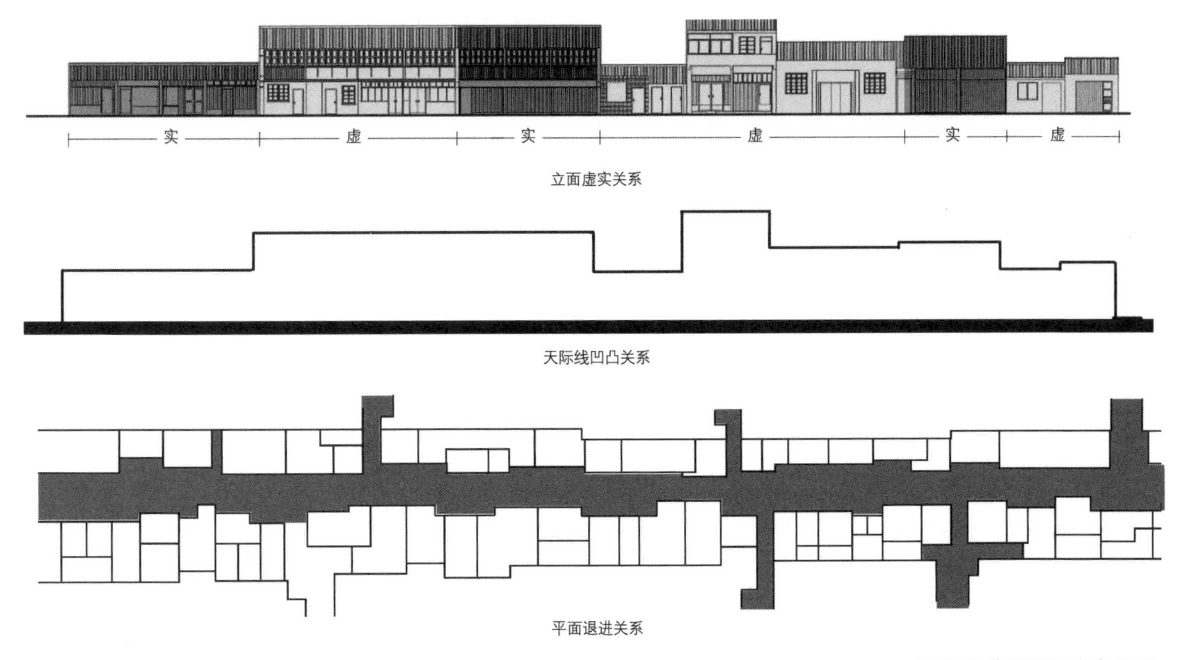

图 3-6 线形界面虚实关系

江南线形界面的另一个饶有趣味的特征是两侧建筑檐口所夹的抬头天际线，俗称“一线天”。由于江南街巷宽度较窄，透视感较强，而屋顶、挑檐、山墙、垛头的高低进退勾画出参差曲折的天际线，两侧的天际线往往呈现一种相互咬合的拓扑关系，继而使透视感减弱。同时，由于过街楼、廊棚的存在，更是对天际线的视觉阻隔(图 3-7)，而另一方面，由于街巷与河道驳岸的延伸，造成多组透视线的叠加，又是对透视感的强化，这种透视线与曲折线的相互制约使人产生一种模糊的知觉感受，促使人们通过行走、停顿、观察与触摸对这个丰富的环境场进一步体验和把握，由此也促进了界面空间与人行为的互动。

3.2.1.2 界面的中介效用

如上所述，处于实体与空间交接的界面承担着信息、物质交换功能，由此成为一个公共的区域，是与外界环境互动的场所。因此，界面具有中介的属性，兼具着亦内亦外的形态职能与模糊特质。作为一种过渡环节的存在，其在一定程度上弱化了内外的界限，促进了空间的相互渗透与延伸，继而给人一种自然有机的整体感受。江南传统建筑界面也充分体现了这种中介思想与过渡功用。在江南建筑界面中，我们可以发现无处不在的“灰面”，正如日本建筑学家黑川纪章所提出的“灰空间”，所谓“灰”就是介乎黑白之间的过渡与中介，具有属性的模糊与功能的复合。在这种实体与虚体的交叠界面处理中，始终不以

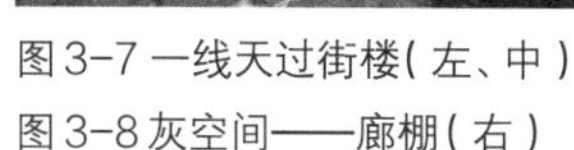

图 3-7 一线天过街楼（左、中）
图 3-8 灰空间——廊棚（右）

一种刚性、明确的方式进行连接，而是存在一个柔性的过渡。由于自身的不明确性，这个“灰空间”本身就具有亦实亦虚、亦刚亦柔的特点，使人无论从哪个角度看都是观望另一维空间。

在江南聚落布局和建筑空间营造中，这种“灰空间”无处不在。如民居出挑的外檐形成的廊棚空间，就是室内外空间的柔性过渡，讨论廊棚到底属于内部还是外部是无意义的，它只是作为一个介乎之间的存在，但它又是不可缺少的，廊棚既可以挡风避雨，亦能够结合座椅等设施以形成人们休闲交流之所（图 3-8）。亦如街巷与水道上方时常出现的骑楼，是室内空间向公共空间的渗透，通过二层以上的空间相连，形成“街从宅中走，船从堂下过”的趣味景象。骑楼往往具有居住和交通的双重功能，这也是江南中介空间的功能复合体显。因此，江南传统建筑空间界面的中介效用不仅仅是一种空间形式的中介，也是一种功能效用的复合，更是一种空间属性（私密—公共）的过渡，具有复合的空间感受和多元的文化意蕴。

3.2.2 江南传统建筑尺度特征

3.2.2.1 “以小见大”——心灵尺度伸延

同济大学沈福熙教授指出：“尺度是在建筑设计中以人的身高为衡量建筑物或构筑物大小规模的标准，亦指建筑物或构筑物本身各构件间大小相比较的合理性。”[6] 其本意是表达人们对建筑环境空间比例大小关系的一种综合感受，而这种综合感受是通过以人体自身作为标尺而得出的。中国传统建筑营造中对尺度的运用存在着南北差异性。就北方而言，由于地理气候因素之作用以及儒

[6] 沈福熙. 江南建筑文化的审美结构 [J]. 时代建筑，1988(2).

家礼制思想的影响，建筑尺度相对较大，无论是皇宫建筑还是普通民居，即使是最为常见的四合院住宅，也比江南天井院显得开阔气派，这与儒家追求“大”的精神思想是分不开的。而江南地区，从城镇规模到普通民居无不体现一种“小”的倾向，一方面是受到江南地理因素的影响，南方多山水，可供人们营造居住环境的空间相对局促，人们必须顺应地形变化，通过体量的分解和缩小而实现宜居，另一方面，江南之山水是纤小灵动的，这种环境之下唯有相应缩小人工的建筑环境才能符合融于自然的审美意趣。而这里的“小”是一个相对的概念，可以理解为一种亲人的尺度标准，这是江南传统建筑的尺度特征和原则。由于“小”，人们更容易对整体进行把握，更容易感受到细节的丰富，从而最佳地体验到周围空间环境，因为“小”，每一层级的空间都成为上一级的细部与修饰，弥补了上个层级空间布置中的空隙，形成空间在尺度上的整体性与连续性。同时，这种小尺度的亲人空间也满足了江南审美中对于“远”“韵”意境的追求和审美理想实现。本节以线形街巷尺度为契机，向上延伸至江南聚落的斑块尺度，向下渗透到街巷内部的邻里尺度，并在调研的基础上，以量化的方法对江南传统建筑尺度进行分析考证。

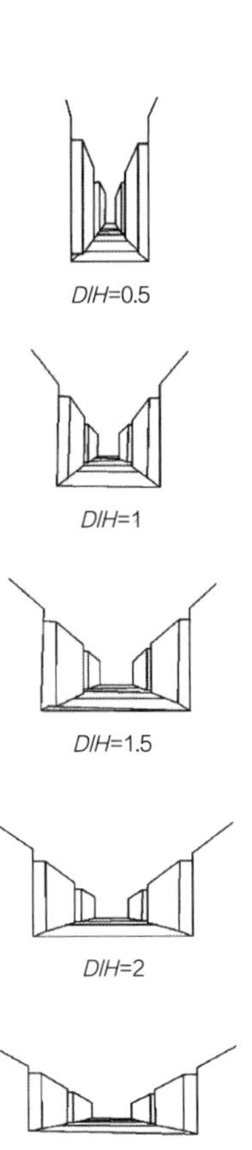

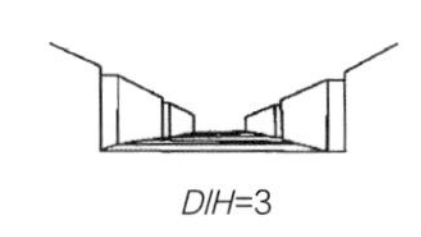

图 3-9 江南典型古镇街巷尺度比较

3.2.2.2 街巷界面亲人尺度特征

从剖面形态来看，江南街巷通过两侧建筑立面与地面的三向围合，形成“U”字形空间形态，其尺度的构成要素自然包括二维的街道宽度和三维的空间高度，街道高度是竖向尺度的控制指标，通过与二维的宽度尺寸共同作用继而对三维空间界面整体尺度感的形成进行有效控制。日本建筑师芦原义信在《街道的美学》中将街道宽度定为 D，两侧外墙高度为 H，通过 D/H 的比值对街道空间尺度感受进行量化分析，不同的 D/H 的比值会引起不同的尺度感受，同时通过结合视角的倾角，分析不同的 D/H 的比值带来的不同视觉关注层次[7]。

$D/H<1$ 时，垂直视角范围 >45° 视线被高度收束，尺度狭小，有内聚和压抑感，易于发生触摸感受等行为。$D/H=1$ 时，垂直视角范围 =45° ，既内聚、安定又不感压抑，尺度宜人，易于发现细部特征和檐下空间。$D/H>1$ 且 <2 时，垂直视角范围约 27° ，仍能产生内聚、向心的空间，尺度感适中，而不至于排斥、离散，易于看清立面与整体关系。$D/H \geqslant 3$ 时，垂直视角范围约 18° 两实体排斥，空间离散，尺度感较弱，视觉开始涣散，易于捕捉建筑与背景的图底关系和轮廓特征。D/H 值继续增大，空旷、迷失或冷漠感增加，从而失去空间围合。

笔者借鉴该方法对江南几个典型古镇街巷（乌镇、周庄、西塘、南浔）进行抽样调研，继而分析江南街巷尺度的亲人化特征，如图 3-9 所示，分析得知：

[7] 芦原义信．街道的美学 [M]．尹培桐，译．天津：百花文艺出版社，2006.

（1）江南街巷非临河界面 *D/H* 值多在 0.5 左右，相对静谧压抑，但由于尺度较小而使得界面的细部特征能够被完全感受，另外，通过界面的不断变化、起承转合以及虚实节奏的跳跃和檐口曲折的透视线等从一定程度上消解了这种压抑感，取而代之的是一种兴奋和未知的体验。（2）具有商业活动的街巷界面 *D/H* 值多为 1~2 之间，空间相对封闭紧凑但无压迫感，由于承载了一定的商业与交通功能，其尺度相对扩大，但依然保留线形导向力（纵向推进的力），且空间内聚力（横向拉伸的力）依然存在，这两种力的相互制衡一方面满足了穿越和通过性，另一方面能够促进人们驻足停留，为人们自为交往提供条件，具有“邻里尺度”表征。（3）街区边缘作为交通干道或水陆界面的 *D/H* 值往往达到 3.0，其聚合性较差，透视感较弱，界面退化成一种轮廓线的视觉感知，然而这种界面尺度通过聚形成势，却构成了街区的整体意象（表 3-3）。

表 3-3 江南典型古镇街巷尺度

街区	乌镇		周庄		西塘		南浔	
	临河	不临河	临河	不临河	临河	不临河	临河	不临河
街道宽度 *D*（m）（包括河道宽度）	11	2.6	12	2.8	12.5	2.8	11	2.7
沿街建筑檐口高 *H*（m）	5.3	5.1	5.3	5.3	5.1	5.1	4.5	4.5
D/H 值	2.07	0.51	2.26	0.53	2.40	0.55	2.40	0.60

可见，虽然江南街巷尺度从巷道至街区逐渐放大，但其 *D/H* 比值基本上在 3.0 以内浮动，因此依然保持在能够被人的视觉和触觉充分感知的范围之内，未形成超人体的宏大尺度，始终给人一种亲近和宜人的感受。

3.2.2.3 聚落空间邻里尺度显现

生理学家研究表明，人的视距超过 130~140 米便无法分辨他人的衣着、年龄、性别等体貌特征，亚历山大在《城市设计新理论》中根据城市自组织生长情况归纳出人的认知邻里范围不超过 5 公顷，即范围直径小于 270 米。同济大学周俭教授在其城市规划版块理论中也提出街区规模应控制在 4 公顷之内，可见在这个范围内，能够形成良好的空间邻里尺度。

据此来看，江南聚落斑块的尺度以街巷尺度为标准，向上一级延伸至聚落板块尺度，由于街巷系统划分了斑块结构，街巷尺度也在一定程度上制约和规范了斑块的规模。以朱家角镇为例，其中部北大街与新风街、美周弄、泗泾园弄相互围合成一个典型的楔形斑块，北大街从泗泾园弄到美周弄一段长度约

210 米，美周弄长约 267 米，新风街北部约 126 米，而泗泾园弄为 190 米，该板块面积约为 3.78 公顷，具有良好的邻里斑块尺度。另外，北大街与美周弄为主要交通街道，泗泾园弄与新风街为次要街巷，因此，后两个街巷长度一般不超过 200 米，具有良好的视觉识别距离（图 3–10）。在这种条件下，增加了人们接触的机会，同时由于空间较为紧凑，邻里居民相互熟识程度更高，能够促进人们自发交往，保证了邻里关系的频繁巩固。

再由街巷尺度向下一层级延伸，就斑块之间的巷道而言，一般宽度为 1.8—2.5 米，房屋间距紧凑，居民甚至可以在隔街的二层楼上照面聊天。街巷河道宽度一般在 4~6.5 米，桥面高度控制在 2.0~2.5 米，站在桥上可与船中的人招呼寒暄。另外，商业街道尺度适中，路上拥挤时，人们自然会进入店面，促进了商业行为的发生……笔者通过实地调研观察得出人与人之间的空间距离与交往（个体交往与群体交往）发生频率的关系图示（图 3–11），通过分析得知，个体交往频率高发的空间距离在 2~4 米，而群体交往的空间距离相对较大。可见廊道、宅门口、店面和水埠空间的空间尺度刚好符合个体交往的空间距离，因此该处个体交往频率最高。而巷道、桥头由于导向性较强，交往发生频率相对较小。此外，广场的尺度相对较大，更利于群体交往的发生。各种尺度空间同时存在，一方面增加了空间层次，另一方面增加了人们自发交流的机会，实现了尺度宜人的邻里空间模式。

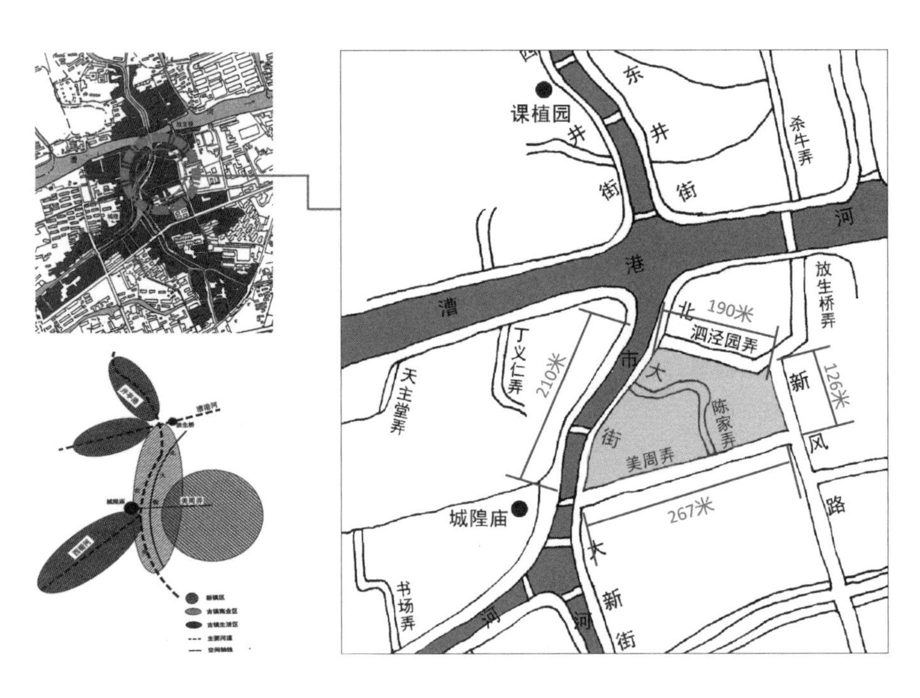

图 3–10 朱家角镇邻里尺度图示

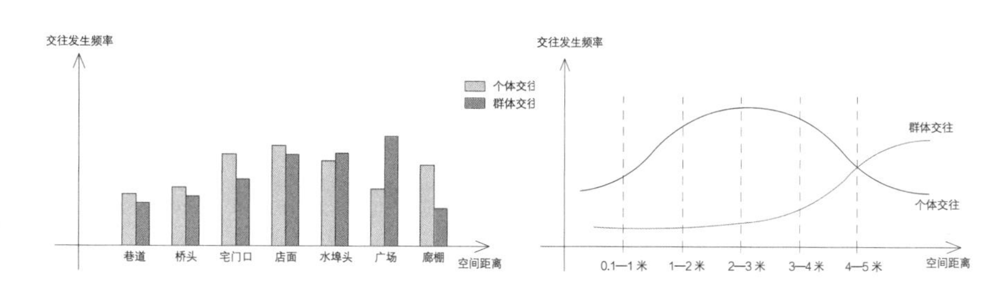

图 3-11 空间尺度、位置与交往频率关系图

3.3 江南传统建筑装饰与色彩

3.3.1 江南传统建筑装饰特征

在江南经世致用思想下，几乎所有的建筑装饰都依附于结构而存在，通过对结构构建的美化而表达建筑性格特征以及对美好生活的向往，实现的是技术与艺术的统一、理性与感性的统一，如民居中二层结构构件“牛腿柱”常以立体雕的手法将其整个雕成狮子绣球形态，形态夸张且要求与结构充分结合。另外，江南传统建筑中的装饰也成为社会等级制度的直观反映，从装饰内容来看，除了具有很高的美学价值以外，也在一定程度上起到了社会教化作用。

3.3.1.1 装饰手法的艺术化表征

写实模仿：艺术源于生活，江南秀美的自然风光成为江南艺术源泉，对自然万物的写实与模仿成为江南传统建筑装饰的原始素材。人们通过精湛的雕刻或绘画技法对具有吉祥、喜庆的自然器物进行直观再现。如常见的梅、兰、竹、菊等植物形象，象征主人勇往直前、不惧危难的顽强意志；而荷花则象征主人“出淤泥而不染”的清高与自诺。再如以动物为题材的装饰，如窗棂中常见的蝙蝠图样，寓意五福临门。值得注意的是，江南传统建筑中很少对墙体、屋面采用大面装饰，而是对梁柱、窗棂、墙面、天花、门洞等各个局部进行巧妙点缀，这一方面因为江南多阴雨，墙面留白可以尽可能多地将光线折射至屋内，使室内光线尽可能充足，另一方面受到老庄“清淡”审美影响，以大面的留白而获得素雅的审美追求（图 3-12）。

故事情节：从装饰题材来看，江南传统建筑部件中以具体神话传说、历史故事为内容的装饰手法最为常见，此类装饰往往出现在大梁中部、窗门板和局部墙面上，以木雕、石雕、砖雕的形式出现。内容有“八仙过海”“桃园结义”“岳母刺字”等等，通常采用深雕刻的手法，具有强烈的立体感和视觉效果。这些内容充满了儒家礼仪孝悌的思想内涵，是儒家教化思想在江南的体现。

写意变形：为一种符号化的手法，通过点、线、面的组合运用将具体事物

图 3-12 江南建筑装饰题材

的灵动神韵表达出来，是匠人对实际景物的二次理解和抽象表达，寥寥几笔却通灵传神。这类装饰图案本身具有重复性和简洁性，用于梁柱末端、雀替、瓦当以及家具陈设等小型构件上，凸显出江南人士对精致生活的追求。如云纹、回纹、如意纹等寓意幸福吉祥，冰裂纹则表征读书人寒窗苦读。另外，“福、禄、寿”和“卐”字本身字体变形而成的图案在江南小型装饰构建中也多有出现，有吉庆祥和之意。

3.3.1.2 儒贾一体的符号化表达

江南商家众多，尤以徽州为甚。受江南四民阶级思想的影响，当时“仕、农、工、商”四民等级中，商人地位低下，这种巨大的地位悬殊令众多商人心理失衡，因此，江南商贾人士往往儒道双修，崇文尚学，成为商贾一体，并且期望通过“学优则仕”来改变自己的命运。这种商贾一体的思想在江南传统建筑装饰中有所体现，最为典型的要数“商字门”的符号化表达。“商字门”以徽州地区为盛，成为江南传统建筑装饰文化的典型代表。商贾人士将这种失衡的心态在建筑修缮中表现出来，将“商”的地位在空间中高高抬起，以填补等级观念给他们内心带来的缺憾与平衡[8]。“商字

[8] 潘雄华，杨茂川. 江南地区传统建筑装饰符号的解析及传承 [J]. 艺术与设计（理论），2011（2）.

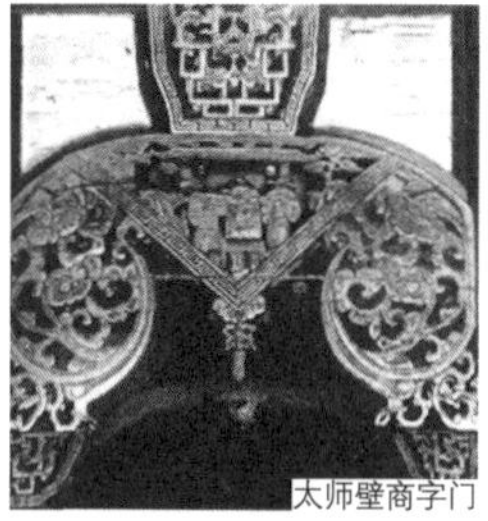

图 3-13 形态各异的“商字门”

门”一般位于厅堂仪门两侧的边门上方或过道上方，门头上一个倒梯形“元宝托”可视为“商”字的一点，左右下方各一个雀替，是商字的一横两点，其下立门框，有人通过时，便有了“人”，整个形成一个象形的“商”字，寓意无论身份高低，必从“商”下过，具有极强的心理暗示（图 3-13）。

（1）太师壁两侧仪门上方：就形式而言，位于民居厅堂太师壁两侧仪门上方的短梁是最实至名归的“商字门”，太师壁商字门通常对称出现，通过奢华的雕饰甚至金箔饰面展示主人雄厚的财力和华丽的门面。（2）梁枋过道：整个房屋的主梁（当地也称“冬瓜梁”）也是“商字门”的一种变体，房梁由一根粗大的原木整体雕刻而成，根据受力作用，中部微微起拱，两侧有卷刹，由于跨度过大，两侧往往以雀替支撑形成 “商”字的一横两点，再与两侧的柱子结合，成为一个抽象的“商”字形。这充分体现了江南商贾人士受制于儒家礼制思想且充满抗争精神的矛盾心理。（3）门罩：江南民居中部分大门门罩样式被做成“商”字形制，作为一户之门脸，门罩处于光天化日之下，供人品足赏味，这也是江南尤其是徽州商贾人士不惜重金装饰门面的原因。门罩以石料贴砌，结合上方挑檐和石门框形成一个“商”字式样，意味着人生之富贵体面，全然在咫尺之间。

总之，江南传统建筑装饰与结构紧密结合，这是江南人士经世致用生活原则的体现。此外，从装饰内容上看，装饰极具社会教化意义，从艺术审美上看，江南传统建筑装饰极具符号特征，是士大夫文化与民俗文化的融合，体现了雅俗共赏的审美情调。

3.3.2 江南传统建筑环境色彩特征

色彩是一种视觉信息，其美感源于视觉愉悦，然而色彩的审美意识却有赖于后天养成，区别于直觉感知，色彩美感与人们头脑中所储存的社会意识信息紧密相连。换言之，色彩美感依赖于人们头脑中对一定的社会信息做出的综合反馈。所以，色彩审美意识并不是孤立的，而是受到社会意识形态的影响，是一种理性判断。由于社会意识形态的作用，中国传统建筑中的色彩有着明显的级别差异，就北方而言，由于其一直处于政治统治中心，宫殿、宗庙、官宦府邸等建筑大量存在，建筑用色相对南方而言等级较高，因此整体色彩基调相对较为浓烈和奔放。而江南则多以民居为主，建筑等级较为低下，因此多为黑瓦白墙。这一方面是封建礼制思想和等级制度的体现，同时也与江南青山秀水的自然基调以及道家质朴自然的审美观念不无关系。

3.3.2.1 黑—白—灰的整体基调

江南传统建筑倾向于一种低彩度用色，以黑、白、灰为主要基调，以大片郁郁葱葱的翠绿为背景，此时，建筑无须更多色彩与自然争艳，而是以粉墙黛瓦散落在葱郁的自然山川之间，反而能够从翠绿的背景中凸显出来，形成一种质朴淡雅之美。

（1）黑瓦：江南建筑的瓦片由土质烧制而成，呈青灰色，经常年风雨洗礼后逐渐变黑，整体望去，江南民居在这一片片层层叠叠、错落有致的青黑瓦片之下，极致低调又优雅别致，营造一幅舒朗清冷的古朴清幽和历史厚重感，尽显内敛淳朴与素雅的风格。（2）粉墙：处于美观和炎热气候的关系，江南民居的墙体常以白色石灰粉刷，一来白色利于散热，二来能够将光线反射到昏暗的室内。粉白的墙面没有多余装饰，朴素清爽，体现了自然原初本色，符合江南人士宁静素雅的审美情趣。白色的墙面往往高出黑瓦屋面，像一个个高昂的马头翘首以盼，使参差不齐的黑色瓦屋面趋于统一，高低错落韵味十足，在蓝天白云下，粉墙黛瓦与天际连成一片，成为江南第一视觉印象。（3）门窗：门窗用色多为木质本色，或施以棕红、褐黑，色彩较为沉稳，与北方王公贵族建筑中“朱门”的绚丽色彩相比淡雅清素很多，而这仅有的色彩却是整个黑白环境中的万绿丛中一点红，为室内环境增添了些许活跃元素。（4）其他：江南聚落环境中的街道、驳岸、石桥等要素，在用色上均体现了石材、木材等原本之色，呈现黑、白、灰、棕、青的冷色调整体氛围，体现一种明洁、清雅、古朴、素净的基调，在江南多雨温润的环境中，犹如一幅生动的水墨画，营造了一个安逸温馨的生活氛围。

从配色来看，白墙经风雨洗礼之后泛灰，属于亮灰色系，成为一种背景的存在。青黑瓦面呈现出来的是一种暗灰，使整个色彩基调更加沉稳，具有历史厚重感。而深褐木质的门窗、柱梁等构件形成一种暖灰色系，青砖、青石板形成冷灰色系，两者形成黑白两极的过渡与承接，继而共同塑造了江南水墨特色的整体灰调。灰色具有平和、兼容的性格特点，能够与周围郁葱的绿色山水环境取得对比统一，形成和谐的清雅氛围（图3-14）。正如陈从周先生所言：“水本非色，而色自丰，色中求色，不如无色中求色。”[9]江南水乡的灰调之美正是这种无色之美，在无色之中寻求有色，继而产生无穷的审美意境。

3.3.2.2 “无色之色”的文化内涵

如上所述，江南灰调色彩的形成从某种程度上受到礼制思想和等级制度的影响与制约，但更大程度上是道家文化的体现。

[9] 陈从周．园林谈丛 [M]．上海：上海文化出版社，1980.

图 3-14 江南民居环境色彩基调

（1）儒家思想：受到传统儒家中庸思想之影响，人的一切思想、行为均内敛低调、不漏锋芒，因此，对于建筑营造来说，黑、白、灰是最好的选择，它不会与其他色彩发生冲突，便不会与等级制度相矛盾。从一定程度上反映了江南社会平淡温和、释躁平矜的隐士思想。

（2）道家思想：庄子曰“五色使人乱目，使目不明”[10]，讲求虚静、恬淡、寂寞，是以一种“无为”的态度取得一种“无味”的至味。老子追求的“无味”即归属一种清淡与朴素，“朴素而天下莫能与之争美”是为大美。南迁的士大夫阶层本身具备修身、治国的儒家意念，试图在入世与出世之间寻求一丝平衡。他们继而发现，黑、白、灰在绚丽的自然之色中是最为朴实无华的，虽为淡然无色却蕴含着自然极致之色，这种质朴无华的粉黛之色最能使人脱离世俗之气，以符合至雅无求的内心诉求，因此，将“天人合一”的自然境界与“计白当黑”的审美趣味结合起来，造就了江南水乡黑、白、灰的色彩世界，也体现了道家自然、道德层面的审美尺度和文人士大夫阶层的审美理想与精神夙愿。

3.4 江南传统建筑典型要素分析

3.4.1 天井

东西方建筑中都有院落的形制呈现，相对于西方院落而言，中国传统建筑中的院落则更具文化意蕴和人文内涵。而作为院落的一个特殊形制——“天井”更是中国传统建筑空间的精髓，尤其是南方，由于气候与地理因素的作用，天井以其特殊的功能属性与形式意蕴更加体现了人与自然的和谐关系。从功能来看，天井与院落同属一类，均为采光通风之用，但从尺度上来看，天井与院落却截然不同。北方合院建筑中的院落是通过四面围合，具有一定的面积规模，形成一个虚的中心，是一个“负空间”形态，通过内向的围合具有一定的向心

[10] 参见《庄子 · 天地篇》。

力，统合着周围力场向内衍射。相对于院落而言，天井空间相对窄小，同样是空间围合，天井空间则是正房与厢房通过构架搭接而形成的一个结构整体，从而形成咫尺方寸的“井口”。因此，天井可以理解为一种“减法”原理，是从民居的实体中抽取掉一部分，从而使较为实在的建筑空间得到一丝通透与喘息。如果说北方的合院住宅是建筑从属于院落，即实体从属于虚体；那么南方的天井住宅则是天井从属于建筑，即虚体从属于实体，这是南北方院落空间的本质差异。

3.4.1.1 江南天井的功能属性

（1）物理功能：天井的重要功能即采光与通风。江南民居空间较为紧凑，四周墙面较少开窗，因此室内采光主要依靠天井。但相对于北方而言，南方气候炎热，太阳高度角较大，再加上用地限制，决定了江南天井不可能像北方四合院那样开敞，而是相对窄小，一来避免了阳光暴晒，二来高耸的山墙对于狭小的天井具有良好的拔风效应，可以将热气流有效导出，实现了良好的空气对流，有利调节室内气候。

另外，井底藏水的意象并未被抛弃，江南地区降水丰富，天井在此也被赋予了神圣内涵，水井接地，藏以养生；天井通天，接“天水”之灵。天井四周披檐形成一个四方的斗口接纳自然之水，实现四水归堂，以造成温润的小环境，改善室内微气候。

（2）空间统合：天井虽小在空间整合中起到关键作用，也正是因为“小”才更显其空间凝聚力。作为院内空间唯一一个朝外的向度，其承载了居民心系自然、以天为徒的内在诉求，加之其空间位置处于中心，在平面上与厅堂、厢房都紧密关联，成为空间的几何中心与居民内心的精神中心。天井因此将民居内部各个空间以及家庭成员的内心凝聚在一起，具有安全感和归属感，既能避开外界喧嚣又能与天道自然充分交流。

此外，天井形制逐渐完善了以“进”为单位的功能单元，通过纵向或横向的天井排布继而形成若干民居在规模上的递增与扩张。从某种程度上讲，天井控制了江南民居发展的轴向秩序，使整个江南聚落更容易呈现出可以被解读和划分的序列特征。

3.4.1.2 江南天井的形式特征

天井在南方建筑中具有丰富的样式与变体，不仅仅在江南地区，在岭南地

图 3-15 江南典型古镇街巷尺度比较

区、云贵地区甚至巴蜀地区都有天井形制出现。由于地理气候与文化呈现的差异性，天井在我国南方传统民居中也有不同的类型，陈从周先生在《姚承祖营造法原图》中曾归纳过 37 个天井种类，如厅堂前尺度较大的庭院天井；天井中心设埠，四周设槽的“土形天井”；位于墙面一侧的“虎眼天井”；受进深所限制而横向修长的“眉眼天井”等（图 3-15、表 3-3）。而无论何种形制，

表 3-4 江南地区天井尺度统计略表

序号	典型天井民居	天井深度比	天井尺度（深 × 宽）	风水过白情况
1	苏州民居	1:1	两丈余 × 两丈余	少有过白
2	杭州民居	1:2~1:1	范围跨度广	少有过白
3	徽州民居	1:2	半丈 × 一丈	少有过白
4	宁绍民居	3:4	三丈 × 四丈	少有过白
5	温州民居	3:4	一丈五 × 两丈	少有过白
6	东阳民居	2:3	两丈余 × 三丈余	偶有过白
7	南昌民居	2:5	五丈 × 一丈余	偶有过白

其尺度比例均有一定的标准与规定。《营造法原》中规定：“天井依照屋进深，后则减半界墙止。正厅天井作一倍，正楼也要照厅用。若无墙界对照用照得正楼屋进深。丈步照此分派算，广狭收放要用心。”[11] 可见，天井尺度确定以厅堂尺度为依据，宽度与正房开间相同，或正房减去两厢房进深而得，深度则取决于房屋进深，一般江南以苏式做法为主，其进深略小于厅堂进深，差值多为 2、4、6、8 尺（多以偶数）。江南民居天井自身的深宽比大多在 1:1 至 1:3 之间，尤以徽州地区最为典型，也有超越此数值的形制存在，如浙西南地区，根据调研，其天井进深与开间比值在 2:3~1:3 之间的也不在少数 [12]。

[11] 姚承祖. 营造法原 [M]. 张至刚，增编. 北京：中国建筑工业出版社，1986.
[12] 刘成. 江南地区传统民居天井尺度之地域性差异探讨 [J]. 建筑史，2012（2）.

从细部做法来看，浙南以及闽北地区的天井大多存在一种“过白”做法，即坐在厅堂神龛案几位置可于厅堂檐口以下视界中看见面前建筑或风火墙的完整画面，且前座建筑或风火山墙的脊线上，还应留有一线天空被纳入视野，此做法称为“过白”（图3-16）。这被当地人称为“享天权”，其并非无意为之，而是凸显了江南人士潜意识中无时无刻不取向天道、融于自然的生活态度与内心释放。

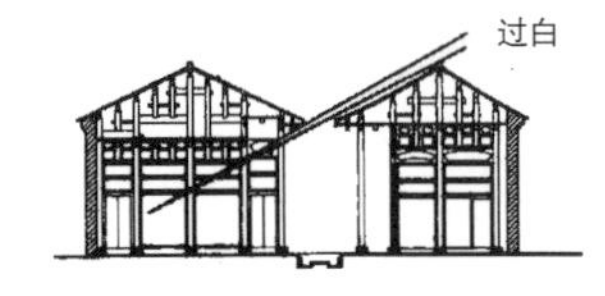

南昌罗田村某民居

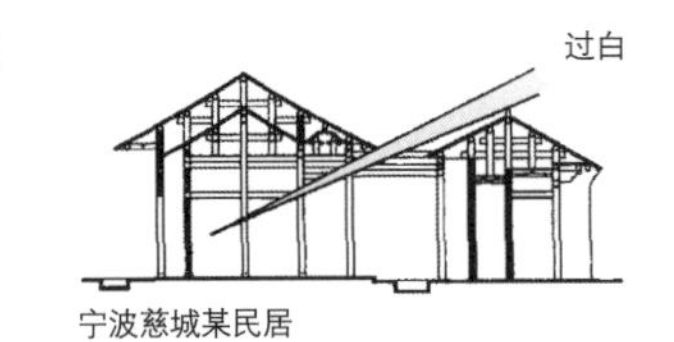

宁波慈城某民居

过白

过白

抚州流坑资深堂

图3-16 天井“过白”图示

3.4.1.3 江南天井的文化意蕴

天井以其特定形式蕴藏了江南丰富的人文内涵，以一种特殊的符号特征和形式要素表达了江南建筑抽象的形式美学与江南人士内向含蓄的性格特征以及道家回归自然、以天为徒的精神境界。通过以几竿修竹、几片峰石对天井环境的精心营造，形成一种恬淡、虚静的环境，映衬了主人修身养性、悠然自得的闲适情调，是道家向内求取、不谙世事的出世思想体现。“十笏茅斋，一方天井，修竹数竿，石笋数尺，其地无多，其费亦无多也。而风中雨中有声，日中月中有影，诗中酒中有情，闲中闷中有伴……一室小景，有情有味，历久弥新乎！”[13]一方小小的天井给人带来变化无穷的情感体验。这里的空间不是确定的，而是有弹性的，随着人内心的意境可放可收；这里的时间不是静止、恒常的，而是绵延的，随着人的主观情感轮回往复，周而复始。江南民居中的天井空间，作为一个现世生活的中心所在，容纳了人世间的万物景象。人们在此中感受到亲切的日常和生命的“此在”以及人与自然的和谐与共生。

3.4.2 墙体

3.4.2.1 江南墙体的功能属性

如果说围合与分隔是墙作为实体存在的共性特征，那么引导与装饰则是江南墙体的典型特征。

围合：由于江南人士性情的阴柔内敛，其民居墙体往往砖墙高筑，外墙多坚实厚重，极少开窗，具有很强的封闭性和内向性。这种外墙的围合将建筑内部空间从宇宙自然中分隔出来，形成自成一体的空间单元。这一方面体现了江南程朱理学对人们思想的禁锢和保守，另一方面是道家消极避世思想的返照。

分隔：相对于高大厚实的外墙，内墙相对薄弱，仅起到分割空间之作用，因此形式灵活多变。由于沿街商业开放性的需求，沿街墙面往往以木板代替墙体前脸，内与外通过这一层木板实现分隔与融合。此外，室内的隔扇、院门后

[13] 参见（清）郑燮著《郑板桥集·竹石》。

图 3-17 备弄空间（左）
图 3-18 枇杷园一侧云墙（右）

面的影壁、园林中的景墙均属这一类的分隔墙体。由于其对视线或行为上的阻隔改变了原先均质的空间，使空间有了隔而不断的层次性与往复不尽的深远感。

引导：江南的外墙具有空间方向性的引导作用。由于江南民居建筑密度较高，山墙之间往往间距狭窄。墙体所夹的方向往往与空间序列的方向相一致，如江南聚落中的巷道与民居中的备弄，两侧高耸的墙体所夹的线性空间具有极强的导向性，强化了纵向的空间延伸感（图 3-17）。这种线性方向与山墙平行，与民居轴线方向一致，暗合了建筑的空间序列特征。

装饰：如果说北方建筑的墙体以庄重和坚实见长，那么江南墙体的剔透玲珑则具有突破功能性的装饰特征。如园林墙体中形式各异的漏窗和门洞，就极大地丰富了墙体的视觉艺术效果。如拙政园中枇杷园一侧的“云墙”，除了分隔空间外，其自身犹如蛟龙般蜿蜒转折，起伏跌宕，具有良好的形式美感（图 3-18）。再如江南民居中错落有致的马头墙，层次跌落有秩，形成一种节奏与韵律，以一种黑白分明的质朴影印在江南青翠的环境之中，即巍峨雄壮又矜持低沉，凭借一种以静生动的态势给人们带来了一种清新内敛又气韵生动的审美感受。

3.4.2.2 江南墙体的形式特征

在江南形式各异的墙体中，最能体现江南传统建筑典型特征的要数马头墙。这种层层有序跌落，充满节奏和韵律美感的特殊形制成为江南最具代表性的建筑元素。从地域分布来看，虽然除江南以外的岭南甚至云贵地区都产生过形式各异的马头墙变体，但究其根源大多由江南形式演变和发展而来，可以说马头墙是构成江南地方特色的典型建筑语汇之一，不但在形式上映衬了江南建筑的美学意蕴，也反映了江南特有的文化积淀。

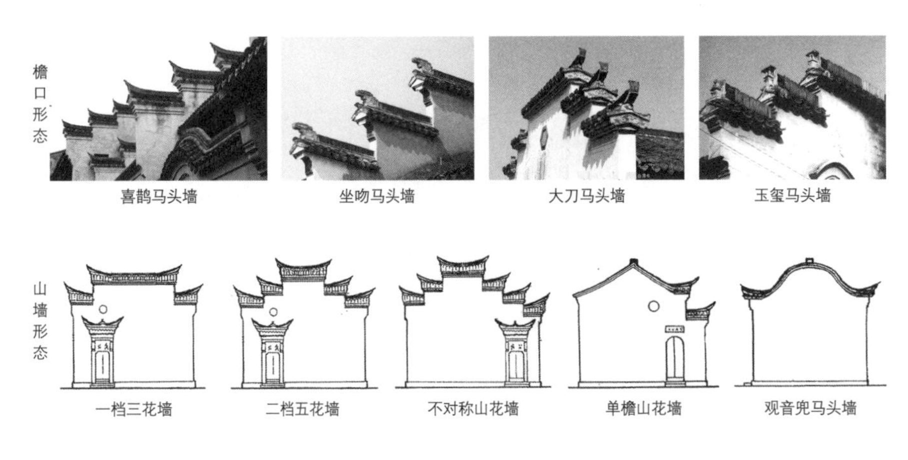

图 3-19 江南马头墙形制类别

马头墙的产生初衷是出于防火的功能需要，实为一种硬山做法，将房屋两侧山墙升高，同时为避免山墙面过于巨大，依房屋进深将山墙顶部依据屋面坡度层层跌落，呈阶梯状，每跌落一次称“一档”。由于房屋进深尺度各不相同，档数也不尽相同（一般每坡屋面不会超过四档），于是便出现“三花墙”（每侧跌一档）、“五花墙”（每侧跌两档）甚至“七花墙”的各种形态。确定了跌档之后，为丰富墙体美感，匠人多用灰瓦压顶，通常做成双坡小檐，以强化轮廓线条，从而形成有断有续、长短不一、层次分明的节奏感[14]。泛白的墙面与灰黑的线条同时构成了一个素净明快的色彩基调，节奏显得分明有序。最后是对座头的细部刻画，这也是马头墙得名的缘由。座头是整个墙体至关重要的装饰部位，其位于每侧顶部跌档的末端，形式风格多样且寓意丰富，根据做法不同大致分为“喜鹊马头”“坐吻马头”“大刀马头墙”以及“玉玺马头”，依据房屋主人财力、身份地位而各取其好。另外，江南的不同地区马头墙形制存在着差异。如浙中西部地区，便出现了“三花、五花墙”“单檐马头墙”“观音兜马头墙”“不对称马头墙”等多种形式[15]（图 3-19）。然而，无论何种马头，其每跌端处均微微上扬，犹如骄昂的马头，以静生动，使原本呆板的形式瞬间动感十足，赋予了马头墙以丰富的审美价值。

马头墙的存在，极大地扩展了江南民居的立面形式美感。一般而言，传统民居主要审美立面均沿着建筑开间方向展开，山墙面往往被忽略，而马头墙的出现使得江南民居纵向山墙面亦变成建筑形象的展开面，极大地丰富了江南传统建筑的审美效果，这也是江南建筑形象显得更为立体的原因所在。

3.4.2.3 江南墙体的文化意蕴

江南马头墙的形式美学中同样蕴含着丰富的江南文化内涵。其一，马头墙层层跌落，似乎暗合了道家急流勇退的“出世”思想；而从相反方向看，马头

[14] 房妍. 马头墙意境之美创造研究 [J]. 现代装饰（理论），2012（5）.

[15] 王仲奋. 探古寻幽马头墙 [C]. 北京：第六届建筑优秀论文评选，2012.

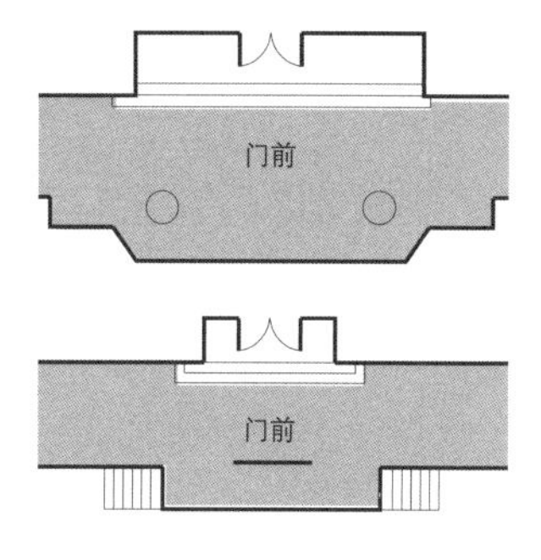

图 3-20 江南建筑入口序列图示

墙拾级而上，层层递进，又寓意着积极进取的心态，江南商贾、儒士的进退去留都蕴含在这层层叠叠的墙檐之中。此外，马头墙的组合讲求整体形式的统一，注重线条排比的和谐流畅，彰显出系统化和规范化特征，这一点充分体现了江南程朱理学三纲五常、不违礼法的思想。在理学思想影响下，要求建筑轮廓线条必须整体有序，在宏大整体的前提下局部创新，同时，不同等级和数量的跌档也昭示了建筑的等级差异，实则是江南宗法制度的体现。其二，素净的马头墙传达的是一种简约之美，其摒弃了喧哗艳丽的装饰，转而在座头处稍做装饰，正可谓点到即止，体现了老子的“无为而无不为”思想，呈现一种理性与节制，正如朱熹所言：“圣人之言，本自平易，而平易之中其旨无穷”，表达的是一种追求自然平淡的自然质朴之美。其三，高耸的马头墙极少开窗，在江南人士心中形成一种屏障，从某种意义上说，也成为宗法体制对女性的禁锢，禁锢年轻女性对外界世界的好奇与躁动，这是礼制思想在江南传统建筑构建上的又一体现。

3.4.3 门、窗

3.4.3.1 江南门的功能属性

对于门而言，它是处于边界的中心线，门生长在内与外的边界上，把一个空间从另一个空间隔开，从而区分了内外。对于中国传统文化而言，门之外就是“国”，之内就是“家”。门界定了国与家的范围，无论是富丽的宫殿之门还是朴实的民宅柴扉，对它的穿越，体现了抽象层面上对家族、社会乃至国家尊严的尊敬。从这个层面上来说，门已经超越了实际的防御功能，而转向成为一种心理空间的界定。无论是在实际功能还是心理功能上，都存在一个实际的或虚化的“门”，对自我时空进行界定。

3.4.3.2 江南门的形式特征

对于江南传统建筑而言，从空间领域来看，门不仅仅是一个立面呈现，而且是一段空间的延伸。建筑入口的起始空间并非像北方那样以大门为开端并向内延伸，而是从门前的巷道、河道、拴马桩等空间要素便开始了。由于江南地区建筑空间相对紧凑，其建筑大门入口所囊括的空间常常以大门为中心，向内外两个向度延伸，外部的街巷、河道虽被列入建筑入口序列之中，但毫不影响其公共使用（图 3-20）。由于纳入了一部分公共空间，使得民居入口空间具有了一定的开放性，似乎私密性得不到保障，此时，门内部影壁的出现从一定程度上弥补了居民对于私密性和安全领域的心理需求。整个大门空间在此处戛然而止，门内门外是两个截然不同的世界。

从类型上看，江南门的形制根据功能和景观艺术需要大致可分为板门、排板门、隔扇门、景门几种。

（1）板门：即用木板层叠合成的实板门，一般为两扇对开，江南大多数建筑的外门均为此类，主要起防御功能。（2）排板门：江南沿街设肆后此类门大量出现，以一定数量的木板条拼合而成，每根木板条宽度约20—30厘米，数量视开间而定，门框上下均设滑槽，可随意拆装，便于商业界面的打开。（3）隔扇门：又称格扇、长窗，是用于朝向内院的建筑厅堂檐柱间的一排可拆卸的窗式木门，通常为4、6、8扇并置，一般上部为精美的透雕空心格扇，下半部为实心木板，该处也是装饰的重点。这种门由于构图精美且采光、通风作用良好，在江南民居和园林中均被广泛使用。（4）景门：是一种极具装饰效果的门，用于江南园林中的墙面上，往往没有门扇，只存门框，实则一种门洞。通常将门洞做成满月、宝瓶、葫芦、扇面等各种形式，具有极强的框景和对景效果。

区别于北方四合院住宅入口处的独立门房设置，江南建筑的门一般随墙而做，趋于平面化，其装饰重点主要在门罩上。匠人常用砖石沿门框上方墙壁贴砌，层层出挑，形成两边起翘的单坡小屋檐样式，额枋下沿施以砖雕，装饰考究的以深雕刻的手法而增强光影立体感，也是主人身份、地位、财力的象征。

3.4.3.3 江南门的文化意蕴

江南的门亦承载了深厚的社会文化意蕴。首先，从江南建筑入口空间及大门的方位来看，道家天人思想便通过大门的朝向和风水表现出来。“夫宅者，乃是阴阳之枢纽，人伦之轨模。”[16] 风水理论中，门被认为是建筑中上通天道、下接地气的咽喉之所，关系到住宅的凶吉祸福，因此江南传统建筑中对门的位置选择慎之又慎。以徽州黟县而论，由于用地相对紧凑，大门朝向灵活多变，可向东、西、北开启，但极少有大门朝向正南，这是因为在方位的五行生克关系上，黟县发祥的龙脉起于西北，西北在五行中属“金”，南向属“火”，火克金，门向朝南，则克脉，为凶。因此，门的朝向当然要避开相克的南方。如开门方位受限不能选取最佳朝向时，则设置影壁等作为弥补，或者设法偏一偏，宁可开一扇斜门，也不愿意朝正南方，以拒煞气流入。从该意义上来说，江南建筑的门也从一定程度上渗透了道家的天人自然思想。

其次，江南聚落中的牌坊也是以“门”的形式呈现。从构图关系来看，牌坊形制似乎与马头墙的线性轮廓具有某种意义上的拓扑关联（图3-21）。从图底关系上看，牌坊层层跌落的小屋檐与马头墙的逐级退台有极大的相似度。

[16] 参见《黄帝宅经》，出自《四库全书》子部，术数类，乾隆三十年辑，景印文渊阁本，1983版。

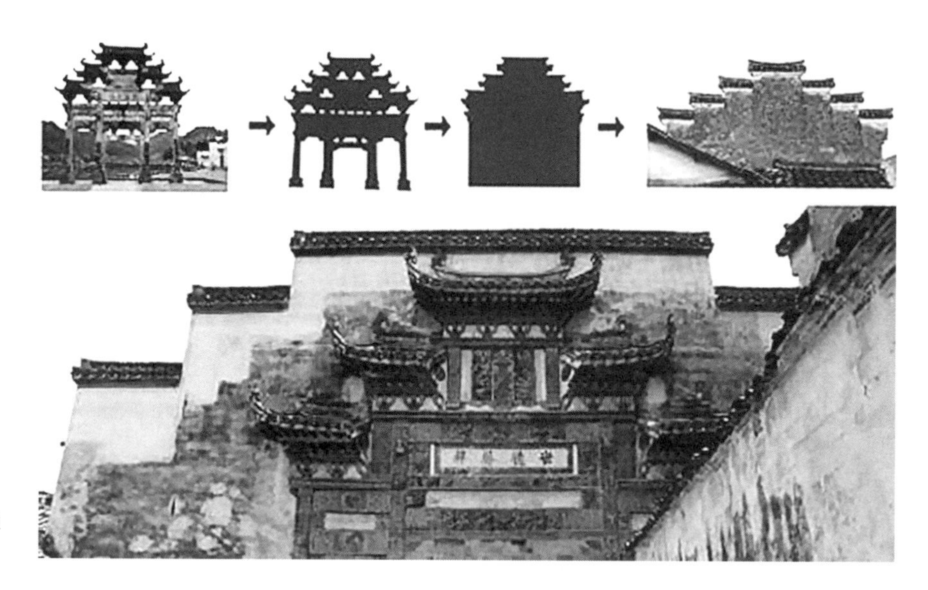

图 3-21 牌坊与门的拓扑关联

然而，作为彰显荣耀的牌坊并不能随意用于普通民居中，于是通过马头墙符号的提取与转化，成为具有独立审美和意义内涵的构筑物，并且以“门”的形式伫立于一个领域的开端或收头，具有起始或结束的含义，同时还担负着儒家礼制思想的教化功能，江南人士从牌坊下面的每一次穿越，都完成了一次对忠孝廉洁、仁义孝悌的感化。

3.4.3.4 江南窗的功能属性

《说文·窗》中曰：“窗，在墙曰牖，在户曰窗。”[17] 从结构或形式来看，中国传统建筑中，窗与门属同一类别，但就功能而言，门是对人们行为的规范和约束，而窗更多的是与人视觉因素有关。如果说除了门的防卫功能之外，对门的穿越表现了一种神圣的社会仪式感，那么窗除了通风换气之用以外，更多地被赋予了一种诗情画意的审美功能和情感意蕴。尤其是江南，建筑和园林中的窗形式各异，其本身已经成为艺术审美中不可或缺的因素，正如贝聿铭先生所说：“中国传统古典园林中的窗，其实并非为了采光和通风，它们沿着回廊依次展开，使墙体变得轻盈和通透，一个个形态各异的镂花窗仿佛是穿梭于空间的“精灵”，窗外的景色跟随着它们轻轻地步入院内；又将游人的心，悄悄地带到窗外。”[18]

3.4.3.5 江南窗的形式特征

从使用方式来看，江南的窗大致可分点窗、隔扇窗、景窗（牖窗、镂花窗）三类（图 3-22）：（1）点窗：这类窗大多用于民居马头墙上，往往窗洞很小，

[17] 参见（东汉）许慎著《说文·窗》。
[18] 选自“香山饭店建筑创作：贝聿铭访谈”。

图 3-22 江南窗的形态类别

且位置大多高于视平线，相对于大面积的墙体而言，可以视为“点”的要素。这类窗只起到一定的通风换气功能，这一方面出于安全考虑，另一方面也体现了江南人士内外有别的保守性格特征。（2）隔扇窗：又称落地窗，有长、短两种样式，实则门的一种变体。一般用于朝向内院的厅、堂、轩等建筑的明间位置上，根据建筑的形制规模和开间大小分为 4、6、8 扇不等。此类窗扇开启自如，木窗扇多饰各种窗芯装饰，具有良好的通风和景观效果。（3）景窗：顾名思义是具有景观审美的窗子，其形式灵活多变，类别多样，是江南园林理景中不可缺少的因素。景窗可分为“牖窗”和“漏窗”两类，前者只有窗框没有窗芯。窗框本身被做成八角形、六边形、扇形、葫芦形、宝瓶形等各种形式，透过其中观赏对面窗外的景物犹如欣赏一幅框景的山水画卷，别有一番趣味。“漏窗”是牖窗的升级，是在牖窗的基础上多了形态各异的石雕纹饰，题材多以梅兰竹菊、喜鹊、蝙蝠等充满吉祥意味的自然动植物为主，一定程度上表现了江南风俗民情、历史文化和礼乐教义，寄托了人们对美好生活的期许。

3.4.3.6 江南窗的审美意蕴

老子曰：“不出户，知天下；不窥牖，见天道。”[19] 中国传统文化中对窗的见解就是通过咫尺之间对自然世界、空间境界的一种把握与领悟，可谓以有限之景领略无限之境。可见，古人对窗的认识包含了深远的审美意境追求，这

[19]《道德经 · 章四十七》。

种追求在江南园林窗中体现得淋漓尽致。李渔在《闲情偶寄》一书的《居室部》中说道：“……是此山原为像设，初无意于为窗也。后见其物小而蕴大，有‘须弥芥子’之义！尽日坐观，不忍阖牖。乃瞿然日：是山也，而可以作画；是画也，而可以为窗……坐而观之，则窗非窗也，画也；山非屋后之山，即画上之山也……，而‘无心画’‘尺幅窗’之制，从此始矣。”[20] 李渔所言的“无心画”“尺幅窗”即也在建筑墙壁的窗洞上蒙上画纸，借以窗外之景色浑然天成地作画，以实现无心胜有心之境界。这就是计成在《园冶》中所说的“纳千顷之汪洋，收四时之烂漫”的意境，即通过窗实现收山川于户牖、纳时空于自我的以小见大、以有限见无限的境界。

从理景角度看，园林中形式各异的窗打破了墙体的封闭与单调，通过视线的渗透和贯穿，联动了整个场所的景物关系，一方面使环境更为整体，丰富了景观层次；另一方面通过移步易景，使景物由静变动，充满生气。此外，江南柔和的光线透过窗棂，映射着窗前竹影，微风吹来，绿影婆娑，光影扑朔迷离，产生了一种虚幻的意境和空灵意境之美。

如上所述，窗在江南传统建筑中更多地体现为一种审美内涵和文化意蕴，从江南建筑文化来看，窗的意义集中体现了道家虚实之境的文化意蕴。如果将整个（园林）外部空间看作一个虚体，那么其中的建筑、墙体（包括墙上的窗）则是实体的部分；而如果将建筑、墙体视为“实”，那么相对于实体的墙，墙上各异的窗洞则为“虚”，通过这些虚体的窗洞所见之景又为“实”。江南的窗就是在这亦实亦虚的恍惚存在之中呈现了空灵的意境之美，就是在处处邻虚、方方侧景的虚实之中赢得一种拓扑平衡与层次复合，正是这种虚实相生的空间变化实现了江南园林无穷意境的审美享受与美学特质。

本章小结

本章从江南聚落形态结构、空间尺度、建筑单体以及细部构造几个层面对江南传统建筑形式语言进行了阐述。从宏观层面看，江南传统聚落结构呈现出以“间—合院—院落组—地块—街坊—聚落”的横向群体结构；由于水系存在，江南聚落空间也会呈现出“房—街—河—街—房”的纵向层级结构。在中观层面，由于里坊制的解体，沿街界面开敞成为江南建筑界面的典型特征，由界面所形成的灰空间成为室内外的良好过渡，容纳了江南人士日常生活的真实。同时，亲人的尺度特征构建了江南良好的邻里关系，这种以人为本的尺度原则通过对人的物理尺度的关怀体现了一种“人文尺度”的价值构建。对于江南建筑装饰

[20] 参见李渔著《闲情偶寄》之《居室部》一篇。

而言，在经世致用思想的观照下，建筑装饰与建筑结构形成一种依附关系，这种对结构的巧妙装饰尤以“商字门”最为典型，是对江南儒商的心理慰藉和补偿。在建筑色彩上江南建筑以黑白灰的整体基调示人，体现了道家淡然无极的审美追求。微观层面，天井、马头墙、牌坊等建筑元素在满足其功能性的同时也被赋予一定的人文内涵，并通过极具特色的形式外显出来，以此构成了典型的江南符号。总体来看，江南传统建筑形式语言表达符合江南既定的语言结构规范，是在语言结构中的言说和表达，这种言说具有一种观念的力量，使其超越了形式语言自身的阈限，向着其背后的审美意趣与哲理旨归进发，这也是江南建筑语言能够被理解的根源，从一定程度上启示着当代建筑形式语言的创作和表达。

下篇

对当代建筑创作之“归理”“合意”“适形”

西方社会的工业革命导致了文化从古典文化到现代工业文化的转型，在建筑领域更是引发了以逻辑理性为转向的"现代建筑"崛起。从内涵来看，这种以功能为主导的逻辑理性创作方法适应了当时西方战后社会发展的需要，它以绝对的理论和实践优势充斥了整个西方建筑世界，并试图以一种普世的价值和永恒的意义让世人接受。但是，它却忽视了建筑美学的一个基本原则，即："不同于一般工业产品的纯粹功能属性，建筑作为具体特定的文化产物，是人的现实生活的体现，具有文化和审美的丰富性，它不能被所谓的'时代精神'或者'绝对思想'所左右。"[1] 因此，作为对现代主义的改良、补充和批判，1960 年代以来，诸如"晚期现代主义""后现代主义""解构主义"等思潮在西方大陆上蓬勃发展起来。这些现象的背后是文化的自适性批判。

从时间上来看，中国当代文化进程似乎与西方后现代进程具有共时性，但从实际的文化发展和社会结构来看，中国至今没有全面完成由现代向当代的转向（虽然某些大城市已经逐步实现了工业社会向后工业社会的转型）。鉴于建筑与文化发展进程的密切关联，在本章节开始之初，有必要厘清一个我们自身文化分界的时间概念：有学者指出，中国文化从第二次鸦片战争到"五四"以前属"前现代文化"时期；"五四"以来，到 1970 年代末期，实现了由"前现代文化"到"现代文化"的历史过渡；从改革开放以来至今，中国已经逐步开始了"当代文化"的进程[2]。由于几千年农耕经济根深蒂固的影响，从广义的文化属性来看，中国的文化内在甚至可以说依然没有完全脱离"前文化"的影子（从 1950 年代和 1970 年代末的两次建筑创作"传统形式复兴"便可窥见一二）。而就在此时，由于改革开放的作用，西方现代建筑文化思潮又以一种势不可挡的势头冲击着中国建筑文化。就在中国建筑师思考是该"夺回(传统)风貌"还是走"现代风格"的时候，西方当代各种（广义）后现代思潮也一股脑儿地涌进中国大门。正如我国一位建筑师所言："现代主义就像一架迟到的班机，后现代主义犹如一架早到的航班，一同涌入中国这个大航空港。"的确，如果仅仅是现代主义的单方面介入，事情可能会简单很多，也许中国当代建筑师更容易探索一条中国传统的现代继承之路。而如今，各种主义和思潮紧随现代主义之后一起注入了中国建筑师的大脑。而事实上，中国建筑却并没有真正意义上赶上"现代主义"这条大船，再加上之前所说的"前文化"思想的固化，这样一来，便把中国当代建筑师推向了传统、现代和当代的三岔路口，在面临抉择的时候显得有些不知所措。可以说，中国当代建筑师当下面临着前所未有的严峻性。至此，似乎可以解释读者心中对本章节的一个疑问：为何不谈现代而直述当代？其实笔者并非刻意跳过现代不谈而只关注当代，只是中国在当代以前的建筑理论和创作可以说是在文化经济、意识形态高度一元化的语境下开

[1] 徐千里. 创造与评价的人文尺度：中国当代建筑文化分析与批判 [M]. 北京：中国建筑工业出版社，2001.

[2] 方秋梅. "近代""近世"，历史分期与史学观念 [J]. 史学史研究，2004（3）.

展的。因此，无论是意义、价值和形式都表现为一定的同一性和单纯化特征。开放之后的当代语境下，政治因素相对宽松，文化发展趋向多维。可以说，此时的中国建筑理论和创作才真正实现了与国际接轨，呈现出百花齐放的状态，也正是因为这个广泛的交流，使中国建筑的当代问题也前所未有地显现出来。因此，着眼于当代也就是着眼于问题的实际，目的在于面向更好的未来。

我国当代建筑的问题正是在这个现、当代的历史交汇处凸现出来。比较而言，西方建筑界是历经了现代主义洗礼之后，在哲学、美学和形式语言层面均发生了思想和内容的转向。而此时，我国当代建筑师一方面在对旧有的建筑价值观持怀疑态度，另一方面并没有对西方优秀的建筑理论充分吸收和消化，最终导致当代中国建筑创作从形上追求到形下实践的各个层面问题：如建筑意义的缺失、价值理性的异化、审美准则的混乱以及形式语言的误用。然而，中国建筑的问题还需从中国自身的文化中去寻找解决的途径。实践证明，当代创作的某些问题可以从江南建筑文化思想中得到求解。鉴于此，本书下篇将在上篇对江南传统建筑文化解读的基础上，延续“理—意—形”的写作思路，从江南传统建筑文化视角审视当下我国建筑创作中哲学思想、艺术审美和形式语言三个层面存在的问题。在论述的过程中，一方面是自上而下对当代问题进行针对性的理论阐述，另一方面结合当代建筑创作实例进行自下而上的实证性研究。其中包括具体的操作手法的方法论内容，为江南传统建筑思想、审美和形式语言在当代的转化和运用提供可靠依据。通过理论线与实证线结合使整个论述更加饱满和充实。然而由于文化的自适性，当代建筑中的问题不可能完全从江南建筑文化中寻找到解决途径，本书期望以一种批判的眼光和文化自省的方式激发当代建筑创作中的传统意识，以一种最本源的视角对当代建筑创作思维提供一定的借鉴和启示。

第 4 章
归理：从江南传统建筑自然—自我思想看当代建筑的境界本体构建

4.1 本体的概念与内涵

4.1.1 何谓“本体”

汉语中的“本体”一词是据古希腊的“ousia”及其各种后继词汇而创造出来的。“ousia”作为一个重要的哲学范畴首先由亚里士多德提出，用以指首要的、第一意义上的存在。而对本体的研究理论被称作“本体论”，其是英文“ontology”的译名[1]，本体论的研究源于 17 世纪中叶西方哲学界。从词义上看是“on”（存在）和“logos”（智慧）的合成。而事实上，早在 14 世纪便有了对存在本质“本体”的内涵思考。从内容来看，本体论是亚里士多德“第一哲学”的延续，是对事物内部根本性特征以及质的规定性的本源探究。从外

[1] 当今中国哲学界，一个十分流行的做法是把 *ontologie* 这个德语单词译为“存在论”，而不译为“本体论”。这从 *ontologie* 这个词的词源和它所意指的内容来看，都有一定的道理。

延来看，学界也有将“本体论”等同于“存在论”或“存有论”。若欲对其内涵进行考察，首要工作是对“ontology”进行词源学考量，从字面上看，“on”相当于英文中的“being”，意译成中文可以理解为“是”，即对本体的研究实则为探究“是什么”的学问。如若进一步考察，则发现亚里士多德的“ousia”还具有原本（源本）之意，因而，可以在“是什么”的基础上进一步理解为“所是”（或“是其所是”）的本源性探究，即对本源或本质的追问，正如学者单正平所言：“哲学的本体论，即是研究对象（世界）的本源（构成）的学说。”[2]

然而，从解释学角度来看，“本原”与“本源”虽然可以少量互文，但具有微妙的差异，前者意指始原、终极的存在，指一切事物最根本的实质，也就是表示事物内部根本属性、质的规定性。而对于后者，则是“一件东西从何而来，通过什么它是其所是并且如其所是……使某物是什么以及如何是的那个东西，我们称之为某件东西的本质……某件东西的本原乃是这东西的本质之源”[3]。通过上述两个内涵，可以从本原的概念见出本体论内涵中蕴含的某种高度抽象的一般性特征，而同时，本源的含义则又凸显出一种特殊性的倾向。因此可以说，对于“本体”而言，要研究的不仅是形而上的万物之本的抽象性，也要关注形而下的具体与特殊。综上，研究本体是研究事物之本源、本原和本质，是研究“是”与“其所是”的哲学。

4.1.2 当代本体论的特征与发展

本体与本体论作为当代哲学思想的一个重要内容，发起人们对本质存在的内在思考。而西方哲学界关于“本体”与“存在”相同一的认识并非一蹴而就，而是历经了几个时代的探索，如果从其内涵着眼，从对“本体”的追问来审视其发展脉络便不难厘清本体论自身的历时性转向：从传统的实在自然绝对本体论向人类生命本体论—个体感性生命本体（即由客观世界转向人的生活世界）的转向；由恒定不变的存在（上帝、自然）向人的感性生成（过程、时间）的转向；由客体论（必然性）向主体论（自由意识）的转向；由认识论向实践论的转向[4]。

在这些转向的同时，语言学的独立促成了以分析思辨为基础的“语言本体论”，并逐渐成为当代本体论思想的重要一支；与此同时，在马克思主义哲学体系下逐渐完善起来的“人的存在本体论”也成为时代发展的必然产物，两者并存与制衡构成了现、当代本体论的重要特征，继而对建筑领域均产生了深远影响。

[2] 苏宏斌．何谓“本体”？：文学本体论研究中的概念辨析之一[J]．东方丛刊，2006（1）．
[3] 参见海德格尔著《存在与时间》。
[4] 徐千里．创造与评价的人文尺度：中国当代建筑文化分析与批判[M]．北京：中国建筑工业出版社，2001.

4.1.2.1 以分析思辨为基础的语言本体论

20 世纪初期，西方哲学出现了第二次大的转向。这次转向以英国罗素、摩尔等人为首，以拒斥传统形而上学的旗号，把哲学对象和功能归结为语言和逻辑分析，即将语言视为本体的存在，继而开始了所谓“分析的时代”。这次转向被称为语言的转向。从西方哲学发展脉络来看，语言本体论的产生并非偶然，在古代本体论时代，人类是在未经自识和反思的情况下直接叩问世界，由于理解力有限，人们无法走出思维主体的内在局限性，其终极梦想只能陷入虚妄。而到了现代，人们猛然醒悟：思想的经历其实是语言的经历，哲学的体验其实是语言的游戏，因此，语言具有意识的自觉，世界可以蕴含在语义之中，并可以通过主体的描述而呈现出来。由此，一种“具有科学主义特征的英美分析哲学和以具有人文主义特征的欧陆语言哲学为代表的现代语言论思维范式与哲学思辨逐渐被哲学界所接受”[5]。语言水到渠成地被当成了世界存在的本质，具有了本体论意味。正如罗素所言：“以通过语言分析来揭示人及人的世界为终极目的的语言哲学，尤其是本体论语言哲学认为语言是人的存在方式，是理解人的重要途径。”[6]

1930 年代后，以语言为本体的分析哲学的中心转到美国并占有支配地位。语言分析不仅成为英美哲学的中心，在包括建筑艺术在内的许多领域，语言分析也具有其基础和中心地位。存在主义者海德格尔曾言：“思完成存在对人的本质的关系……存在在思中形成语言，语言是存在的家，人以语言之家为家。”[7] 语言本体论之所以在西方广为盛行还有一个重要原因在于西方文字的表音符号系统。与中国汉字的表意符号不同，西方文字是表音的，词音和词义之间的对应关系具有很强的任意性，因此西方语系是一个很大的独立性符号系统。索绪尔就曾将这一符号系统分为“能指”与“所指”两大体系，由于任意性的存在，能指与所指之间也不是自然的对应关系，没有“现成的、先于词而存在的概念”因为“概念”即“所指”是语言所创造的，概念又赋予外物以意义，从这个意义上说，语言创造了事物，因此语言对于事物来说是先在的、第一性的[8]。这就把语言的本体论意义充分地体现出来了。

如此看来，将语言视为本体似乎毋庸置疑，然而其也有局限性和片面性的一面。从语言与人的关系来看，两者犹如老庄的“道”与“器”的关系：一方面，人类创造语言，对语言进行支配，成为人类思维标表达的工具，以桥梁和纽带的作用沟通了人与世界，具有“器”的工具性一面；另一方面，从语言的接收者或听读者的角度看，帮助人们超越形下的物质世界，建构起形上世界，语言也通过其自身的规则与理解方式反向制约人的思维，具有“道”的性能（图

[5] 张庆熊. 本体论研究的语言转向：以分析哲学为进路 [J]. 复旦学报（社会科学版），2008（4）.

[6] 潘文国. 从哲学研究的语言转向到语言研究的哲学转向 [J]. 外语学刊，2008（2）.

[7] 王大为. 论海德格尔的语言本体论 [J]. 内蒙古工业大学学报（社会科学版），2000，9（1）.

[8] 李新博. “语言是存在之家”：“语言论转向”的方法论缘由和本体论意蕴 [J]. 外语学刊，2012（6）.

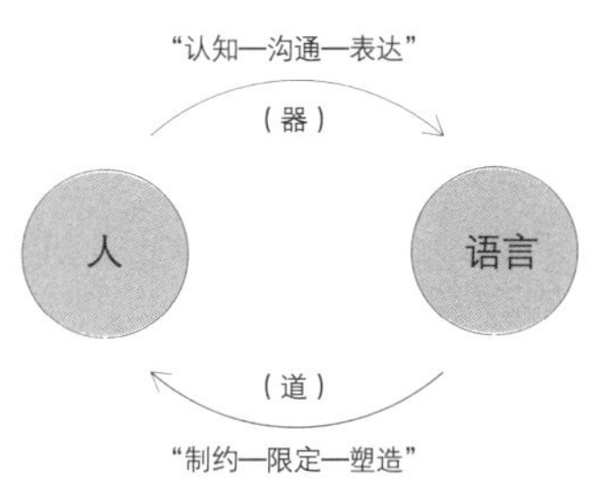

图 4-1 语言与人的关系图示

4-1）。而语言本体论无疑是过分强化了语言所呈现的思想内容与规则方式对人的塑造，将其当作世界的全部，即"道"（本体性）的一面，这与唯物主义辩证法精神是违背而冲突的[9]。从语言的本质来看，我们应当理性拿捏其作为"道"与"器"的双重功能，即并不能忽视其作为工具的一面，否则将会陷入形而上学的泥沼，无法真正反映出语言的真正本质。

4.1.2.2 以人为中心的存在本体论

从传统的"自然绝对本体论"向"人的存在本体论"的转向，正如马克思所言：……自由劳动在工业社会中被扭曲了，劳动不再成为人的现实性的对象化确证，而成为不属于他的异己活动，这样，人就无法完满地表现他的感性生命，便成了非人[10]。人们发现这种异化已经通过劳动渗透到心理结构与人格结构中，遮蔽了人的根本存在和终极价值实现。这正是"自然绝对本体论"的缺失。于是强调"人的存在本体论"成为时代的呼唤，这也是现、当代本体论的又一典型特征。

存在主义者（以海德格尔为代表）认为，"自然绝对本体论"之所以失去根基，是因为他们将"存在"与"存在者"混为一谈了。因为无论是自然、世界，还是观念、思维，都不是"存在"，而是"存在者"。海德格尔进一步指出，任何一个存在者均有其存在的方式，但是一般的存在者对其为什么存在、如何存在却无所关注和察觉，它们不会（主动地）提出关于存在的问题，因而不会由它们来追问存在的意义。只有"人"这个特殊的存在者才能成为"存在的问题"的提出者和追问者，换言之，只有人才能揭示存在者的存在意义和价值。海德格尔称这种追问存在者之存在的特殊的存在者为"此在"，即"人的存在"[11]。

在海德格尔看来，人与其他"存在者"的根本区别就在于他能意识和领悟到存在之意义，即自己能够追问自己为什么存在以及将如何存在，这就是人的存在方式。我们暂且不去探讨海德格尔存在论的合理性与局限性[12]，仅就其理论核心而言，海氏的本体即（人的）"存在"理论是对人的超越性的强调，认为人的存在就是对自我界限的不断超越、不断选择和对自我的不断创造从而实现真正的自由[13]。因此，建立在"人之存在"这个基础上的现、当代本体论思想充满着对人生的生命、意义和价值的终极关怀。它是将对本体的讨论转向了"人"的中心，提升了人的本体地位，这体现了本体论从忽视人、人的存在到重视人的尊严，恢复人的生存价值和意义，这本身就是一个巨大的进步。然而，任何一种论调一旦超越了一定的发展阈限则会显得过而不及。"以人为中心"一旦走过了头是否会造成人与自然的对立，造成人对物质世界的无止境渴求?

[9] 彭爱和. 语言本体论转向与意义的符号性解读 [J]. 外语学刊，2009（3）.
[10] 马克思. 马克思 1844 年经济学哲学手稿 [M]. 北京：人民出版社，2003.
[11] 刘立东. 思辨同一性问题研究：在黑格尔与海德格尔之间 [D]. 长春：吉林大学，2013.
[12] 海德格尔的存在也具有其历史局限性，其将人的自然属性地位给予极大提升，但从某种意义而言忽略了人的社会存在。马克思提出的"社会存在"理论正好是对海氏"存在"的补充。作为自然和社会的双重属性的人而言，其应当是自然和社会的双重存在的统一，而社会存在正是海氏所忽略的。
[13] 孙伯鍨，刘怀玉. "存在论转向"与方法论革命：关于马克思主义哲学本体论研究中的几个问题 [J]. 中国社会科学，2002（5）.

是否会带来越发严重的社会矛盾？事实证明，西方社会“人的本体论”在历经了短短几十年的历程中，上述问题已经逐渐凸显出来，一定程度上造成了人的价值异化和迷失[14]。

4.2 当代本体论思想在建筑中的体现

4.2.1 语言本体论对建筑意义的遮蔽

语言学的转向涉及建筑领域，使建筑语言成为相对独立的话语群体。从积极一面看，这种转向是必要的也是必然的，建筑语言的独立使人们能够以一种解释学的视角对建筑进行阐释和交流；从消极一面来看，建筑语言本身带有极强的实用主义内容和个人主义倾向，随之而来的“本体语言论”将语言当成建筑的全部，试图以分析与思辨的态度和方式从建筑形式语言符号中得出意义。这种对语言片段的关注容易导致将建筑当作随意性的言语片段来处理，导致建筑被风格化和脸谱化，使建筑偏离建筑哲学本质意义的方向。

4.2.1.1 分析理性对情感体验的遮蔽

在中西方思维特征的比较中不难发现，两者的差异很大程度上在于主体情感呈现的多少。对于西方重逻辑理性的分析思维而言，国人传统思维模式中重感性描述的特征不言而喻。在阐述建筑主张时也往往以“在考虑功能的同时又要注意美观”诸如此类定性描述的言语，而非一种逻辑关联的定量分析。事实上，国人的意象化思维和西方的逻辑思维方式在对事物的认识过程中各有所长，对于建筑创作而言，这种带有情感特征的意向性表达从某种意义上说更有利于对人的生存意义的终极感悟，更利于体现对人生活细节的入微观照。正如冯继忠教授在评价东西方艺术时的精辟之言：一个（东方）太盲目于直觉，一个迷信于知觉。自以为直觉实是自作多情，懒于触真情。迷信知觉我看也是少情而已。符号是死的，没有情这根魔棒点一点是活不起来的[15]。

纵观中国古今各式的艺术呈现，国人自古就不缺乏生命情感的本真表达，而在当代建筑创作中，这个传统似乎被淡漠了或者说被规避了。也许是受制于坚固、适用，在可能的条件下注重美观这个大方针的影响，我们建筑创作中功能的绝对理性因素扶摇直上，具有凌驾于形式和意义之上的趋势。一时间，功能理性、结构理性成了建筑创作的主导。受这种思辨哲学体系影响，当代我国建筑创作似乎也理所当然地进入了这种理性分析的逻辑怪圈。让我们来审视目前建筑创作的一般过程：拿到设计任务之后，很快便进入了理性分析阶段，通

[14] 程泰宁. 跨文化发展与中国现代建筑的创新：关于价值判断与评价标准 *[M]//* 程泰宁文集. 武汉：华中科技大学出版社，*2011*.
[15] 曾奇峰. 象·体·意：人为环境的一般表意系统 *[J]*. 同济大学学报，*1995*（*6*）.

过一系列流线分析、环境评价得出一个较为合理的功能排布。紧接着便对建筑的样式进行风格处理，力求达到一定的形式美学效果。最后，为了使项目具有一定的竞争力，建筑师对所谓的“理念”（或者说意义）进行附加……表面上看是将西方的逻辑分析和智性思维借鉴过来，建立一套发现问题—试探性理论—消除错误—发现新问题的系统分析法，实则将对象纳入一条理性框架的教条之中。当然，对于建筑设计而言，理性分析思维本身无可厚非，它是解决现实问题的有效途径和手段，但是过度理性的分析过程也往往伴随着主体情感的丧失。在实际的操作中我们发现，越是声称对建筑进行精确、周全而详尽的分析，越是显得矛盾重重，离人的情感体验越走越远。这是因为人的情感体验本身具有整体性和有机性，是对一个整体环境的直觉把握，是主体情感向建筑场所投射的过程，而建筑的意义也通过整体场所与人的情感汇合而呈现出来，因此这种局部的精确性对于整体意象呈现显得意义不大，局部功能的理性只会造成对创作主体情感的遮蔽和整体意义的消解。

事实上，对于一栋建筑而言，其意义的生成是自为的，这个意义不是别的，其只能是“以人类生存的终极追求为目标”，只有这个终极意义才真正具有价值和本体论内涵。这涉及一个终极追问：建筑师的任务究竟是什么？而在思辨哲学体系下，由于过度强调分析与思辨，造成了对人的本真情感的忽略，因而对于这个终极命题的回答显得过于理性。他们或者片面地对功能盲目追随而陷入机械唯物主义的泥沼，或者过度强化形式的附庸而导致建筑语言变成了虚假的矫饰，甚至将形式语言当作意义，把各种样式当成意义的表现……其实，形式语言只是手段和途径，是为人类生存的终极追求这个终极意义的生成提供途径。而此时，忽略人的生存这个本质意义之后，意义已经沦落成为一种形式化的物化表达，这种将手段当作目的的手法主义倾向成为思辨哲学体系下建筑语言转向的一个典型特征，遮蔽了建筑作为人的诗意栖居的本真情感呈现。

4.2.1.2“外在意义”对“内在意义”的同化

荷兰哲学家冯·皮尔森指出：“当我们断定一个事物或过程的意义时，我们就在这种现象与人们处理它的方式之间建立了一种直接的关系。一个事物的意义就是这个事物在人类的行为模式和思维方式中起作用的方式。”[16] 换言之，意义并非某种给定不变的存在，它产生于事物对人的重要作用和广泛影响之中。根据这个对意义的理解，我们可以说，建筑的意义只能在（生活过程中）人们使用它时才得以呈现，即“内在意义”。所以，建筑的意义不在于建筑“是什么”而在于“怎样作用于人的真实生活”。从这个层面上说，建筑的意义就绝非存在于建筑实体上的被建筑师预先给定的某种外在的东西，它只能在建筑与人们

[16] 皮尔森．文化战略 [M]．刘利圭，蒋国田，李维善，译．北京：中国社会科学出版社，1992.

生活的相互关联、作用、渗透和影响的过程中呈现，它更关系到人自身的生存，只有向人们现实生存的内在需求挖掘才能获得意义之本源。

如上节中所论述，对形式和功能的误解，使形式丧失了桥梁作用，并且功能也逐渐脱离生活，导致形式、功能与意义的失联。意义无法从人们生活的内在诉求中获得，只能通过外在的附加去呈现。这实际上是形式、功能、意义的分离所导致的“外在意义”对“内在意义”的异化，意义变成了一种预设的符号操作，实则是对意义的消解。对于“外在意义”，一方面可能表现为对物象的直接模仿或某种概念的直接引用，如 1990 年代落成的上海博物馆，在意义的阐释层面也难逃牵强和机械类比的窠臼。该建筑的方形基座和上层圆形出挑寓意中国传统宇宙观“天圆地方”，四个拱门表达开启世界之门……无独有偶，与其只有一江之隔的上海证券大厦，通过巨型结构的大跨度镂空设计，也被附加上“世纪之门”的含义[17]（图 4-2）。且不说我们从直观的形象上很难联想到这些含义，单这种摹写物象的做法实在缺乏解释依据。如果说“天圆地方”是我国古人对宇宙的理解，那么北京祈年殿的天圆地方规划表达了当时人们内心的真实情感诉求，这种摹写会产生强烈的精神共鸣和震撼效果。而如今，在一个现代大都市，再去摹写“天圆地方”就显得缺乏道理了[18]，因为此时此地的语境已经发生变化，这种被“读”出来的含义已经失去了赖以生存的环境和信念基础，便难以产生真情实感，此时的意义变成了与人的生活和当下精神世界毫无关联的东西，这种“外在意义”必然是玄虚和缺乏说服力的。

另一方面，“外在意义”又可能成为一定社会意识形态的附加。在中国传统思想中，建筑活动一直与上层社会意识形态紧密相连，尤其是在儒家思想深厚积淀的北方，建筑成为统治阶级施行教化作用的理想工具。虽然当代的民主社会极大消解了专制制度的霸权，但建筑与意识形态依然藕断丝连。1950 年代以来，在不断的政治活动中，建筑被附加了一定意识形态而成了图解政治意图的面具和符号，其内部却是非人性的空洞。时至今日，这种现象的残存依然存在，政府作为城市、建筑最大的业主与管理者，总想通过看得见摸得着的建筑实体彰显出一定的政绩。他们对建筑似乎总是有着“新、奇、大”的形式追求，并且一再通过对政治理念这种“外在意义”的附加以达到与上层意识形态保持一致的目的，这种做法背离了建筑发展的根本目标和规律。在这种情况下，建筑师在政治目标的牵引下将离现实生活的真实性越来越远，建筑意义离开了赖以生存的场所（人的生活）也将变得虚假和贫瘠。

综上所述，当代中国建筑创作中将语言当作本体的倾向最终导致建筑被置

[17] 郝曙光. 当代中国建筑思潮研究 [D]. 南京：东南大学，2006.
[18] 徐千里. 创造与评价的人文尺度：中国当代建筑文化分析与批判 [M]. 北京：中国建筑工业出版社，2001.

图 4-2 上海博物馆、上海证券大厦

于一种“对象”的角度被分析和看待，然后再从外部解释它们的关联。这样便割裂了建筑与人们生活的有机整体性，缺乏了内在必然性和解释依据，就难免导致意义的表面化和随意性，使创作陷入种种矛盾和悖论之中。

4.2.2 人的本体论思想对建筑价值理性的异化

由上所述，语言本体论思想通过分析理性对建筑意义造成了一定程度的消解，然而，西方本体论哲学的另一种倾向——人的本体论思想是否就是一劳永逸的？会不会造成建筑意义的背离和价值的异化？答案是一定的。人的本体论思想虽然从一定程度上提升了人的本体地位，恢复了人的生存价值和意义，然而一旦“以人为中心”过了头，必然导致人对物质世界的无止境渴求，造成与自然的对立，一定程度上造成了人的价值异化和迷失。这种异化势必会在建筑领域中得到体现，造成建筑价值理性的异化。

要明晰这个异化，首先应厘清“价值理性”的概念。此处所谓“价值理性”是对于“工具理性”而言的（图 4-3）。前者是从人文精神出发，直指人的存在意义和存在价值，是对人现实生存的终极关怀，是引导人们进行独立思考、保持人的尊严和天性、固守人文精神不被工具理性和科学理性异化的重要途径，其最重要特征就是以人为本。这就意味着建筑活动的关注点应以主体的人的生存活动为本真，以谋求对特定时代人的生存状态、价值观念以及前途命运的合理性解释。由此，建筑活动就有了属人的价值意义，成为一种文化价值的构建活动。而“工具理性”则是科学技术对物质的改良和提高，由于其具有明确目的性，人们对工具理性易于表现出一种盲目崇拜，导致对利益的无限追求以致对科技的无限依赖和消费至上的倾向。从其内涵和外延来看，这两个方面应该是内在关联和相互促进的。而如今，这两种理性正在发生严重的异化，表现为工具理性的急剧膨胀和价值理性的逐步缺失。这种倾向将人们引入一个

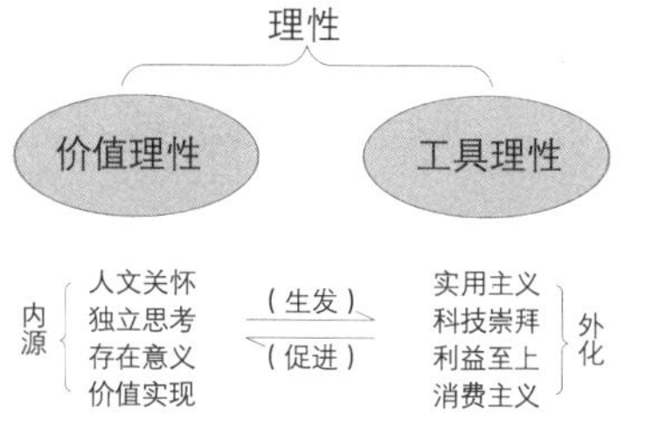

图 4-3 “价值理性”与“工具理性”

世俗的功利性原则，无论做什么，人们只关注现实问题的解决。由于对功利性的过度关注和追求，人们常常误将解决问题的手段当作终极目标，或者说价值已沦落为达到功利性的手段地位[19]。在建筑实践中也是这样：不用问为什么，只要动手去做就可以了。这就从根本上忽略了价值理性的人文精神对人性全面发展的主导作用，使一切行为偏离了人类生存意义的正确轨道。以此反观当代的建筑创作，由于科学理性、消费社会以及文化自身对建筑的异化，价值理性已经与建筑创作日益分离，失去价值理性的指引，建筑价值观便会出现混乱。

确切地说，社会对建筑价值理性的异化不是直接的，而是通过一种间接的途径呈现出来。从词源含义来看，社会是一个由人和人的活动所构成的一种关系集合。这里，我们与其将社会理解成名词，不如理解成一种动词的属性，社会是一种人与人之间相互作用的动态效应呈现。而建筑作为一种实体的物质存在，其效用作用于人，并由人的实践活动才与社会发生关系。从这方面来看，人构成了社会和建筑之间的中介，社会对建筑价值理性的异化作用也只能通过人这个桥梁而产生作用。另外，从海德格尔的“存在本体论”角度来看更是将本体归结为人的存在，将视角由物（客体）转向了人（主体），从理性、抽象的人转向了感性、具体的人，并且将人在场所（建筑在场所中的锚固）中的诗意栖居视为人的本质意义内涵[20]。由此便将建筑的本体转化成为人的本体，将建筑的意义和价值转化到人的存在意义与价值之上。同时，从价值理性的内涵看，也是通过对人的价值实现而言的。因此可以说，社会对建筑价值理性的异化现象是通过社会对人的异化而产生和呈现的。那么，这种异化是如何表征的?对此，我们从以下三个方面来审视。

4.2.2.1 工具理性对价值理性的异化

从社会发展来看，工具理性的发展极大地推动了人类工业文明的进程，为人们提供了前所未有的物质文明成果。然而，随着当代科学技术的不断发展，工具理性和价值理性日趋分离，以至于工具理性逐渐凌驾于价值理性之上，成为意义和价值的单一向度。这种对工具理性的片面强调造成了严重的主客二分倾向，在这个二分模式中，主客体并非平等的关系，而是主动—被动、征服—被征服的关系。这导致主体通过把对象拆解，抽象成各方面的规定性，以一种凌驾于客体之上的逻辑思维对客体进行认知和分析。

这种知识本位的关系论是对中国传统社会关系结构的巨大解体，改变了之前以自然血缘、地缘关系为基础的亲缘关系。先前的伦理本位社会结构是个体情感的呈现和外显，具有浓厚的人情味。而现在，这种关系结构要实现向知识

[19] 邹喜. 对工具理性与价值理性关系的批判性反思 [D]. 桂林：广西师范大学，2006.
[20] 孙伯鍨，刘怀玉. “存在论转向”与方法论革命：关于马克思主义哲学本体论研究中的几个问题 [J]. 中国社会科学，2002(5).

本位的转化，具体表现为从人治转向法治，从人生哲学转向知识分析，这必然导致人的个体情感淡化和人文精神消解，人的精神需要、内在体验和人存在的多维性均受到忽略，人被迫地甚至心甘情愿地把自己变成了“单向度的人”[21]，这是对人的情感的异化。

建筑的意义需要通过实现人的意义而显现出来，而人的意义要以人的情感作用为基元。此时，人的个体情感异化了，或者说消解在泛滥的工具理性和认知体系当中了，此时人们眼中存有的仅仅是富足的物欲和功利的追求。人们对建筑和城市的价值追求也被异化了，变成了对建筑和城市是否能够提供富足生活的具体要求，哪里还有一点空间让位于对自身本体存在的深刻思考和对生命意义的自觉追求？哪里还指望他们创造的建筑和城市能够承载生命之意义？

4.2.2.2 消费社会对价值理性的异化

消费社会的概念是相对于工业社会而言的，两者的最大区别在于前者的资本增值不再依赖于生产和劳动，而在于商品符号对于个体的诱惑和控制。在消费社会中，人被商品符号所包围和控制，个体消费这些符号，但同时个体意识又被这些符号所编织和叙述。个人能否被承认（进入集体的身份确认）、能否幸福（价值感），都取决于他是否消费怎样的品牌了。因此，对于消费社会而言，现代生活发生了从消费实物的使用价值到消费一种符号价值的跃迁[22]。消费社会中购买行为不再是消费实用的功能，而是消费文化工业生产的符号编织和带来的想象。这时人的意义只有依附于商品和品牌的意义才能呈现出来，可以说是当代商品时代和消费社会对人的意义的异化。

正如马克思主义理论家亨利·勒菲弗所言：“后工业社会的空间转变在于：生产从在空间中的生产，转变为对空间本身的生产。”[23]人的消费需求直接导致建筑和城市空间的转向，最直接的变化是建筑和城市空间属性从生产功能转向了消费功能。这的确跟工业时代的建筑、城市空间有着质的区别。在工业时代，建筑、城市的物质功能性是第一要义，建筑、城市的存在旨在以一种理性高效的方式实现人们最初的生活理想和存在的意义，而消费时代的建筑、城市空间由服务与生产转向服务与消费，甚至其自身已经沦落为消费的对象。因此，原本的价值目的转为一种取悦于消费的“震惊”效果，原本为人们提供美好生活和意义的终极追求被异化为不同文化符号的编织景观和奇观化形态，这从反面又强化着人的消费异化。可以说消费社会通过对人的异化导致了对建筑、城市空间的异化，空间的转向和异化又加剧了人自身的异化，归根到底是价值理性的偏离。

[21] 弗洛伊德主义代表人物赫伯特·马尔库塞(Herbert Marcuse，1898 — 1979)，在他1964年出版的《单向度的人》这本书中深度剖析了隐藏在资本主义社会虚假繁荣背后的一系列“单向度”问题。他从工具理性批判入手，深刻揭露、分析了资本主义社会总体异化的现实。他认为现代工业社会对人的控制已经达到全面的程度，对于生产者来说都成了一种异化的事实，使得社会变成了一个单向度的社会，社会发生异化，人成了单向度人，政治、思想、文化也都变成了单向度的政治、思想、文化。马尔库塞对此进行了猛烈抨击，认为人在这样一个社会中失去了自己的个性，失去了自主力，失去了对社会控制与操纵的内在反抗性，成为屈从社会政治需要而又麻木地自感幸福的“单向度的人”。

[22] 卢永毅. 后工业社会中的文化竞争与文化资源研究 [M]// 当代中国建筑设计现状与发展课题研究组. 当代中国建筑设计现状与发展. 南京：东南大学出版社，2014.

[23] 勒菲弗. 空间与政治 [M]. 李春，译. 上海：上海人民出版社，2008.

图 4-4 消费社会产物

对于当代中国而言，虽然工业时代的进程还未结束，但由于城市化进程的加快以及信息传媒的不断渗透，我国的消费社会犹如一个“早产儿”，有着先天发育不良的倾向，即实际物质生产和消费水平相对低下的虚荣消费倾向。在这种倾向下的人却被空间无情地安插和限定在不同的区域中，根据其所消费的品牌等级进行群化、分类和编码（图 4-4）。这是消费社会对人的异化，而这种异化是通过对城市和建筑空间自身的再生产而达成的，使对空间的消费成为对于个人控制的关键环节之一，更具隐秘性。

4.2.2.3 文化对价值理性的异化

“建筑是石头的史书”，一切建筑都是某种特定文化的呈现。从这个意义上说，建筑现象又是一种文化现象，对人类建筑的审视从根本上讲是对某种文化内涵的考察，可见，文化与建筑的关联性是那么的不言自明。那么，文化又怎么会对建筑产生异化作用呢？事实上，文化与建筑关联的合理性具有一个必要的前提，就是文化自身的语境范畴——“文化域”。每个文化都是历史的、具体的，经过长期的自身发展而形成，具有相对独立的自身立法性，具有特定的表层结构和深层结构，并通过特定的建筑形态呈现出来，这犹如生物学中“显型”（外在形态）对“基因”（内在结构）的表达。因此，一旦脱离了这个特定文化语境，建筑便难以被理解，建筑的意义和价值便容易被遮蔽起来[24]。

这个内在结构一方面使文化的地域特征得以继承，另一方面也使得跨文化交流变得困难。因为每一种文化都会在人们集体无意识中形成固有的“前理解”，因此，在面对外来文化时，很难在主体意识中还原其真实的语境，势必将之放置于自己的前理解中给予解读和诠释，当自身的前文化不足以架构外来文化时，这种文化的异化便显现出来，往往忽略其内涵，仅仅从建筑文化的表层结构给予吸收和把玩，造成自我价值被外来文化异化。事实上，在跨文化交流中，这种外来文化的“他者”话语对于本土文化的作用在于以他者的视野去反观和内

[24] 这种文化关联域的概念以罗西的“类型学”最为典型，其学术理论是嫁接在北欧建筑文化的背景之上的，是对北欧（意大利）建筑文化的深层嵌套，脱离了北欧（意大利）这个大背景，其类型的效用便很难被呈现。

省，是对自身文化盲点的暴露和改良，以实现自我符号的再编码而进入世界符号这个大的系统中，从而优化和提升自我的本土建筑文化[25]。即使不能充分吸收和理解外来文化的深层内涵，也不应该让其意义消解在虚假的形式主义之中，否则便会因为缺乏价值判断的内在深刻性而导致建筑创作的肤浅、盲目和混乱，而我国当代建筑创作中的文化观出现偏差，终究是由于这种正确价值观的缺席而呈现出“怎么样都行”的混乱局面，在失落了对灵魂深处的情感追问后，建筑被作为一个个物体被随意捏拿，建筑被无情地抽离出它赖以生存的文化环境，脱离国情，脱离当代生活，对本土建筑文化的怀疑，加上对外来文化不求甚解，最终造成了文化对建筑的异化。

综上所述，工具理性、外来文化以及消费社会的共同作用，通过对人的生存状态的异化而导致建筑价值理性的异化（图 4-5），将价值理性的人性光芒和人文精神消融在对物欲和功利的追求之中，消融在个性的泯灭之中，消融在虚假的形式之中……

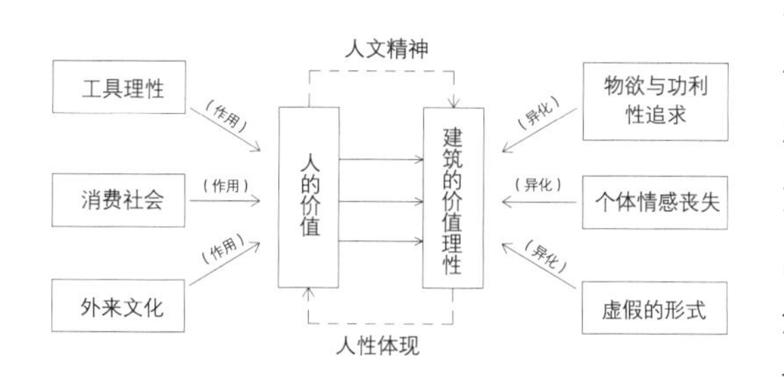

图 4-5 建筑价值理性的异化

4.3 江南建筑自然—自我哲学中以境界为本体的思想构建

如上所述，由于“何谓本体”这个命题本身的思想动荡，我国当代对于建筑意义的实现问题正在变得含混不清，以语言为本体，极易走向偏重“外象”的形式主义歧路；而人的本体论如果不受约束，亦会对建筑价值理性造成异化。那么，我们是否可以走出“语言”的藩篱，从建筑创作的本源出发，在建筑理论体系的构建上另辟蹊径，找出一条适合当代中国建筑发展的本体之源？事实上，江南传统建筑哲学中的“自然—自我”思想已经提供了一条可以借鉴的道路。江南建筑“自然—自我”思想中饱含着对先在自然环境的尊崇，亦有对自我情感的呈现，这正是当代建筑创作必不可少的两个准则。其是建筑创作的哲理——亦即最高智慧，谓之“境界”。正如王国维在《人间词话》中言：妙手造文，能使其纷沓之情思，为极自然之表现，此为境界[26]。结合建筑创作，就是使建筑回归“浑然天成”的天人境界，回归“自然生成”的创作境界。这是传统文化之内在的东西，能够并且有理由成为当代中国建筑的本体之源。因此，将“境界”这一极具东方智慧的哲学思辨来作为建筑的本体构建，相信能够使建筑创作的魅力和价值充分展现出来，这正是江南传统建筑文化之“理”带给我们的

[25] 丁沃沃. 传统与现代的对话 [M]// 当代中国建筑设计现状与发展课题研究组. 当代中国建筑设计现状与发展. 南京：东南大学出版社，2014.
[26] 王国维. 人间词话 [M]. 苏州：古吴轩出版社，2012.

启示，对当代建筑的意义正源和价值理性的复归具有积极作用。

4.3.1 “建筑语言”与“建筑的语言”的概念厘清

本着“先破再立”的原则，若欲证明以“境界”为本体的可行性，必先对建筑语言本体论进行必要的证伪。这就涉及一个根本性问题：“建筑是不是语言？”对于当代中国而言，其建筑语言的混乱与迷惑也是没有厘清这个问题。笔者通过将建筑语言与语言本身进行比照，对“建筑语言”的本质进行阐明，继而为境界本体论的构建扫清障碍。

4.3.1.1 语言的基本要义

美国语言学家爱德华・萨佩尔早在 19 世纪就在其著作《语言论》中指出，语言的转移现象实际上是无限的，如今可列举众多语言转移的实例，如交通语言、标志语言、音乐语言、绘画语言、军事语言，等等。似乎建筑也不例外，因为建筑的构成同语言规则的确有着某种关联性和相似性。然而事实的确如此么？建筑能够实现同语言一样的信息和意义传递么？对此不敢妄加揣测，必须通过同语言的理性类比才能得出结论。

首先要回答“语言是什么”。辞海中将语言定义为：人类最重要的交流工具，是人类思想表达的重要手段，是最基础的信息载体[27]。从对语言的定义中可以明晰地得出语言的几个特征：

信息承载：语言是从人类社会生活中抽象出来的，具有信息承载功能。这一点毋庸置疑，索绪尔将语音的外壳理解为某种具体的“能指”系统，这种抽象化了的形式承载了一定的信息，为“所指”的投射做准备。可以说，信息承载是语言的第一要义，无论是声音形象还是视觉形象，只要是具体化的形象就一定是包含了信息的代码，这是一个编码的过程，是语言作为符号的第一步，通过某种约定俗成的信息代码，而成为可以被解码的依据。

交流功能：语言作为人为制定的信息传递媒介，是一套完善的符号系统。通过能指—所指的对应关联实现信息交流。语言学家罗兰・巴特就明确指出语言是一个开放系统，无论是文学语言还是日常语言，其宗旨都应当是作者与读者、言者与听者之间的交流。因为只有实现了两者之间的交流，语言才能完成其根本的信息传递使命。

[27] 参见《辞海》释义。

图 4-6 不同建筑语言承载不同的意义

意义载体：语言学家卡尔西在索绪尔符号语言理论的基础上更加强化了符号的意义。卡尔西认为，语言是符号，符号的典型特征就是能够将特殊的、感性质料提升到普遍的形式，从而承载一定的意义[28]。他认为语言符号一方面是感性的，具有物质形式的外壳，另一方面其意义是普遍的，因为具有意义才可以为人们所解读，并且这个意义既是个人的也是社会性的。在他看来，人们完全有可能通过对符号的把握而对世界的意义进行解释，而这个意义就在这种充满人的主观能动性的语言当中。

4.3.1.2 建筑语言的本质内涵

通过对语言概念和其基本特征的梳理可知，“信息承载”“交流作用”和“意义载体”构成语言的三大基本要义，接下来回到建筑语言本身，审视建筑是否具有语言同等的功能。

首先，就“信息承载”来看，“建筑是石头的史书”一句话便成为该命题的有力证明。古今中外，建筑承载了大量的人类历史信息，人们可以通过建筑解读某一个时代的特征表现（图 4-6）。如果从符号学的角度来考察，建筑形式符号能指系统的丰富性和多样化更加印证了其作为信息承载的基本功能属性。显然，作为信息承载的功能而言，建筑语言通过了第一层的考验。

其次，就“交流功能”来看，索绪尔曾指出语言的语音系统是一个线性体系，只能在时间上展开。也就是说，由于听觉上的时间延续性，语言符号只能一个个接连出现，在时间向度上绵延而无法在多维向度上展铺开。人们在接受语言信息时，是一个能指接着一个能指，而后来的意义改变着前一个意义，具有历时性特点[29]。区别于语言的语音外壳，建筑靠语形来完成意指表达。“语形”是视觉信息符号系统，这个系统包括其三维的形体空间、肌理特征、色彩要素、光照条件等因素，这些构成了人们感知建筑语言的本源，这些物质形态已经被“信码化”了，这些信码使信息传递成为可能，只是建筑语言的这种画面特征基本上诉诸视觉来实现信息传达，具有图像和空间属性，这就有别于语言本身的语音信息传达模式。由此可见，建筑语言在交流功能方面失去了语音外壳这个时间向度，而以其形象外壳的空间维度进行了补充，具有共时性特征（图 4-7）。所以，建筑语言在交流功能层面的考察中以一种“非典型”的交流方式而勉强过关。

最后，也是最为重要的一个环节：“意义载体”。语言之所以被符号学家

[28] 程悦. 建筑语言的困惑与元语言：从建筑的语言学到语言的建筑学 [D]. 上海：同济大学，2006.
[29] 刘艳茹. 索绪尔与现代西方哲学的语言转向 [J]. 外语学刊，2007（7）.

认为是对人类存在的观照，正是因为其承载了人类生存的意义内涵。而建筑语言是否具备同样的意义呢？首先，我们要回归建筑符号学的基本问题，对于建筑符号语言来说，它的作用不仅仅是用一种事物再现另外一种事物的“记号”，而是将一般经验抽象成一种高于一般逻辑性的概念。在这个意义上，一座建筑的语言构成就是一个整体，换言之，建筑语言并不可以被拆分成一个个符号片段，所以不能指望通过将各种建筑语言符号的排列组合来产生含义。也就是说，建筑本身没有语义学的基本单位，它不像文学语言那样可以通过对文章拆分成具有独立意义的段落、句子、短语、词汇。要使建筑产生意义就必须将其整体与人的生存境遇相关联（而非局部符号的作用）来呈现[30]，所以，建筑的含义是整体呈现的而不是组合出来的。可见，建筑语言不能像文本语言那样通过一个个片段而承载意义，人们也无法仅仅从建筑形式语言或符号中“读”出建筑之意义。这里要注意的是，我们并不否定建筑能够承载意义，而是否定建筑的意义能够仅仅从建筑语言中得出。原因很简单，那就是建筑的意义只能存在于人的真实生活这个存在论事实当中。由此，建筑语言在意义载体的重要一环并没有通过审核。

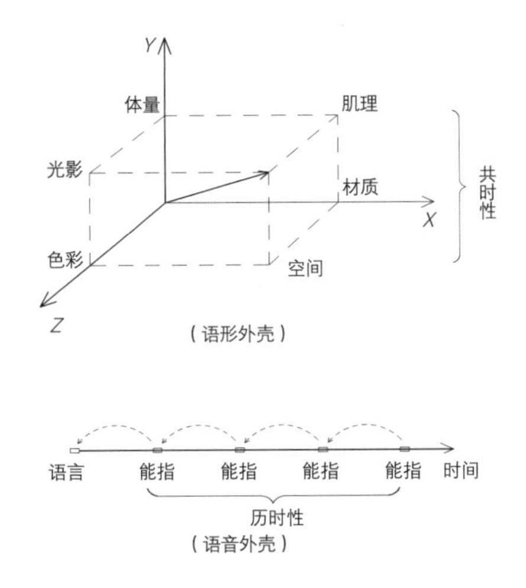

图 4-7 上：语形外壳；下：语音外壳

至此，我们大致可以对“建筑是不是语言”这个问题进行回答了。建筑语言虽然可以承载信息和进行信息交流，但其本身不具备意义载体功能。因此可以说，建筑并非语言，或至少建筑不仅仅是语言。我们常说的“建筑语言”事实上并非指“建筑是语言”而是“建筑的语言”，或者说“建筑有它自己的语言”。这个观念具有认识论的基础性地位，只有破除了建筑语言的本体地位，建筑境界本体的地位才能得以建立和巩固。

4.3.2 浑然天成的天人境界——境界本体内核

通过上文论述我们得知，语言（建筑语言）从一定程度上而言只能充当一种工具的作用，而并非没有本体论的功用。因为语言本身忽略了人的文化心理和情感体验，因此无法产生令人信服的解释和反映建筑创作机制的实际[31]。因此，语言不能作为建筑本体的构建，否则极易走向一条形式主义歧路和“奇观化社会”的倾向。另外，以人的本体论为主导的建筑创作倾向虽然给予人本体

[30] 巴特．符号学原理 [M]．李幼蒸，译．北京：中国人民大学出版社，2008.
[31] 程泰宁．语言 · 意境 · 境界：东方智慧在建筑创作中的运用 [C]．杭州：第十届亚洲建筑国际交流会，2014.

足够的重视，具有先进性的一面，但如果任其发展便会以一种物我对立的态度将我立足于自然之外，走向人与自然的对立，势必对自然环境造成戕害继而影响建筑的可持续性。面对此情此景，是否可以从江南的天人思想出发，以天道自然的整体观念和自我觉心的个人实现为基础来构建一种充满东方哲学思想的本体意蕴，并以此作为当代建筑创作中求变创新的哲学和美学支撑呢？答案是完全可行的，即建立一种以整体性思维为基础的“境界本体”，也即营造一种“浑然天成”的天人境界，和“自然生成”的创作境界。这种以境界为本体的当代建筑本体思想构建可以从“分析哲学”的线性思维转向探求物质世界——功能、环境、语言构建与心灵世界——意境审美、文化心理营造的多因素、多范畴的自然契合，这是当代建筑突破语言的藩篱，避免过度人本主义的思想之路，也是建筑从语言层面到美学层面再上升到哲学层面的本质思考，能够引导当代建筑创作走进一个无限开阔的思维空间。

什么是建筑的境界本体呢？我们可以从传统诗词境界的营造中得到启示。清代书法家周星莲在谈书法创作时认为“不期工而工”[32]乃为书法创作之境界，王国维继而沿用其语句，认为“不期工而自工”是文学创作的至高境界，所谓“不期工而自工”是指不刻意为之，而自然达到一种浑然天成的自由之境，是一种“无法而法”的及自然之表象，具有庄子无为而治的意味。有学者在王国维的思想上进一步延伸：妙手造文，能使其纷沓之情思，为极自然之表现即为境界[33]。对于建筑创作而言，浑然天成的天人境界即从老庄万物归道的天人关系论出发来审视建筑的存在。即建筑并非一个孤立的单体，而是与自然万物具有原初的同一性，将建筑所处的物质环境放在精神环境的大环境下进行考量，注重整体与综合，既讲个体，更重整体、自然之和谐统一，使建筑与自然呈现一种“不期工而自工”的整体契合与浑然天成的浑整状态。

对建筑环境场所的整体考量是老庄“道论”的基本内容，秉承建筑创作的整体之需要对其所处环境进行整体考虑，这里的环境不仅仅指物质空间，人文环境、社会形态、历史境遇等多维空间下的环境体系更应当作为建筑境界实现的出发点。“道生之，德畜之，物形之，势成之。是以万物莫不尊道而贵德。道之尊，德之贵，夫莫之命而常自然。”[34]万事万物由道生之，由各自本性之“德”充实，再由象来赋形，尊“道”而重“德”没有任何命令的指向，而是万物本应如此[35]。对于建筑也是如此，建筑作为形下的“器”，其所形因“道”而生，场作环境与时代背景赋予了先于建筑而存在的“德”，建筑师尊其周围环境之本性而做的设计使建筑自然得以生成。因此，这种整体思想下的设计与“道、德、物、器”的逻辑关系对应可以理解为建筑与场所环境、人的感知以及既定时间

[32] 周星莲. 临池管见 [M]// 历代书法论文选. 上海：上海书画出版社，1979.
[33] 王国维. 人间词话汇编 · 汇校 · 汇评 [M]. 上海：三联书店，2004.
[34]《道德经 · 章五十一》。
[35] 王槟. 基于道法自然思想的当代建筑创作方法研究 [D]. 哈尔滨：哈尔滨工业大学，2015.

背景的普遍关联，是在上述因素的相互影响下的自然生成，以形成“地利”“人和”“天时”的有机统一，即浑然天成之天人境界。

4.3.2.1“地利”——场所环境

场所环境因素对于建筑的影响不言而喻，正是环境的差异导致建筑形态的千差万别。在道家整体观念中，万物在道中往复循环，在建筑创作中也不例外，建筑作为具体的“器”而存在，而周边场景环境如文化、经济、社会意识、自然气候等因素犹如一种“道”的存在，在建筑存在之前已经既有各自的流转和发展态势。建筑作为新进之物，必须借其发展之势将其流转之“气”运用到自己身上，并取得与之相适应的发展趋势，切不可破坏或忤逆之。另外，场所环境对于建筑的影响也并非线性的或逻辑先后的，而是一种交叉的影响，即并非因果关系，而是相互作用、共同创造，是一种顺承发展的关系，通过“地利”而达到整体的“浑成”。

正如程泰宁院士创作的浙江美术馆，其形态本身融为秀美山水环境中的一维，已经不再是创作的全部，而成为一种境界实现的手段和方法。从美术馆选址来看，其位于杭州玉皇山脚下，西湖之滨，景色秀美，区位绝佳。面对这样一块“风水宝地”，每一个建筑师在欣喜的同时都会产生一丝敬畏和压力。如何才能在此深刻地诠释历史悠久的江南文化、西湖文化？如何才能体现出充满江南调性的场所情感？如何才能在“江南味道”和现代艺术之间取得一种平衡？这是建筑师必须慎之又慎地面对的问题。正如程院士所言：“浙江美术馆方案如果能够突破建筑风格、语言和视觉感知的局限，向心灵和精神层面延伸，是否更能提升它的艺术感染力。西湖山水之灵秀，古典诗词、书法和江南水墨画所传达的意境，现代美术所表现的新奇和活力，如果都能注入我们的设计之中，那么，浙江美术馆建筑是否也能如罗丹所说‘像一把发出颤声的琴’，以它特有的旋律、调式、和声给人以高层次的美的感受？”[36] 于是在恍兮惚兮之中，一种“感觉”慢慢浮现，在繁杂的线条之中，一张颇有大写意风格的水墨意境草图在程院士笔下呈现了出来。整个草图乍看似一副横向展开的山水长卷，建筑映衬在群山之间，轮廓清晰、层次分明、虚实相间，通过对横向线条的强调和对屋顶意向的勾勒烘托出建筑与环境层次的远近关系。整个体量组合犹如一座连续跌落的秀丽山峰，呼应了青山秀水的场所环境。草图为造型语言定下了“水墨山水”的整体基调，“江南味”在明暗交汇之中油然而生（图 4-8）。这个水墨意境来源是程先生在身处江南的多年体验中，对江南传统文化进行深入研究之后抽离出来的，从江南写意山水画中得到的启示，从“悠然见南山”的婉约诗词中见之真情，从杏花春雨的自然景象中悟其意境……[37]，可以说，

[36] 程泰宁，王大鹏. 通感·意象·建构：浙江美术馆建筑创作后记 [J]. 建筑学报，2010（6）.
[37] 同 [36]。

图 4-8 浙江美术馆草图

诗人笔下的悠然意境为建筑师提供了较大的美学艺术感觉，这些诗句与建筑体现了同样的理趣旨归，继而触发了创作者对江南场景的整体性思考。从西湖先在的优美环境来看，其碧山秀水的灵动场景中似乎蕴含着一股生气，在往复流动，这股生气便是江南空灵含蓄、内敛婉约的内在气质彰显。美术馆正是借助了这股“气”，通过舒展的形态使西湖灵动的神韵更加缥缈虚幻，通过黑白灰的基调使含蓄内敛的江南气质更为深邃……对于这样一栋建筑形式，有人认为它很现代，有人则认为它很传统；有的认为它像一颗镶嵌在西湖边上的黑珍珠，也有人说它好似绍兴乌篷船；有的评论说它是挂在西湖边上的一幅江南水墨画，更有媒体以“浙江美术馆在江南的蒙蒙烟雨中开馆”的标题来表达一种情境……它和一切我们看过的建筑都不像，但它又像一切，正是这种不确定性，增加了大众对美术馆意象的多元体验[38]。在这里，美术馆的存在所体现的是场所中自然因素与人文因素的交织、综合，实现的是一种浑成的天人境界。

[38] 程泰宁，王大鹏. 通感 · 意象 · 建构：浙江美术馆建筑创作后记 [J]. 建筑学报，2010（6）.

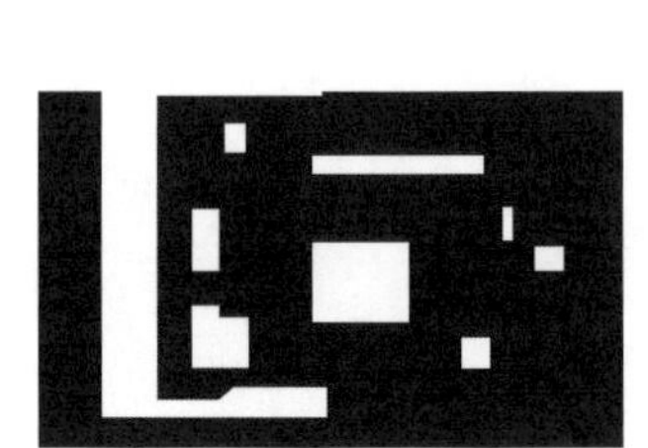

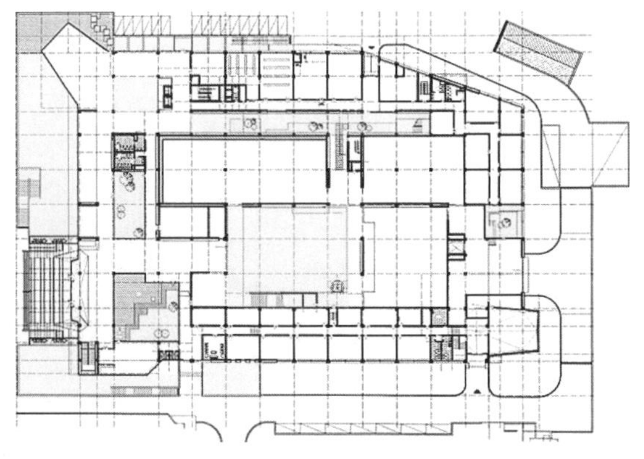

图 4-9 浙江美术馆图底关系

4.3.2.2 “人和”——人的感知

建筑终究是属人的，建筑置身于“天地”的时空坐标之中，必然通过人的行为感知才得以表达，而这种表达则建立在对场所环境感知的基础上，即抛弃人自身的先验，去切实体会场所中各要素，细腻地感悟建筑和场所中所包含的文化情感，真实用心地与场所、建筑、自然交流，继而实现“人和”。即将人的感知从三维实体空间扩展到多维情感体验，通过由人的视觉、听觉、嗅觉、触觉等系统共同作用，建立起对于空间、材料和尺度的全方位感知，营造人与建筑空间的真实情感联系，创造一种能够引导人们对文化意蕴进行感知的空间，使建筑在物质功能的基础上实现诗意内涵。

这种对空间场景的亲身感受被设计师成功地运用到了浙江美术馆的室内空间营造中，通过院落形制的当代转换实现了对江南居住理趣的还原。在空间处理上，浙江美术馆依然做到了对江南人士内向含蓄性格的观照以及江南居住模式的回应。由于受到场地的限制，美术馆中的庭院空间基本上是采用“减法”原理，通过“挖洞”而实现。这从另一个侧面呼应了江南民居的内向性格与栖居理趣。整个建筑中，天井、庭院甚至街巷都成为内部空间的一个部分，与江南传统庭院不同的是，其内部庭院的空间属性从传统的关注内外贯通、阴阳交会转换到内部空间的动静平衡关系上（图 4-9）。同江南传统民居一样，美术馆中并不强调轴线和中心，即使是中央大厅空间在视觉上也被周边分散的各个小庭院所削弱，可以说是若干个庭院所形成的院落组构成了整个建筑的视觉重点，使整个建筑空间呈现出一种均质化的状态。这里不同位置的庭院具有不同的性格特征，呈现出多样化的空间视觉感受：中央庭院空间相对较大，可以理解为天井向中庭的转化，从折面屋顶投射下来的丰富光影变化成就了其独特的审美体验，这是江南时间瞬间永恒的完美体现。主入口处的庭院作为进入建筑的第一知觉空间，担负着江南意象的传达和演绎，在尺度和形式上更接近传统

图 4-10 美术馆内院、中央大厅（左、中）

图 4-11 美术馆内巷道空间（右）

江南民居中的天井，通过水池的静谧和莲花等植物装点。庭院不强调空间的豁达和光影的灵动变换（图 4-10），而试图通过视觉产生一种静谧和内敛的江南情调。再如建筑北侧的内院空间，由于其尺度的修长，与其说是内院不如说是“巷道”，这是为了营造江南街巷空间的场所感而进行的空间处理[39]。对于上述两个内院来说，这个空间更为内向，通过界面的处理和对顶棚天光的设计，整个巷道更加消隐于建筑之中。这里的光线呈线性倾下，越到底部越昏暗，像极了江南备弄空间的幽闭和内向（图 4-11）。巷道本是江南聚落中自然生成的内向空间，此处将其在室内还原，从功能上实现了展呈空间与办公空间的内外分隔与过渡，看似有意为之，实则无为而至。置身其中恍若穿越到了江南小巷，一种江南情结油然而生，完成一次对江南日常生活的切身体验，这里的空间是自然生成的，是从人文情感关怀所出发的整体意象构建，通过“以天为徒”的江南居住理趣还原，实现的是一种浑然天成的天人境界。

4.3.2.3 “天时”——当下时间境遇

浑然天成的天人境界注重对自然之法的顺应，即顺应自然之本性，这里的自然不仅包含有先在的空间环境，更有着时间维度，即既定的时间境遇。浑然天成、顺应自然就是要符合时代发展之大的形式，即顺应“天时”，建筑创作中不应被动反映时代痕迹（否则会陷入历史决定论的泥沼，被贴上“时代精神”的标签），而应整体了解和把握当下形势，将社会文化的历史进程以及当下的

[39] 马锋辉. 美术馆展览的文化坐标及其实践：以浙江美术馆为例 [D]. 杭州：中国美术学院，2014.

图 4-12 美术馆钢架屋面构成

技术条件充分融入建筑创作的每一个细部之中[40]。我们只有将建筑创作与当下的时间境遇相联系，有意识地将当时的社会文化与技术条件载入这段“凝固的音乐”之中，才会在无为之中成就建筑的时间之维和空间情境。

就浙江美术馆而言，正是在传统和现代之间找到了得以表现的切入点，才真正实现了建筑与时间的有效关联，成为顺应当下之势的表达与呈现，继而实现了浑然天成之境界的时间之维。而这个与当下时间境遇的契合是通过美术馆钢架屋面的现代构成手法来表达的。如果说浙江美术馆黑、白、灰的水墨色调是江南建筑意境美的诠释，那么这个“黑”的部分自然要数其多变的钢架屋面。深色的玻璃钢架屋顶坐落于层层递阶的白色平台之上，是对不远处峰峦叠嶂的隐喻，相互强化了对方的存在。主体屋面源于对歇山样式的变体，在屋面转折处以浑厚的黑色钢构件对轮廓进行勾勒，将“推山”的弧线手法进行了夸张演绎。不仅是屋脊线条，传统屋面的曲线和曲面均被干净利落的折线和折面代替，使主体屋顶更有力度和视觉张力。此外，在西侧入口处，一组折面屋顶犹如瀑布一般直接从最上层基座“倾泄”下来，直至地面水池，屋面以三角折面为母体进行拼接，在东南角以及大厅东侧，这种三角折面屋顶又重复出现，看似随机和偶然，但与主体屋顶具有高度的统一感和逻辑性。另外玻璃顶与平台之间交接直截了当、干脆利落，突破了传统的基座、墙体和屋面的三段式划分，整个建筑的各个部分有机整合在一起（图 4-12）。这种“不太规矩”的做法类似于现代艺术中的“拼贴”，将江南写意手法导向了与现代艺术的汇合。于时间维度而言，这种极具现代构成主义手法的屋面是建筑创作与当下境遇的完美碰撞；于青山绿水的环境而言，黑白灰的基调更是一种浑然天成的境界之美。

综上所述，浑然天成的天人境界是顺应天时（时间境遇）、地利（场所环境）与人和（人的感知）的整体综合。在这里，建筑成为一个受器的装置，将江南屋面、天井院、街巷这些根植于江南人士集体无意识中的形态，以现象学

[40] 王国光. 基于环境整体观的现代建筑创作思想研究[D]. 广州: 华南理工大学，2013.

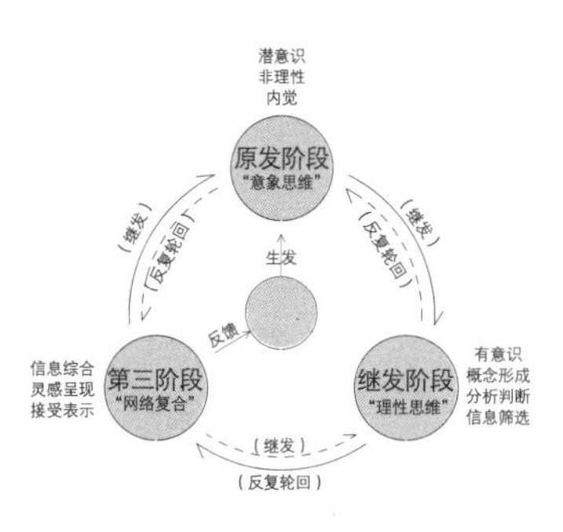

图 4-13“理象合一”思维过程图示

的手法进行抽象还原，这些是源于江南环境的一种自然生成的模式语言，是对日常生活语境下的本真诉说，是浑然天成的天人境界实现，因为它属于这个特定自然和社会环境中生活的人们，使人感到的是一个真实的场所环境，这里的形式亦然成为一种手段，意境的营造与境界的实现才是根本——境界本体构建。这样的建筑自然不需要过多的外在解释，当人们走近的一刹那，它便开始向你诉说一个个饶有余味的江南故事。

4.3.3 自然生成的创作境界——境界本体实现

如果说“浑然天成”的天人境界是境界本体的本质内核，那么“自然生成”的创作境界则成为境界本体的方法论实现。如上文所述，浑然天成的天人境界强调了建筑与外部环境世界的内在关联，那么这种使“纷沓之情思”得到“极自然之表现”的自然生成必然揭示了建筑创作自身的内在机制。所谓“自然生成”之境界，即在建筑创作中，一切形式、功能、建构、技术等理性因素与意义、价值、意象等非理性因素之间并非遵循一种所谓“形式包含功能”或者“内容决定形式”这类“线型”模式和逻辑思维，同样，在整个创作过程中也很难区分哪些是“基本范畴”或者“派生范畴”[41]。在创作实践中，建筑师脑海中所构建的应该是一个集各种因素为节点、各要素相互联系的网络。我们的思维游走于这个网络之间，不同创作主体根据自己的理解选择不同的切入点，如果所选的切入点恰到好处，建筑创作不仅能够解决某一点的问题，而且能够激活整个网络，使得其他各个要素和问题得到满足和解决，即所谓“理象合一”[42]。这种创作过程将建筑从纯粹的逻辑思辨体系中解放出来，成为一种饱含深情的言说；同时又避免了意象思维的过度弥散而使建筑成为纯粹形式的自我表演和外在意义的附加，是一种自然而然的生成过程。

这种自然生成的创作境界可以从美国著名心理学家阿瑞提那里得到理论支持。他在其著作《创造的秘密》一书中曾将创造思维分为三个过程。（1）原发过程：无意识的欲求和非理性的潜意识活动构成原发过程的主要内容，体现为意象、内觉等等。在原发阶段，想象力能够提供大量有待筛选的基本素材与信息，而这些信息是相对松散的[43]。（2）继发过程：概念活动构成继发过程的主要内容，体现为有意识的思维、分析与判断等。在此阶段，创作者对初始资料和信息进行筛查、比对与淘汰。（3）第三级过程：这是原发过程与继发过程的一种奇妙而复杂的结合与综合，继而产生可以接受的表示。在建筑创作中，这种复合应当是意象性思维与理性思维的复合，这个过程中，一切理性和非理性因素都将融入建筑学的联觉体验中，实现“理象合一”[44]（图 4-13），

[41] 卡彭. 建筑理论 [M]. 北京：中国建筑工业出版社，2007.
[42] 程泰宁. 语言 · 意境 · 境界：东方智慧在建筑创作中的运用 [C]. 杭州：第十届亚洲建筑国际交流会，2014.
[43] 阿瑞提. 创造的秘密 [M]. 钱岗南，译. 沈阳：辽宁人民出版社，1987.
[44] 程泰宁，叶湘菡，蒋淑仙. 理性与意象的复合：加纳国家剧院创作札记 [J]. 建筑学报，1990（11）.

这是实现建筑创作自然生成之境界的关键。尽管阿瑞提的三阶段划分比较绝对化，但总体而言是符合建筑创作实际的。而这里笔者需要说明一点，此处笔者延续阿瑞提的阶段划分，将三个阶段分开论述，是为了在写作上更好地结合实例，逐步陈述和揭示每一个阶段的思维呈现过程。事实上，在整个建筑创作过程中，这三个阶段并非具有明显的时间先后，即思维阶段的划分并不那么明显，尤其在复合阶段，往往是第一阶段与第二阶段轮回反复地呈现，经过一次次的否定之否定才最终实现了复合。正所谓“没有意象的理性是僵化的，没有理性的意象是浅薄的”[45]。只有实现两者的复合，“理象合一”才真正实现了“纷沓之情思”的自然生成之境界。

4.3.3.1 原发过程与意象性思维

原发过程的一个重要思维特征即“意象性思维”。意象是一种纯粹的心理活动，它不仅可以还原“在场”的事物，更可以保留住对“不在场”的事物所怀有的情感；不仅可以帮助人们更好地理解可见世界，更可以帮助人们创造出某种外部世界的可能性，因此，它在原发阶段创造力的发生中扮演了极其重要的角色[46]。意向性思维是易变的、朦胧的、含混的、交织的，正如阿瑞提所言的“内觉”[47]，并不能通过形象、言语、图像等任何动作表达出来，但可以被具有“艺术气质”的人以思维和意识所捕捉到。也正是因为它并不能真实地反映客观现实，才在意识中激发了某种新东西生成的无限可能性，具有一种超越现实的理想，是通往创造力的出发点。

在建筑创作中，这种意向性思维的获得必须使创作者的大脑处于开放的状态下，因为开阔的眼界、活跃的思维更加有利于对初始意象的捕获。因此建筑师必须广泛地搜集资料信息，建立灵敏、有效且准确的信息反馈机制，只有在信息的广泛占有上才能够更好地建立起信息网络，为下一步理性思维的定向甄选做准备。在程泰宁院士接到加纳国家大剧院设计工作的前期，除了剧场规模和用地范围之外，几乎没有任何的设计条件：没有具体环境，对上位规划并不了解，甚至连加纳首都阿克拉也并不了解。每一个建筑师都知道，在建筑设计过程中，限制条件一方面给创作带来了一定程度的束缚，但往往一定的限制反而会给创作带来意想不到的切入点，而越是没有限制和要求的设计越是无从下手。面对这种“毫无头绪”的情况，设计师必须从外围条件去自己寻找合适的切入点进行创作。经过半年多的实地考察，来自加纳地区的气候条件、地理因素、国情背景、文化艺术等各方面信息逐步呈现在设计师面前：赤道国家的热带自然风貌、强烈的阳光、如茵的草坪、高高的棕榈树、一座座茅草屋，等等，大量的照片资料在设计师脑海中形成了对加纳地区意象特征的原始定位，极具

[45] 出自笔者对程泰宁院士之访谈。

[46] 储建中. 创造发生过程的一般研究 [J]. 内蒙古社会科学（文史哲版），1991，12（4）.

[47] 阿瑞提把不能用形象、语词、思维或任何动作表达出来的认识，称之为无定形认识(amorphous cognition)。由于它是发生在个人的内心之中，这种特殊的机能又称之为内觉(endocpet)。内觉是对过去的事物与运动所产生的经验、知觉、记忆和意象的一种原始的组织。从事科学工作或进行逻辑思维的人注重概念而难以觉察内觉，而且有“艺术气质”的人能更多地体验到内觉。

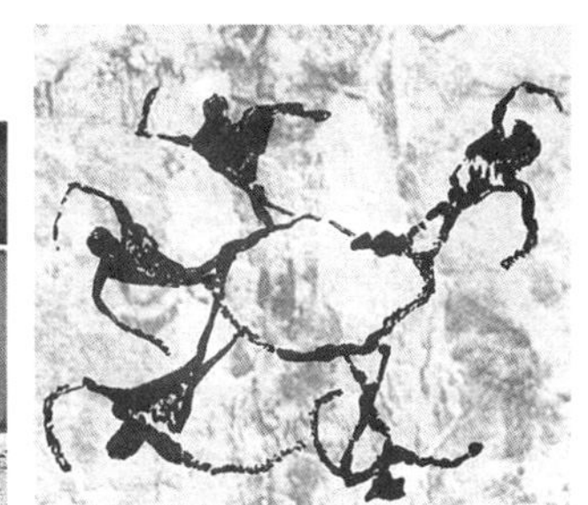

图 4-14 非洲自然—人文景观及岩画艺术

非洲文化的木雕、陶瓷壁画、粗野雄浑的石雕与热情奔放、颇具土著韵味的舞蹈相得益彰，充满了粗犷、浑朴而又极具神秘感的艺术风格（图 4-14）。这些信息如同电影胶片一般在设计师脑海中一幕幕回放。是否可以将夸张、粗放、热情而又神秘的艺术风韵作为加纳国家大剧院形态塑造的神韵追求？然而，从理性而言，剧院自身的结构是否需要一个更加理性和保守的形式与之相匹配？这一系列问题激发了建筑师难以抑制的创作冲动，促使建筑师抛开了理性思考的现实，在一种无拘无束的意象中畅游，脑海中不断涌现种种意象和构想，这些构想来源于对加纳整体自然环境的初始感受以及对非洲艺术的倾慕与向往。这些意象是朦胧缥缈的，扎扎实实地使人感受到了意象生成的无限可能性，这正是创作的原发阶段所要实现的目的，通过大量的信息刺激，实现初步的认知与意象的发散，而对于信息的遴选与意象的甄别、完善则需要理性思维的介入。

4.3.3.2 继发过程与理性思维

概念的形成是继发过程的重要功能，所谓“概念”是发觉信息之间的某种内在关联性与两两相似性，是“建立在相似性上的同一”[48]。换言之，即在无意识中将不相关的事物或情景经过融合、凝缩而联系在一起，继而产生新的形象。阿瑞提以牛顿发现万有引力的例子说明不同事物之间的“相似同一性”：当牛顿看到苹果落地和明月当空时，原发思维提醒他说，这并非同一个东西，而理性思维却告诉他，这两者之间似乎有着某种必然的联系，它们同属于一个新的等级，即“引力”的特质。可以说，理性思维的作用正是对原发思维中的大量信息进行甄别与筛选，发觉它们之间的某种规律性和相似同一性。

这种建立在理性思考上的继发过程是建筑创作的基础，建筑师只有在拥有大量素材的基础上，对影响创作的主客观因素，如环境、功能、技术条件、文化背景等进行认真理性的思考和分析，才能摆脱固有观念的束缚，进入创作的过程。因此，强调建筑创作的理性，既是为了求得方案的扎实合理，同时也是

[48] 邢凯．建筑设计创新思维研究[D]．哈尔滨：哈尔滨工业大学，2009.

为了在意象生成过程中，能够找到更有特色和深度的触发点。在这个阶段，所要解决的问题成为信息甄选的出发点，围绕问题收集资料信息，使初始信息和意象更加系统化和形象化。因为在原发阶段，意向性思维获得的海量信息给人们带来了信息膨胀，甚至是信息污染，影响了人们利用信息的效率，这时设计师需要在原始信息中发觉有价值的片段单元，对信息进行过滤，消除信息噪声，排除老化及冗余虚假信息，选取理想的切入点和意象元进一步深化与发展。因此，在这个阶段，思维的特征应更多地表现为理性的一面，常常以程序性思维和以归纳、总结为主的逻辑性思维为主导。

在对加纳地区的前期资料和素材进行理性分析与整理的过程中，大剧院方案创作的切入点逐渐明晰：其一，作为一个国家级剧场，它是西非地区最大的民用建筑，并且作为援外项目，又是一座中加人民友好往来的里程碑，在强调娱乐性与文化性的同时，纪念性的体现应当给予足够的重视。其二，从文化角度来看，加纳地区的非洲文化素来以一种独特的质朴魅力为世人所倾倒，该地区的建筑如何体现这种独特的文化特征，展示这种无形的神韵正是设计师需要考虑的。其三，从场地环境来看，国家剧院位于市中心两条主干道交汇处，由于地理位置优越，一些公共设施和高层办公楼都集聚于此，而国家大剧院将在此处起到对周围建筑的统合作用，因此为了使体量低平的剧院不至于被高楼“淹没”，形体上应当具有可识别性。其四，由于加纳国家经济相对落后，作为援外项目，如何在初期生产管理水平、传统观念、现代化要求以及文化差异之间找到平衡点，如何适应当地的经济技术条件，如何在设计中留有发展余地等都是项目需要考虑的重点。其五，从气候环境来看，如何使建筑适应当地炎热的气候环境，采取何种手法可以实现被动式节能，也是所面临的技术难题[49]……

通过理性分析和逻辑思考，一系列问题逐渐浮现出来，而从问题出发是对初始意象进行遴选的最佳途径。经过分析，一个颇具个性的三角构成形态逐渐清晰，成为方案的雏形（图 4-15），三角形态的叠合呼应了地块特征，通过平面中两侧设置出口缓解了城市干道的疏散压力；几个三角形的错位叠合，自然区分了后台、观众厅、展厅等几个主要空间。同时，三角形态在周边四平八稳的建筑中具有一定的可识别性，在施工阶段，也避免了曲线或折线形体所带来的放线和定位困难以及造价超标的问题。总体来说，三角形态的运用通过一种理性的操控，对原发阶段的意象进行了收敛和控制，使方案的可操作性极强。

4.3.3.3 意象思维与理性思维的网络化复合

正所谓“天才是由于在一个人的心灵当中各种文化要素产生了有意义

[49] 出自笔者对程泰宁先生之访谈。

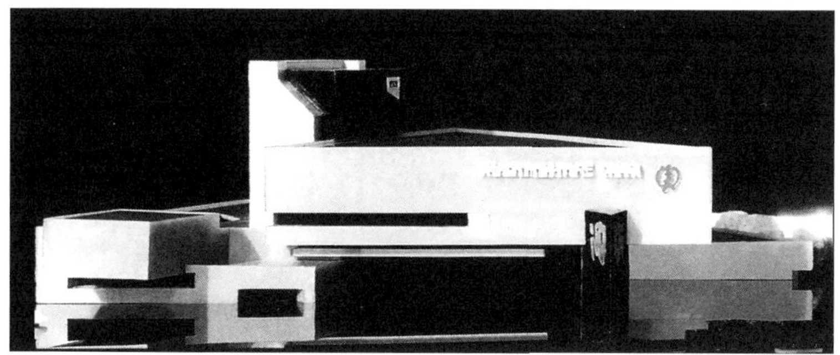

图 4-15 加纳国家大剧院原方案

的综合”[50]，正是这种综合才使得创造得以发生。人们为了避免无意识的混乱，用概念与逻辑来规范心灵中浮现的原始内容，这种抑制作用是有意识的活动，然而如果消解了意象思维的发散，这种抑制作用往往会造成概念的堆砌，绝不会产生上乘之作；而仅仅具有原发过程的意象构建，也不会被人们所接受。只有重归原发过程，以意象性思维离开理性的轨道去开辟更多的可能，而后再回归继发过程中去加工润色，依此往复以至无穷，使两种思维完美匹配与融合，才能创造出上乘的作品。这就是所谓的复合阶段，即“理象合一”。正如阿瑞提在《创造的秘密》中所言：“对于原发过程来说，所有闪光的东西都是金子。正是要靠继发过程的工作去发现并非一切闪光的东西都是金子。第三级过程则至少是要两件事当中的一件：或者它要创造出一个属于新等级的闪光之物。”[51] 的确，这就是复合的作用，理性与意向复合的价值就在于能够将“闪光”的特性赋予别的物体，去艺术地美化它们，使之出现金子所产生的那种效果。

在建筑创作过程中，这种“理象合一”的思维显得尤为突出。在实际操作中，影响因素是复杂的，而这些因素之间，如空间与功能、内容与形式等并不一定遵循一种非此即彼或者由此及彼的线性逻辑关系。越是复杂的工程，各因素之间的相互作用越呈现一种模糊状态，它们之间是一种动态的网络化结构，往往牵一发而动全身，无法以理性逻辑思维去审视。而此时，如果换一种思路，返回意象思维的过程，以一种非理性的意象性思维方式去再次认知，常常会唤起非理性的灵感。这种灵感的产生建立在原发过程对初始条件广泛而深入认知的基础上，是在某一个节点上的顿悟与突破；这种灵感的产生往往能够找到合适的切入点，帮助我们厘清各要素之间的关联，做出整体有效而合理的判断，继而重新推动创作的进程。同时，灵感的出现又反向促进理性思考的深化，理性与意象之间的转换越是反复而不着痕迹，越是自然流畅，建筑作品的艺术层次与境界格调就越高。

[50] 阿瑞提. 创造的秘密 [M]. 钱岗南，译. 沈阳：辽宁人民出版社，1987.
[51] 同 [50].

对于加纳国家大剧院而言，从理性出发的设计以三角形母题完成了对场地环境的解读，以简洁明了的体量在一定程度上回应了纪念性的诉求和对造价的控制。然而，可能是加纳独具魅力的神秘艺术带给创作者无限冲动，也可能是程院士对自我不懈追求的驱使，用程院士自己的话说"总觉得这个方案缺少点什么"。可能是标志性的要求尚未满足？抑或是过于理性和严谨，缺少加纳人民的热情奔放，缺少加纳舞蹈那种动势的夸张，缺少非洲鼓点那种强烈的节奏？一系列的问号促使程院士放下即成的方案，再次端详起那些充满神秘色彩的非洲图片，耳边一遍遍回放着节奏强烈的黑人打击乐，触摸着具有神秘宗教特征的黑木雕……渐渐地，一种感觉从模糊逐渐变得清晰：是否可以从粗放神秘的非洲舞蹈乐曲中得到启发，那种非洲鼓乐的明快节奏感正是剧院建筑中所需要表达的基调，那种不拘小节和狂放手法的雕刻艺术正是剧院的体量所要彰显的肌理特征（图 4-16），加纳人民的热情与非洲艺术的神秘气息正是剧院所要表达的艺术氛围……

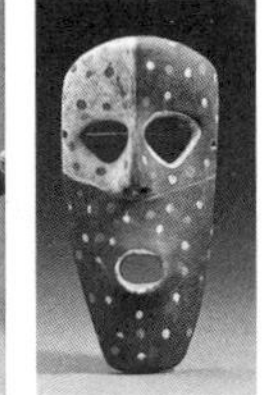

图 4-16 非洲热情奔放的舞蹈艺术与粗犷神秘的雕刻艺术

于是，程院士重新在繁杂的草图线条中，在橡皮泥的随机切割中寻找到了一个富有张力、充满升腾动感而又略带野性的形象雏形，通过再一次的理性思考和逻辑分析，将剧场、展厅、露天剧院以及排练厅分别组织到了三个方形单元之中，每个方形单元由内院联系，功能得到了良好的划分。庭院的存在达到了良好的通风效果和拔风效应，一定程度上适应了当地的炎热气候。通过方形之间 45° 扭转，再进行拼接与组合，一方面呼应了地形，另一方面三个微微上扬的方形体量犹海港边停靠的大船，形态奔放，动感十足而又颇具雕塑感（图 4-17）。正如程院士所言："在这里，我们无须指认哪些曲面是受到了加纳土著酋长座椅造型的启发，也无须为找不到当地建筑的符号语言而辩解，因为它并不仅仅是符号的叠加，而是一个与加纳文化风貌特征整体契合的建筑形象。"[52]

上文说到，理性与意象的复合是一个循环往复的过程，加纳国家大剧院的理象复合思维不仅仅表现在形象塑造之上，更深入室内空间环境的设计与控制之中，对于建造过程中问题的解决起到了积极作用。在室内观演大厅的舞台和观众席设计控制中，由于造价的限制，观众席的座位升起"C"值[53]相对较低，一定程度上影响了观演音质和视觉效果。而此时，意象性思维再次将设计师的着眼点带回到非洲神秘的艺术形式中，这种神秘感如何在舞台设计中得以体现呢？于是程先生开创性地将舞台设计成三段梯段形制，由外向内层层上升，由于舞台纵深被加大，辅以侧台布景，整个舞台空间中一种非洲艺术的神秘特质油然而生，而同时，由于舞台高度的提升使后排的视线视域得以补偿。另外，

[52] 程泰宁，叶湘菡，蒋淑仙. 理性与意象的复合：加纳国家剧院创作札记 [J]. 建筑学报，1990（11）.

[53] 国内剧场建筑设计规范要求：指观演厅的座位视线升高设计中的视线升高差，国内标准一般取"C"值 0.12。

图 4-17 加纳国家大剧院实施方案

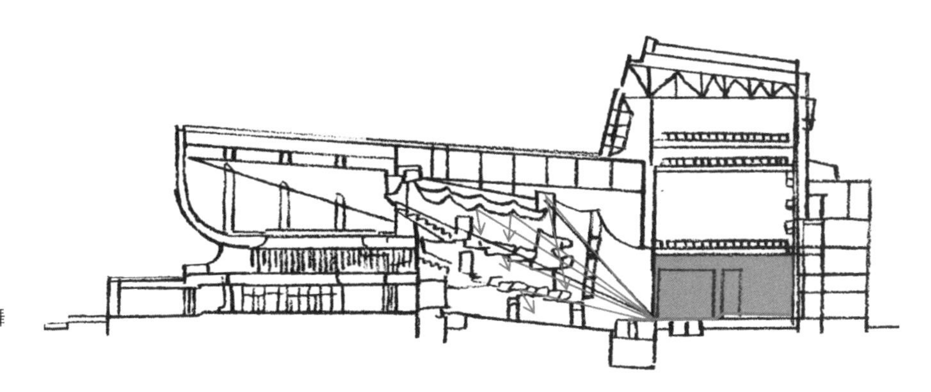

图 4-18 加纳国家大剧院舞台声场设计

舞台进深的加大也从一定程度上增强了整个剧场的混响时间（图 4-18）。建筑师们通过与设备技术人员的通力配合，对舞台和观演厅进行了多种方案比较和大尺度模型分析，对舞台设备、灯光的标准和技术条件进行了反复研究，最终从视听两个方面改善了整个剧场的观演效果。

可以说，整个加纳国家大剧院的设计从造型到功能、从室外到室内，无不贯穿着设计师理性思维与意象思维的复合。因此，不必用“内容决定形式”“形式服从功能”之类理论去分析加纳国家剧院的造型，也无须用“适用、经济、美观”的标准，或者用分类打分的方法去评价加纳国家剧院的设计，因为这是违背创作常理的。正如程院士所言："我们努力追求一种创作境界，这就是把建筑创作看作以严密的理性思考为基础的、理性和意象（非理性）复合的整体塑造。"[54] 这是"理象合一"的真正实现，是建筑创作实现"纷沓之情思"的自然生成之境界的根本实现。

本章小结

本章从"自然—自我"的江南传统建筑思想本源中挖掘出其与当代本体论思想的共轨性，提出以"境界"为本体的当代建筑创作本体思想构建，并以此为契机对当代建筑创作中的意义和价值问题进行探讨。在当代建筑本体论中，以分析理性为基础的语言本体论割裂了建筑作为情感实现的内在意蕴，极易造成"外象"的形式主义倾向；但是人的本体论虽然具有进步意义，一旦走过了头便会导致人与自然的对立，造成建筑价值理性的异化。而从江南建筑的天人思想出发，以天道自然的整体观念和自我觉心的个人实现为基础来构建一种充满东方哲学思想的"境界本体"思想能够为当代的建筑创作指出一条既理性又充满情感的道路。以整体自然出发，构建浑然天成的天人境界可实现建筑的天时（时间境遇）、地利（场所环境）与人和（人的感受）的"纷沓之情思"的及自然之表达；以"理象合一"的方法，通过在创作过程中实现理性思维与意象思维的网络化复合，可激发创作之灵感，继而实现自然生成的创作境界。两者分别从认识论和方法论的角度对当代建筑创作的境界本体构建进行了阐述，并通过对当代江南典型建筑案例的分析，进一步自下而上地对境界本体的实现进行论证。

[54] 程泰宁. 语言·意境·境界：东方智慧在建筑创作中的运用[C]. 杭州：第十届亚洲建筑国际交流会，2014.

第5章
合意：从江南传统建筑诗性美学审视当代建筑意境审美内涵

艺术美的实现在于物质性与精神性两个方面，它们就像是一枚硬币的正反面，应该是和谐统一的。然而在当代艺术创作中，尤其是建筑创作中，这两个方面往往分离开来，甚至产生对立互视的局面。建筑师将建筑当成纯粹自我意志或某种精神的表达和绝对理念的代言；或是将建筑视为人们客观生活状态的物化和再现，认为精神性（艺术性）是可有可无的附加品。这两种观念均会导致建筑艺术审美的“失效”，不能实现人类的诗意栖居。笔者通过对江南传统建筑美学思想的研究发现，江南诗性美学中不但饱含审美要素的精神内涵，更充满着丰富的物质实践成分，是审美的物质性与精神性的合一。

“合”：即使聚合、合而为一。《庄子·则阳》中提出“合异以为同”，将“合”以“同”训，凸显事物之间同质同构的关联，意指消解了矛盾性的双方之结聚、强化与合二为一。“意”即意趣、意象。江南建筑审美之“意”凸显了诗性美学的意象旨归，这种审美意象具有抽象学理性和主观意念性的形上诉求（精神性），同时又是具体而实在的形下实现（物质性）。“合意”就是要贯通与融合其形上精神性与形下物质性，使两者“合”于日常审美之中，实现当代建筑审美的精神性与客观物质性合一，即实现审美意境的“情景合一”。此外，在“合”的过程中，是一种“违而不犯，合（和）而不同”，强调一种具有个体差异性的整体和谐，这正是江南诗性美学内涵在建筑艺术中的本质显现。本章以诗性美学为视角，从审美追求和审美表征两个方面去审视当代建筑意境的审美内涵，以期为当代建筑艺术创作给出积极的启示。

5.1 由诗性美学生发的意境审美理想——“情景合一”

由诗性智慧而来的诗性美学在中国传统文化中早已存在，从庄子提出“逍遥游”开始，诗性美学思想就在中国尤其在江南大地上广为流传。也许是因为出现过早，中国艺术审美中的诗性思维没有经过西方“主客二分”思想洗礼，停留在主客未分的“前主体性”阶段[1]，而正是由于这个主客一体的思想造就了江南艺术审美独树一帜的物我合一境界，这个以“意境”为审美旨归的核心成为江南诗性精神的典型代表，并深深地影响着包括江南建筑在内的艺术审美领域。从本质来看，诗性精神实现的是对现实生存的真实关怀，其特征是人情感的本真呈现，具有开放性特征，其途径是理性向感性的融合，通过审美的日常生活化而实现建筑审美的“情”（精神性）与“景”（物质性）的合一。

5.1.1 情——主观精神情感

诗性美学一向注重人主体情感的真实呈现。在其美学思想中，认为真正的美是要包含“见出人性的东西”，没有人的情感投射和心灵烙印的“自在”美是不能被自身所意识到的，只能是初级的美。这是对美的形上存在的情感物化，将美的概念物化和加工成具体的感性形象，其过程是一个意象化的过程，只有通过内心的诠释和再理解，才完成了美由抽象、一般到具体、特殊的过渡。美之所以要把自己显现为具体感性形象，就是要见出自我的实现和自我认知。对于美的接受者——人而言，这种需求更为迫切，“因为人有一种冲动，要在直接呈现于他面前的外在事物之中实现他自己，而且就在这实践过程中认识他自己”[2]。通过认识自己而认识美本身，在这个过程中，人通过感性实践改变外在物，并留下了内心情感的烙印，此时，人自己的精神、品格在外物中复现了出来，通过对这个复现的自己的欣赏而感受到了美。其实，这个美的感受实现是人们

[1] 所谓“前主体性”是指小农经济和家族体系下，个体与社会、人与神没有充分分离，即将自然与社会也当作主体来审视，表现出人对自然和社会的依附性。如儒家注重仁学，将道德理念当成主体；道家注重天人感应，将天道自然当成主体的先在存在，因此其艺术审美理想还停留在田园牧歌的原始和谐层面，没有深入对生命内涵的审美探求。

[2] 黑格尔．美学：第一卷 [M]．朱光潜，译．北京：商务印书馆，1979.

对自我之美的欣赏而得到满足，是人自己的理想和价值的对象化和物化呈现。黑格尔言：“情感融入之后，外在的东西既然是受到心灵渗透和影响的，它就已经是观念化过的，与生糙的自然不同了。”[3] 有了“灵魂生命的贯注”，身体与灵魂实现了统一，生命的形式便呈现和表达了，这是一种符合诗性精神的生命之美。“有机自然的生命既包括实在存在的各部分的差异面和在这些部分中单纯地自为地存在着的灵魂，同时却又包括这些差异面作为经过调和的统一，所以生命比起无机自然要较高一层。”[4] 有了人的意识和情感的参与，实现了美的客观先在与主体情感的契合，人对自然才有了能动的感受，自然物才成为人的审美对象（图 5-1）。可见，“情”是诗性美学的显现机制和实现基础，没有情感的参与，美也只是一种抽象表达，有了人心灵情感的灌输和投射，美才走下了神坛，寻找到了自己作为具体实在的基础和存在物。

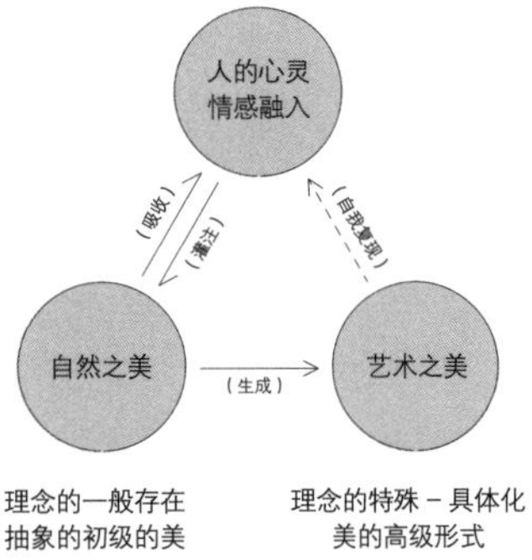

图 5-1 审美中的“情感”要义

5.1.2 景——客观物质实在

庄子曰：“大音希声，大象无形。”“听之不闻名曰希……吾不知其名，字之曰道，强名之，曰大。”[5]“道”是听不见的声音和看不见的形象，但是道生万物，具有形而上学的抽象意识形态。然而，作为观念性存在的美必须要实现向具体事物的外化，成为可被感官所接受的具体形象，这就涉及美的概念显现的问题。对此，老子的解释是：“道生一，一生二，二生三，三生万物。”[6] 第一步是“道生一”，本道即“一”，“道生一”就是道向可观、可听、可触的具体事物转化的内在需要。“一”就是“道”落实到具体事物的初始状态，已经具有了分化的契机，相对于形上的“道”而言，已经具体化了。第二步是“一生二”，“二”就是矛盾双方，两方发生对立冲突，这个冲突的结果就实现了第三步“二生三”。这就从对立和冲突中实现了相互转化。“二生三”并非偶然，无数的“二生三”就实现了“三生万物”，完成了“道生万物”的过程。

这个道生万物的过程是美在现实中“对象化”了自己。此时的美并不抽象，而是具体的，这体现了诗性美学的真实性原则，成为客观现实的“景”物之存在。但是作为美的“概念”本身来说，它又不可能是完全脱离抽象精神的具体实在，一定具有抽象的一般性意味。可以说，美的概念本身已经分化成了实在的差异性，是包含了实在的各种差异性的统一。这个“实在”，就是概念自身存在的根基——“景”。只有实现了这个差异性的统一才具有真实性。所以，在这个层面上来说，实在的概念本身即是“真”，是具体实在之“景物”，这个景物具有了美的潜能，是真和美的统一。然而，此处的“真”并非一般意义的“真”（是哲学认识对象），而是“真”的感性形式。所以，美作为形上的概

[3] 黑格尔. 美学：第一卷 [M]. 朱光潜，译. 北京：商务印书馆，1979.
[4] 同 [3]。
[5] 参见《道德经 · 章二十五》。
[6] 参见《道德经 · 章四十二》。

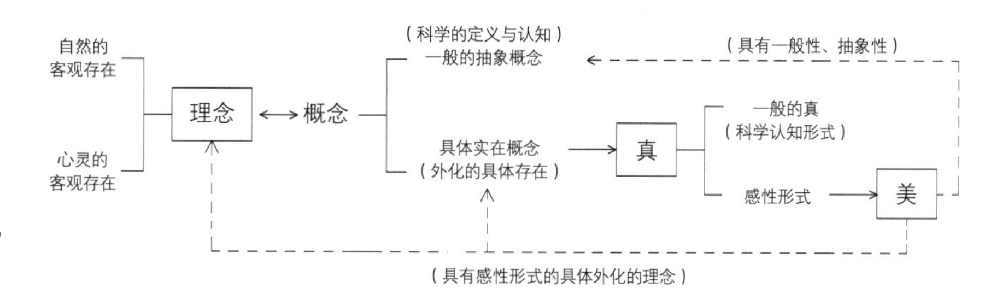

图 5-2 诗性美学“美的呈现”图示

念而言，就不是一般意义的理念（即概念），而是显示为感性事物的理念，因为“只有作为现实的理念，美的理念才能存在，而理念的现实性，只有在具体个别事物里才能得到”[7]。由此而言，诗性之美一方面具有抽象性和一般性的本质，另一方面又由于概念的实在性而具有感性事物的具体性，并通过确定的形式显现为感性的形象，即“见出具体实在”，是概念和实在的统一[8]（图 5-2）。这正是老庄美学之“道生万物”的核心，客观世界的对立统一被浓缩在道的大化流行之中，在由自我派生出来的对立面相互转化的过程中复现了自身，因此，诗性之美并不玄虚，是将美的抽象概念外化成具体的感性实在才见出美的客观真实性，此时的美才具有实在的可感性，能够被人所捕捉和接受，正所谓诗性之美趋于近旁。

5.1.3 境——精神情感与物质实在的合一

通过上述对“情”与“景”的讨论，“境”的实现也是自明的了。境中实则包含了两个方面要素，其一是特定和具体的艺术审美形象，其二是具体实景之象（物质性要素）以及虚幻的主体情感（情感精神要素）。两者激发出某种氛围，激起某种情绪，焕发某种遐思……是主体情感与自然意趣的揉融。由此可见，“境”是已经超越了单纯以物论物的主体情感呈现，换言之，境的审美并非对景物的直接模仿和再现，而是一种嫁接在具体景物之上的主体心灵之表现与表达。从词义学的角度看，“表现”是人们在艺术活动中将主体情感进行释放和投射，是艺术作品作为一个自足、自主的独立世界的意义。它并不以对象的准确性描写为准则，而是赋予对象以心灵情感的统一性，更侧重表达的意味，而“再现”则是人们对自然物的稳固模仿和真实描绘，以显示主体对客观事物的认知和把握程度，重描写和还原，具有模仿论的特征（图 5-3）。

境的形成自然是突破了单纯物象的再现，是将观念性的东西外化成一种适合的感性形式，目的在于将主体的内心情感释放和表达。正如美学大师杜夫海纳所言：“再现世界以自己的形式和内容向我们陈述，它是已经完成的，但

[7] 黑格尔. 美学：第一卷 [M]. 朱光潜，译. 北京：商务印书馆，1979.
[8] 邹青. 黑格尔对建筑艺术的精神释义 [J]. 建筑与文化，2011（9）.

是它要求我们对之进行思考和感觉，它也要求超越自身，走向它的意义，这就是审美对象的表现世界。”[9] 杜夫海纳用“表现”一词来表示“表现物超出再现物的那些意外之意”，超越了“再现”的意义内涵。就是说，人们会把一切自然物首先转化为自己的意象观念，这就是感性融入的过程[10]。观念化之后所要做的就是“表现”，这是美的概念的物化和具体化的阶段，将观念性的东西外化成一种适合的感性形式，目的在于将主体的内心情感释放和表达。即通过具体可感的景物形象引发主体的艺术想象——“触景生情”，从而达到具体实在之“景”与心灵精神之“情”的统一、主体与客体的统一，亦即“情景合一”。

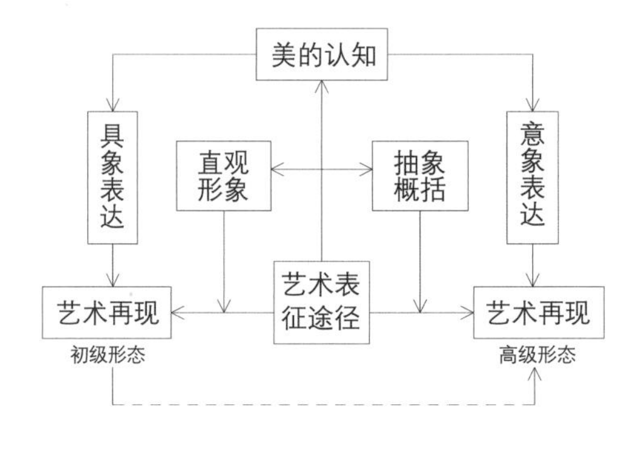

图 5-3 “显现”与“再现”

5.2 “情景合一”对当代建筑审美的启示

物质性实在与精神性内涵是诗性美学所不可缩减的内核，前者作为艺术形式对人类现实生存进行真实观照，以避免审美陷入抽象的玄虚；后者则对审美过程中主客体之间的情感互摄，以防止审美陷入模仿论的泥沼。而我国当代建筑创作和审美意识中，一方面由于对客观物质实在的忽视，一味强调精神性的一面，将建筑艺术当成纯粹自我意志或某种精神的表达，以此给建筑贴上所谓“时代精神”的标签，成为绝对理念和精神的代言。另一方面又将建筑艺术当成客观物象的直接呈现和模仿，忽略了心灵情感的投射，使主体间性的情感互动被遮蔽起来，导致建筑活动中那些服务于真实日常生活的内容变得越来越少。

笔者在对江南诗性审美的梳理中发现，其“情景合一”的意境审美从本质内涵来说就是将建筑放置在人们日常生活的整体有机境遇中去审视，与人们的现实生活世界密切相连，就是要将建筑纳入一种具体发生和发展的情境中，与人的真实生活“事件”关联起来。这些构成了诗性美学的物质性内核，有助于打破建筑创作中的再现论和反应论，将建筑审美从绝对理念的玄虚拉回到真实生动的具体现实中来。而同时，江南较早实现了人的主体精神觉醒和审美自觉，饱含对人类情感释放和交流的原始诉求。正是由于主体精神觉醒，在主体间性显现上，更体现了对古典主体间性以及社会主体间性的超越。这是通过主体间的“共在”而实现的对个体自身存在的感知，对建筑审美真正实现“情景合一”的审美共识以及构建当代建筑美学解释的合法性与有效性具有积极作用。

[9] 杜夫海纳. 审美经验现象学[M]. 韩树站，译. 北京：文化艺术出版社，1996.
[10] 廖雨声. 杜夫海纳论艺术中的再现与表现[D]. 呼和浩特：内蒙古师范大学，2010.

5.2.1 当代建筑审美中物质实在的式微

5.2.1.1 建筑艺术是主观意念的彰显

就建筑艺术而言，也应当具有形上抽象性的一般概念以及形下具体实现性的特殊性。对于形上理念，每个从事建筑创作的人似乎都对之产生了浓厚的兴趣，认为建筑应该是（并且有必要）成为某种灵魂上的东西，在对所谓的“理念”或者“概念”进行阐述时，表现出极强的迫切性，似乎一定要将建筑标榜上一种所谓能够超越精神的存在，似乎做不到这一点，建筑就失去了存在的意义和价值的升华，缺少了对建筑艺术的承诺。试想一下，这种从抽象理念出发去创作的后果会是什么样子？建筑想表现出的思想和现实效果之间将造成怎样的分离？我们试图给建筑冠以深奥而玄疏的“理念”而极力脱离现实存在的批评，这有可能吗？这样的建筑将是多么令人费解。极端的深奥试图将建筑过分地概念化和知识化，设置这样的鸿沟到底意义何在？

如今我们对形上精神性的过度追求，究其原因是没有把握住建筑审美的真实性和物质性一面。诗性精神一方面是抽象概念的，但更重要的一面是它必须外化成为具体的物质实在。这个“物质性”就包含了具体实在的人的生活内容的完整性，只有这样才能呈现美的真实性。即使是像艾森曼这样的建筑哲学家，当他在开始建造的时候，也已经不是形而上学家了。对于诗性的物质性内核，路易斯・康曾言：“建筑应当既有诗意又脚踏实地，在希望（理念的形上追求）和修建（理念的具体实现）之间取得一个良好的平衡。”[11] 而我们的过失在于对诗性的物质性内核的忽略，认为建筑之美仅仅是含糊的语义不祥的抽象概念，或是自我主观意志和主体精神的呈现和表达，或是某种历史的“时代精神”诉求，即“狡黠的理性”[12]。这种从抽象概念出发的建筑艺术创作根本没有一点对理性的现实存在，即人的现实生存的关注，必然陷入主观唯心主义的弊端，或者滑入历史决定论的泥沼。

[11] 布朗宁，德・龙. 路易斯・康：在建筑的王国中 *[M]*. 马琴，译. 北京：中国建筑工业出版社，*2004*.

[12] 黑格尔在《美学》第三卷中提出“狡黠的理性”概念，他认为人的活动与其目的的不一致，是一种狡黠的理性在起作用，理性不仅是强有力的，而且是狡黠的，它并不直接干预历史进程，而是让历史主体，即人去接力追求自己的利益，让他们的努力相互影响和抵消，并促成社会与人类的和谐发展，具有唯心论和历史决定论的色彩。

5.2.1.2 建筑审美的“时代精神”标签

由于对形上精神性过度强调，建筑创作越来越忽视“物质性”这个实在性基础，而逐渐成为一种纯粹精神性的表达。当代我们的建筑创作实践和审美意识中有这样一种现象：建筑师往往一味沉醉于自身的主观创作，刻意追求某种观念、思想表达和自己心中畅想的愿景之中，按照自己所预设的意图去设置意想中的空间。而事实上，对于这些被建筑师所钟情的空间，公众却不以为然，而建筑师当时没有在意的某些可以容纳具体活动的地方却成了人们愿意前往和停留之处（图 5-4）。这看似极具讽刺意味，但直观反映了建筑师创作的主观

城市广场由于缺乏良好尺度感而难以产生聚集效应

两种空间交界处由于具有良好亲人尺度而促进了交往活动的发生

图 5-4 场所对人的活动影响

化和片面化。造成这种现象的主要原因就是将建筑视为某种预设的概念、精神、思想或是理念的表达，而不是具体的存在，这就是上述对理念和诗性的存在基础——“物质性”的忽略，最终导致建筑艺术与人的生活的分异，将两者的关系由“自觉呈现”变成了“机械反应”。这种机械审美论遮蔽了建筑对人的现实生存的作用和影响，只能从既有的外在目标，如概念、理念、思想、模式、精神等视角去考察建筑是否已经达到或符合了上述目标，由此将建筑纳入一个说明他物的解释学范畴，势必会给建筑贴上解释对象的“标签”。给建筑贴标签的现象夸大了观念的力量，从而造成时代精神的历史决定论[13]。历史决定论认为每个时代都具有一种所谓的“时代精神”，它影响和控制着这个时代人们的思想和意识，决定了人类历史发展的轨迹。建筑艺术由于被归属到艺术的一个门类，更被纳入一个逻辑完整又系统化的时代精神之中，成为一种时代的大合唱，呈现出彻底的唯心主义和决定论。

纵观我们当代的建筑审美思想，“时代精神”始终根深蒂固地扎根于建筑师的创作意识当中。从 1950 年代开始，我们的建筑方针就是要求建筑反映时代发展的精神要求，从民族复兴到传统样式，从欧陆风情到现代风格，又从后现代主义到解构思潮……甚至建造手段也要求跟上时代的步伐，于是从钢筋混凝土到钢构架，从夸张的飘板到玻璃幕墙（图 5-5）……无论是风格还是语汇都成为所谓时代的象征，似乎不这样就不“现代”，就会被淘汰。我们一直以上层建筑所默许的“主流旋律”通过建筑造型艺术来体现，以满足其伦理和教化功能[14]。“时代精神”不仅仅作用在建筑艺术创作当中，在建筑评论中也屡屡出现。然而，什么是“时代精神”？其本身含义是语焉不详的。历史在发展，时代在进步，今天的“时代精神”明天可能就会过时，就像用当代生态建筑的

[13] 崔轶群. 多重语境下的中国当代建筑创作同质化构成研究 [D]. 大连：大连理工大学，2012.
[14] 郝曙光. 当代中国建筑思潮研究 [D]. 南京：东南大学，2006.

图 5-5 玻璃幕墙建筑、形态各异的飘板

角度去审视 1980 年代的玻璃幕墙，是多么的不合时宜。

事实上，所谓“时代精神”本身是没有意义的，只是肤浅地将建筑形象与“新”“旧”联系起来，理念和诗性失去了真实的现实而只剩下了形上的抽象、空洞的概念，成为建筑艺术形象的注脚和标签。在这种思想下谈建筑创新也是机械的和形而上学的。这里的“新”成为“时代精神”的代名词，创时代之“新”就要创造出全新的没有见过的形象。我们不禁要问，难道建筑的创新必须要有没见过的语汇么？难道样式的新颖就是建筑创作的本质目标吗？脱离了真实生活而仅仅从理念和概念出发的创新真的能满足和实现人的生存理想和价值吗？这显然是“时代精神”的悖论。

由此可见，从主观意识和绝对精神出发的建筑审美意识造成对人的现实生存理想和价值的忽略。这是由于对诗性的物质性内核的忽略而导致的建筑艺术价值的虚无，使建筑滑入“时代精神”这种虚玄之物的统一安排，要么成为一种形而上学的主观臆断和牵强附会，要么陷入庸俗社会学和历史主义机械决定论的泥沼。

5.2.1.3 标志建筑与背景建筑的双重标准

在以往的建筑评论中，无论是建筑师还是大众，往往都不自觉地将视野集中在少数显赫的标志性建筑中，而那些大量存在的，普通的背景建筑却不能引起人们的重视。这种精英主义的传统史学观认为那些重大事件和重要人物就是历史意义的全部，它没有将城市、建筑的发展放置在更加广阔、深入的历史结构中去考察，忽略了普通人以及大量背景建筑与日常生活的密切相关性，这必然是对物质实在性的忽略。在这种观念的影响下，建筑有了等级之分，于是建筑的“功能性”和“艺术性”被分割开来，认为满足功能性的建筑不必有艺术的精神性呈现，如背景建筑，而审美也被认为是仅仅对建筑艺术品质的观照，与功能的物质性无关，如标志建筑，这是对建筑艺术的根本曲解。

这种认识具有一定的历史渊源，早在 1980 年代出版的一本名叫《美学辞典》的书中对“建筑美学”有过这样的描述：“建筑没血艺术（狭义的）美学的一个分支，是建筑艺术美学的简称。……有的建筑不是艺术，只求实用；有的建筑是艺术品，既有物质功用，又有审美观赏的艺术价值，它们建造时用于非实用要求上的雕琢、装饰和精美加工，付出的劳动远远超过用于实用方面的劳动……”[15] 这种将“建筑美学”定义为“建筑艺术美学”的论断具有明显的艺术本位论思想。同时将建筑划分为“有的是艺术”“有的不是艺术”，这种认识论必然导致一种倾向，就是将建筑的精神性与物质性按照其性质和重要性给予划分。划分的结果必然是认为：公共性建筑要比居住性建筑艺术品位高，标志性建筑要比普通建筑精神性强。事实上，这种划分是毫无依据的，因为对于人的需求而言，不论哪种建筑都在不同层面满足了人的真实生活需求，即使是精神需求也是建立在功能和物质层面之上而实现的。相反，那些实现的所谓“精神性”的建筑作品往往通过很好地满足了具体的物质功能而自发地实现了其精神性。然而我们当代的建筑创作中却意识不到这一点，在具体的实践过程中，无论是人力投入、经济投入还是重视程度，那些标志性建筑都远远高于背景建筑。而对于如民居等大量的背景建筑而言，往往缺乏新意，从整体环境营造到建筑单体设计再到建筑质量往往都大打折扣（图 5-6）。我们不禁要问，对于标志性建筑和背景建筑而言，难道存在着某种截然不同的意义表达途径？难道城市的意义和环境的价值就只能靠那几栋标志性建筑就能支撑起来吗？

之所以产生对上述两类建筑的区分和对待，主要是人们对两者意义的识别方式产生了差别。由于标志性建筑相对具有鲜明的建筑形象，意义较为外显，人们可以较容易地“识别”出其意义的表征，而背景建筑的内在生活意义相对内向，人们只有通过切身的体验才可能感受得到。从某种意义上说，大量的居住型背景建筑因为与人的真实生活体验密切相关而更加具有意义内涵。标志性建筑固然比大量的背景建筑承载着更多的内涵和意义，但这个意义与普通建筑中所蕴含的意义并无二样，都是在人们真实的现实生活中通过人们的真情实感所“表现”出来。可以说，造成今天建筑创作中标志性建筑和背景建筑被区别对待的一个根本原因就是忽略了建筑作为一般存在物与人的日常生活的具体关联，缺乏对建筑精神来源——人的真实生存的知觉体验。

[15] 托尔斯特赫. 美学辞典 [M]. 汤侠生，译. 北京：东方出版社，1993.

图 5-6 标志性建筑与背景建筑

5.2.2 当代建筑审美中精神情感的遮蔽

5.2.2.1 建筑审美的主体性倾向

在诗性美学中，一旦情感被遮蔽了，那么美便被禁锢在了具体的客观性相之中，不能以感性心灵的方式呈现，而需要用逻辑和理性思维去把握，这就将美的认识禁锢在认知科学的范畴之内而非心灵的知觉体验之中，可以说这时的理念已经远离了艺术范畴。那么在一系列的情感互摄当中，人与人的情感交往是最为生动和真实的，因为人是心灵情感的主体，广泛而和谐的主体间交往能够促进主体情感自发地向建筑活动投射，是建筑向日常生活世界回归的重要途径。而当代我们的现实生活中，那种原先自发的以情感为纽带的日常交往正在逐渐被理性、法律、科学等强制的认知性交往所取代。在当今这个高度理性的社会框架中，人丧失了作为个体存在的自主性，而沦落成为抽象的“零件”和“工具”，交往已不是以往的情感交流而成为一种命令和强制性指令遵循[16]。这种非情感化的交往已经不可称为交往，而是抽象实体之间的利益交换。既然是交换，那么便不必涉及情感，因此，情感被漠视了，消解了情感的投射，理念便无法实现感性的显现。建筑艺术审美与创作由于对感性心灵情感的遮蔽，遮蔽了交往的情感互摄，建筑活动也体现出了内向封闭性，具有强势的主体性倾向。

事实上，对情感交往的强调包括两个层面内容：其一，主体与主体之间的情感交往；其二，主体与自然之间的物我交往。前者可以使城市、建筑空间中充满人情味，后者则规范着建筑活动与自然环境的和谐。而如今，两种情感均被不同程度地忽略了。在这种观念之下，人们将建筑当作一种强势主体意识的

[16] 杨春时．本体论的主体间性与美学建构 [J]. 厦门大学学报（哲学社会科学版），2006（2）.

客观呈现，以一种认识论的视角要求客体（建筑）“应当怎样”而不是“能够怎样”，忽略了人与自然、人与人之间情感交流和商量的余地。在这种论断下，人们期望通过建筑来体现社会人群的等级关系、经济关系、政治关系等非日常化的既定目标。建筑活动与建筑审美已经不是人们自发的情感反应，而是被胁迫成为某种政治意图或者商业利益的再现，比如某些政府大楼一定要遵循严格的轴线对称以示庄严，根本不管体量是否突兀，与环境是否和谐，前置硕大的广场是否真的能给市民带来使用上的方便……这种霸权行为是对人情感的蔑视，而此时的建筑师完全被一种胁迫的意向左右，只要照办就可以了，根本无须根植生活的情感表达。对于城市而言也是这样，人们忘记了城市文明的根本目标——交流与对话，而是依据各自的目标营造着自己的领地，情愿将自己限制在自我物质实现的牢笼之中，只是满足于物质的浮华，这难道不是一种异化吗？这种消解了主体间交往的建筑活动必然导致人与人、人与自然之间情感交流的遮蔽，造成建筑创作和审美的内在封闭性，又怎么能够指望它能来实现诗意栖居？

5.2.2.2 建筑审美与日常生活的脱节

众所周知，日常生活是人类本真情感的物质载体，无论是过去、现在还是未来，日常生活世界都是我们现实的生活世界，它是与我们的行为、情感直接发生作用的世界，正如胡塞尔所言，“日常生活世界是唯一真实的世界”[17]，因为它是充满了情感的世界。而我们的建筑艺术要想回归理念的感性显现，就必须回归到日常生活世界中，回归到那个先于科学认知的前逻辑的感性世界中，因为只有在日常生活世界中，建筑才能实现与主客体之间的情感互摄，才能帮助人们实现生活的意义。

建筑艺术审美与日常生活的脱节，最直接的结果就是建筑创作的主体心灵情感被禁锢起来而无法向真实的生活体验中投射。而这种现象似乎在我国当代建筑创作和审美意识中表现得愈发明显。在快速城镇化过程中，由于建筑创作脱离了日常生活的真实，导致根据建筑的属性来对建筑的物质性与精神性进行划分。一方面，对于一些重要性建筑，往往将其当成主流的上层社会意识形态的表征，对其艺术特征过分强调，这种态度是将建筑当成一幅绘画、一张照片或者一个舞台布景，致使那些无意义的“符号”和“片段”的虚假性对生活本真意义的遮蔽；而另一方面，对于大量的背景建筑，则认为艺术性和精神性是可有可无的，将其当成能够满足人们生活需要的基本存在物，使其成为一堆僵死而冷漠的功能堆砌，失去了场所意义的精神呈现。这种对结果的过分关注是对建筑生成过程中情感因素的忽略，表面看来是对生活的关怀，实则是对人的

[17] 张廷国．胡塞尔的“日常生活世界”理论及其意义 [J]．华中科技大学学报(人文社会科学版)，2002，16（5）．

日常生活情感的消解和漠视，无论何种态度都是将建筑审美与日常生活脱节，从而导致建筑创作和审美过程中精神情感的遮蔽。

5.2.3 情景合一对客观物质性的注重——寄情于景

在江南传统建筑创作和审美中，其意境美的产生始终与客观实在的生活发生关联，这种关联充分体现在建筑与具体的客观物质事件的普遍联系上。从认识论来看，这是对现代建筑功能决定论的质疑，是建筑实现诗性之美的物质性内核；从方法论而言，由于它将建筑与人的生存境遇密切相关，注重客观物质环境对主体情感的激发——“寄情于景”，是最为有效的通向建筑诗性之美的途径。

5.2.3.1 建筑审美与“有机境遇”关联

所谓“有机境遇”就是由一系列真实生活事件所组成的一种真正开放、多元的，文化、经济、政治、哲学等领域相互交织的社会系统和综合场所。我们将建筑放置在社会整体的有机境遇中去审视，就是要将建筑与人的真实生活事件关联起来，将建筑纳入一种具体发生和发展的情境中，将建筑活动描绘成一种“关系的生产”，通过在日常生活的境遇中构思和审视社会政治、经济、文化是如何在具体境遇中影响建筑发展的，重视建筑美学的物质性实在，由此打破把建筑视为某种预设的思想、理念的“再现”和“反映”[18]。

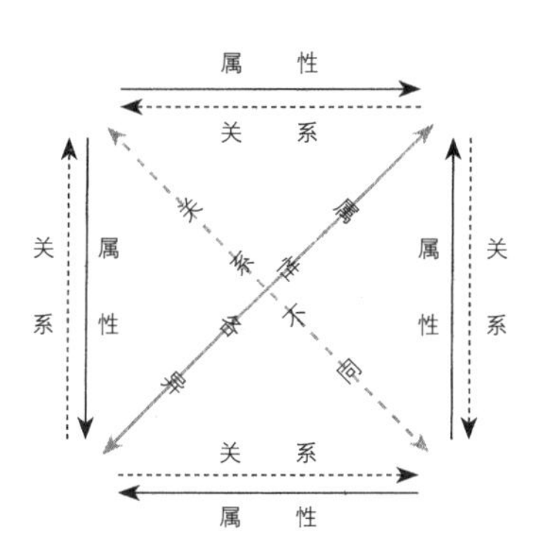

图 5-7 江南“事—物”关系图谱

在江南人—事—物的关系图谱中，“事”是“物”的存在方式，是与人发生关联的状态。人与物发生关联，必须通过“事”的中介和桥梁，因此，“事”揭示了人与物的关系性存在（图 5-7）。建筑作为（人工）“物”的存在，也必然被纳入这个关系图谱中。在这里，“事”就是人们日常的生活事件，事件必须发生在一定的场所之中，通过这个场所的关联域连接了人与建筑。英国哲学家怀特海认为：事件是一个“时空结构”，事件与空间的一体化使事件成为一个“实有的统一体”[19]。事件在时间上具有过去、现在和未来的连续性和指向性；而空间上的可分隔性又使事件可以随之被分解成时间轴上的某些片段。因此，借助这个“时间—空间”尺度，可以截取当下“既定时空”的日常事件来被我们即时地感知。换言之，可将事件界定在日常感知尺度的范围内，能够被我们所直观的事件[20]。因此，

[18] 波菲里奥斯．一种方法的论述：建筑历史学的方法论 [J]．汪坦，译．世界建筑，1986（3）．
[19] 怀特海．科学与近代世界 [M]．何钦，译．北京：商务印书馆，1959．
[20] 汪凤炎，郑红．中国文化心理学 [M]．第 3 版．广州：暨南大学出版社，2009．

这里的事件是日常的、具体实在的，而不是玄虚抽象的。在江南“时空概念”中，这种片段事件特征极为常见，可以说江南对“事件”认可的是一种“本质片段的权威”[21]。具有较小尺度上的相关性，由此可规避由于事件的时空尺度过大而造成的一切“主旋律”思想所具有的“削足适履”的弊端。之所以这样，才为我们“当下的上手”提供可能。

我们说场所容纳了事件，事件的发生占据了一定的场所。这个场所是一个关联域的泛化概念，成为一个有效性的界限，它与当下既定的社会文化、经济、政治等因素联系起来，形成一个与现实生活直接联系的“有机境遇”，而建筑就在这个有机境遇中发生和发展。建筑通过事件这个中介和桥梁沟通了人和场所（整体境遇）。它的一切包括平面、立面和整体形象等可见形式都凝结和显现了所有这个有机境遇中的可感因素，而这些可知因素也只有在当下既定的日常生活事件所承载的范围内才有意义。因此可以说，建筑创作和审美与事件相关联就是要与这个具体时空中“可上手”的社会因素相关联。这样，建筑才能真实地印证其物质形态与人的本真生活的契合[22]。继承江南建筑与（当下的日常）事件相关联的思想，就是期望通过事件这个中介和桥梁沟通建筑与人的联系，将建筑搁置在有机境遇中去审视。目的就是防止主观臆断，将建筑外化成一种形上理念的表达和再现，而将视野投向具体、当下的人的真实日常生活境遇和具体问题的回答中去，从认识论的角度来说可以成为建筑诗性精神的物质性内核。

建筑与事件发生关联便使建筑具有了事件发生、发展的时间之维，人们根据事件线索的需要串联各个时间、空间的不同场所情绪，从而产生一种亲身经历的知觉体验，获得精神上的共鸣。从时间上看，这里的事件显然起到了桥梁和中介作用，通过建筑空间的起承转合叙述了事件的发展；从空间上看，事件又具有主导作用，构成各个场景的母题，架构着叙事性的脉络和骨架。这种建筑与事件的时空关联在当代博览型建筑的设计中得到了深刻的诠释，正如南京大屠杀纪念馆的空间设计，以特定历史叙事为线索进一步诠释空间、事件、时间的有机关联以及情感节奏的控制与释放。在整个场馆的流线空间引导中运用了江南传统园林的空间曲折手法，以人的运动轨迹和视线的互动来贯穿各个空间，通过空间的变化、起伏和跌宕而形成一种叙事整体感，这是江南园林中“以时率空”的情景再现，纪念馆一系列夸张狰狞的雕塑形成了漫长的前导空间，在人们入馆之前就已经烘托了压抑的氛围（图 5-8）。径直向前是一个“虚空”的入口广场，此处也完成了入馆前的第一次转折。从新馆出来，便完成了对“古城灾难”部分的叙述。绕过墙体，一下子把人们引入一个陌生的悲惨世界，墙

[21] 波菲里奥斯（Demetri Porphyrios，1949—）在其《一种方法的论述：建筑历史学的方法论》一文中谈到“本质的片段”，指出，人们将只根据日历时间把一个建筑论述同当时的政治和经济事件联系起来。在某种意义上，人们将认可“本质的片段”的权威。在那里，当历史被分段后，把构成黑格尔的历史同时代性、同时存在性和自发性的全部的可能联系无掩饰地展现在它的新鲜而有声誉的片段中。

[22] 浦欣成，黄倩. 形象化与事件性：“事件—场所”视域下建筑的形式建构 [J]. 新美术，2013（5）.

图 5-8 南京大屠杀纪念馆及雕塑群

内大片鹅卵石铺地，寸草不生，眼前场景一片死寂。这个巨大的场景变换产生了一种沉重的压迫感。绕过凭吊廊转向和平广场，充满绿意的开阔空间是对和平的向往和憧憬，此处也构成了整个空间叙事的尾声，完成了空间的整体叙事。从空间节奏的把握看，场景节点重要的节奏依次为 A 纪念陈列馆（起始）—B 古城的灾难（发展）—C 万人坑遗址（高潮）—D 和平纪念碑（尾声）。几个主要节奏之间的路径距离约为 240 米、85 米、60 米和 260 米。在新馆的战争部分节奏较缓慢，A 点前导空间每个雕塑间隔约 4 米，确保了观众的心理酝酿。B、C 点的遗骨陈列室和万人坑遗址紧挨着，给人连续的视觉和情感冲击，节奏非常快，短时间内将人的悲愤感情激发到极点。在两者之间，以表现“死亡”主题的空旷和“虚空”作为过渡，将节奏放慢下来，为随后而来的（万人坑）高潮空间做了铺垫。最后，D 点的和平广场则使用深远的透视效果来创造了极为缓慢的节奏感，使参观者人渐渐放松与平复下来，对逝去者的缅怀和对杀戮进行反思，获得纪念情感的升华[23]（图 5-9）。

[23] 黄诗迪. 事件性纪念建筑设计手法分析 [D]. 北京：北方工业大学，2012.

同样的事件—空间节奏也被运用到合肥渡江战役纪念馆、北川大地震纪念

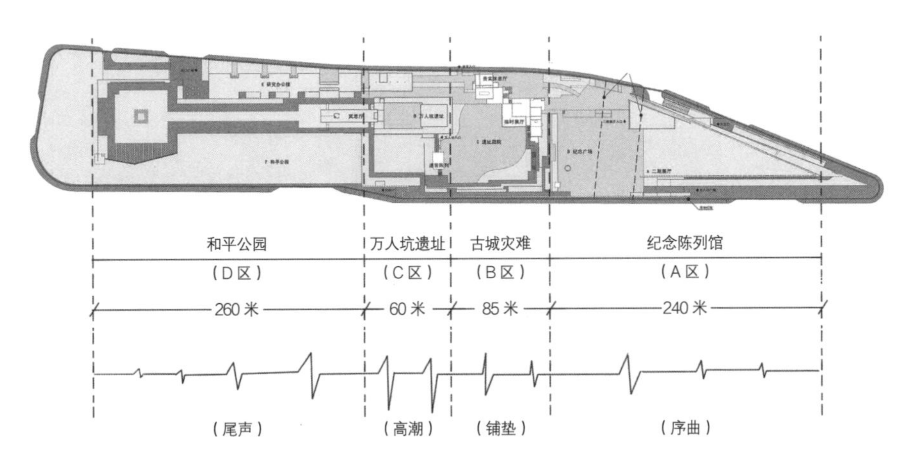

图 5-9 南京大屠杀纪念馆空间节奏控制、游览情感变化示意

图 5-10 合肥渡江战役纪念馆（左、中）

图 5-11 北川地震纪念馆空间悬念设置（右）

馆和映秀震中纪念馆中，只不过三者的处理手法不同。前者空间序列采用了中轴线控制，依次为解放广场（起始）—纪念馆（陈述）—领导人群雕（发展）—胜利广场（发展）—胜利塔（高潮）—湖面（结尾）。整个场地长度约为 550 米，三个主要节奏空间：解放广场（前导空间）约 180 米，纪念馆空间约 120 米，领导人雕像群到胜利塔之间（胜利广场）约 280 米（胜利塔高度 99 米）（图 5-10）。总体来说整个空间序列较为平缓，铺垫的相对延长也为后续胜利喜悦的情感做好期许。而在映秀震中纪念馆中，场地中没有明显的空间序列发展阶段，展馆的两头分别紧连着起始部分和高潮部分，充当了场地空间序列的发展部分，展馆中的空间情节成为高潮部分的有效铺垫。而北川地震纪念馆场地中，有一段半埋于地下的曲折空间，它营造了局促压抑的空间氛围，隐喻了地震带来的伤害，同时通过转角带来的悬念推动空间序列向高潮发展（图 5-11）。

纪念馆空间通过叙事节奏的控制使建筑的“事件—时间”感得以强化（表 5-1）。明显的节奏感将建筑与具体的客观物质实在联系在一起，辅助参观者

案例	南京大屠杀纪念馆	合肥渡江战役纪念馆	北川地震纪念馆	映秀震中纪念馆
事件—空间流线				
空间节奏系列	起始—发展—高潮—转乘—结尾	起始—发展—发展—高潮—结尾	起始—发展—高潮—结尾	起始—发展—高潮—结尾
展示空间流线			—	
单元空间组织	门厅—下坡道—展厅—大厅—向上台阶—展厅	向上台阶—展厅—向下台阶—大厅—展厅—向上台阶	门厅—大厅—展厅—向上台阶—展厅—门厅	门厅—向下坡道—展厅—向上坡道—内庭院—展厅

表 5-1 几个案例中“事件—空间”序列设置比较

被所见所闻引发每个阶段应有的纪念情感，促进纪念情感的顺利发展和升华[24]。

5.2.3.2 以事件的“或然性”规避功能的预设

如果说建筑审美与“有机境遇”的关联是从认识论角度对建筑诗性审美的规定，那么对事件“或然性”的强调则是从方法论的角度对建筑诗性审美的具体实践提供策略和途径。这一观念是在反对现代建筑功能、形式之间因果关系的基础上而提出的。现代建筑的“形式追随功能”实际上是一种功能决定论，其实“功能”只是一个高度抽象的概念，是从众多事件中归纳出来的一般属性。因此，基于功能所描绘的空间也是抽象化的，它遗漏了具体事件中所容纳的生动的生活内容。所以用功能取代事件是一种预设的假定性思维，它实际上已经假定了生活对于建筑的某种合理使用要求，而建筑务必依据这个要求和属性来设计。这是一种机械主义思维，忽略了日常现实生活的真实性和差异性。以“事件”代替“功能”，强调事件的或然性，则在观念上意味着对生动生活的关注，并非囿于概念化功能的单一指向，而是包含了功能域界内外的一切境遇和图景。正如扬·盖尔所说：“事件发生之处永远是最诱人的。”[25] 的确，建筑不是因为其客观的实体存在而吸引人，而是因为容纳了一定的人的活动和事件才具有了魅力。以事件的或然性代替功能来主导建筑创作和审美培养旨在打破功能与形式之间的对应关系，消弭预设的实用功能和预期形式之间的分裂，是从具体现实角度对生动生活细节的无微关怀。

所以强调“或然性”，即指建筑可以成为任何一种情态的普遍可能性[26]。

[24] 庞璐. 事件型纪念空间的设计研究[D]. 北京：北京林业大学，2011.

[25] 盖尔. 交往与空间[M]. 何人可，译. 北京：中国建筑工业出版社，2002.

[26] 波菲里奥斯在其《一种方法的论述：建筑历史学的方法论》一文的后半段中谈到“或然性”，他提出一种批判的历史学研究方法，把建筑和社会的关系理解成生产关系，而不是形式—内容、显现—理念等对偶关系，从而从黑格尔模型的范畴里解放了自身，提出了建筑的“或然性”（problematic）概念，即他所谓使任何建筑的产生成为可能的规律。

图5-12 南北建筑“事件性”的差异

有别于传统线性叙事模式中空间的定性和均质，建筑创作在具体的事件中体现为一种非线性的展开方式，事件空间常以多样、不定和并置的状态呈现。正如罗兰·巴特对文本结构的阐述一样：“叙事的内容是可以互换的，因而内容不是先决的。如果叙事内容采用无尽的变幻和重组，叙事就变成了‘偶然的叙事’。”[27] 事实情况也是如此，事件本身就具有不可预见性，这也是日常事件的真实性根源。如果建筑能够预设事件的发生发展，那么这个建筑一定是抽象观念的建筑而不是具体生活的本真显现，可以说该建筑已经不具有“真”的属性。由于事件的不确定性，在其引导下的建筑空间也不可能是线性的。正如对江南建筑、聚落或园林空间的体验，其体验的片段使每一个人都可以不同的方式进行重组，这里没有预设的、单一的流线，因为这里的建筑从来不会仅仅讲述一个故事。这种思想正是老庄的“无为”思想的延续，即顺从自然事物发展的客观规律，不相干涉、不与此相悖。在这个观念中，“事”成为引导包括建筑活动在内的一切人工活动之先决条件和行为准则。如果说北方儒家礼制思想下的建筑营造是一种以某种预设的政治诉求和宏大的空间叙事来刻意创造出所谓的“事件性”，是以建筑和空间的营造来主导事件的发展，那么在江南，这种情况截然相反，这里的事件成为主角，以事件（自然事件与社会事件）的自发性和或然性来引导建筑和空间的生成。由于事件是日常的、非预期的，这样便有效地规避了为了达到某种效果或预设的功能对建筑形式的限定，而使建筑的生成成为一种顺从事件发展的自为状态（图5-12）。江南的事件是具体的、日常生活的，因而便将诗性之美从抽象的形上存在拉回到具体丰富而活泼生动的现世生存这个物质性基础上来。

在当代建筑创作和审美中，事件的偶发性与或然性往往通过对特定场景的还原，类似于一种文学中“插叙”的手法，以片段的呈现对既有的叙事逻

[27] 参见罗兰·巴特《叙事结构分析导论》。

图 5-13 鹅卵石广场与追思墙

辑进行打断，通过对特定氛围的烘托，从而产生心灵和情感的震撼。如南京大屠杀纪念馆中对“死亡”的表达方式上已然是通过事件片段的氛围烘托而实现的。穿过一期入口的矮墙，墙内大片鹅卵石铺地，寸草不生，鹅卵石是无数遇难者的象征，几棵枯树一动不动地伫立着，焦枯增加了死亡的气氛，一个母亲（雕塑）悲痛无力地伸着手，找寻她失去的娇儿（图 5-13）。对于之前的展陈空间来说，这里显然是一种空间的“留白”和“虚无”，而正是这个虚无，凝固了当时那个悲怆的时刻[28]。此外，一个最具震撼力的时间场景莫过于新馆中的追思墙设计，设计者通过声光结合，将遇难者的头像照印刻在挑高 8 米的三角形追思墙上，在这个楔形幽暗空间中，每隔 12 秒就会有一滴水从高空落下，伴随的是一张遇难者的遗像亮起来后迅速消失，暗示着在大屠杀期间每隔 12 秒就有一条生命惨遭杀戮。参观者置身遇难集体的目光注视下，在类似于心跳的读秒声中产生一种时空交织的错觉。此时我们与死者共同感受着同一空间和时间，经历着他们的死亡，正如他们经历着我们的生存一样。在纪念馆中，那些原本抽象的时间符号因为与特定历史事件相关而被具体化和神圣化。这里的时间被赋予一种内在情感结构，在这个结构中，人们通过时间、数字符号的“这一点”而产生“那一天”的心灵重现。

同样的时间也被凝固在映秀震中纪念馆中，在入口处，被保留下来的一片废墟中赫然出现一块断裂的时钟，时间被凝固在 2008 年 5 月 12 日的下午 2 点 28 分这个悲伤的时刻，让人顿时陷入一种忧伤的氛围之中（图 5-14）。设

[28] 齐康．构思的钥匙：记南京大屠杀纪念馆方案的创作 [J]．新建筑，1986（2）．

图 5-14 北川地震纪念馆“裂缝”

计师以这种特殊的事件—时间叙事，从受难者的视角来表达这一片段的苦痛。而在北川地震纪念馆中，设计师以大地艺术的造型策略再现“裂缝”主题，在铭刻于大地之间的“裂缝”中，回忆灾难、祭奠逝者，思考生命与自然之力的关系。“裂缝”的形象是独特的，它隐藏于自然环境之中，其纯粹、有力、逼真的大地艺术表现手段，闪电般的形式语言，构成强烈的视觉感受，隐喻大地震给人们带来的物质损失与精神伤害。大地的裂缝形成了一条“记忆的走廊”，将人们的思绪拉回到那个悲怆的时刻。红色锈蚀钢板与自然环境形成鲜明对比，将人们带回山崩地裂的瞬间，“裂缝”如同穿梭于地壳表面的记忆之路[29]，将整个纪念园的参观流线整合起来。参观者从不同距离、不同高度和不同尺度感受到遗址与纪念场所，以强烈的空间体验带来巨大的精神震撼。

无论是大屠杀纪念馆、渡江战役纪念馆，抑或是大地震纪念馆，一方面，既定的“事件”都构成了整体空间叙事的线索和逻辑，完成了对空间序列的整体架构；另一方面，特定的事件对场景片段的氛围烘托，消弭了功能的机械预设，通过事件本身的丰富性将“那一天”与“这一点”有机关联起来，丰富了人们多义的情感体验。

5.2.3.3 从“瞬时体验”到“随时体验”

既然事件是一个持续性的时间维度，那么人们对建筑中所容纳的生活体验也就不可能是瞬间发生的，而是一种持续性的体验，即“随时体验”。这是建筑审美向日常生活回归所提出的要求。体验从“瞬时”走向“随时”意味着人们对待建筑的观念转变。在“瞬时体验”中，人们以某些角度的瞬间观照来评价建筑形式是否完美，这种评判仅仅诉诸视觉，以“看”的方式读出建筑的形象特征，是将建筑物等同于一般艺术品去对待，仅仅限于对其纯粹形式层面的观照[30]。这样一来又把建筑的形象禁锢在了主观的审美目标中，违背了建筑作为人的生活显现的本质，不符合体验的初衷。而“随时体验”则更符合江南老庄“体道”的本质要求。老庄的“道”是一种以时率空的特定时空架构，从空

[29] 蔡永洁，刘韩昕，邱洪磊. 裂缝中的记忆：北川地震纪念馆建筑方案设计 [J]. 时代建筑，2011（11）.

[30] 赵巍岩. 当代建筑美学意义 [M]. 南京：东南大学出版社，2000.

间上看，江南建筑体验是随时随地发生的（当然，在造景中也会重视对某一视点和对景的瞬间观照，在对空灵意境的营造中也会重视“灵动一瞬”的瞬间，但曲径通幽、移步易景的景观随时变动是建构整体环境意象的主要手段）。从时间上看，这种体验充满了过程论的思想，强调了记忆的“纠结体验”[31]，具有明显的知觉现象学意味。它能够将情节转化为一种特定、具体的时间空间结构。这个时空结构是以过去的某种知觉经验为原型（这个知觉原型已经进入人们的集体无意识当中，成为沟通过去、现代和将来的知觉线索），并为将来提供了一个连续的知觉线索。

当代强调建筑体验以“瞬时”取代“随时”，意味着建筑活动和审美从结果走向过程，是将视野转向具体物质实在的恒常性中去。因为建筑的本真意义是在与人的对话和交流过程性体验中而呈现的，并且随着人们对建筑使用和审美追求的不断深入和变化，这个意义也在不断发展、变化，不断产生新的意义，这是一个生长的过程。因而，可以说建筑活动和审美从结果走向过程，就是要建筑的意义内涵随着人们生活的变化不断更新和调整，消解既定的目标对建筑的预设和定位，将重点从一个单向度的“结果”转向充满人的生动活动事件的“过程”。正如江南聚落的生成一样，不是事先规划好的一蹴而就的结果，而是一个长期连续的自为调整的过程性体现。

对于当代的建筑创作和审美来说，恢复过程性的体验尤为重要，因为当代人们的生活内涵空前丰富，人们在特定环境中的体验极其丰富和充满变量，因此，当代的建筑功能和目标越来越不可能被事先预设出来，而是在不断的过程性体验中逐步适应和调整。当代人的生活领域十分宽阔，人的生活不可能被囿于某一栋建筑或一个区域当中，而是在整个城市中蔓延。城市中的每一个空间、建筑，不论是标志性建筑还是所谓的背景建筑，这一切外部环境都与其生活密切联系而成为一个个事件，这些事件将不自觉地建构着人们内心中对自身所处的文化的定位和认同，并深刻地影响着他的行为心理和生活体验。因此，城市中的建筑、空间形象便更不能是一种预设形式的自我表演，而是能够与人的生活持续互动的感官体验，它的功能属性和审美形象必须像江南建筑那样通过与人的生活体验相关联而自为地呈现出来。否则建筑中的生活本源意义将会被那些无意义的“符号”和虚假的“片段”所遮蔽，导致建筑成为一幅绘画、一张照片或者一个舞台的布景化操作[32]。当代，每一个建筑、环境对人而言都是不断变化和演进的时空序列中的事件，这些事件构成了人变换的场所经验，设计者根据这些变化的经验，通过材料、色彩、光影、质地等因素对建筑环境加以调整、强调、修改或优化，逐步为人们提供一个不断获得新的生活体验的场所，

[31] 冯琳. 知觉现象学透镜下“建筑—身体”的在场研究[D]. 天津: 天津大学, 2013.
[32] 赵巍岩. 当代建筑美学意义[M]. 南京: 东南大学出版社, 2000.

这是建筑创作过程化的实践途径。与其说我们设计建筑，不如说我们在设计各种体验。基于这个认识，建筑创作和审美就不会成为某种预设的功能与形式的纠合，就不会产生建筑物质性和精神性的分野，才不会将标志性建筑与背景建筑区别对待，而是将建筑视为人们在其中体验各种生活过程的生命律动。这种创作过程才具有了生活内容的审美意义，才真正走向了过程。总之，建筑审美从瞬时走向随时，从结果走向过程，是意识到了时间对于建筑意义获得的效用，这正是建筑审美面向客观实在生活的特征显现。

5.2.4 情景合一的情感开放诉求——触景生情

当代建筑创作强调民主性，强调审美的自律性（去功利性），这都对当代建筑创作和审美的开放性提出了要求。从艺术审美来看，“开放”就是激发审美主体与审美接受者的心灵情感，使建筑艺术成为双方情感释放的实现；从创作观念而言，“开放”就是以非认知的态度去感知建筑，消除强势主体对建筑创作的主观干预，是人—自然—建筑之间情感交流的“主体间性”实现。

在江南传统建筑文化中，饱含着对人类情感释放和交流的原始诉求，相对于北方文化，江南审美意识中带有大量的个体情感解放思想。这种思想充分体现在对（空灵）意境的追求上。由于较早地实现了主体觉醒，在主体间性的实现上，江南更是以一种主体间的“共在”而实现对个体自身存在的感知，是一种个体自由的主体间性。由于情感的独立与自由，使得包括建筑审美在内的江南审美在客观物象（景）的艺术形态上生发无限的情感释放，即“触景生情”，而这个情感源于人们对真实日常生活的感悟。由此，江南建筑审美也实现了向日常生活的转化，这正是江南诗性美学的精神内核。

5.2.4.1 从“主体性”到“主体间性”

从本质来说，建筑活动并不是一种指向客体世界的对象性活动，而是一项主体间以及主体与自然事物之间充分交流的活动，交流活动最根本的特征就在于其“主体间性”。广义上来说，其反映的是“主体—主体”“主体—自然”结构，简言之就是共在的主体、自然客体之间相互交流、沟通和理解。在建筑活动中，“主体—主体”结构包含对创作主体之间以及创作者和接受者之间丰富的情感互动，以消除主体单向度的主观意志对建筑活动的霸权。“主体—自然”结构包含人与自然环境的情感互摄与交流，以及避免主客对立思想对建筑的物化。

主体间性是相对于主体性而言的。出于对现代社会理性精神的呼唤和科学理性精神的高扬，从笛卡尔的“我思故我在”开始便把存在的根基转移到主体性上来——肯定主体性。他们把审美看作人的主观意念的表现，是主体对客体的征服，肯定先验的自我意志。这种以实现自我为前提的主体性哲学有着先天不足，因为它是建立在主客二元对立基础上的哲学，由于忽略了主体间相互交往的作用，将生存活动建立在主体对客体的改造和征服之上，是自我的盲目扩张和对客体自身存在的伤害。而主体间性与主体性的本质区别就在于，它有别于主、客体之间认知关系的规定性，而关注人与自然物、人与人、人与社会的关联[33]。

主体间性理论虽属西方哲学体系，但中国早期哲学、美学中有着大量的主体间性思想和实践。如孔子的礼乐思想、庄子的“齐物论”、禅宗的物我想忘都是主体间性的表现。然而由于地域文化发展倾向不同，中国南北方地区的主体间性也体现出一定的差异性。总体而言，由于小农经济和家族体系的影响，中华美学、哲学的主体间性根植于“天人合一”的大文化传统框架之下，个体与社会、人与神没有充分分离，处于一种“前主体间性”阶段，即将自然与社会也当作主体来审视，表现出人对自然和社会的依附性。如儒家注重仁学，将道德理念当成主体；道家注重天人感应，将天道自然当成主体的先在存在。由于主体自身没有确立，其主体间性是不充分的，因此其艺术审美理想还停留在田园牧歌的原始和谐层面，没有深入对生命内涵的审美探求。

时至明清，由于江南实现了主体精神觉醒，文化自觉和审美自觉真正实现了对“前主体间性”的突破。有别于北方传统主体间性的依附性特征，江南觉醒的主体间性真正涉及个体与社会、我与他人的关联，不是将自我看作原子式的个体，而是与其他个体的“共在”。正如笔者前文所说江南人的存在是“自然存在”和“社会存在”的统一，江南觉醒的主体间性既否定原子式的孤立个体观念，也反对社会对个体的侵蚀。海德格尔所言：“世界向来已经总是我和他人共同分有的世界。此在的世界是共同世界。‘在之中’，就是与他人共同存在。”[34]

可以说，江南的主体间的共在并没出现个体被群体吞没，而是超越了古典的天人感性主体间性以及北方的社会存在主体间性，是个体之间自由的关系，一种“共在”的个体自由主体间性（图 5-15）。这是江南觉醒的主体间性的最大特征，具有现代主体间性的本真内涵。江南个体自由主体间性对当代的建筑创作中主体情感交流实现的启示意义就在于，其能够在充分体现个体特征的同时将个体融入社会群体以及自然群体之中，以一种与他人和自然“共在”的状态进行充分的情感交流。首先，它规定了建筑活动和审美活动并非科学的

[33] 胡塞尔在初次提出主体间性的时候，就试图以主体间的对话和交流去消解主体性的权利话语体系，转化主客二元对立的局面，以一种感知和体验的过程论思想对主体性进行修正。

[34] 海德格尔．存在与时间 [M]. 陈嘉映，王庆节，译. 北京：生活·读书·新知三联书店，1987.

认知，不是以主体对客体征服的胜利，也不是主观意志的霸权对建筑美学的强制性规定，而是把建筑视为主体的情感投射，将建筑由客体变为与自我息息相关的另一个自我来对待（犹如庄子的“物我合一”），并与之共同生活。其次，建筑活动不是个体的活动，而是主体间的共同活动，因此建筑审美不仅要具有个性化意义，还要有主体间的普遍意义，这从另一个方面验证了黑格尔“理念”的抽象与具体的统一[35]。

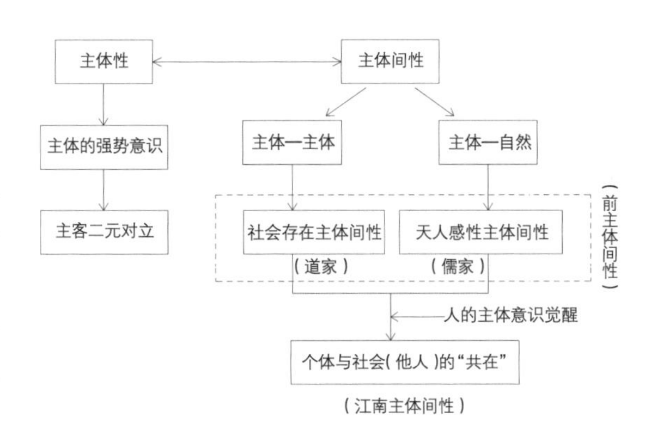

图 5-15“主体性”与“主体间性”比照图示

因为建筑审美活动中自我并非孤立的个体存在，而是与他人、社会共在的自我。我必须与他人实现沟通与交流，从而达成某种共通的审美意识（审美理念或规范），并以此成为自我的前理解去参与当下的建筑审美活动。由于对建筑美学的理解不仅源于自我意识，也受到他人影响，所以建筑美的实现不仅是自我与建筑的对话，更是与其他个体的美学实践相关，具有明显的社会性，是社会交往的产物。正是由于建筑审美活动的主体间性，才成就了共同的审美理解，才实现了建筑艺术的沟通和交流，建筑美学创作和解释的合法性和有效性才得以实现[36]。

受江南主体间性的影响，主体之间以及主体与自然之间的情感互摄应越来越被建筑师所重视。正如葛如亮教授设计的“习习山庄”，由于充分融入了建筑师的创作情感，充分考虑到建筑与环境的对话以及人与人之间的互动体验，成为人—建筑—环境情感互生的优秀作品。在习习山庄的设计中，整个建筑依山就势，并不过分强调和凸显自己，然而与环境的融合并不意味着建筑一味被动地顺应外部环境，而是通过建筑的存在能够有效地诠释对场地环境的理解，以环境与建筑的对话而获得一种情感的互生关联，从而体现出特定的场所精神。习习山庄的“主体—主体”“主体—自然”之间的情感互生与对话显然是通过对建筑与环境之间一系列的“对仗”关系而实现的。

“对仗”犹如中国古文中的“对偶”，即所谓“两两相照，相辅相成，和谐统一”[37]，是江南传统园林营造中广泛采用的手法。董豫赣先生指出，对仗是“（1）差异而相对的意象前提；（2）异相间发生相互仰仗的关系。……与

[35] 俞吾金. 存在、自然存在和社会存在：海德格尔、卢卡奇和马克思本体论思想的比较研究[J]. 中国社会科学，2001(2).
[36] 杨春时. 本体论的主体间性与美学建构[J]. 厦门大学学报（哲学社会科学版），2006(2).
[37] 冯纪忠. 建筑弦柱：冯纪忠论稿[M]. 上海：上海科学技术出版社，2003.

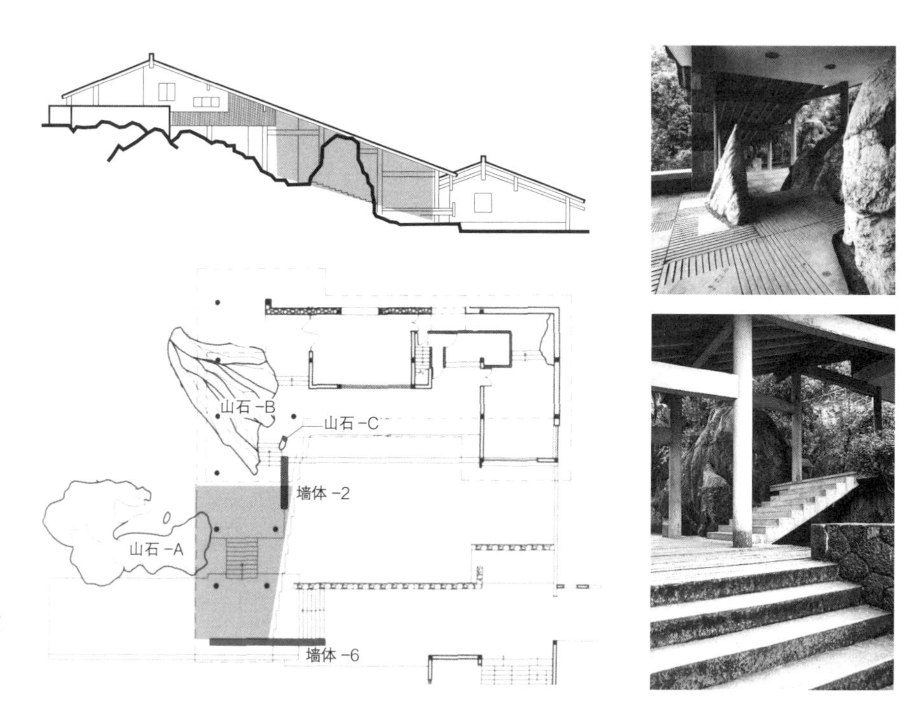

图 5-16 墙—山石—空间的对仗关系

建筑学的‘自明性’要将评价标准建立在建筑自身上不同……‘对仗’标准所要评价的却是建筑与景物间相互‘因借’的关系”[38]。这里要明确的是，对仗并非对比，不是突出其中一方的主体性地位，而是一种异质间的相互依仗，以两两关系之中突显整体的精微性。

习习山庄的对仗手法充分体现在山石、自然环境与建筑主体的两两关系上。对于山庄建筑“长尾巴”屋檐下裸露的几块山石，设计师并没有将其移除，而是巧妙地将它们当作空间元素进行处理，以对仗手法实现了建筑与环境的对话交流。如山石 -B 的处理，由于体量较大，设计师直接将其充当建筑的结构支撑。该山石表面褶皱的纹理呈现一种由北向南倾泻而下的动势，而此时南北向的墙体 -2 与山石 -B 在方向上形成了一种方向上的对仗关系，强化了这种倾泻之感。同时墙体 -6 又在东西方向对南北向的动势进行限定。这种空间态势使山石与建筑之间形成一种整体的场力关系，成为建筑墙体与自然山石的对仗。此外，山石 -B 从北至南倾泻而下的动势与长尾巴屋檐的倾泻而下也形成一种对仗。同时，这个屋檐的坡度又与山体坡度保持一致，体现了建筑与整体环境的某种对仗关联。山石 -C 位于第四处转折中央，这块“拦路虎”的出现促使游人需从侧边挤过去，经过它时下意识地对其触摸，无形中增加了游赏趣味，通过触觉体验建立了人、建筑、环境的情感关联（图 5-16）。独立山石 -C 以一种“点”的存在，成为屋檐廊道空间的“诗眼”，通过空间对仗实现了建筑与环境的交流。

[38] 董豫赣．预言与寓言：贝聿铭的中国现代建筑 [J]．时代建筑，2007（5）．

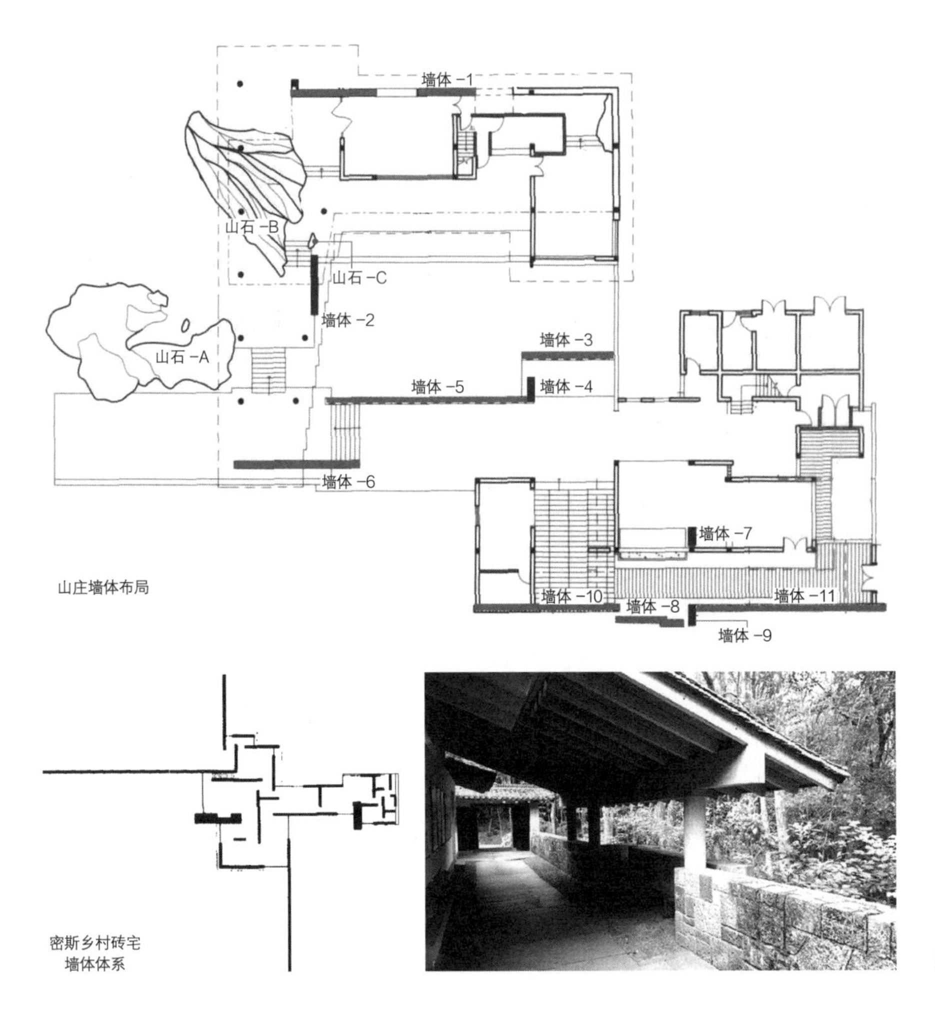

图 5-17 习习山庄墙体体系

山庄横竖体系的墙体构成也通过一种对仗关系彰显了其巨大的视觉张力，并以此延伸了横向空间，增强建筑与场所之间的“锚固”。通过对山庄的图示分析可发现，整个建筑的纵横墙体共 11 处，其中有 7 段是水平的，起到强化游线和空间横向延伸的作用。如果分析这些石墙在平面上的方向和分布，会发现它们与密斯设计的“乡村砖宅”方案的平面关系非常接近。水平和垂直两种片段式的墙体中似乎有一种巨大的离心推力使建筑空间从中心向外扩展。在习习山庄中，水平方向向外的推力明显为主导，使这个建筑的空间横向延展，加强了与大地和自然的联系。而垂直墙体均为短墙，但对空间限定和扩张有着重要作用，最为经典的处理要数山门入口敞廊中的一段低矮的墙体 -8，通过与连续墙体的断开，取 3.4 米局部向外推出 300 毫米，紧接着再截取 1 米再向外侧退出 200 毫米。随后以一段垂直低矮的墙体 -9 进行限定，以形成向外的扩张，此处刚好与廊道中段出檐较深的坡屋顶形成空间的对仗关系[39]（图 5-17）。对仗手法从审美角度来看增强了敞廊空间向外的视觉张力，使空间富有变化；

[39] 王炜炜．葛如亮“现代乡土建筑”作品解析 [D]．上海：同济大学，2007.

从功能上说可以为游人提供一个瞭望风景的平台和暂时歇息的场所，增加了建筑与人的情感交流与互动。这些对仗关系通过对建筑要素之间的关系进行精微控制体现了建筑、自然、人的对话与共生，使任何一方通过形成密不可分的整体而使自身得以升华。

图 5-18 墙地面细部处理

我们说习习山庄的设计是高情感的，这个高情感体现在对传统的理解和对江南地区建筑本土性的情感依附。在习习山庄的墙体营造中，葛先生开创了一种与当地建造方式相适应的“灵栖做法”，并手把手地指导当地工匠砌筑。设计师根据石料的特性，通过横缝水平（但不在一条水平线上）直缝和垂直错缝铺砌以及倾斜整片墙面不规则地鼓出若干块石头（凸出墙面 30~60 毫米）[40]强化了石料的自然色相和肌理特征。这种色相和块面的构成极具蒙德里安“红黄蓝”的风格派艺术韵味，又最能体现浙西民居传统样式的现代化表达，这是建筑师本土文化的情感建构。另外，在对混凝土地面的细部处理上，葛先生更是进行了一种富有人情味的手法，对混凝土地面进行人工开设凹槽，并用泥土将凹槽填充起来，游人经过和山风吹过带来的野草种子被零落撒在凹槽中，时间久之，浅浅的槽口中生长出嫩绿的青草，谁料想这粗糙斑驳的混凝土地面也能焕发出如此生机（图 5-18）。这些绿色自然无意识的存在给建筑赋予了一层时间的维度，充满了生命情感。这种对本土情感的还原和对生命情感的关爱沟通了设计者与观赏者之间的情感互射，实现了建筑在场所中的“锚固”。

总而言之，建筑审美活动不同于一般的认知活动，是一种审美的直觉想象和心灵情感的体验，是主体—主体、主体—自然之间的充分沟通理解、推心置腹的对话、将心比心的同情体验。其意义在于通过对他人以及客观物质环境的认同而实现了对自我的认同，通过将建筑视为另一个自我，与之对话和交流获得了自我认知，从而真正理解了自我的存在，这是获得建筑意境审美的重要途径，也是诗性美学的精神性内核。

5.2.4.2 建筑审美向日常生活融合

建筑艺术是物质性与精神性的统一，是功能与艺术的统一，这个统一就是要求对建筑艺术的认知既有精英美学的典型性又有日常生活的普遍性。从某种意义上说，后者比前者更具有艺术的真实性，因为它是孕育了丰富内涵和情感的物质呈现，它以平凡的方式显示给直观，并通过此种显现产生对人的意义诠释。在对江南传统建筑文化的考察中发现，由于江南文化中渗透着大量的日常生活内容，虽然在一定程度上依然受到程朱理学影响，但根植于民间的民俗艺术已经成为一种普遍存在的艺术表达，成为日常生活世界的真实显现，江南建

[40] 彭怒，王炜炜，姚彦彬．中国现代建筑的一个经典读本：习习山庄解析 [J]．时代建筑，2007（5）．

图 5-19 江南日常生活

筑审美向日常生活回归和融合，是将建筑审美还原到生活世界。当代建筑要回归自己的真实目标，实现诗意的栖居就必须回到生活世界，立足生活世界，立足属人的真实世界，这是建筑艺术审美发展的内在要求。所谓日常生活世界就是以血缘或亲缘为基础的，包括衣、食、住、行在内的各种日常观念活动，是一个自在、自发的自然运作领域[41]。在日常生活中，人们不必问“为什么”，而是凭借自身时代延续的风俗、习惯、传统和经验进行自发的活动，它面向的是具体生动的生活体验和情感投射。

江南生活中，文化导向始终以个人的生存和发展为指向，生活空间营造也显现出一种更为随机和反哺自然的特征。日常生活是由无数个日常生活事件组成，这种事件以居民自发性活动为主导，人们通过各种类型的交往活动调节并营造着自己的空间，从而达到事件与场所的紧密联系。通过长期的使用，人们逐渐赋予场所空间一定的精神属性，使其超越了场所的物质性而成为物质与精神、功能与艺术的复合。例如江南聚落空间中无处不在的桥头、水埠、广场等节点空间，从功能来说，它们承载着生产、商业、交通等各种活动；从意义上看，此类空间往往被赋予民俗思想和文化内涵，是物质性与精神性的统一（图 5-19）。可以说江南建筑、聚落的物质空间和场所一方面是日常生活事件的空间载体，另一方面是江南日常生活意义的价值呈现，其审美内涵也从日常生活中抽离出来，并以此形成江南人士的集体无意识。这种精神性的活动作为一种日常观念的呈现，是江南日常生活世界的真实还原和再现，是审美的生活化和生活的审美化实现。

江南建筑面向日常生活为当代建筑审美的价值实现提供了借鉴和启示，包括建筑在内的一切艺术之美不能够也不可能脱离日常生活。日常生活为审美提供现实的参照依据，并且塑造了审美主体——人的内在审美经验，使人在日常生活中锻炼成为一个真正的审美者[42]。在建筑艺术物质性与精神性逐渐分离的今天，我们强调审美向日常生活回归，就是重视一种日常的思维模式和话语体

[41] 付小利．“日常空间”的回归与探寻：焦虑语境下的建筑本体语言转向 [J]．城市建筑，2013（14）．

[42] 扬威．启蒙与批判：日常生活世界的文化重建之路 [J]．北京大学学报（哲学社会科学版），2006，43（51）．

图 5-20 校园与农耕环境结合

系。然而，这里所说的日常思维和话语并非某种怀旧情绪的滥觞和恢复落后、原始的生活模式，也不是一味陷入大众文化的玩赏心态中不能自拔，而是对建筑活动中原本存在的，但又被现代文化和非日常活动所压抑和遮蔽的那些人的真实审美诉求的再度发掘，是对人的本真生命的真诚追求，是意境审美的情感源泉，是建筑诗意审美实现的根本途径。

建筑审美向日常生活回归是还原建筑艺术最本质的真实，应该成为当代建筑师创作自为的审美追求。普利策奖获得者王澍设计的中国美术学院象山校区，正是根植于江南日常生活的本真情感，以最本土、最原始的方式诠释着江南建筑的真实生命，以建构的手法把江南日常的耕作生活与传统的学优则仕思想充分结合，还原了一个具有江南情调的“耕读生活”场景。王澍曾经说自己的设计不是建筑，而是“盖房子”，而作为“房子”，必须去理会人们的日常生活方式到底是什么，并通过日常熟知的功能性活动而呈现出来。这正是江南传统建筑文化面向日常生活的价值本源所在。而王澍对“房子”的营造显然是通过江南房子“小尺度”的把握而实现的。俯瞰象山校区，大大小小十余座建筑分散在山脚下，形似一串行云流水的中国书法一样巧妙串联，但无论是空间还是体量上都成为象山的附庸，对环境毫无压迫感。这种小尺度的营造通过对建筑的消隐而以更低姿态融入环境，以一种去人工化的倾向维护自然的先在秩序[43]。正是因为尺度的小，才易于被人们从整体上所把握和认知，从而削弱了细枝末节对建筑环境整体意义的消解；正是因为将人的视野保持在整体性的层面，才弱化了局部的片段化处理、符号化处理对“随时体验”的规避；也正是因为尺度的小，才有可能实现建筑界面与日常生活界面的融合，比如在“读”的环境氛围中穿插“耕”的空间形态（水塘、芦苇、田埂等），同时在“耕”的生活闲暇中融入“读”的乐趣，使亦耕亦读的生活实现成为可能，营造出一种“耕读”的场景体验（图 5-20）。

[43] 钱诗磊．王澍建筑的语言艺术研究 [D]．扬州：扬州大学，2013.

江南传统文化中，耕读是世人最为平衡的状态：“进则可以出仕荣身，

图 5-21 屋面设桌椅的“耕读”意象

兼济天下；退则居家耕读，尚有独善自身的地步”。在传统的劳作中思考和问道，融入自然、沉思生命，亦耕亦读，是一种超脱政治、归隐田园的江南人士最基本的生活方式。象山校区在规划中就本着对这种江南日常的还原，整个建筑群体环绕象山而建，各分散的单体呈现出与象山的对话关系，规划中保留了水塘、芦苇、田地，并将这些元素渗透到建筑群体中，模糊了建筑与景观的界限。整个校区消除了中轴线的控制，也没有“标志建筑”的突兀，以一种融于自然的消隐低调姿态静默地融于山水之间。在装饰上，设计师通过疏密有致的瓦片屋檐、青砖墙面、实木结构以及竹编栅板营造了一种宁静安详的农家村落的质朴感受，这些材料的自然质地将整个建筑变得柔软亲和，体现了人与自然的亲和关联。

校园中保留原有的农田和水系，是本着对场地的尊重，将“耕”的农业文化符号融入“读”的小院氛围中，通过这种对原始场地的记忆，使校园摆脱了一般大学的人工痕迹，同时也将校园生活节奏慢下来，多了一份山水田园的幽静。如上所述，正是因为尺度的“小”，才有可能通过对各种细节的营造，刻意营造出一种“耕读”的场景体验。例如对建筑屋顶的环境营造，王澍将屋顶曲面变得平缓，每一个建筑几乎都有可以通往屋面的楼梯，屋顶瓦面上有的用竹编围合出一片区域，若干石桌石几零星放置，可以在高处俯瞰整个校区美景，老师亦可以在屋顶授课讲学，似乎还原了孔子树下讲学的场景，既有寓教于乐的情趣，又呼应了江南耕读文化的日常，凸显出传统书院建筑的气质内涵[44]（图5-21）。

中国美术学院象山校区通过对整体、场所、环境的意象性构建和对建筑、空间、细部的悉心营造实现了建筑界面向日常生活界面的复合。对小尺度的运用，则是以随时体验的混整性取代了瞬时体验的片面性。采用物质营造的手段，以耕读生活意象的场景还原为契机，通过耕读场景的复原使一股江南情怀油然而生——触景生情，实现了当代建筑审美物质性与精神性的合一。

[44] 单菁菁. 中国传统造园手法在当代建筑中的隐喻式表达 [D]. 长沙：湖南大学，2011.

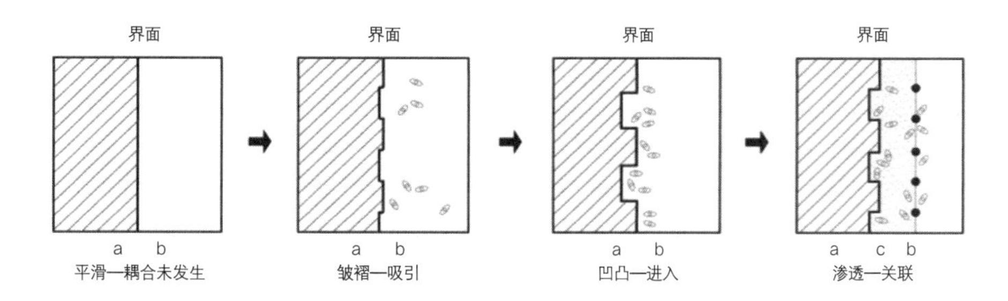

图 5-22 界面耦合关系

5.2.4.3 建筑界面与生活界面耦合

这是建筑回归日常生活的具体操作和实践。建筑创作和审美要回答“怎样服务于我们的生活”这个问题就必须落实到具体的实践中去。其一，建筑界面与日常生活界面的耦合，就是对这个问题饱含情感的回答。所谓“耦合”是指两个或多个元素间存在的紧密配合与相互影响，并通过相互作用从一侧向另一侧传输能量的现象。它的前提是存在两个或多个元素。其二，多个元素之间的关系是紧密配合与相互影响的，它们之间存在相互作用，产生能量的传输，从而形成一个紧密的整体，不可分割。简单归纳，其结果是 1+1>2。在这样的条件下，如果去掉其中一个元素，另一个元素就会被削弱[45]。日常生活界面是充满情感的柔性界面，它以充满日常情趣的人的活动和行为，为人与人之间交流提供了发生的可能。建筑界面与日常生活界面的耦合就是在两者之间通过力的相互转化而产生价值增值，使建筑界面与日常生活界面通过人的活动与情感实现融合，成为汇聚人的活动和事件的场所和最具生机与人情味的地方。

在近人体尺度的界面耦合是通过提高界面的信息量而实现的。其一，当界面是一个平面的时候，这个面的色彩、材料和质感的丰富程度决定了界面信息量的多少。如江南民居的用色，虽然在黑、白、灰的整体基调下，但随着光影的变化而显得有明有晦，统一而又富有变化；其二，当界面不局限于一维平面时，界面的皱褶程度就决定了信息的多少，如江南建筑墙面斑驳的肌理，蕴含了历史的沧桑，使人忍不住驻足抚摸；其三，当界面作为一种渗透介质而存在时（如柱廊），其容纳的人的活动量多少决定了信息量的多少（图 5-22）。人在城市空间中可以观察别人，与人相遇，从而产生感知体验，这是人们在生活中很容易获取的日常社会交往方式[46]。人们在这里形成了看与被看之间的关系，我们观察别人的同时也在被别人所观察，这是一种有趣的体验过程。而建筑界面就处于这个看与被看所发生的容器，如果其信息量高，就能够吸引人进行驻足停留，为接下来日常行为活动的发生提供了可能，实现了建筑界面与日常生活界面的耦合。如江南民居出挑的外檐形成的廊棚空间，就是室内外空间的柔性

[45] 贾茹．近人尺度城市空间界面耦合设计研究 [D]．大连：大连理工大学，2012.
[46] 同 [45]。

图 5-23 座椅位置关系、墙面材质丰富、铺装肌理变化促进建筑界面与日常生活界面耦合

渗透界面，作为一个介乎之间的存在，廊棚空间是一个建筑界面与日常生活界面的耦合。在慢行交通环境下，它既可以挡风避雨，亦能够结合座椅等设施形成人们休闲交流之所，在增加空间层次性的同时使内外空间关系富于变化和更加亲切。

在城市环境日益景观化的今天，我们提倡建筑界面与生活界面耦合，就是要使建筑在最能够被人所直接感受的尺度上承载最平常又最广泛的日常交往事件。从设计层面来说，达到这个要求并非易事，因为它要求建筑师必须彻底融入人们的真实生活，拥有对人们内心本真诉求的情感体验。这包括对公园座椅位置合理性的细心感受，对景观游步道中青石板间隔距离的切身体验，对建筑立面材质及地面铺装肌理的把握，对步行街两侧建筑沿街柱廊尺度的深入调研，对室内外交界处共享空间的细致处理等一系列细枝末节的细心推敲(图 5-23)。这是建筑师对真实日常生活的深切理解和情感诠释，是建筑向生活回归的本质呈现，更是建筑艺术实现诗性精神最根本的生活实践。

5.3 “违而不犯，和而不同”的当代建筑意境审美表征

唐代书法家孙过庭在其著写的《书谱》中言：“违而不犯，和而不同”[47]，意为书法应讲求变化与新意，但又不能相互抵触和冲突，要在和谐中展现出不同，在相生相克中能够共同发展。讲究变化的同时要能够做到和谐，和谐中要能够体现出变化。这句话是孙过庭对传统书法艺术审美特征之概括，同时它也成为包括建筑艺术在内的当代一个重要的审美情态和表征，即违而不犯，守正出奇；和而不同，异质求和。换言之，讲究审美的变化与和谐。

[47] 孙过庭. 书谱 [M]. 上海：上海书画出版社，2007.

5.3.1 违而不犯——形式美表达的“得体”与“新意”

“违”乃突破常规、突出矛盾与变化，从而避免雷同，充满变化与生机。“犯”则为违背常理，对立冲突。“违而不犯”实则在矛盾双方的相互对立同时保持一种和谐与统一。反过来说，是在整体和谐与统一之下求得一丝变化与突破。其具有两个层面含义：其一，得体与守正，即在一定的语言环境之下的得体表达；其二，新意与出奇，即在守正的前提下，超越既定的范式而获得奇异的审美感受。这正是当代建筑意境审美之表征。

5.3.1.1 得体与守正

所谓“得体”就是遵循既定建筑用语的社会契约，意指建筑必然立足此时此地、此情此景。一个既定的建筑属于这个特定自然和社会环境中生活的人们，它并不以某种乖张、时尚的辞藻去遣词造句，而是以人们的真实生活为终极目标，并通过自身与整体的有机统一去展示自身的完善品格，使人感到的是一个真实的场所环境。而“守正”则是恪守“实现人们诗意栖居”这个建筑存在之根本，即遵循建筑之“理”。

图 5-24 江南家庭生活中心——天井

江南建筑表达方式的得体与守正固然表现在其日常生活这个语境下，因为这是真正能够被江南人士所理解的表达途径。以江南天井院来说，它是江南民居的典型样式，是江南建筑结构的基本单元。天井一方面起到采光和换气的功用，另一方面承载了居民心系自然、以天为徒的内在诉求，成为空间的几何中心与居民内心的精神中心（图 5-24）。人们在天井中感受的是亲切的日常和生命的此在，它既是江南人士对现实生活的物质呈现，又寄托了对精神生活的美好夙愿，这正是其得体与守正的体现。

江南建筑审美表征的得体与守正给我们的一个重要启示在于，一个真正有品格和魅力的建筑审美实现不需要借助外在来为自己注释，不必夸张地炫耀也无须时尚语言的装点，它所表达的一切都是面对真实世界的本色显现。它以立足此时、此地的得体阐述给人们展示了一个独具魅力的真实自我。由于其存在语境是能够被人们所理解的，因而，当人们在审视这栋建筑时，也回报了一个真实的自己。

5.3.1.2 新意与出奇

古希腊哲学家赫拉克利特说：太阳每天都是新的。这里的“太阳”是一个感知世界的审美范畴，而不是认识世界的范畴。对于“新意”或者“创新”，我们并不是要创造出无数个太阳，而是在自身的生活中始终感受到新的内容和情感熔铸，在这个充满想象的世界中，人们每天感受到的太阳都有着新内涵[48]。

因此，真正的“新意”与“出奇”是在人们自由生活、工作、交往中不断获得对生命存在的新的奇妙感受。建筑的新意和创造性也是在这种对既定范式的局部突破中诞生的，通过对自己进行强化、改变和超越而不断产生新的表达方式，并推动建筑审美的多样性实现。

以江南天井院为例，江南民居天井合院的结构随着人们日常生活的需求而改变。随着里坊制的瓦解，院落斑块结构演变成为沿河、街两个界面线性开放。天井由原来的空间中心转为内向的服务空间，成为前店后寝或下店上寝的模式（图 5-25）。从物质实现来说，这种院落形式的变调性是商业功能的趋势，从解释学角度而言，这是江南人士通过将自己的现实生存与天井院相融合而形成的自我诠释。它一方面是江南人士现实生存这个核心内涵的本真体现，另一方面也是人们在日常生活中对天井院这一江南建筑语言的创新而产生的一种新意感觉。

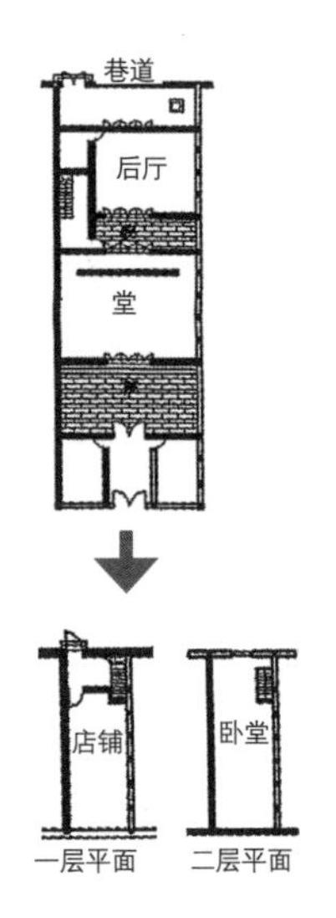

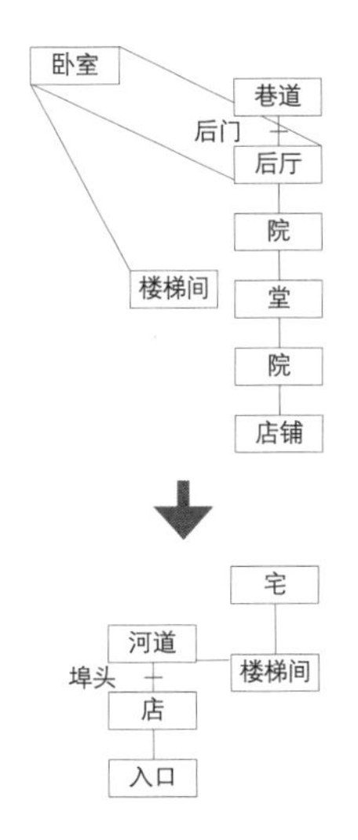

图 5-25 江南民居变化中的新意

江南建筑审美的新意与出奇给当代的一个重要启示在于，所谓创新或新意并不在于创时代之新或从未见过的语言，因为这种所谓的“新”是对“理”的彻底抛弃，是为“犯”，必定因为语境的不符而无法入人意中。因此，所谓新意和出奇应当也是在既定的建筑语境中以独特的视角和处理方式去解决现实而具体的问题。姑且可以认为这是一种技巧性问题，但在这个问题背后却凸显着观念的力量。正如程泰宁院士所言：“立足此时，立足此地，立足自己。”[49]这显然是一种创作境界，需要我们克服浮躁的心理，置身其中去体会面向人的本质生存这个核心内涵精髓，在“得体”与“守正”的前提之下完成具有新意的个性审美表达。

“得体守正”“新意出奇”日益成为当代建筑创作和审美追求的重要旨归，在当代几名先锋性建筑师如张雷、袁峰等的作品中也有所体现。作为扎根江南的本土建筑师，他们一直贯彻着以一种理性简约的思想恪守建筑本质，再以建构的思想完成新意表达，如张雷设计的“三间院”餐饮会所、“诗人住宅”和袁峰的“兰溪庭”。

[48] 徐千里. 创造与评价的人文尺度：中国当代建筑文化分析与批判 [M]. 北京：中国建筑工业出版社，2001.

[49] 程泰宁. 地域性与建筑文化：江南建筑地域特色的延续与发展 [M]// 程泰宁. 程泰宁文集. 武汉：华中科技大学出版社，2011.

（1）张雷：江南隐士精神的恪守与“像素化”表皮的新意

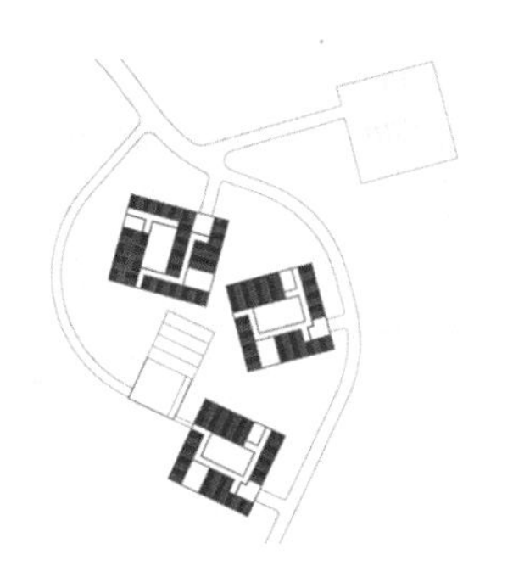

图 5-26 三间院位置关系

顾名思义，“三间院”会所由三个独立院落组成，院子之间看不出任何刻意安排的关系，这种散布的特征是由周边村落的天然形态所决定的，是以聚落为原型的设计。院子由一些相对独立的功能单元聚合而成，类型化的处理将院落组转译成一个微观聚落（图 5-26）。这个微观聚落内部是一个自给自足的小世界，围绕院子的则是连续展开的冰裂纹落地窗扇，空

图 5-27 三间院内外界面

间外向封闭却对内完全开放（图 5-27），这是对江南天井院民居内向性格的隐喻[50]。设计师显然刻意地营造了江南之“家”的中心性与安全感。在这个时空中人们感受着时间的消融、四时的轮转，在心中搭建了空间与时间的桥梁，感受悠悠时空中的“此在”。这种内敛的气质通过三组院落中的“水、竹、石”主题而被强化。根据不同的主题，院落依次命名为“儒院”“道院”和“禅院”，悠悠禅意的静谧空间唤起了人们内心中的原始向往，是对江南隐士精神的回归表达，恪守了江南人文精神和情怀，是最为“得体”的表达。

[50] 刘珺. 稻花香里说丰年：扬州三间院 [J]. 广西城镇建设，2014（9）.

张雷在回应江南人文精神的同时，又以建构的方式将江南传统话语转译成极具批判精神的现代审美情调和奇幻的审美意趣，是一次具有“新意”的表达。

正如弗兰姆普敦所言："当砌筑不再具备夯土结构的密实形式时，也就是当它以叠层方式组合而成时，它们也就近似于一种编织的形式。"[51] 事实上，编织技艺一直就是墙体的灵魂。在三间院和诗人住宅的墙体营造上，更是体现了当代艺术与民间技艺的融合。在三间院的墙体处理上出现了三种不同的肌理，而每一种都对应三种不同的使用空间（图 5-28）：其一，山墙采用 45° 立砌与顺砖相交错叠砌，在取得良好采光的同时也避免了建筑外部环境对内部的视线干扰。其二，檐口部分 90° 立砌与顺砖交错叠砌，目的是强化墙体的收头和折面的转折关系。其三，院子墙体采用一顺一丁交错叠砌方式，使得墙体孔隙增大，将院落景致引入室内，鼓励视线上的交流[52]。传统的红色黏土砖和当地传统技艺编织形成了三间院精致而又富于"像素化"的表皮。在三间院和诗人住宅的建筑创作中，我们看出了张雷对江南建筑文化内涵的恪守，而像素化的肌理无疑是一种建构的逻辑，以最直接和现代的表述完成一种新意的言说（表 5-2）。

图 5-28 三间院的砖砌方式

（2）袁烽：江南园林的意境和砌筑结构的"参数化"肌理

作为新锐建筑师的代表，袁烽在其兰溪庭设计中通过算法设计，用石材砌体模拟水流动的形态，营造了一种极富新意和奇幻的建筑审美感受。在布局上，兰溪庭纵向排列的住宅房间与庭院体现出传统园林多种变化的空间序列；纵向轴线上延伸的多重建筑和庭院空间反映出江南大宅院空间的等级秩序；屋面轮廓线的连续起伏是对江南秀美山峦的隐喻，也是对江南民居小坡顶屋顶曲率的模仿（图 5-29），是江南园林居住理想的"得体"呈现。而在立面处理上，设计师则突破了江南砖墙的传统砌筑方式，设计出一种算法，用实体材料模拟水流动的形态，通过相错的交接模式，创造出具有动态流动感的水纹，形成抽象的图案化肌理。交错突出起伏的砖块使墙体具有特殊的光影效果，使得相邻的空间受到墙体图案的影响产生了动态错觉，好像建筑以某种特定波形发生振动，活跃而不失优雅。涟漪状的墙面源于对自然灵动水面的数字化解读，隐喻着江南道家水文化中的至柔特性，使原本生硬的墙面产生了犹如丝绸般的质感，让水漾般一瞬即逝的优美曲线凝固在永恒的时间中，形成一种诗意般的建筑美学意象[53]，完成了一次充满"新意"的奇幻审美感受（表 5-3）。

5.3.1.3 适度原则

"违而不犯，守正出奇"的具体实践是要对"度"进行适当的拿捏和把握，一味守正则会丧失新意的实现机会；过度出奇又会造成对建筑之根本——"理"的违背而导致建筑之美无法被理解。那么如何在这个介乎之间的状态进行调和？这就牵涉一个"适度"的概念。"适"首先作为副词的概念出现，是恰好、恰当之意。《尚书》在谈论度的概念中说："一极备极，过甚，则凶；

[51] 弗兰姆普敦. 建构文化研究：论 19 世纪和 20 世纪建筑中的建造诗学 [M]. 王骏阳，译. 北京：中国建筑工业出版社，2007.
[52] 付蓉，张雷. 张雷：融合情感的材料与建构 [J]. 城市环境设计，2010（7）.
[53] 袁烽，吕东旭，孟媛，等. 兰溪庭（水墙）[J]. 新建筑，2014（1）.

	形态样式	构造特点	典型案例	惯用手法
墙体		a）凹凸感强烈 b）模数统一 c）错位与旋转 d）双表皮结构 e）间距变换	a）扬州三间院 b）诗人住宅	a）像素化表皮 b）简化装饰 c）材料统一 d）砌体建构
窗		a）钢框架结构 b）石板过梁 c）立面划分简洁	a）扬州三间院 b）诗人住宅	a）与砌体表皮形成对比 b）建构逻辑清晰明确
梁架		a）石板过梁，并且石板向两侧伸出，与墙体砖交接，以增加整体性	a）扬州三间院 b）诗人住宅	a）与砌体形成对比 b）建构逻辑清晰明确
材料	红砖、混凝土、石材、水泥砂浆、玻璃、钢构等			

表 5-2 张雷的地域性营造手法

图 5-29 兰溪庭屋面及墙面处理

	形态样式	构造特点	典型案例	惯用手法
墙体		a）叠涩砌筑 b）数字化控制砌块间距，以形成机理 c）角度旋转、扭曲变形	a）兰溪庭 b）创盟国际新办公空间	a）参数化设计 b）传统文化符号提取 c）计算机辅助创作
窗		a）水泥现浇门窗 b）水泥构件与过梁搭接组合	a）兰溪庭 b）创盟国际新办公空间	a）开动随机有序 b）建构逻辑清晰明确
梁架		a）钢柱梁架结构 b）框架式整体承重	a）兰溪庭 b）创盟国际新办公空间	a）建构逻辑清晰明确 b）与砌体形成对比
材料	钢筋混凝土、石材、灰砖、水泥砂浆、型钢、玻璃等			

表 5-3 袁烽的地域性营造手法

一者极无不至，亦凶。"[54] 即太多或过少都不可取，只有恰到好处为上。另外，"度"在其发展过程中形成一组"势"的序列，在这个序列中获得一个质量稳定的恰当状态。所谓适度，从客观环境条件来说就是在两极中游走而获得一个"势"的序列中的最佳状态，"执其两端，取其中矣"，是合乎客观规律的适中（图 5-30）。例如自由生长的江南民居，人们结合自然地势，根据日常功能需要对功能空间自行调节和增减，多寡由人，以求适用的最佳状态，多一分则多，少一分则少。

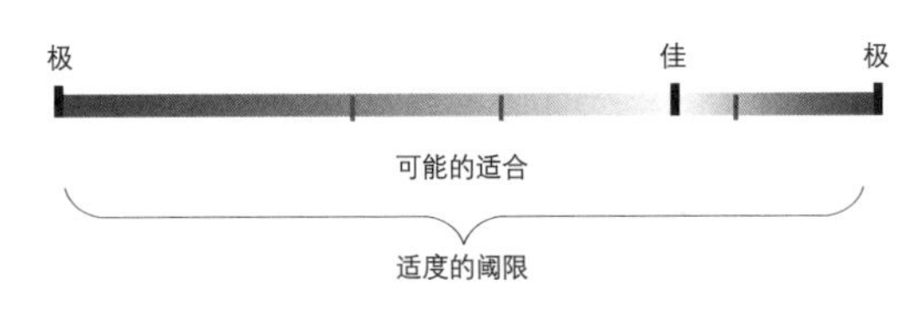

图 5-30 "适"的状态

其次，"适"又有动词的内涵，即"适合于"，具有某种指向性，含有符合主观条件需要的意思。从主观能动性来说，就是要研究内外部条件来评估自身的建筑活动，根据整体系统的承载能力调整自身，采取相应的涉及策略。因此，适度原则是合规律性与合目的性的统一[55]。换言之，是主体通过对客观世界的评估和把握，在充分了解客观事物适合状态的前提下对自我行为进行审视和修整，在一定约束下发挥能动性，最终实现既合客观的"适"又合主观的"度"的最佳状态。当代建筑创作就是要在物质与精神、自然与社会、生理与心理的各个矛盾统一体中游走与调节，找到一个既"合适"又"合势"的佳态，实现"违而不犯，守正出奇"。

5.3.2 和而不同——求异以为和

"违而不犯"与"和而不同"通常互为因果，违而不犯的审美表征最终是要实现美的多样式和差异性，以避免千篇一律，即"和"是要在整体和谐的前提下实现多样性的统一，是"求异以为和"。这个求和的过程是通过"和"与"合"的意指性不同而体现出来。虽然从"聚合"的概念上来看，"合"与"和"可以少量互文，但从意义上来说，"合"与"和"却有着本质的差异。《庄子·则阳》中曾提出"合异以为同"，将"合"以"同"训，意指取消了矛盾性，是无差别的统一，即在承认双方无差别的前提下实现相同者之结聚、强化与合二为一。而"和"却是意指不同事物间相承相济的关联，同"谐、顺、调"，是多样性的统一，即"异中求和"，是和而不同与多样统一。

对于建筑而言，和谐审美理念是从"人—建筑—自然—社会"的各因素相悖相承的辩证关系中显现出来的。其中，人是和谐审美的价值核心；建筑作为

[54] 参见《尚书·洪范》。

[55] 胡飞. 中国传统设计思维方式探索 [M]. 北京：中国建筑工业出版社，2007.

人造物，是人的意志呈现，又是人与自然、社会之间的媒介和桥梁；自然是先验的存在；社会则是特定文化的显现。中国南北方对于“人、建筑、自然、社会”的认知差异，导致了对建筑审美“和”与“合”的不同追求。北方由于传统儒家思想的深化，礼义—道德的社会和谐是建筑审美的最高追求。人是被社会理性同化的群体存在，自然是与被人伦秩序同化的天道秩序，建筑更是社会伦理—政治的物化。因此，儒家建筑审美之“合”可以说是将人、建筑、自然均合于“德”，是求“同”以为“合”，实现的是社会人伦之强化。由于道家自然精神的追求和主体精神觉醒，江南建筑审美文化的认知结构中，“人、建筑、自然、社会”各要素的内涵消解了儒家伦理—政治的同化作用，各要素之间体现出异质性和差异性，是多样化的统一，是“和”与“合”的统一，实现的是建筑与人、自然、社会的“和合”之美。

当代建筑创作和审美旨归追求“和而不同”，正是源于江南建筑的求“和”方式，即首先表明了事物的差异性和矛盾性，在承认并强调事物的多样性、差异性和内外矛盾的前提下，通过双方之间的相互转化而获得一种统一与平衡。这里既有“合”（求同以为合）的审美旨归又有“和”（求异以为和）的审美理想，是“合”与“和”的统一，在建筑与人—社会—自然的不同关系上给予不同呈现。

5.3.2.1 建筑与自然之“合”

在江南建筑审美认知中，由于道家思想的深化，建筑聚落被视为天然自然的延伸，体现出对自然之美的迎合，追求与自然的“和合”之美。通过建筑这个载体将道家人与自然的同情同构、同功同用的审美意趣表达出来，迎合了道家游乎人世的自在境界。“和合”的审美理想一方面取决于审美主体的心智结构，另一方面依赖于审美对象客观的结构形式。这种与自然“求合”的同质性原则给当代建筑带来深远的启示，将建筑视为自然景物的一维，与自然具有同源同质的属性，使两者之间形成一种消解了差异性的同质之“合”，是建筑美与自然美的合二为一，是当代建筑注重生态效应和生态美学的思想核心。

5.3.2.2 建筑与人之“和”

建筑作为人的心智体现，是人的主体意识的物化与呈现，因此，从某种意义上说，建筑是人的代言，建筑与人的关系可转换到人与人的关系上来审视。由于江南实现了人的主体精神觉醒和审美自觉，激发出人的自然属性和个体情感，于是人的主观个体差异得到承认，这是异质之“和”的前提。在当代，人的个体审美实现了空前的自觉，促使人以自省的意识来构建自己独特的审美世界，反映在艺术美中则是情感的彰显和个性价值的追求。建筑审美更成为个体实现自己生理、心理追求的独特方式，因而显示出明显的个体差异。高扬的主体人格推动了审美理想从外向和谐（人统一于外物）向内在和谐（外物统一于人）的转化，也推动了审美形态从外在的理性秩序向内在的感性人格的转化，建筑审美继而开始以感性的心神、情致、意趣为尚。由于主体情感和意趣的差异，对个体感性的强化便导致了主体之间、主体与客体、个体与社会等各异质因素的对立。此时强调建筑与人之“和”就是要在这些矛盾因素的相互渗透和转化中实现新的平衡与和谐。因此，在建筑与人的层面上，求“和”就是在人人差异之中求得和谐，是求“异”以为“和”，实现的是多样化的统一。

5.3.2.3 建筑与社会之“和”

如果说传统儒家思想在江南建筑艺术审美中也有继承，那么江南便是将此转化到了以血缘和地缘为纽带的宗法体系中去，例如对家祠建筑的重视和对宗庙的营造。这些建筑的空间和形式相对正统和严肃，通过院落的递进凸显出一定的秩序美。与此向反，江南园林作为建筑向自然的延伸，体现出截然不同的审美倾向。在园林中，人们追求的是自然天成的审美意趣，打破了美的依附性和功利性，主张以自然之道来构建空间的朴素之美。由此可见，江南宗法建筑与民居、园林形成了两种不同的审美倾向，形成一种异质的存在，成为矛盾统一体（图5-31），并且通过相互渗透逐渐取得平衡[56]。江南建筑审美情态在与不同社会意识形态的共同作用下能够保持一种多元的取向无疑为建筑审美多元化道路指明了方向：在快速城镇化发展进程中，一方面要恪守建筑的内在本质，另一方面也要避免建筑审美陷入千篇一律的表征。另外，在跨文化的交流中，如果一味地以“合”的思路对外来文化进行同化与兼并，必然导致文化生命力的丧失。反之，一味附和外来文化，则会造成本土文化的失语。因此，异质之“和”是当代审美文化多元和谐的重要途径，更符合跨文化交流的现状，也为传统建筑审美文化在当代的延续提供了理论依据。

综上所述，当代的建筑创作与审美旨归应当是“和”与“合”的双向规定，在不同的关系层面上具有不同的表征和体现。“和而不同”作为当代建筑审美的指向和追求也应是在建筑与人、自然、社会的整体和谐下所体现出来的局部差异。而这个差异性是必不可少的，是当代建筑诗意审美多元化实现的途径和方式。

[56] 王德华. 论建筑审美中人·建筑·环境的关系[M]// 山东建筑学会，山东省建筑设计研究院，山东省建筑科学研究院. 近代建筑科技与应用：山东建筑学会成立50周年优秀论文集. 济南：山东科学技术出版社，2003.

图 5-31 江南宗祠建筑与园林建筑不同审美情态的互补

本章小结

本章从江南传统建筑艺术诗性美学中凝练和抽离出其物质性与精神性内核，以此对我国当代建筑意境审美进行构建。当代建筑创作和审美意识中，由于对物质性的忽略，导致建筑审美极易陷入机械美学论的泥沼，致使建筑美学被贴上某种预设的“时代精神”标签而远离人的现实生活的真实。由于对建筑创作情感交流的遮蔽，导致创作主体对建筑审美的强势规定性，最终导致建筑创作和审美意识与日常生活的脱节。在江南建筑诗性审美中，最本质的内涵就在于建筑艺术的物质性与精神性统一，这也是当代意境审美的构建要素。其“物质性”的一面将建筑审美与当下的有机境遇联系在一起，实现了美学概念从形而上学的抽象落实到形而下的具体与真实。其“精神性”的一面通过情感的开放实现了主体间性的广泛交流，避免了强势主体对建筑艺术的限定，实现了建筑审美向日常生活的回归。意境审美的具体表征是“违而不犯”，在创作手法上具体表现为“得体新意、守正出奇”，即恪守建筑之本质精神而又具有多元化审美意趣。这种违而不犯的审美表征最终实现一种“和而不同”的审美旨归，“和”是一种强调差异性的和谐，是求异以为和。而在建筑与人、自然、社会的两两关系上，应当是一种求异以为和与求同以为合的双向限定，即在一种整体和谐下的局部差异与突破，这正是当代建筑多元化实现的途径。

第 6 章
适形：从江南传统建筑语言结构看当代建筑形式语言表达

20 世纪初，哲学界的一个重大事件即发生了语言学的转向，语言学的转向使建筑语言成为相对独立的话语群体。受到这种语言本位思想的影响，我国建筑界对建筑语言的理解也产生了不同程度的差异：一种观念认为建筑语言具有本体论内涵，能够承载意义，于是陷入语言决定论，导致将形式语言当成目的的本末倒置；另一种倾向则继承了传统语言观念，认为建筑不是语言，至少建筑的意义不在于语言。这是具有进步意义的，但也有弊端：其一，由于言不尽意而导致建筑师创作的“失语”；其二，语言的开放性导致建筑解释的任意性；其三，语言易于受外界尤其是大众文化影响，导致建筑语言的庸俗化和虚假的多元化。无论哪种论调都是对建筑语言的曲解，究其本源是忽略了语言结构的作用，同时将抽象的“语言”与普通的“言语”混淆了。

笔者在对江南传统建筑语言的考察中发现，在江南建筑语言体系中存在着相对稳定的语言结构体系。这个结构稳固着江南建筑语言特征并有效地控制着江南建筑形式语言的发展。因此，“适形”就是在一定语言结构中的适当言说与表达。“适”意为恰好、符合，有随从之意，在事物发展的一系列“适”的序列中，“适”即获得一个质量稳定的佳态，同时也意味着具有一定的阈限和范围，是在一定的限度之内的表达，具有某种指向性。对于江南建筑语言表达来说，“适形”即一切的言说均囿于一定的语言结构框架中，同时又是在整体结构之下的个体和局部突破。换言之，江南建筑的言说并非局限于纯粹形式的自我表演，从一定意义上说是对形式自身的超越，从形式向意境（审美）和境界（哲理）的超越与复合，即“言以表意、形以寄理”。另外，从主观能动性来看，“适形”是研究具体的外部环境条件——语境，来评估自身的语言表述，在充分了解客观事物适合状态的前提下对自我的表达进行审视和修整。所以“适形”是在既定语言结构框架下实现合（语言）规律性与合（表达）目的性的统一。

虽然“在语言结构中言说”是江南传统建筑语言在变调性的同时又能保持其言说的有效性途径，但这里笔者需要澄明一点，事实上任何一个地域和民族都有其特有的语言结构，依据自身的语言结构进行言说和表达也是任何一类地域性建筑理应遵循的言说方式，具有一般性的特征。而此处，笔者抓住“语言结构”进行阐述，意在梳理出江南建筑所独有的、区别于其他地域性建筑的语言结构特征，继而从“言说方式”“言说途径”和“言说目标”几个方面对江南建筑语言结构特性进行阐述，并以此为契机实现江南传统建筑语言特征的当代转译，对我们正确地理解和运用建筑语言起到一定的借鉴和启示作用。

6.1 江南传统建筑在语言结构中的言说

在结构主义看来，任何一个系统的完善都是由各个因素之间相互关联和相互作用而实现的。在结构主义者的眼中，这些因素或子系统本身固然重要，但更重要的是各个因素之间的关系属性以及运作机制。用结构主义的论点来阐述建筑语言，更能澄明语言向建筑领域转向的实质。如同任何一个系统结构一样，语言也存在着一个自为的结构体系，它规范着每一个言说者的用语，言说必须在一定的语言结构之中才能够被理解。这势必将人们对语言形式的关注转移到对语言结构内部各种关系的审视上来。对于建筑语言，虽然其没有纯粹文本语言那种独立的语义学单位，但也存在着如功能因素、自然条件、社会文化、审美心理等制约因素，这些因素相互作用形成了一定的建筑语言结构，它类似于一个语境的阈限，制约着建筑的言说方式。语言结构从某种意义上说如同在人们心中建构的一个“所指”阈限，只有在结构中的言说才能够被人们所理解和认同。因此，所谓“在语言结构中言说”就是在一定的语言结构中（或者说语境下），用个体的建筑语言来表达实际、具体的境况。它一方面规定着群体言说的阈限，另一方面也因为个体言说的不同而产生新意的表达。

在对江南建筑文化的梳理中发现，江南建筑在与当地文化的融合过程中建构起独特的建筑语言结构体系，这个结构体系在至少两个方面作用着江南建筑语言的形成和发展。它以自然形态规范着城市建筑表达的秩序感；另一方面它以“立象”的方式打破了言意矛盾，实现了形式语言向审美意境的跃迁——“言以表意”，继而向形式语言背后的哲学原理进发——“形以寄理”；此外，其言说途径（民俗话语体系）的多样化也在不断地超越和建构着语言结构自身的发展，这也是建筑语言对自身进行超越的方式和途径。

6.1.1 江南传统建筑语言结构

法国语言学家罗兰·巴特从繁杂的语言体系中归纳了语言和言语的本质区别，并从三者的关系中抽离出了“语言结构”的概念。笔者试图沿着罗兰·巴特的语言学轨迹，从纯粹语言学的语言、言语和语言结构三者的关系入手，并将之转换到建筑语言领域，结合江南文化内涵逐步对江南建筑语言结构的内涵与特征进行阐述。

6.1.1.1 语言、言语、语言结构的关系辨析

（1）语言和言语

罗兰·巴特认为“语言”是从复杂的社会系统中抽离出来的对象，是社会公认的词语和表达规则的总和，是一种社会习惯，同时又是一个意义系统。而“言语”则是语言中纯粹个人的部分，是对语言的具体运用，是语言这个抽象系统的个体表达形式。可以说，语言是社会的、抽象的一般性工具，而言语是个人的、具体的思想体现。对于两者的关系，可以认为，言语是第一性的，语言是第二性的，没有言语的言说就没有语言。而每一个言语（个体的言说）都必须遵循特定的语言词汇和语言法则，否则便成为没有意义的声音。因而，言语是根据语言契约展开的个性行为[1]。因此，从这个意义上说，“言语”是语言产生的基础，而“语言”又通过一定的语法规则规定着言语的表达。

（2）语言结构

罗兰·巴特认为，“语言结构”是在语言和言语的制约与反制约过程中呈

[1] 王琦. 建筑语言结构框架及其表达方法之研究[D]. 西安：西安建筑科技大学，2004.

现出来的。首先，言语作为个人体的言说，必须建立在语言的抽象规定性之上而实现其意义。而在人们对言语的反复之使用中，每一次、每个人的说法方式都呈现出使用语言的自主性，即不满足重复已说过的东西，不满足于为言语记号所奴役，于是对自己的言语进行强化、改变和突破。这种突破从一定程度上推动了语言结构自身向更高的梯度发展，完善了语言结构自身的进一步构建。但这个结构越完善就越加规范着言语的表达，最终人们发现自己所说的一切还在这个结构中来回[2]。巴特认为："当人们从这种杂多现象中抽引出一种纯社会性的对象时，语言的混乱性就终止了。"[3] 所谓纯"社会性对象"，即人们进行交流所必需的规约系统全体，它与组成其本身记号的质料无关，这就是"语言结构"。由此我们可以说，语言结构就相当于语言减去言语，可以用如下公式表示：语言结构 = 语言 − 言语[4]。

如果说"语言"是建立在一定的规定性契约之上的抽象意义载体，则"言语"就是这个抽象意义的具体化表达，那么"语言结构"就是这个含有一定社会规范的集体契约，人们想进入语言交流，必须受这个契约支配。它是诸项约定性的合成系统，不因个人而改变。一方面作为个体言说背后的思维模式而存在，人们只能在语言结构中进行言语表达；另一方面，从发生学角度说，语言结构是人们在言语的实践中形成的。罗兰·巴特曾言："语言结构既是言语的产物，又是言语的工具，这一事实具有真正的辩证法的性质。"[5] 即语言结构在背后操纵着言语，而其又只能在言语中产生，语言的不断变化和发展也将推动语言结构的发展，而其每次完善又将再次约束言语[6](图 6−1)。

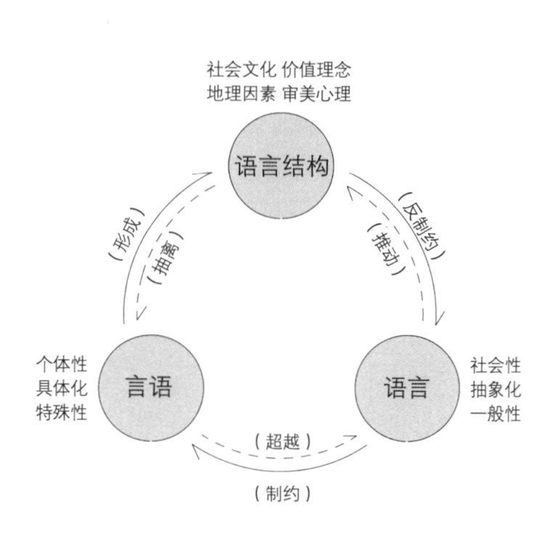

图 6−1 语言—言语—语言结构的关系

6.1.1.2 江南传统建筑语言结构特征

对于建筑而言，其并不像纯粹文本语言那样具有固定和独立的语义学单位，但有着一定的言说方式和用语规则。这些语言规则受到建筑功能属性、社会文化因素、地理气候条件以及价值理念的多方面因素影响，它们相互关联而形成一种社会学的契约，像语言结构一样难以超越，由此构成建筑语言的"结构"，并对建筑语言的表达产生一定的制约，这是语言结构在建筑领域的表现。本章将在前文对江南建筑文化内涵剖析的基础上，从江南社会文化的各个方面来逐

[2] 韦夷．罗兰·巴特符号学中语言结构与言语关系研究 [J]．重庆科技学院学报（社会科学版），2010(22).
[3] 范晓．语言、言语和话语 [J]．汉语学习，1994（2）.
[4] 巴特．符号学原理 [M]．李幼蒸，译．北京：中国人民大学出版社，2008.
[5] 同 [4].
[6] 郑艳．论罗兰·巴特的语言观 [D]．济南：山东师范大学，2004.

步揭示江南建筑语言的结构特征。

（1）社会文化因素

本书在江南审美日常生活化的论述中指出，江南社会生活和文化导向以个人的生存和发展为指向，生活空间营造也显现出一种更为随机和反哺自然的特征，是日常生活世界的本质呈现。其审美内涵和精神生活也从日常生活中抽离出来，并以此形成江南人士的集体无意识。因此，“日常生活语境”是江南地区社会文化的基本属性和特征，也在一定程度上规定着建筑语言的运用要在日常生活氛围和语境之下才能被解释。

（2）价值理念因素

在对江南本体论的研究中发现，江南人的存在是“自然存在”和“社会存在”的统一。因此，江南本体论是将自然存在视为人的存在本源，承认人的自然存在的第一要义。人的自然本体存在是真正关注人的现实存在的本体论，是以直觉感性的思维去把握和寻求人生的意义，是诗性精神的本质体现。这种面向现实生存的诗性精神构成了江南言说的核心内核，使建筑的言说超越了外部的规定性而向着人的本质生存的内在属性进发，直指人的诗意栖居。

（3）自然地理因素

江南建筑在道家“人合于天”理念的影响下，在造型语言特征上遵循自然原则，旨在求得人事对自然天时的顺应。在“无为”思想的影响下，江南建筑的外在形态始终表现出一种去人工化思想和顺应地形的拓扑适应性。因此，这种建筑造型特征的自调性和适应性就构成了江南建筑语言的形式外壳，是江南建筑言说方式的直观显现。

（4）审美心理因素

本书在江南建筑意境论中说道，江南包括建筑艺术在内的艺术审美心理是对“言外之意”和“象外之象”的心灵感知。老庄美学体系认为“言”是不可尽“意”的，因此，意义的呈现只能在具体形象之外的意境之中才能被把握。而由于人情感的丰富性，这个象外之“象”是一个广阔而多样的境遇，这就说明江南人士内心的审美结构是一个多元开放的意指系统。由于每个人情感投射的角度不同，这个意指性可以是诗性情感的个体感性，亦可以是宗法思想的社会理性。江南建筑语言作为江南艺术审美的客观呈现，自然也类属于这个意指系统，它构建着江南建筑语言结构的内容，具有多元、开放的变调性特征。

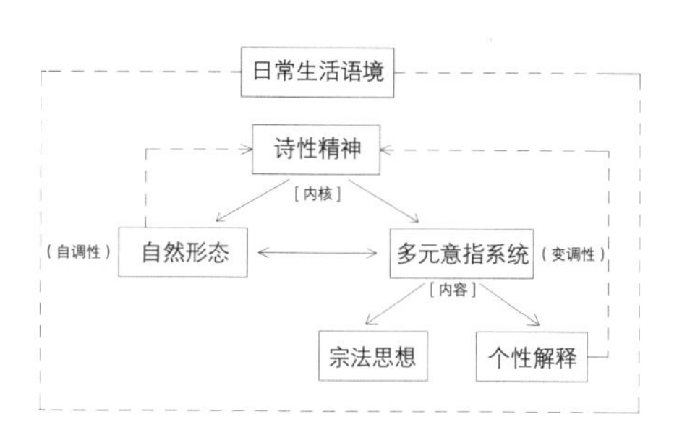

图 6-2 江南传统建筑语言结构特征图示

由此，可以根据以上各个层面的规定性对江南建筑语言结构进行初步的构建（图 6-2）。首先，面向现实生存的诗性精神是江南建筑语言结构的核心内核；其次，顺应自然的自调性构成了江南建筑语言的形式外壳；再次，多元意指的开放性和变调性构成了江南建筑语言结构内容，而这一切都必须在日常生活语境下才能够被解释和理解。一言蔽之：江南建筑语言结构是在日常生活语境下，以诗性精神为核心，以自然形态为外壳的多元意指系统。

6.1.2 江南建筑在语言结构中言说的本质内涵

如上所述，在江南建筑语言结构中总有一些恒定不变的东西，如面向现实生存的诗性精神，它作为一种哲学理趣的存在构成其语言结构的核心内涵，任何一种言说都以此作为旨归，对言语（即个体的言说）起着规定性作用。这个规定性在形式上表现为对自然形态的依附和自然秩序的尊重。而作为个体的言语又是通过“立象尽意”的方式完成了其对审美意象的追求，实现对言语自身的超越。正如程泰宁院士所言“没有意象的理性是僵化的，没有理性的意象是浅薄的”[7]，是对江南建筑在语言结构中言说的最好概括。

6.1.2.1 言说方式——自然形态

在上文江南建筑语言结构特征的论述中笔者指出，顺应自然的自调性构成了江南建筑语言的形式外壳。可见，自然秩序已成为江南建筑最为直观的形式特征。概括而言，江南地貌特征是碎山和细水，即有山但不大，有水但破碎，有平原但不广阔。而正是这种自然地貌特征造就了江南无成势、无常形的城镇、建筑布局特征。从整体来看，江南城镇规划到建筑布局，一直将自然环境放在首位，让村落、城镇、民居顺应山势、水流的绵延而逐渐蔓延开来。这种布局使建筑顺应地势平面横向铺展开来，并无孤高出世，使建筑与自然环境的关系显得自如安逸、平缓欢愉，而又减少了与环境的紧张对峙，是一种“无成势”的状态。从江南建筑空间关系来看，由于江南山体、水网众多，城镇、村落往往依山、顺水而建，房屋通常随山体等高线或者河道走向蜿蜒曲折，不同于西方建筑“体”的感受，从街道、水道到整个城镇都给人一种“线”的美感，并以线为基础向两侧延伸成面（图 6-3）。正如文震亨所言：随方制象，各有所

[7] 出自笔者对程泰宁院士之访谈。

宜，宁古无时，宁朴无巧，宁俭无俗；至于萧疏雅洁，又本性生，非强作解事者所得轻议矣[8]。这里的“随方制象，各有所宜”体现了对自然万物天然属性的尊重，并以此作为审美价值取向。然而，由于天然事物本身的多样性，承认和尊重这种多样性势必导致江南建筑形式的“无常形”。

图 6-3 江南城镇建筑线性形态

所谓无常形，即消解了既定的建造模式，而是遵循因地制宜、因势利导的营造原则，正所谓“无法之法”。在顺应自然的基础上所形成的蜿蜒曲折形态往往会被二次营造，通过形态各异的桥梁、廊道、廊棚、亭子以及过街楼等元素的变化与组合，成就了丰富多样而独具魅力的建筑空间形态，亦可通过用地大小和属性的差异进行不同的院落组织，以达到“旷如也，奥如也”“庭院深深深几许”的居住意境[9]。这从另一个方面反映了江南人士主体觉醒的审美自觉，由于个体修养和审美的差异，对房屋的营造手法也千差万别。由于一定程度上弱化了北方儒家礼制思想的影响，这种无常形的形态特征显得更为明显和彻底。可以说，江南自然环境导致了江南城镇、建筑形式的“无成势”，这体现了江南人士对自然环境的无限尊重的营造法则，而正是由于这种无成势导致了建筑形态本身的“无常形”，体现的是江南道法自然的营造原则。

6.1.2.2 言说途径——民俗话语体系

所谓“民俗话语”就是民间大众世代沿袭下来的行为模式表达。它源于本真的现实生活，是人们将自己的生命投入日常生活模式中而构建成的日常话语体系，是社会成员按照既定的方式对自身的生活文化进行参与的个人实现。民俗文化在不同的话语场域中呈现出不同的存在方式和话语表达方式。从文化发生学的角度来说，民俗文化来源民间，生长于民间，其创作主体、传承方式、接受主体、生存环境都脱离不了民间，它是依附民间大众的生活、习惯、情感与信仰而产生的文化，因此从其诞生的那一刻起，在其传统延续的民俗载体、民俗叙事、文化传承、意义共享等场域中往往会表现出自身特有的民间话语言说方式。换句话说，民间话语是民俗文化的本色话语、原始话语[10]。

正是江南日常生活这个大的语境才使得民俗话语的表达成为主流，成为士大夫文化（主流文化）的一个有利补充，实现了民族和地域文化的多样性和多

[8] 参见《长物志》卷一之《十七海论》。

[9] 窦飒飒. 跟山走、跟水走：江南民居环境意识解读 [J]. 现代装饰（理论），2012（10）.

[10] 周忠元. 大众传播语境下民俗文化的话语构建（论纲）[C]// 济南：山东民俗学会第六届代表大会暨“中华传统文化传承与民俗生活实践”学术研讨会论文集，2014.

元化呈现，这也构成了江南建筑最具特色和充满生命力的言说途径[11]。作为“言语”的个性表达，由于情感本身的丰富性，因而成为形式向意境复合的方式，由于其背后渗透着对社会生活的依附，因此成为形式向哲理旨归（此处指“境界”）复合的途径，在表达形式上产生了丰富多样的形式。

6.1.2.3 言说目标——言以表意、形以寄理

先秦时期开始，老庄对言意之辨就有“言不尽意”的论调。庄子认为语言有着先天局限性，不能对意义本身进行澄明。在他眼里，语言不是“存在”的全部，不具有存在论和本体论内涵，只能作为工具之用，意义内涵要通过“意”来进行呈现。这种“工具语言论”在江南得到了充分的演绎。在江南画论中，素有“不似之似似之”的审美倾向，即绘画不是不似，也不是似，斟酌于似与不似之间，因为线条语言无法直接对言外之意进行阐明，意义只能是心灵对世界的熔铸，一味求似则会陷入形的僵化，徒有其形而缺少韵味。对于江南艺术语言来说，我们进行言说，其目的是通过有限的“可见”世界（线条、画面、形式语言等方面）去探寻无限的“未见”世界（意蕴、性情、风骨、意境等方面）。在这个未见的世界中蕴藏着丰富而广泛的意义海洋，正如《周易集解》中郑玄云：“奋，动也。雷动于地上，而万物乃豫也。”[12]春雷滚滚，万物化生，有天地悦豫之象；春雷滚滚，也有运动、震动之含义；春乃生命伊始，又有上升之意义，而天雷逢春即风即雨，又有风调雨顺之意……这些意义既可属天，亦可属人；既可属于道德，又可属于个人性情；既可归于宗教，也可启发哲思、审美[13]……总之，这一个简单的“雷”字可以被赋予无数独立价值意义与内涵。这足以说明语言自身已经不再是江南文艺所要表达的重点，虽然语言本身是多种多样的，但它也只能是手段，不具有意义的承载功能。同样，建筑语言所要诠释的必定是其背后所凝聚的审美意趣和哲理旨归，进而探索意境、氛围和内心体验的表达，把人们的审美活动由视觉经验引入静心观照的领域，在心物间追求一种托物表意、形以寄理的精神世界，这正是江南建筑语言结构中“多元意指性”的体现。在这种追求中，人们超越了形式和空间的束缚，向更广阔的时空一心灵延伸，实现了从言到意的跃迁。这给建筑带来了比外在的形式美更为深刻，更为丰富，也更为持久的艺术感染力[14]。

如果说“言以表意”完成了形式语言向审美意趣的第一次跃迁，那么“形以寄理”则是建筑语言自身的再一次超越。确切地说，建筑形式语言向审美意境和哲理旨归的跃迁与复合并没有时间或者逻辑上的先后，当语言完成了立象尽意的审美寄托之后，必然也就实现了对语言背后的哲学理趣的呈现和阐释，这是语言结构对语言自身的规定性体现。从反映论的角度来说，由于语言结构

[11] 胡韵．庄子的言说与中国话语的构建 [J]. 浙江师范大学学报（社会科学版），2010（2）.
[12] 参见（唐）李鼎祚著《周易集解》。
[13] 朱良志．中国美学十五讲 [M]. 北京：北京大学出版社，2006.
[14] 程泰宁．东西方文化比较与建筑创作 [M]// 程泰宁．程泰宁文集．武汉：华中科技大学出版社，2011.

与一定社会意识形态和社会审美意趣的关联，在结构中的言说必定是超越了语言本身的纯粹表达，而是直指其背后的哲理旨趣（图 6-4），只有这样，个体的言说才能反向促进语言结构向着更高梯度发展和迈进（而此时语言结构与社会意识形态之间的契约又会越发牢固）。总之，在包含江南建筑在内的近乎所有江南艺术表达中，“言以表意、形以寄理”已经成为其语言向自身进行澄明的途径，并以一种意象的多元化和理趣的思辨性反映着建筑与人们日常审美生活的内在关联，直指哲思的内在旨归。

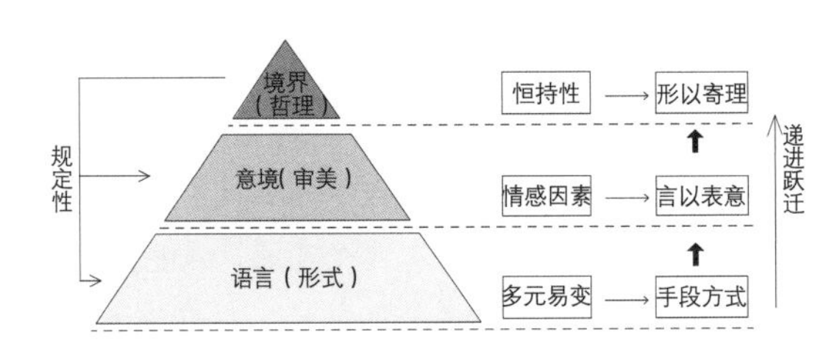

图 6-4 语言、意境、境界层次关系图示

6.2 江南建筑言说方式对当代城市建筑空间秩序的重构

上文在江南建筑语言结构特征中指出，顺应自然的自调性构成了江南建筑语言的形式外壳，换言之，顺应自然的先在秩序已成为江南建筑最为直观的形式特征。所谓“秩序”，英国艺术史学家贡布里希曾在其《秩序感》中说道：“有机体必须细察它周围的环境，而且似乎还必须对照它最初对规律运动和变化所做的预测来确定它所接受的信息的含义。我把这种内在预测功能称作秩序感。”[15] 这种秩序感表明，在周围一切环境中，人们的任何活动都不是盲目进行的，而需要遵循一种先在的内在秩序，无论是人们顺应环境还是主动改变环境，都会参考内在的秩序感而来做出相应反应[16]。这个秩序可能来自先在的自然环境，抑或是后天形成的某种特定的社会形态，而对于城市和建筑的发展而言，既有的自然环境无疑构成了其秩序感的先在条件，因为它是一座城市或建筑环境立足此时此地、立足自己的基础。

而当代城镇化的快速发展过程中，由于经济利益和某些政治需求的驱使，这个先在的秩序往往被不同程度地漠视与淡化。最明显的表现为对人工秩序的过度强化和对自然秩序的消亡，使整个城市风貌变成一种“景观化”的图景，使建筑形式带有一种英雄主义情结。这种脱离自然秩序的营造必然导致城市个性的消亡，在利益之上和处处人工化的城市环境中，在物质空间过度繁荣的背后是城市精神的大量消解。面对此景，如果回溯传统，江南建筑语言的自然形式特征会为当代城市建筑空间归宿自然秩序提供一条借鉴之路。江南城镇的山水格局以一种“合于自然”的态势为当代山水城一体的城市设计提供了有效的线索，而江南空间的小尺度营造则启发着当代建筑空间的人文关怀。

[15] 贡布里希. 秩序感：装饰艺术的心理学研究 [M]. 范景中，杨思梁，徐一维，译. 长沙：湖南科学技术出版社，2000.
[16] 陈淳. 重识建筑的秩序感：中西建筑的伦理功能之比较研究 [D]. 无锡：江南大学，2007.

6.2.1 城镇化过程中城市建筑空间的“景观化”图景

当代快速城镇化过程中，由于商业利益或某种政治需求的驱使，在城市规划和建筑空间设计中形成一种“景观化”倾向。景观化的空间在城市设计中观层面往往表现为一种人工秩序与自然秩序的矛盾，在微观层面则表现为建筑形式的英雄主义情结。

6.2.1.1 人工秩序与自然秩序的矛盾

城市、建筑空间的秩序感应当是与人有关的秩序感体现，即以人作为主体，在面对城市或者建筑空间的时候能够主动探寻和体现其内在秩序和规律的本能。如上所述，无论是人自发地迎合秩序（自然秩序），还是主动地改变秩序（人工秩序），其先在的自然规律都是其能够首先进行自我定位和自我认知的意象本源。即先在的自然秩序作为一种本能的首要存在，即使后天对其修改和“重写”也要承认和尊重这个既定的先在事实，并以此为依据和参照进行优化和局部调整，在人工秩序和自然秩序之间建立一种相互联系、彼此制约的关系。而在目前城市化快速发展的过程中，这种先在的自然秩序往往被漠视了。在很多规划师、政府部门或普通市民眼里，对城市秩序的感知也往往诉诸视觉可以捕获的一些显性形态，如无中生有的所谓的人工轴线、笔直开阔的景观大道、烈日下光秃秃的城市广场，等等。在他们眼里，城市就是一种景观。大片的广场、高耸林立的高档写字楼、图案化的绿地景观等这些可见的城市元素成为人们对高品质生活的向往。

然而，这里并非指责设计师的不负责任，也不是批判人们喜欢华而不实，只是因为人的眼睛与大脑之间存在一定的认知距离，从而使得更多的现象通过视觉来蒙蔽大脑。当人们看到人工痕迹所造就的城市形象时更多地会联想到诸如地位、财富、格调等类似的概念。当人们说“我要以在那样的大楼里工作为奋斗目标”时，他们想要征服的并非建筑本身，而是这种人工环境所象征的某种财富和地位的东西以及高度的科技文明所带来的便捷体验[17]。由此，城市、建筑通过一种人工环境的打造完成了其景观化改造的第一步。

紧接着，城市人工景观又为人们营造出一种看似轻松、舒适而又迷人的消费文化氛围。在这个层面上，超级市场、大规模商业中心、主题公园、体育场、博物馆等同时具有公共空间性质，又具有文化建构性的功能性建筑群，就成了后现代都市所必不可少的景观元素，这些元素打造了感官体验的场所，其隐含着的意识形态与空间权力则依附其中。正如厦门岛北部同安区兴建的远华影视

[17] 陈淳. 重识建筑的秩序感：中西建筑的伦理功能之比较研究[D]. 无锡：江南大学，2007.

图 6-5 厦门远华影视城

城，其整体规划完全不顾及厦门作为滨海城市的自然风貌和自然景观，在占地一千余亩的基地上，“天安门”“慈宁宫”“养心殿”等仿真建筑比比皆是，而这些“赝品”完全漠视自然山体走向，通过人工挖出几个湖面作为与外界的分隔，湖对面便是光怪陆离的现代游乐设施，使得原本错置的时空关系恶化成为一片错乱[18]（图 6-5）。整座影视基地与厦门的城市文脉毫无关系，更不顾及原始自然地形特征。所谓的“秩序”也是虚假的人工秩序，“秩序”在此已经沦落成了商业利益的载体。

一座城市的秩序受到自然条件、社会文化、经济因素、政治诉求等各种因素的影响，正是城市秩序的高度复杂性才使得建筑在城市的图底关系上难以保持自己在自然层面的内在纯粹性，使得自然秩序逐渐被消解，而逐渐走向了人工秩序的过度滥觞。然而，自然环境的先在秩序是城市、建筑空间各种秩序的基础，城市、建筑空间的秩序感实现必须是以自然为本源的人工秩序和自然秩序的有机统一与双重照面，失去自然秩序的前提，城市秩序便会走向无本之源的混乱局面。

6.2.1.2 崇大求奢的英雄主义情结

如果说自然秩序与人工秩序的矛盾是从城市角度出发的当代城市“景观化”倾向，那么建筑形式塑造中的英雄主义情节便成为在建筑单体的微观层面造成城市秩序混乱的又一原因。在快速城市化的背景下，城市秩序被一片片地“重写”，在种种利益和权力的诉求下，建筑如何在公众面前呈现出政治姿态，如何象征工程背后的经济实力成为建筑形式崇大求奢的背后推手。权力的“雄心”借由这些形象内化到民众的价值观之中成为建筑英雄主义情结的内在根源。虽然象征性本身对城市并无大碍，相反，其标志性和场所感对强化城市意象是有利的[19]。但是在快速城镇化的中国，一些没有能力和条件的地方政府却以象征性绑架公共建筑，企图复制北京的 CBD、奥体中心等，这种违背常识的当代“大跃进”往往对当地的民生和城市文脉造成巨大的伤害，同时也从微观层面造成了城市空间秩序的混乱。

[18] 卢永毅. 后工业社会中的文化竞争与文化资源研究 [M]// 当代中国建筑设计现状与发展课题研究组. 当代中国建筑设计现状与发展. 南京：东南大学出版社，2014.
[19] 同 [18].

图 6-6 中国各地政府办公楼“白宫系列”

摄影师白小刺拍摄了一组中国各地政府办公大楼的照片，在互联网上引起了不小的轰动。在他的镜头中，从深圳这样的沿海一线城市到阜阳等二、三线城市都不乏豪奢到令人咋舌的政府办公大楼。几乎每栋楼都是规模宏大、厚重坚实，给人一种不可亵渎、坚不可摧的压迫感。在这些巨大的政府办公楼当中，以装配廊柱、模仿美国国会大厦而粉刷白色涂料的罗马式建筑显得尤为突出，以致构成一个“白宫”序列（图 6-6）。这些柱式尺度和比例的完美曾经是古希腊时期民主精神和信仰自由的表征和意蕴，而在这里却完全沦落成为缺乏遏制的权力所引发的公共空间膨胀，以致异化成为纯粹的权力炫耀。与其说是对经典建筑语言的背景缺乏理解，不如说是对含义的蓄意曲解。

在这种英雄主义情绪的驱使下，不但建筑形式崇大求奢，建筑空间也产生了变化，此时的空间不再是以提供怎样的生产场所和流通便利为第一规划和建造原则，而是以空间本身的景观效果为第一原则。在具体的城市规划和建筑设计上，其表现为一种城市空间上的全新美学风格，那是以库哈斯、扎哈·哈迪德等建筑师为代言人，以拉斯维加斯、毕尔巴鄂、北京奥运场馆群落为空间代表的后工业时代风格。这种风格，反对将空间看作一种为生产服务的容器或机器，而是将空间看作一种符号文本，如同文学文本一样，是由诸多不同的文化符号编织而成的[20]。不同的空间符号互相拼接，所造成的景观，往往是突破了传统社会的古典空间形式和工业社会的功能空间的奇观化空间，势必造成城市文脉的断坎和城市秩序的混乱。

[20] 张彤．转型期中国建筑师的建筑文化思考与探索 [M]// 当代中国建筑设计现状与发展课题研究组．当代中国建筑设计现状与发展．南京：东南大学出版社，2014.

6.2.2 江南城市建筑空间的自然秩序与人文尺度关怀

如上文所述，江南城镇布局和建筑营造中处处体现了对自然秩序的观照，这是老子“道法自然—天人合一”的哲学体现，是江南建筑“自然—自我”之理的本真呈现。这里的自然具有两个层面含义：其一，先在自然，体现了对自然环境的无限尊重；其二，人工自然，即使通过人工对先在自然进行改造也是在一定的限度之内，通过具有约束性的人工实现了对自然因地制宜的改造和处理，以实现人们的诗意栖居。对于当代城市和建筑的形态塑造而言，即将人工环境充分融入山水自然的大环境之中，通过自然环境对城市、建筑空间的自组织，实现“山—水—城”的一体化，并通过一种小尺度的营造对亲人尺度的细枝末节给予关注，体现了一种人文尺度的情感关怀。

6.2.2.1“山—水—城”一体的自然形态

“山—水—城”一体的城市空间反映了人们对于生存和居住理想环境的理解，它实现的是人、自然、城市的和谐。吴良镛先生认为，“山—水—城”一体体现了人工环境和自然环境的和谐，可以有效实现城市的自然风貌与人文景观的融合，其源于对自然生态环境和原始秩序的尊重，追求与之相和谐的山水环绕的城市意境，继而也使得地域特征得以维系。在江南城镇布局和建筑营造中，这种山水城市理念得以充分发展，由于江南多山水，山水环城是江南古代城镇布局的根本原则。在具体营造中，通过宏观与微观结合，将大尺度的自然山水与城市、建筑的构图布局结合起来，把城市放置在大的山水格局中去审视，依据自然山水环境的自组织去自然生成城镇、建筑的整体格局与结构框架，再通过细节和节点的控制实现对整体环境的局部优化和改良。由此便使人工环境与自然环境共同融合成一个整体的城市意象，构建出一个完善的理想居住模式。这种人居模式不再是抽象的，而是通过顺应山势的城郭形态、顺水延伸的道路走向被人们切身感受得到，成为对当下生存的即时感知。正如汪张锦秋先生所言：“国人好依山傍水，取其宛自天成，而且前后左右都有所照应。”张锦秋先生所言的“照应”正是山—水—城之中自然环境与人工环境的内在和外在表现的统一。在当代城市、建筑空间设计中，这种“山—水—城”一体化设计在塑造城市自然风貌、延续城市固有文脉和表达城市空间个性的过程中起到了广泛的作用。如江山城的总体规划，便是山水城市理念的充分体现。从江山地区的自然风貌入手，通过城市山水景观向城市核心区的合理组织而实现了城市自然资源的充分利用和保护。

（1）自然特征

江山市位于浙江西南山区的丘陵地带，钱塘江上游，整个市区呈现“七山一水二分田”格局，是典型的山水相依城市。城市中心区地处江畔，东南、西北山脉隔江对峙，呈现两山夹江的山水局面。东南方向山脉的双塔山、乌木山与西北方向的西山、老虎山构成了城市空间拓展的天然屏障，使整个城市只能

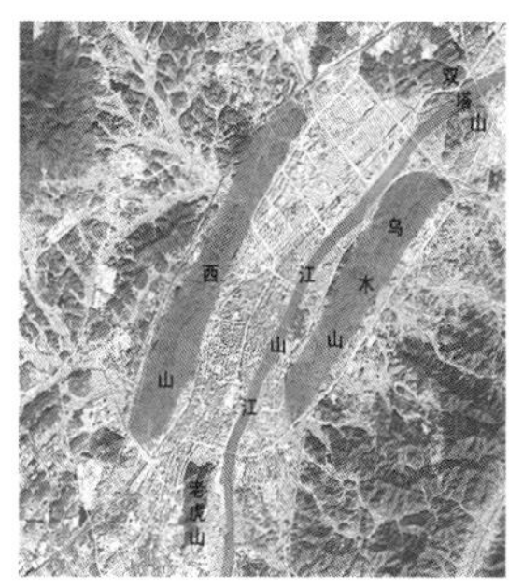

图 6-7 江山市地形及鸟瞰

顺着江面带状分布（图 6-7）。而这种“山—水—山”的带状布局也成为山水城市的基本骨架，奠定了这座山水之城的独特风貌。城区内的山体相对海拔在 100—200 米之间，是江南小山小水的典型代表，城区内山体的大量植被成为城市的天然园林景观。而贯穿中心城区的江面也成为这个山水之城的点睛之笔，为滨水景观的打造奠定了良好的先在基础 [21]。那么，面对这个自然风景优美的城市，如何有效彰显山水城市特色，如何在保护自然资源的同时又取得山—水—城之间的广泛联系，成为江山城市规划设计的核心。

（2）规划中自然秩序的呈现

山水城一体化框架：本着对自然秩序的尊重，结合江山自然资源优势，最终确立了“一江、两岸、四塔、四山”的中心城区整体景观框架。“一江”为江山江；“两岸”即形成以江山江为主轴的沿江两侧城市核心景观界面；“四塔”即老虎山上的景星塔，城北江山江两侧的百祐、凝秀双塔以及城南的清湖塔；“四山”即西山、乌木山、老虎山和双塔山。“一江、两岸、四塔、四山”对于保持江山市山水城市特色具有积极作用 [22]。

打造“山—水—城”景观绿带：打造绿带旨在建立起山—水—城的有效联系，丰富山水城市的景观面。设计中依托江面道路绿带，在山—水—城之间建立起十余座横向的景观绿带，并将之贯穿于老城区之间，从山体穿越城区再延伸至滨水江面，以此作为自然景观向城市中心区的渗透（图 6-8）。为丰富景观带的功能，每条景观带由北至南结合桥梁、公园节点分段赋予绿带不同的主题，结合展现新城风貌、休闲文化、生态休闲观光等功能，呈现一种多用途的综合性场所。

创造视线通廊：以绿化景观带为依托，规划出 6 条景观视廊：黄衢南高速—双塔—城北新区行政文化中心景观视线通廊、火车站—乌木山景观视线通廊、

[21] 王超. 基于山水城市理念下的空间战略研究：以浙江省江山市城南新城发展战略规划为例 [J]. 上海城市规划，2011（5）.
[22] 张如林，邢仲余. 基于山水要素的城市特色塑造研究：以江山市城市总体规划为例 [J]. 上海城市规划，2013（1）.

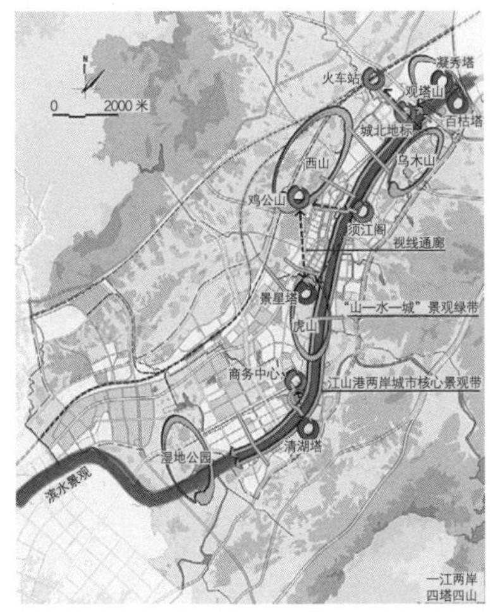

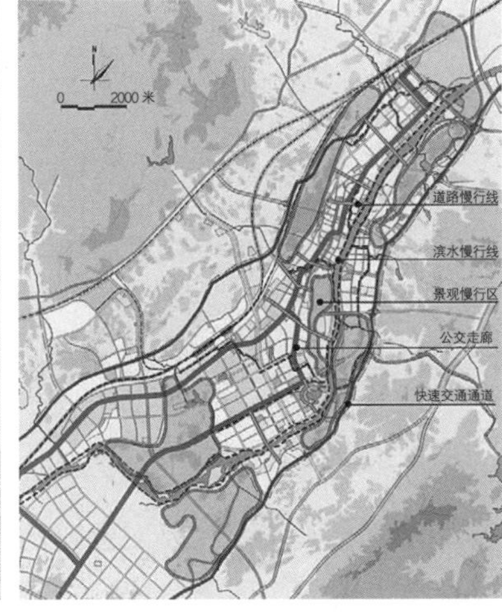

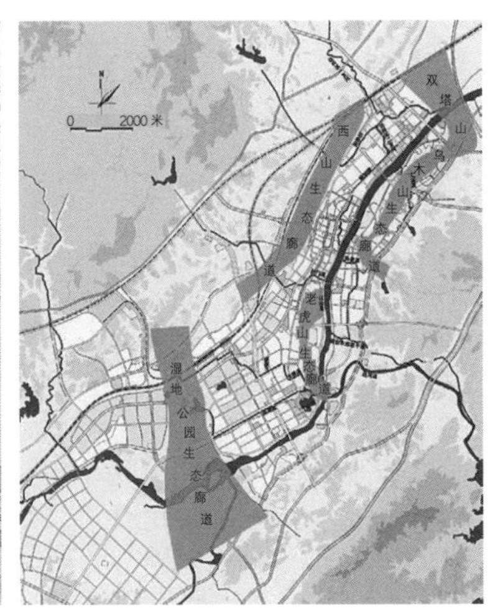

图 6-8 左：江山中心城区绿带规划；中：视线通廊；右：步行网络系统规划

西山电视塔—须江阁景观视线通廊、西山电视塔—景星塔景观视线通廊、须江阁—景星塔景观视线通廊、城南新区商务中心—清湖塔景观视线通廊[23]。景观视廊犹如中国画中“留白”的手法，使整个城市得以“透气”，产生一种“平远”的意境。

建立慢行交通网络：针对江山带形城市横向较窄、山水相依的特点，依托滨水景观带和景观视廊设置慢性交通网。通过对中山路和江城路两条核心慢性线的有效控制，并将之与靠山近水的慢性线路有效连接共同形成“江山江两条主要滨水慢行带、十一条城市道路慢行线、六大景观慢行区”慢行系统，在保证了山水地区交通可达性的同时，也增强了步行游览山水城市的切身体验。

总之，江山的中心区规划本着对自然秩序的充分尊重，依托自然山水的本底进行因势利导，最大化地优化山水格局，彰显山水城市风貌，成为江南地区山—水—城的一体化布局的成功实践，是自然秩序与人工秩序的和谐与统一。

6.2.2.2 小尺度营造中的人文情怀

江南建筑中的小尺度营造是从微观层面对自然秩序的体现，小尺度营造一方面迎合了江南小山小水的灵动特点，另一方面也体现了人文尺度的无限关怀。正如前文所言，有别于北方城市、建筑崇“大”崇“德”的倾向，江南地区从城镇规模到普通民居无不体现一种“小”的倾向。这一方面受到江南地理因素之影响，另一方面，小尺度体现了一种亲人的尺度标准。由于“小”，人们更容易对整体进行把握，更容易感受到细节的丰富，从而最佳地体验到周围

[23] 张如林，邢仲余. 基于山水要素的城市特色塑造研究：以江山市城市总体规划为例 [J]. 上海城市规划，2013（1）.

空间环境。这种小尺度的亲人空间也体现了江南审美中对于“远”“韵”意境的审美追求和对人文情感的内在关怀。

缘何小尺度营造能够体现人文情感关怀？这是因为江南小尺度中蕴含着深厚的人文尺度内涵。对于建筑的人文尺度而言，它包含着人性、人道、人伦、人格以及人的存在等各方面的关怀，因为它们是衡量人的生命存在价值的内在尺度，也是唯一和根本的尺度准则。当然，对于建筑而言，依然存在着如科学尺度、逻辑尺度、感官尺度等各种尺度或者标准，但对于人文尺度而言，这些都是外在的、延伸出来的尺度概念，换言之，“人文尺度”是其他一切尺度的标准和基础，如果失去这个基础，建筑的意义和本真价值将会流离失所。而江南建筑活动的人文尺度建立正是从对“人的（物理）尺度”关怀为开始的。作为人文尺度的一个外显，在江南城镇规模和普通民居无不体现一种亲人的尺度标准。这种亲人尺度增加了人与自然的接触概率，为人的生活提供了方便的物质条件，完善了生理学意义上的人的尺度内涵，是人的自然存在的价值实现。

对人文情感的关怀在中国美术学院象山校区的小尺度营造中得到了充分体现。有别于一般校园的轴线效应和分区布局，象山校区从整体规划和建筑单体设计均体现了对自然秩序和原始环境的尊重。王澍似乎对小体量有一种偏爱，这与他的江南生活经历有着必然的联系，也是他对昔日江南聚落生活的理想性还原。他言：“小尺寸、小建筑的密集群簇，它们是城市中弱小的、无权势的、偏离正轨的、被遗弃的东西。我毫不迟疑地站在无权势的、本义性的设计话语一边，想象着、实验着一种有节制的、不过分的、无权势的小单位的差异共同体……‘顺其自然’这句中国话，本身就是消解性的，让惰性的事物自我消解、自求解放的意思。”[24] 由此可见，这种对小尺度的构建似乎包含着某种差异性事件场所的簇集。这个场所中是一个充满着事件与经历，自然地将一个世界分界、组织、编配并再次重构。俯瞰象山校区，大大小小十余座建筑分散在山脚下，形似一串行云流水的中国书法文字一样巧妙串联，但无论是空间还是体量都成为象山的附庸，对环境毫无压迫感[25]（图 6-9）。这种小尺度的营造是通过对建筑的消隐而以更低姿态融入环境，以一种去人工化的倾向维护自然的先在秩序，营造更加宜人的尺度，体现了江南建筑“以人为本”“天合于人”的人本主义精神内涵。通过对轴线的消解，以一种小尺度的分散化布局回归一种耕读时代的生活本源，通过细部特征的控制体现了一种对人性的无微关怀。

[24] 王澍．那一天 [J]．时代建筑，2005（4）．
[25] 邸笑飞，吕恒中，陆文宇．王澍：一瓦一世界 [J]．看历史，2012（5）．

由此可见，这种从“人的（物理）尺度”开始的人文尺度关怀正是对当代城市、建筑崇大求奢的“非人尺度”造成人文关怀丧失后的一种反思。回

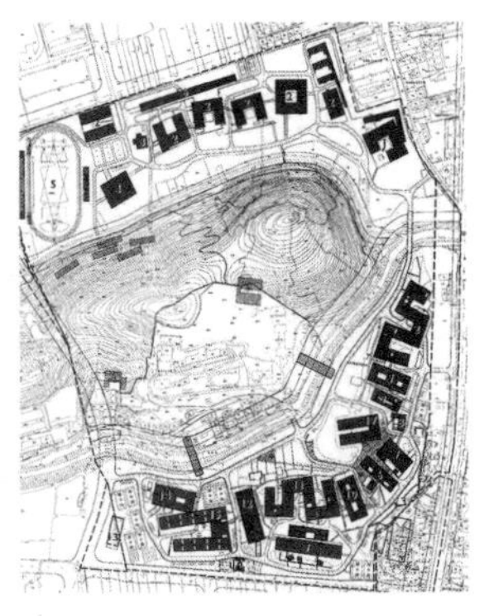

图 6-9 象山校区布局示意

归“人的（物理）尺度”并非回归传统的空间形态、样式，而是回归一种人本主义精神和以人为本的建筑实践，正如王澍的象山校区一样，人们可以通过自身的尺度作为参照，亲切地接近建筑的每一个动人的细部，体察他们所熟悉的、具有清晰可辨而又安全可靠的场所、空间、实体，以此回归那种饱含深情和共同价值信念的整体环境意象。这正是江南建筑小尺度营造中所体现出来的人文尺度关怀对当今城市、建筑空间形态创作的启示。

6.3 江南建筑言说途径对当代建筑语言多元化的实现

1960 年代，以文丘里为代表的西方建筑师首次将大众文化引入建筑领域，并且在世界范围内引起了极大反响。作为一种区别于以往的价值取向，面向大众的建筑文化开创性地将街头巷尾的话语提上了大雅之堂，同时将建筑师领出了象牙塔。从 1980 年代开始，大众文化向我国建筑领域的渗透已经成为一种常态，它如同一把双刃剑，在给建筑样式带来视觉刺激的同时也反向制约着建筑形式语言的发展。笔者在对江南建筑文化的考察中发现，江南雅俗共赏的民俗文化对保持建筑语言多样性起到了积极的促进作用，在大众文化和大众媒介日益发展的今天，“民俗话语体系”的构建可以真正实现建筑语言的多元，这正是江南建筑的言说途径给予我们当代建筑创作的启示。

6.3.1 当代大众文化向建筑语言的渗透

“大街上的一切几乎总是正确的。”文丘里的这句话像一颗重磅炸弹唤起了人们心中长期压抑的东西，它以对自我理解的生活的“普遍合理性”建构着人们内心的冲动，被视为一种新时代的“民主”象征而被推崇至极。时至 1980 年代，这种亲民的思想以其通俗易懂的方式和易于操作的手法迅速传入我国，并成为人们喜闻乐见的形式被广泛接受。就像无处不在的选秀一样，不需要专业的训练，只要经过包装和运作，昨日的“草根”也可以成为今日的明星。同样，建筑创作也不再是神秘的，不需要艺术天赋和刻苦训练，只要信手拈来一些符合大众口味的语言便会得到认可……大众文化似乎唤起了人们“主体的觉醒”和个性张扬，似乎更加符合人们的内心诉求，似乎是真正地实现了审美的日常生活化……一切看起来都是合理的。果真是这样吗？事实上，这些表面的合理性恰恰是大众文化的弊端所在，其浮华的多元化实则是对个性的丧失，而大众文化向建筑领域的渗透更是表面多样化背后的内涵单调、贫乏和趋同。洞察这一切需要对大众文化进行冷静的思考和批判。

6.3.1.1 大众文化的本质——虚假的多元

所谓“大众文化”主要指一个国家或地区被一般人所接受的文化，其形式通俗易懂，操作性强，可通过大众传媒而广泛蔓延，可以说其形式和内容都与日常的物质生活紧密相连[26]。大众文化的产生源于大众社会的物质再生产。根据社会学家的定义，大众社会是具有一定数量城市人口的工业化（或已工业化）社会。工业社会的高效率运作使社会的各个部分紧密联系成一个硕大的运转机器。个人被整合在其中，成为一个依附性的存在。可以说，大众社会中的个人比任何时候都依赖于社会群体。在大众社会中，“个人”的概念是微弱的，人是以一种“大众”的群体性而存在。正如海德格尔在《存在与时间》中将丧失个性的人称为“常人”。“常人”无处不在，但“无此人”。这意味着人已经失去了自己的独立性，他的精神、心灵只作为别人的翻版，而这个“别人”也不是哪一个具体的人，而是社会中的一切他人[27]。海德格尔的“常人”实则构成了大众社会的主体“大众”。从物质发展角度来说，大众社会是人类科技进步的一个表征，但这个进步是以文化的趋同和个体独立的丧失为代价的。由于大众失去了“个体实现”这个自我判断的依据，往往被外界支配和误导而做出压抑性的一致（趋同）反应。

大众文化就是在大众社会的基础上产生的，一个典型特征就是对人的物化，即将包括人的意识、精神在内的一切东西变成可以被再生产的对象物的存在。于是，一切的创作、灵感与想象变成了复制与模仿，整个社会的文化在机械复制的时代变成一种商品的消费，而消费的主体也不是哪个人，而是文化市场中的大众集合，他们有共同的时尚心理，这就决定了大众文化一定会在文化属性、形式风格和物质内容上的趋同。表面上看，大众文化似乎是大众自己创造并乐在其中的文化形式，看似大众自己设计和规定着自己的风格与内容，而事实上，大众却再被大众文化“反塑造”。大众文化通过不停息的重复再造和无孔不入

[26] 张汝伦. 论大众文化[J]. 复旦学报（社会科学版），1994（3）.

[27] 海德格尔在其论著《存在与时间》中提出“常人”之概念。指出所谓“常人”既不是真正的“此在”，也不是作为人的原初存在形式的拓展和理解着它最本真的可能性的生存，而是常人在“日常性”中的沉沦。常人表明为公众意见的“平均性”。常人“不是他自己存在，他人从他身上把存在拿去了”，在常人中每个个体都“从无此人”，在这个概念中没有个体的存在。作为“常人”的人被从他的本真的可能性的筹划中拉离开来，陷入“非本真存在的无根基状态”之中。

图 6-10 苹果手机火爆销售场面

地向日常生活中渗透，已经潜移默化地根植在大众的潜意识之中，不知不觉地以那种外在的、物化的目标替代了原本内在的生命需要。正如苹果手机一次次地更新换代，每次升级并无本质差异，却每次都能引来一次次的购买热潮（图 6-10），在这种“别人干什么我干什么，别人玩什么我玩什么”的一致性思维模式中充斥着过度消费的影子，不用多考虑，只要跟着走就对了。这种典型的从众心理说明人们已经被大众文化所异化，没有人会静下来想一想我是不是真的需要这些东西？这是大众文化对人的个性泯灭，使生命活动失去了本真的存在意义而变成一种无根基的非确定的存在。

事实上，我们对大众文化的批判并非对其完全否定，大众文化以一种“借酒消愁”的方式缓解了大众内心的压力，它也从一个侧面反映了科学技术给物质生活带来的丰富性体验。但它并不应该成为社会文化的主流，这种方式实现的不是人性的复归，而是灵魂的迷失。

6.3.1.2 大众文化对当代建筑语言的影响

客观而言，目前我国相当一部分地区还没有完全进入工业化社会，但由于外来文化的侵入以及国人急功近利的心态，大众文化已经在我国各地普遍开花，毫无悬念，不论建筑界是否接受，大众文化已经侵入了建筑创作的领域。

从动机上看，我国当代一些建筑师受到大众文化的影响，在建筑创作上一方面持有保守态度，生怕自己的设计跟不上潮流，只能先看别人怎么做，自己再下手，尽量“求同于人”，保持风格上的时尚感和一致性。另一方面，又总想独树一帜，保持自己形式语言有异于他人的效果，即“树异于人”。因此，“求同于人而树异于人”成了当代建筑师追求时尚的双重心理动机，前者是为了求

图 6-11 形态各异的“山寨建筑”

同与“胜过己者”，后者是为了树异于“不如己者”。这是大众文化在建筑领域的必然影响[28]。在这个动机的牵制下，当代一些建筑师试图通过建筑形式语言和符号的运作实现求同于人而树异于人的创作理想。于是，将建筑当成纯粹的艺术表演而不顾环境、不顾文化地照搬照抄，为了求同于人而保持建筑语言的时尚感，不假思索地将各种流行的样式“拿来”任意拼贴；为了求异于人，不断“创新”，臆造出各种从未见过的形式来求“特”、求“怪”。有的建筑师甚至将建筑语言作为炫耀财富、地位的手段，如北京一家房产公司在其宣传标语中甚至宣传：“国际一流大师亲手打造，5 个国家风格、19 种房型任您选择……不仅是品质的承诺，更是您身份的象征……”欧式的语言、符号已经异化成一种媚俗的商业噱头，在他们眼里，欧式建筑语言已经没有丝毫美学内涵或哲学意义，而是可以以此来区分人之高下的等级标准，建筑语言、符号的文化内涵被建立在功利性的商业和权力目的之上。

更有甚者为了凸显自己而不惜矫饰，甚至对某些知名建筑进行完整复制和“山寨”，只为吸引大众的眼球。如 19 世纪末不知从何处刮来的“欧陆风”，影响了几乎整个建筑界。一时间各处住宅小区清一色的小尖顶、多线角、坡屋顶、老虎窗……一个小区之中甚至集中了欧中一个世纪出现的所有样式风格，似乎只有这样才能“与国际接轨”，才能足够时尚。而这仅仅是冰山一角，无处不在的山寨悉尼歌剧院、山寨凯旋门、山寨白宫、山寨天安门（图 6-11）……接连出现，就像山寨手机一样，原版一经出现随后便有翻版和抄袭。这种现象甚至已经上升到了建筑师职业修养的道德层面问题。

[28] 徐千里. 创造与评价的人文尺度：中国当代建筑文化分析与批判 [M]. 北京：中国建筑工业出版社，2001.

由于大众文化的本质是对个性的趋同和一元，因此，大众文化浸渍的建筑语言创作即使存有一张“摩登”的脸庞，也掩饰不了内在的空虚和贫乏。看似繁荣的形式语言背后是创作个性的消解和虚假的多元。所谓的大众性，事实上变成了臆断性，本欲和生活贴近的建筑却由于过度消费和物化而与现实生活的精神实质越来越远。大众文化的异己性将建筑与真实的生命活动相分离，将建筑语言创作变成了一种脸谱化的表演和物欲的享受，最终使建筑陷入了流俗的泥沼。

6.3.2 江南建筑语言多元化的实现——民俗话语体系

6.3.2.1 民俗话语与大众语言的本质区别

民俗话语中，主体生命活动的广泛性和主体情感的丰富性是民俗语言多元化和丰富性的内在动力，为人们的文化渴求提供了多种选择。所以，在民俗话语体系中，真正具有话语权的是现实生活中的人，而只有江南人的主体觉醒才实现了人的精神自由。在这里，人没有被社会属性所体制化，也没有被商品经济的功利性所物化，这是其民俗话语多元化的实现基础。由于主体情感精神的自由，才能以最本真的初心回归真实的生活世界，其真实和多元的情感才得以被激发，而这正是当代大众语言所缺失的。

大众语言是大众文化的一个外显，与大众文化一样，大众语言的一个重要特征就是其“物化现象”，它将人的一切审美意识、情感精神变为一种对象性的存在。此时的人已经消除了原始的本真情感和精神的流露，一切的言说都被压抑在社会理性之中或者消弭在肉欲的物质享受之中，成为失去了独立意识的“大众的言说”。意识和精神的物化必然导致文化自身的物化，即文化艺术也被纳入市场运作的工业化生产，遵循市场规律原则。于是，追求利益最大化成为大众语言的根本目的，这就导致一种追求片面感官欲望的狂欢，造成言说内容深度的缺失和肤浅。由于这种言说的话语权已经被某种外在目的性所操纵，因此，人们虽然参与其中，但由于丧失了主体的话语权而感到身体和现场感的缺失，难以全身心置身其中[29]（图 6–12）。而民俗话语的本质是取消一切等级话语体系差别的人与人之间的自由接触和言说。在这种言说中，人仿佛回到了自身，并在其中感受到自身的参与和存在。可见，主体（人）是否具有独立意识，是

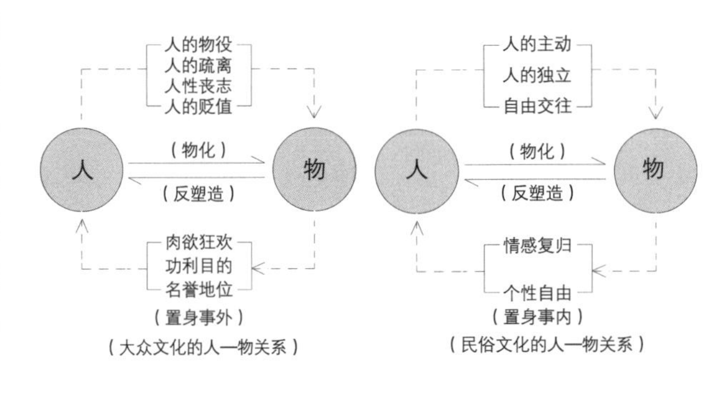

图 6–12 “大众文化”与“民俗文化”的人物关系差异性图示

[29] 洪晓. 民间文化的狂欢与大众文化的狂欢之区别 [J]. 韩山师范学院学报，2014，35（2）.

否具有话语权，是否被外在的功利性所物化和操纵是区别江南民俗话语和大众语言的根本所在。

6.3.2.2 江南民俗话语面向世俗的多元化创作

民俗话语体系是江南包含建筑艺术在内的一切艺术形式所依附的语境特征，其包含着内容与表达两个层面。

（1）现在性的内容

从内容上看，民俗话语体系延续了江南经世致用的思想，其艺术创作中需要对基层民众的本真生活进行描述。尤其南宋以降，在“文关国运”的文艺精神下，反对艺术作为无关痛痒的纯粹娱乐，是否关注社稷民生成为其衡量自身艺术价值的准绳。在内容上无一不是通过具体的艺术形象直接或间接地展现现实生活。如扬州八怪之一罗聘的《鬼趣图》便以戏谑、嘲讽的手法鞭挞和揭露社会的阴暗。再如《群乞图》就是对当时土地兼并、人们生活疾苦的返照。

绘画题材向日常生活各个领域扩充，正如郑板桥云：“理必归于圣贤，文必切于日用。”[30] 当下人们的现在境遇被转化成一种通俗的民间话语而成为独特的审美感受，体现出一种民主平等意识，折射出对人性的崇尚和人本的自由，以回归现实的初心，提炼出走进群众内心的艺术精品。

（2）多元化的表达

在艺术表现形式上，面向民俗话语的表达打破了文人士大夫审美将艺术创作视为高高在上的清雅韵事的观念。他们认为这种艺术脱离生活、回避现实，他们将日常化的东西列入表达的题材，这些素材多源于江南民俗生活的描绘。如扬州八怪的绘画题材从神话传说的仙女、八仙到日常生活生产事物的鸡鸭、鸟虫，从白菜、芋头再到镰刀、锄头……应有尽有，无不散发着世俗情调，充满生活情趣[31]（图 6-13），他们从现实生活的丰富性入手，表现了对自然生活的热爱、对社会的关怀和对劳动人民的同情。表现出：“文人画艺术由神圣向人性、由宗教向生活、由非我向自我、由士大夫之专属向人民群众、由阳春白雪之雅向下里巴人之俗的一种值得注意的回归。”[32] 在艺术的现实性和世俗性的同时获得了个性自由和形式多样的审美视域。

总之，民俗话语是面向世俗的审美，是在“现在性”的内容中融入真实的情感自由而实现的“多元化”形式表达，是最为真实的语境，同时也是多样化言说的实现，对当代建筑语言的民俗话语体系构建具有借鉴和启示作用。

[30] 郑板桥集：板桥自叙 [M]. 上海：上海古籍出版社，1979.
[31] 张曼华. 扬州八怪绘画思想中的雅俗观 [D]. 南京：南京艺术学院，2002.
[32] 林木. 明清文人画新潮 [M]. 上海：上海人民美术出版社，1991.

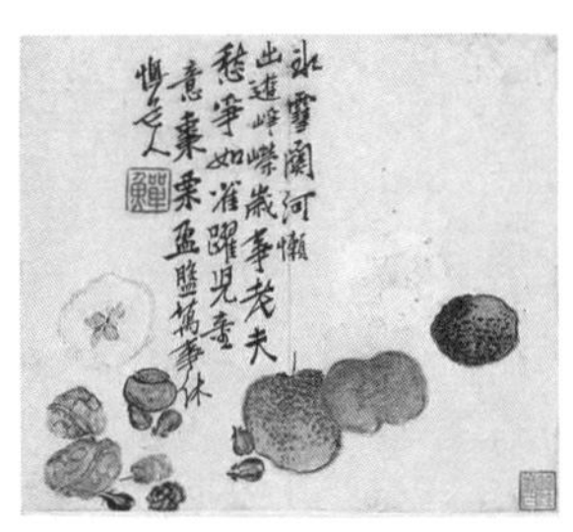

图 6-13 扬州八怪绘画

6.3.2.3 以民俗话语体系为构建的当代建筑形式转译和多样化实现

民族文化向来都是以传播作为其存在和运动的主要方式。从民俗话语体系的历史纬度看，其发生和发展与历史文明同根同源，呈现出继承和联系性。然而，这种历时性的传播也随着时代的改变而呈现出“现在性”和“共时性”的特征。也就是说，民俗文化的传播方式必然受到当下时代因素的影响，实现历时性话语和现实性话语的时空交会。因此，在大众传播媒介广泛作用的今天，民俗文化必然要在这个新的寄居场所中实现原生文化与民间社会生活的双重汇合，继而产生新的话语生产场[33]。通过大众传播媒介对民俗文化在现代语境中的转移、嫁接和过滤而产生不同的话语序列以及多元的形式表现和不同的意义生成，最终真正实现民俗话语体系在当代的重构和转译。

（1）现实话语体系——现在性的基础

从民俗文化的现在性特征来看，它一方面再现着不同历史时期特定地域范围内人们的生活方式和文化形式，另一方面又与现实生活的内容紧密相关，处于不断被重塑的动态变迁之中。即民俗的内容在当下文化视域之内呈现出一种强烈的现在话语特征。尤其是当今在大众媒介的影响下，民俗文化和民俗话语已经不再是被纯粹和单一地继承，而是以大众传播的手段积极地参与当下社会生活和现实话语体系之中，呈现出明显的“现在性”特征。这一点在建筑上也具有同样的表征，作为民俗话语体系的一个分支和外显，关注当下，并以此作为真实性的内容是当代建筑民俗话语体系的本真内涵，否则建筑则会变为脱离当下语境的自说自话而成为某种怀旧情绪的表达或者陷入一种自娱精神的乌托邦情怀。从某种程度上说，现实话语体系的“现在性”内容是民俗文化的继承和变异的过程中所实现的传统与现代的结合，它构成了当代建筑民俗话语体系构建的基础。

（2）话语转化与重构——多元化的实现

传统的民俗话语体系中，主体是民俗文化的言说者、参与者和见证者，其

[33] 周忠元．大众传播语境下民俗文化的话语构建（论纲）[C]// 济南：山东民俗学会第六届代表大会暨“中华传统文化传承与民俗生活实践”学术研讨会论文集，2014.

在民俗文化生产和传播过程中扮演着主导者和传播者的角色。而随着当代大众传播语境的形成，传统的民俗文化传播主体一方面可能是参与者，另一方面也可能成为民俗文化活动的旁观者，即以“他者”的身份参与传播过程。在大众传播机制中，存在从民俗文化的原始文本—大众媒介的民俗文化文本—受众之间的民俗文化两个环节的传播流程，文本与大众媒介之间、大众媒介和受众之间及文本与受众之间形成了三对关系和两个传播流[34]。整个过程中，大众传播媒介一方面对原始本体话语中的文本意义进行解码，另一方面以图像、符号等具象感官形式进行二次编码后转化成可以被大众理解的形式而被受体解读。可见，大众传播媒介的传播话语逐渐取代本体话语而成为重要枢纽。而这个话语转化的过程本身就是传统民俗话语在现代话语体系中再生的过程。传统民俗文化在现代话语的场域下被传播、解构或重现，整个过程中，被不断地加入社会场的各种能量，因而呈现出多种形式的变异性和解释的多元化（图 6–14）。

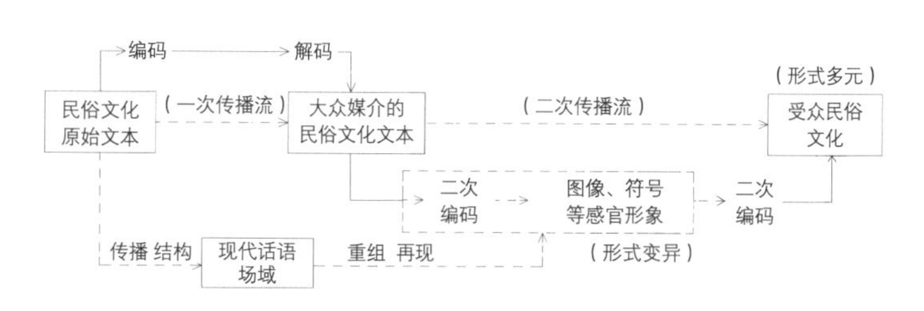

图 6–14 大众媒介对民俗文化的转译图示

建筑形式语言的多元化也正是在建筑民俗话语向传播话语转化的过程中实现的。如上所述，大众传媒在对原始本体话语意义进行解码时最有效的手段就是将其转化成各种能够被现代人所理解的通俗形象符号，建筑形式本身就成为这些符号的物质载体，符号的编码过程是将原始民俗信息简明化，将建筑中含有的复杂传统文化内涵转译成某种固定的通俗符号图示，继而为当代人们的解码和接受提供了方便之门。正是在大众传媒话语对民俗建筑符号的编码和解码的过程中出现了建筑形式语言上的多样表现。可以说，当代建筑语言表达的多样化并非产生于大众文化（大众文化的“个体意识消解”只能带来建筑语言表达的一元化），而在于大众文化中所孕育的大众传播媒介，是大众传媒在对话语转化的过程中，通过当代社会因素的融入而最终呈现了建筑形式语言的多元变异和解释的多样化显现。

如上所述，当代建筑的民俗话语体系构建是以现实话语体系——现在性为基础内容，在传统话语向大众传播话语的转译过程中，通过对传统建筑语言的不断转译和重构而实现多元形式的表达。通过在民俗话语体系中言说，在建筑形式语言中实现了对其背后哲理旨趣的复现，通过民俗话语的当代转译实现了真正的多元化表达，也在一定程度上避免了对外来样式的盲目模仿和大众文化

[34] 周忠元．大众传播语境下民俗文化的话语构建（论纲）[C]// 济南：山东民俗学会第六届代表大会暨“中华传统文化传承与民俗生活实践”学术研讨会论文集，2014.

图 6-15 校园合院空间

语言的流俗。亦如普利策奖获得者王澍，他的创作从来都是从传统工匠的民间做法中获得灵感，以一种历史的重量感充斥着人们的心灵。作为一名江南籍建筑师，江南建筑文化，尤其是园林文化深深作用在他的创作思想深层，他的作品从骨子里透出一种随性洒脱的江南气质，这种江南气质被“编织”在中国美术学院象山校区以及宁波博物馆等一系列地域性建筑之中，完成对江南民间话语的当代转译。

（1）江南传统空间形态转译

象山校区在总体布局上沿袭了江南传统村落自然生长肌理特征，这种均质化的空间形态在与江南传统聚落空间形态保持一致的前提下，因为加入了现代空间元素而显得妙趣横生。

合院空间转译：校区中的建筑延续江南合院结构特征，以“回”字和“U”字形围合出的天井形成每个建筑内向独立空间。天井的内向开放使每栋教学楼都拥有了各自的独立又相互联系的共享空间。而在天井院落外围，建筑立面以数排宽大的瓦面屋檐遮挡，这种排檐遮挡了原本的建筑墙面，使其整个处于排檐的阴影之中，具有很强的封闭性（图 6-15），这是江南民居空间内外有别的再现。设计师通过对江南传统居住空间精神的提炼和转译，在符合教学和交流功能性的前提下以现代手法进行诠释。

园林空间转译：以“造园”一词来概括象山校区的建造再合适不过，空间的起承转合给人一种回味无穷的园林般静谧的感觉。而设计者对校区的园林化设计没有停留在对形态的模仿上，而是别出心裁地将坡道蜿蜒于墙体之上而实现丰富的体验：有些坡道藏于墙体内侧，通过墙上错落的洞口实现移步景异的效果；有些坡道又被植物遮蔽，走到尽头才有峰回路转之意。建筑内部光线幽深暗淡，而这种暗淡又被墙面上随意出现的洞口打破，通过明暗交错的交通联

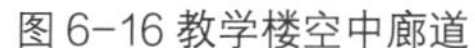
图 6-16 教学楼空中廊道

系形成高低错落和尺度的变化（图 6-16），漫步其间仿佛并不是一座高校，而是步入一座架空的江南园林之中，实现了对江南传统园林空间的当代转译。

（2）材料的“编织”技艺

“瓦爿墙”：王澍喜爱采用当地旧砖瓦等各种材料对外墙面进行拼接砌筑，被称为“瓦爿墙”，这也成为王澍最具特色的建筑“logo”。在宁波博物馆立面中，总面积约 1.3 万平方米的“瓦爿墙”旧砖瓦数量在百万块以上（图 6-17），除青砖外，还有瓦片、缸片等，多为明清至民国时期的旧物，甚至有汉晋时期的古砖。这些砖瓦看似随机却很有规律，同类砖往往被用在同一砌筑层上，每层的砌筑方式基本相同，多为顺转砌筑，不同的材料运用在不同的砌筑层中，同时在墙体局部穿插瓦片材料，增加肌理变化，营造了充满质感的真实，以一种斑驳的姿态表达了传统的再生价值和可持续的意义 [35]。

构造形式的抽象继承：林语堂说：“间架结构或露或藏，与绘画中的‘笔触’问题极为相似……墙壁中的柱子或者屋顶下的大梁小椽，并不羞藏起来，反而坦诚地表露自己，赞美自己……” [36] 象山校区在建筑营造中继承了江南传统民居构造之美，因而显得无比动人。在三期水岸餐厅的屋面与墙面交界处，王澍以短木铰接完成屋面向墙体的转换，亦如传统木结构建筑中的“铺作层”，通过短木结构的折叠形成屋面的自然曲折，体现了传统木建筑的结构美感和形式逻辑 [37]（图 6-18）。这些短木不断重复，形成韵律，在光线下形成丰富的光影，建筑师以此实现了传统结构和形式的现代转译。

在象山校区建筑中，王澍构建了独特的瓦片小披檐，他的青瓦披檐脱离了建筑主体，用简单得近乎粗糙的钢架支撑着（图 6-19）。在这里，王澍似乎并不急于表达传统与现代的某种结合，而强调一种更为纠结的情绪：“我们期

[35] 王雪根，李昌菊．王澍建筑里的画意美学：以中国美术学院象山校区为例 [J]．艺术教育，2014（8）．

[36] 宗白华．中国园林建筑之美 [C]// 张胜友，蒋和欣．中华百年百篇经典散文 [M]．北京：作家出版社，2004．

[37] 孙文清．符号的转译：以象山校区为例谈王澍建筑的地域性特征 [J]．山东工业技术，2013（7）．

图 6-17 宁波博物馆“瓦爿墙”整体与局部

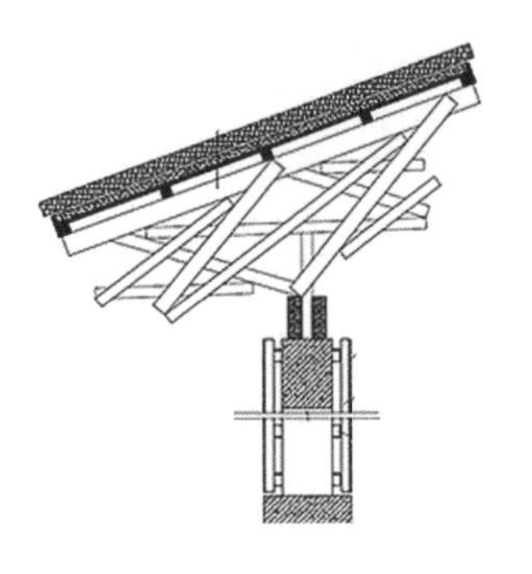

图 6-18 水岸餐厅的“铺作层”

望两者的结合，但是它们本质上的差别使它们难以结合，至少不能用形式糅合的方式来结合。这并不是对传统的放弃，而是对传统的尊敬，承认它自身的性质和独特性，承认它与当下生活方式的差别，承认它与我们的距离。”[38] 可见这种“距离”表达了一种对待传统的观念上的差异。面对传统，王澍拒绝了将其当作一种形式资源来运用的一般做法，而是有意地制造一种新与旧、传统与当代的紧张关系。这种距离似乎让我们保持一种清醒的状态，似乎在警示我们要做的应当是尊重传统而不是消费传统。

地方材料的“编织”：因地制宜地利用当地毛竹直接做成竹编栏板。随着时间推移，这些竹子会自然衰变，每一块竹材衰变的程度不同而呈现出自然的色彩肌理特征，使建筑似乎有了生命周期的时间特征。王澍还用竹模板来处理混凝土，使粗犷的混凝土具有了竹编的丰富纹理，从而改变了混凝土材料自身的符号特性，使其具有了江南竹韵的情感。这种大胆追求“粗野”的材料质感和原始的外观丰富了人们的视觉、触觉和嗅觉的感官体验（图 6-20），这种对旧有材料的创造性使用使王澍成为《拼贴城市》中所言的那个“将别人遗弃的部件捡起来再重新利用它们的人”[39]。

总之，在王澍眼中，地域性材料和地方性技术本身就承载着大量的历史信息和地域特征，它们构成了一张张具有历史感的“脸”，带给我们的是一种民俗话语的本质言说。由于每一次的言说都是根植于人们本真的生活，其意象均

[38] 青锋. 建筑·姿态·光晕·距离：王澍的瓦 [J]. 世界建筑，2008（9）.
[39] 邸笑飞，吕恒中，陆文宇. 王澍：一瓦一世界 [J]. 看历史，2012（5）.

图 6-19 瓦片在檐口上的运用

图 6-20 毛竹“编织”技艺

源于江南人士意识中对日常生活的直观体验，是向江南建筑语境的复归，而同时完成其在当代的转译，是一种介乎传统与现代的表达。

6.4 江南建筑言说目标对当代建筑形式语言的超越

如上文所述，在经世致用思想的影响下，江南建筑语言并不具有本体论意味，形式语言只作为工具和手段之用，是一种工具语言论，建筑的价值与意义必须通过“意”的表达和“理”的实现得以阐明。因此，江南建筑的言说目标“言意表意、形以寄理”是对其语言自身的突破，而向着其背后的审美意境和哲理旨趣进发。“言以表意”是通过立象以尽意的言说方式，以象外之象的丰富内容有效化解了建筑语言表达中的言意矛盾，实现了“言”向“意”的跃迁。同时，江南建筑在语言结构中的言说之所以那么真实，是因为其是直指人的真实生存这个现世之“理”，这也构成了江南建筑解释的“基线”，正所谓“形以寄理”，实现了建筑形式语言向境界（“理”）的跃迁，因而容易被人所理解。这个现世之“理”从某种意义上说也充当了“语境”的作用，对当代建筑的合理解释起到积极的启示作用。

6.4.1 当代建筑语言表达的“言意矛盾”

建筑语言的言意之辩表现为两种论调，一种观念认为“言可尽意”，即言意之间的关系是一致的，通过一定的“言”可以把握一定“意”的内涵。而另一种观念（尤其在中国传统文化中）认为人的本真存在是第一性的，而语言是第二性的，言难尽意。前者中所呈现的本体语言论思想由于对只言片语的关注极易导致建筑整体意义的消解，而后者是语言论的一个进步，至少可以避免语言决定论的现象。然而其也不是一劳永逸的，由于“言”的遮蔽性，容易导致建筑师在语言创新方面的“失语”。

6.4.1.1 言可尽意论对建筑整体意义的消解

言可尽意论明显受到了海德格尔存在主义的影响，海德格尔说：“只有语言才使人成为作为人的生命存在，正是语言才提供了人处在存在的敞开之中的最大可能性。唯有语言，才有世界。”[40] 海德格尔认为，语言是先于一切经验的存在，他肯定了语言的独立性，语言是自给自足的。因此，言可尽意论认为语言是第一位的，世界是第二位的，语言不需要面向现实世界，它本身就是世界的本质。

从时间上看，言可尽意论的产生正是中国建筑界面临困惑的时期。1950年代新中国刚刚成立不久，各行业百废待兴，建筑界也面临着复苏，与此同时也面临着巨大的困惑，要形式还是要意义？要形式，哪里有那么多的形式可以运用？要意义，建筑如何体现新中国的“社会主义”含义？此时本体语言论刚好为中国建筑界提供了理论依据和思想支持。于是，大量符合社会意识形态的建筑符号语言被广泛运用，并且这些语言符号无一不被赋予一定的“意义”内涵。如郑州的“二七塔”（图 6–21）一定要做成两个七层的塔并连在一起，后来由于体型过于敦厚而改成九层，雄辩“二加七等于九”，诸如此类举不胜举[41]。建筑本身的意义和内涵被分解在各种拼贴出来的符号样式中，还被人们所津津乐道，殊不知这种符号化的语言是对建筑整体含义的拆解，这显然违背了上述“建筑语言不能被拆解而承载意义”的原则。然而，这种理念和思想在今天的建筑创作中依然存在着。如今在商业利益的驱动下，建筑形式语言符号又成为实现商业和功利价值的良好手段，无处不在的建筑符号化和脸谱化充斥着整座城市，建筑语言符号的只言片语在满足了商业利益和人们的猎奇心理的同时，其意义正在被肢解。虽然当年那种“政治语言”已时过境迁，但又披上了一层商业利益的外衣，换了一套行头和说辞，性质并没有改变（图 6–22）。由于偏离了人们真实生活的轨道，整个建筑成了毫无意义的符号的表演。

总之，言可尽意论的根本缺陷在于颠倒了语言与世界存在的关系，将语言视为意义的全部，往往割裂了建筑与社会现实的本真关联，表现出浮华的、重

[40] 海德格尔. 存在与时间 [M]. 陈嘉映，王庆节，译. 北京：生活·读书·新知三联书店，1987.
[41] 郝曙光. 当代中国建筑思潮研究 [D]. 南京：东南大学，2006.

图 6-21 二七塔（左）
图 6-22 具象的建筑沦落为商业利益的附庸（中、右）

形式而轻内容的形式主义倾向。这种从形式语言出发的建筑丧失了把握现实和预见未来的雄心气概，反而让一些迎合当下口味的小技巧占据了建筑艺术舞台的中心，并且还试图以此去构建所谓的文本意义，这显然是一种误入歧途，偏离了建筑自身发展的轨道。

6.4.1.2 言不尽意论对建筑语言创新的误解

言不尽意论受工具语言论影响，认为“言”不可尽“意”，语言是思维的具体化，它限制了其传意的功能，使其自身成为心灵的障碍，阻碍了心灵走向更广阔的天地。这是因为“言”是固定和静止的，而“意”是动态的，静止关系在规划和确证动态思维方面显得无能为力。因为思维的动态特征呈现一种飘忽万状的网络结构，固态的语言刚欲触及，即已变化，因此，语言只能显示经验世界暂时凝聚起来的思维部分。语言的这种“遮蔽性”是与生俱来的。

受之影响，建筑语言也由于“言之浅”而无法触及“意之深”。那么建筑师又怎样打破语言的遮蔽性，来诠释人类的本真情感和人类生存的现实意义呢？面对这个困惑，建筑师似乎集体“失语”了。“失语”的主要原因从客观来说是意义大于言词，即言词很难表达意义的丰富性。而建筑师们理所当然地将这一无奈归结为创作主体本身词汇系统的匮乏。然而，建筑语言越是匮乏，人们就越是要在建筑语言领域开辟“新的大陆”。于是语言“创新”成为建筑师公认的有效武器，“一定要创造出新的建筑语言和符号来打破‘言不尽意’的魔障”成为当今建筑师的雄心壮志。在他们眼中，建筑语言与含义之间如同一种猜谜语般的游戏，语言符号的能指系统就像是谜面，其含义所指就像谜底，一旦被人们所破解便丧失了其神秘感，内涵与意义也变得浅显而直白。因此，他们理解的建筑语言符号犹如商品的包装盒，是一次性的，已用过的或者传统的建筑语言在能指—所指系统里已经变得“言语浅”而随之失效，便不能表达“含

图 6-23 所谓“奇奇怪怪”的建筑

义深”。于是建筑师们绞尽脑汁也要创作新的语汇，似乎只有“新的”“没见过”的语汇才能打破语言的遮蔽性而拉近建筑语言与人类本真感受之间的距离。由于其样式满足了公众的猎奇口味和好奇心理（图 6-23），人们虽然难以理解，但往往并不讨厌，甚至可以接受这种“奇奇怪怪”的建筑。这种以“怪”为“新”为“好”的审美心理其实也是建筑语言对含义遮蔽的反映。公众对建筑样式的审查基本不会去关注其背后的能指—所指关联，也不会去思考这种语言背后的内涵是什么，只要满足视觉和心理上的刺激便会产生审美兴奋。这种建筑语言的言意矛盾，可以说是语言对含义的彻底遮蔽更加助长了建筑师的“创新”热情。

从出发点来看，这种“创新”的热情是进步的，然而方法却是有缺陷的。认为创新就是要创时代之“新”，在形式语言上励志创作出“从未见过的样式”，动辄便要“50 年不过时”“走遍全国不重样”云云[42]。为了实现所谓的“创新”，往往不惜牺牲基本的使用功能，也不顾周围环境，仅仅为了形式语言的求新求异，认为只有这样才能实现语言与含义之间既统一又神秘的关系。其实这种创新方式极大地违背了建筑本质和初衷，就像“言可尽意”论脱离世界真实一样，哗众取宠甚至怪诞离奇的样式本身也是与人们的生活所脱节的，看似语言的“丰富”，实则是建筑创作在人们现实生活轨道上的“失语”。

6.4.2 言以表意——对当代建筑“言意矛盾”的澄明

上文中论述到对形式语言的误解导致建筑的言意矛盾，那么如何才能从

[42] 徐千里. 创造与评价的人文尺度：中国当代建筑文化分析与批判 [M]. 北京：中国建筑工业出版社，2001.

“言”的遮蔽走向“意”的澄明呢？一个最根本的途径——“言以表意”，即将建筑形式语言向意境进行跃迁与复合。这也正是江南建筑语言给当代建筑语言创作的一个重要启示，建筑语言并非一种自我陶醉的纯粹表演，而是通过“立象”的方式在“言”和“意”之间搭起一座沟通的桥梁，在心物间追求一种托物表意、形以寄理的精神世界，继而完成对自身的跃迁和升华。

6.4.2.1 从言的遮蔽到意的澄明

索绪尔曾经从语言结构的角度对“言”的遮蔽性与“意”的广延性（澄明性）进行过论述，他说：“语言是声音（能指）与意义（所指）的结合体，而声音（能指）的一个极其重要的特征就是线条性，即能指属听觉性质，只在时间上展开，而且具有借自时间的特征……它是一条线。”[43]也就是说，由于听觉上的时间延续性，语言符号只能一个个接连出现，在时间向度上绵延而无法在多维向度上展铺开。人们在接收语言信息时，是一个能指接着一个能指，而后来的意义改变着前一个意义。因此，语言呈现的经验是一个历时性的连续变化，这就意味着对连续意义的分解，而非像图像那样在一个瞬间完全呈现（图 6-24）。这种线性序列并非世界的真实，而是语言的真实。换言之，人们在用历时性语言去描述共时性的真实世界时，世界便被强行纳入一个线性模槽，于是，客观世界在语言中变形了。因此，语言的线条形决定了它所表达的事物只能是单向度的、历时性的局限，而真实世界的多维丰富性被遮蔽了起来[44]。另外，由于语言自身是高度抽象和概括性的符号系统。概括性的东西虽然能够帮助我们认识和归纳掌握这个世界，能够表达人类共同经验的内容，但是它在表述个别与特殊性的时候却变得无能为力，因为语言的能指系统不但在数量上少于真实世界中的存在事物，而在表述的时候也无法完全还原事物的原貌，尤其是在人类情感层面，更显得匮乏缺失。难怪刘禹锡叹言：“常恨言语浅，不如人意深。”[45]

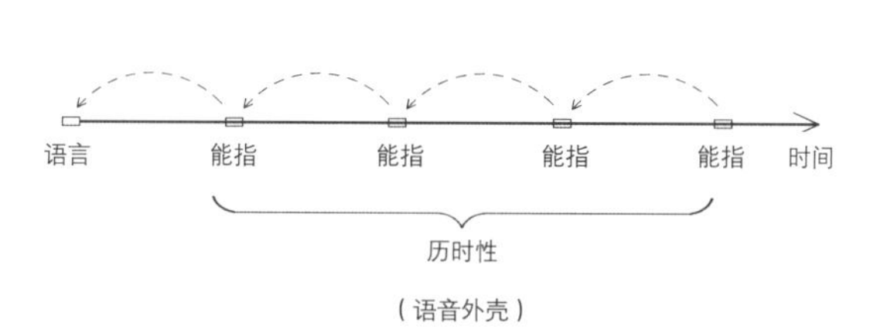

图 6-24 语言符号的时间效应

无独有偶，庄子认为，因为言不能尽意，因此才必须从言的遮蔽性走向意的澄明性，这就需要语言对自身进行突破，以其背后的符号意指性去认知世界。在庄子思想体系中，“本真”是世界万物的存在状态和人的理想生存境遇，在这个境遇中，是主客体相融合的状态。因此，语言须冲破其外形的屏障向心性进发，不以智性的语言来描述，而是凭借主体情感的投射去理会、去体验。如上篇中所述，以一种主客合一的状态去触及语言的边际。语言如同一张大而稀

[43] 赵奎英．试论文学语言的惯性与动势 [J]．山东大学学报（哲学社会科学版），1992（3）．
[44] 阿恩海姆．视觉思维：审美直觉心理学 [M]．滕守尧，译．北京：光明日报出版社，1987．
[45] 参见（唐）刘禹锡《视刀环歌》。

疏的网，在囊括了经纬有序的网络世界之大的同时也遗漏了很多意蕴和旨趣，而“言意表意”之目的就是借助主体之心灵和性情去透过“言”那张网，去触碰那些复杂而多变、广延而深刻的“意”。

6.4.2.2 实现的途径——“立象以尽意”

既然言不可尽意，那么如何以言语浅来表达含义深呢？这就涉及一个言说方式的问题。事实上，庄子早在3000多年前就已经给出了答案—立象以尽意，即在言和意之间建立一个形象的中介和桥梁，由此沟通言意之间的沟壑。这种取象思维在江南空灵意境论中被大量运用。“象”通过与人的情感融合，通过建筑语言的象征、比兴、隐喻等手法的运用，成为打破言意矛盾的有效途径，实现了“意”的多元呈现，对当代建筑语言手法的多样性提供了启示。这里的“象”并非纯粹的物象，而是融合了主体情感的物我交融的意象。从言—象—意三者关系来看，“象”是表意的工具，而“言”是表“象”的工具，因此，“象”在此起到了一个中介和桥梁的作用，即“言”可以得“象”，而“象”可生“意”。

从发生学角度来看，通过立象的方式完全有可能尽意。首先，对于“象”而言，庄子将象分为具体客观感知的“物象”和主体心理情感与想象的“意象”。前者还未进入主体内心，因而是具体的可以被语言所描述的客观事实。这实现了象—言联系的第一步（图6-25）。物象被主体所感知，一定会牵扯到主体的情感投射，一旦有着主体情感则实现了对象的超越，即“意象”。意象中含有了大量主观成分，它已经不再是能够用语言所表达的对世界的机械反应，而是主观情感的投射和对本体存在的意象性把握。这个意象世界是多元而丰富的，每个人会根据自己情感投射的角度和多少而产生解释的差异性，而这个差异性正是“新意”的所在。这个新意的获得途径并非对纯粹形式语言自身的刻意追求，而是在自身的生活感悟中不断获得对人的生命存在的新的感受和新的理解。正是由于意象从本真生存中获得了的意义，从而实现了“象—意”关联。总之，江南传统建筑的立象以尽意是通过在难以尽意的“言”和不可言说的“意”之间插入一个具体可感的“象”，从而实现了主体情感的意象性建构，消弭了语言本身的认识逻辑功能，从言的遮蔽实现了意的澄明。

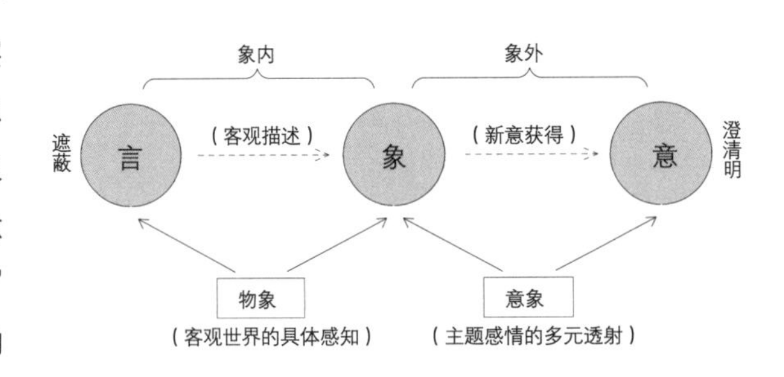

图6-25 “立象尽意”图示

当代建筑语言表达中，“象”的构建手法又是多元的，可以是形体的具体象征，符号、片段的抽象表达或者空间的隐喻。如李叔同纪念馆、上海金茂大厦、何香凝美术馆抑或苏州新火车站均通过不同的立象手法实现了“言以尽意”的表达，是形体象征的良好诠释。

（1）形体象征

李叔同纪念馆是形体象征的良好诠释。设计者抓住李叔同与“佛”的联系，从文化背景、人格及经历三个层面入手，在构思中把“佛”上升到既能体现人物特征，又具现实价值的地位，通过在具象与抽象之间的拿捏实现了对弘一法师佛俗两界的隐喻。建筑主体位于浙江东湖岸边的一座小岛上，通过石桥与外界相连，葱郁的绿化掩蔽着馆体，幽静的小路径直向前直达纪念馆正门，以此隐喻弘一大师从世俗到佛门、从红尘到净土的历程。整个建筑形似一朵漂浮在湖面的洁白莲花，七个缓缓伸出的浑厚体量溢出湖面，空灵飘逸。通过对莲花形象的具象象征表达了李叔同与佛教的渊源，建立了建筑与纪念主题较为明确的象征关联。建筑中央是一个光井主体，总高25米，向上逐渐收分，远远望去犹如弘一法师端庄雍容的体态，祥和慈善(图6-26）。整个形象在抽象和具象之间拿捏得恰到好处，既能让人一眼识别其佛教建筑的典型特征，又并非具象的“再现”，实现了从物象到“心象”的良好过渡[46]。

图 6-26 李叔同纪念馆

（2）符号、片段的抽象表达

符号、片段的抽象表达作为“立象尽意”的另一种手段也被广泛运用在当代建筑创作当中，成为沟通言与意的另一座“桥梁”。亦如苏州新火车站设计，正是通过对苏州传统建筑符号的抽象提取和转译而成为江南人士广泛认可的作品。车站结合苏州古城环境特点，从江南古典园林窗洞的意象中提出“菱形”母题，并以此形成基本符号元素，形成富有苏州地方特色的屋顶——菱形空间网架体系。一方面这种菱形屋面与结构浑然一体，解决了大跨度问题，另一方面大体量的屋顶被分解成高低起伏、纵横交错的屋面肌理和大小各异的采光天井，在有效解决候车厅采光通风问题的同时又将大体量化整为零地融入了古城尺度，延续城市肌理（图6-27）。在用色方面，车站依然采取抽取了“黑、白、

[46] 徐罂. 人文类人物纪念馆的探讨：以李叔同纪念馆为例 [J]. 城市建筑，2014（4）.

图 6-27 苏州新火车站“菱形”空间网架体系

灰”的江南色彩意象：站房外墙的栗色幕墙和结构杆件呼应着粉墙黛瓦，斜坡顶、灯笼柱映衬在月亮洞的墙上，光影浮动，若隐若现，这是对江南“窗”的片段嫁接和符号转换[47]。苏州给人的意象是风风雅雅的曲桥水网，是细细碎碎的粉墙黛瓦，抑或是明暗斑驳的花光水影……这些片段逐一通过设计师精巧的运思，通过符号的转译与恰如其分的表达，在建筑语言和意象之间构筑了一座“桥梁”，造就了这一片别样苏式风情。

类似的手法也出现在上海金茂大厦的创作中。SOM 建筑设计事务所的设计师们从中国传统文化元素中寻找到了“嵩岳寺塔”的设计原型，并将之大胆运用在现代高层建筑当中，巧妙地将世界建筑潮流与中国传统建筑片段糅合在一起。金茂大厦外形分为 13 段，层层向上收缩，呈现出密檐塔体形舒缓圆浑的抛物线，体现一种上扬的动势。金茂大厦每节高度自下而上逐级缩小，及至顶部，这种变化陡然加快，平面轮廓也急速收进，层层收分的体形充满中国古塔的神韵。此外，金茂顶部宝石状的收缩处理也借用了嵩岳寺塔的仰莲瓣须弥座和相轮、宝珠。从平面上看金茂大厦具有嵩岳寺塔的隽秀和大雁塔的方整，其规整的平面和高耸的体量又如“丰碑一尊”，那层层收缩的身段又成为“雨后竹笋节节高”的隐喻……金茂大厦这座冲天之塔似乎永远在不断变化、不断重复，随着昼夜阴晴、远近高低的改变而充满变幻（图 6-28）。这正是其造型的变幻性和隐喻的多样性表达，金茂大厦所象征和隐喻的中国文化对我们而言既是熟悉的，又充满新鲜感，是一种具有陌生化的表达[48]。

[47] 费一鸣，叶梦. 苏州城市意象解析 [J]. 南方建筑，2008（2）.
[48] 孙亚峰. 金茂大厦的品位之美 [J]. 建筑，2014（4）.

图 6-28 嵩岳寺塔与金茂大厦符号转译（左上）

图 6-29 何香凝美术馆入口平面（右）

图 6-30 美术馆立面开洞与视线关系（左下）

（3）空间的隐喻

在形体和符号之外，空间也成为现代建筑“立象尽意”的表达手法。与前两者不同，空间的象征和隐喻更加内敛。如果说形体和符号的象征主要诉诸视觉，那么空间的隐喻则更需要感官的全方位体验。如何香凝美术馆就是通过空间的隐喻而升华了其传统合院建筑的精神内涵（图 6-29）。从平面来看，是一个合院式布局，人流从旱桥进入二层主展区之前，先进入一个合院中庭，这个合院的南北中轴线与人行天桥和主展厅的中轴线相吻合，成为重要的过渡空间。中轴线上“进”的空间层次感再加上传统造型的门扇及素雅简洁的室内装修细部，隐喻了传统合院的空间特征和韵味。从立面特征来看，美术馆无疑借鉴了江南传统园林的空间诱导手法：首先，通过设置大面弧墙将“内”与“外”明确地界定出来。其次，墙面上的洞口让院内的绿竹植物渗透出来，以吸引参观者去探究墙后所掩空间而选择进入下沉前院。在这里，洞口与视线的关系展现出了不同的表情。弧墙的两个较大洞口，一个连接飞桥形成入口，另一个则将顺势而上的坡道以及片墙后的小庭院隐匿其中。通过洞口将人的行为和视线联系起来：过厅、走道或借用窄窗将视线引向石林，或以落地窗引向内园与水池。洞口犹如画框一般，通过“因借”的手法将建筑与环境融为一体。洞口的存在使旱桥和内院产生了视线交织，在桥上，在庭院，或是凝视洞口，或是一眼掠过，都会有一种沉于其中的静谧之感（图 6-30）。犹如置身江南园林，如同卞之

案例	“象”的构建	手法	立象尽意的途径
李叔同纪念馆		a）形体象征 b）空间隐喻	a）以“莲花”为母题，通过七朵花瓣和中央主体中庭建立与“佛”的意象关联； b）中央大厅从槽口倾斜的光线暗示弘一法师心路变化，隐喻佛光普照的精神内涵
青瓷博物馆		a）形体象征 b）空间隐喻	a）以青瓷器物，匣鉢为原型，抽象转换成以鉢体单元和筒体组合，象征“田野中 流动的瓷韵”； b）设置“龙窑”甬道进入大厅，从槽口倾斜的光线产生光怪陆离的审美体验
金茂大厦		a）形体象征 b）符号、片段的抽离与转译 c）空间隐喻	a）以嵩岳寺塔为形体象征母题，层层收分，亦如一座“无字丰碑”，又有“雨后竹笋节节高”的多元隐喻； b）平面隐喻紫禁城金水玉带格局，基座跌水处理体现中国传统布局中曲水环绕的建筑规划方法：传统文化的符号化表达
苏州新火车站		a）符号、片段的抽离与转译 b）空间隐喻	a）从江南园林“花窗”中抽取菱形母题，以此作为基本符号不断重复和变形运用； b）内部形成江南韵味的小院落，通过尺度的转化和过渡形成江南意蕴的呈现
何香凝美术馆		a）空间隐喻	a）平面以轴线控制合院空间基本形态，隐喻传统合院空间的“进”，立面弧墙面开动，结合坡道和旱桥产生视线互动，是对江南园林中“借景”和“框景”手法的隐喻

表 6-1 案例中“立象尽意”的不同手法比较

琳的一句话：“你站在桥上看风景，看风景的人在楼上看你”[49]，带来了别样的审美体验。

比较来看，上述几栋建筑作品均是通过形体象征、符号片段的抽象表达或是空间的隐喻而建立某种特定的“象”，并将这些实体化为建筑语言。需要说明的是，无论是形体象征、符号抽离还是空间隐喻，对于一件作品而言，要想达到“立象尽意”的目标，往往是几种手法的共同作用（表 6-1）。通过“象”的建立打通了建筑语言与特定文化的内在关联性，实现了对建筑存在本质意义的挖掘，从形式自身跃迁到了意境的审美感受。这个“言以尽意”的表达是在语言结构系统中的多样言说，保证了建筑语言入人心意的可解释性。

[49] 陈治国，王虹．传统四合院的现代演绎：深圳何香凝美术馆 [J]．新建筑，2001（1）．

6.4.3 当代建筑语言解释的纷乱

解释学之父狄尔泰曾言：我们的理解是在外部世界的物质符号基础上理解“内在的东西”的活动，其结果是使自身体验在对对象的感悟中，在“你”中发现“我”[50]。可见解释是人们通过“文本”来理解世界，同时也理解自我的过程。因此，解释就不可能是纯客观的“再现”活动，而是带有时代、社会、历史因素在内的主观性倾向，在你—我的对话过程中对自我存在和意义的揭示。

解释学涉足建筑学领域是一个必然，对作为人的本质存在的建筑而言，它必然要通过解释来凸显其建筑活动中生命意识的自觉。解释活动是一个从语言本身上升到思想意趣的跃迁活动，这个思想意趣涉及文本自身赖以生存的社会意识形态以及审美取向等各个方面，而仅仅从语言本身入手进行主观性的解说往往会造成解释的单向封闭性或者任意性的倾向，导致一种形式本位倾向。

6.4.3.1 “大屋顶”的负累——解释的单一向度

传统的解释学就是以解释的精确性为核心，它不允许读者在阅读过程中的思维发散，完全相信客体文本与读者解释的明确对应，旨在将文本语言学元素进行客观公正、不偏不倚地描述性诠释，其意指系统具有单一的向度。这种单一解释的缺陷在于：因为还原作者意图与文本自身意蕴两个方面无法在同一个层面或者说时空领域中完成，所以精确解释具有其自身无法克服的内在矛盾性。这种矛盾性体现在作者当时所属的历史条件、社会背景的差异之上，当时作者的意图随着时间推移往往难以得到再现和重建，读者在这种精确解释过程中往往是对当时创作背景、历史事件的考证甚至揣测。因此，文本的完整意义复原可以说是不可能完成的任务，其局限性是显而易见的。

这种解释的单一向度在我国 1950—1980 年代的建筑创作领域中表现得尤为突出。这一时期的建筑语言创作由于受到政治话语的影响，民族复兴、传统样式等具有典型政治色彩的建筑语言占据了主流地位。人们期望通过这种“明确内涵”的建筑语言来传递某种民族情怀和政治抱负。在这种能指系统的精确意指之下，建筑语言符号的所指系统消解了其多样性的旨归，变成了与能指一一对应的单一向度。在这里，明确的政治含义和传统复归成了当时我国建筑解释的唯一合法途径，使建筑语言创作背上了沉重的政治包袱和文化包袱。在面向政治和传统文化的双重张力下，当时的建筑师似乎不约而同地将传统的“大屋顶”样式当成了救命稻草。在 1980 年代以北京为开端的“夺回古都风貌”

[50] 王岳川. 艺术本体论 [M]. 上海：上海三联书店，1994.

的建筑运动中，大屋顶符号一跃成为对中国固有形式继承和对政治话语回应的“有效语言”。一个“夺”字更是强化了将建筑语言含义向政治话语转向的明确性和不可动摇性。一时间，大大小小的坡屋顶和形式各异的小亭子星罗棋布地出现在政府大楼、商业建筑、校园建筑以及普通住宅等各类建筑之上，成为中国固有样式的唯一合理解释以及政治时尚语汇的体现[51]。在当时，建筑师心中已经将大屋顶的片段与政治意图精确对应起来。虽然后期的大屋顶语汇有了符号化的创新和转译，由“形似”变为“神似”，但还是没有彻底摆脱其与政治话语的联系（图 6-31）。

而如今，虽然政治意图的意指性倾向的时代已经一去不复返，但这种能指的精确解释依然存在，虽然不是政治意图的明确旨归，却又换汤不换药地成为商业意图的功利性指向。如北京西郊“天子酒店”直接设计成“福禄寿”三星的具体形象，再如淮南市山南新城城市规划展览馆，干脆做成具象的钢琴和小提琴的样式（图 6-32）……在这种形式本位倾向下，建筑语言所指系统丰富的意指性被消解了，人们只能在明确的能指和所指的一一对应中解读建筑的含义，这是对建筑含义丰富性的蔑视。

6.4.3.2 外来语言的纷乱——解释的任意性表征

形式本位倾向下的另一个特征为解释的任意性。解释学成立的一个基本前提是读者自身视域同作者视域的融合。如果读者思想游离于文本所规定的基本语境和语言体系，超越文本所处的时代审美习惯，机械地套用新的审美思维进行臆造，那便是根据读者自己的好恶对文本意义任意肢解、牵强与拼凑，自然是无法自圆其说的，最终造成解释的任意性。正如朱熹所言：“多是心下先有一个意思了，却将他人说话来说自家底意思，其有不合者，则硬穿凿之使合。”[52]在任意性的解释中，读者并不根据文本固有的解释逻辑，而其自身的解释逻辑又无法被认可，最后只能自说自话、牵强附会。

解释的任意性现象在建筑语言创作过程中时有发生，尤其是在当代全球化语境下，随着我国对西方建筑理论和样式的引入，一时间，现代主义样式、后现代样式、结构主义、波普形式等新奇的建筑语言同时涌入了中国建筑这个大的航空港。建筑师们似乎看到了外来语汇的神奇魅力，如获至宝一般将外来语言当成形式创新和投标制胜的法宝。加之信息技术的运用，建筑语言创作也变成一个迅速复制的过程，建筑师的创作似乎也不用面对着草图苦思冥想，而是打开“形式文件夹”随心所欲地调用，一切被认为新奇的样式只要按照描好的图形进行“copy”（拷贝）即可。一个典型的例子莫过于“KPF”式的屋顶符

[51] 郝曙光. 当代中国建筑思潮研究 [D]. 南京：东南大学，2006.
[52] 参见《朱熹·朱子语类》（卷11）读书法（下）。

图 6-31 大屋顶建筑及其变体形制

图 6-32 淮南市山南新城城市规划展览馆、三河市天子大酒店

号语言。众所周知，KPF 建筑事务所向来对建筑场所和城市文脉是十分关注的，以法兰克福办公楼为例，在该建筑顶部，设计师彼得森（Petterson）设计了一组混凝土扇面出挑的经典样式。对此，彼得森曾言："我并不想提出一个定义明确的，有某种固定顶部处理和裙房的方案……我只想在大量商业区和住宅区之间，在不同类型和高度的建筑处理中，有必要寻求一个对传统文脉中不同要素的呼应。因而在环境的复杂性中去设计一个多元化的房子，以求在自身体量和丰富环境之间的均衡。"[53] 从彼得森的言语中可见，从传统文脉环境和自身体量关系出发，是 KPF 建筑顶部处理的原始初衷，它在丰富的环境中诠释自我和超越自我。而随着数码复制时代的蔓延，这种过于鲜明又极具效果的语言在中国也难逃被复制和模仿的厄运（图 6-33）。时过不久，KPF 语言便充斥了我们城市的街头巷尾。这种标志性的语言像"注册商标"一般代表着先进西方潮流的时尚意味，从室外屋面到室内装饰均被赤裸裸地模仿。其在这里已经彻底丧失任何场所精神的意蕴，而沦落成为媚俗的商业口味。更有甚者将其飘逸灵动的扇面檐口解释为"孔雀开屏"和"凤凰甩尾"，当作立意写入投标文本的设计说明之中……这种做法简直荒唐可笑[54]。

[53] 赵巍岩．当代建筑美学意义 [M]．南京：东南大学出版社，2000.

[54] 吴丰．中国传统建筑文化语言的现代表述的研究 [D]．长沙：湖南大学，2005.

图 6-33 KPF 经典语汇“轮翼”以及中国对其的翻版模仿

罗兰·巴特曾说：“作者死了”[55]，如果作者“死了”，那么所指也变成了四处浮游的幽灵。其实，作者并没有真的死去，它依然存活于读者的潜意识当中，规定着语言意义内涵的本真指向，它只是在一定的阈限内给读者预留了解释空间。如果解释超越了这个底线和阈限，那么必将造成对语言意义的臆造和主观上的蓄意曲解，致使建筑语言成为一场“假面舞会”的狂欢。这种“抛弃作者”的解释终将是无法被承认的。

6.4.4 形以寄理——当代建筑语言解释的有效性

如上文所论述，既然建筑的形式语言本身并不能承载意义，建筑的意义与价值必须付诸人的情感意象，从其背后的哲理旨归中寻找，那么对于建筑形式而言，就必须实现其自身向境界（之“理”）的复合，即从对形的超越到对境界的内在追求。由于形式本身是动态多变的，而浑然天成、自然生成之境界是相对稳定的，这个稳定性是一个地域在长期以来所形成的生活方式、审美取向以及社会意识形态所共同作用的结果。因此，这个境界也就具有了一定的“语境”作用，规范着语言解释的合理阈限，成为建筑可以被解读的内在准则。

6.4.4.1 形式的变调性与境界的恒持性

拓扑几何学告诉我们，一切事物的形态与样式没有不能弯曲变化的元素，只要图形间发生的是弹性运动[56]，几何图形彼此之间便是可以互相转换的，并且它们是拓扑等价的（图 6-34）。拓扑学在建筑领域中的一个深远的影响就在于其认为建筑形式、空间等几何形态具有可以变形与突变的特性，这种变形并不仅仅是按照原有形态的等比例缩放，更有将其进行折叠、弯曲甚至扭曲等多种形态的表征，而这所有的变体形态并非建筑师的主观臆断，而是基于某种原生的初始式样，在特定的几何原型的基础上所生发的变体[57]。以此可见建筑形式本身就具有变调的特性，这也是形式语言的本真特性，也只有形式符号本身的多变才实现了建筑形态的多元化表征。同样，也正是由于形式语言自身的变调性，才使得其自身不具有意义承载之功能。因此，建筑的意义只能从形式之外去寻求。另一方面，我们从拓扑几何学中发现，其内涵中深刻体现了对原

[55] 罗兰·巴特在 *1968* 年发表了著名的《作者之死》。在文中，巴特提出，文本是一个多维的立体的阐释空间，而不是一个具体的实在物，不存在所谓固定的原初意义，因而作者也没有继续存在下去的必要了。巴特认为传统的作品理论让作者主宰作品的一切，掩盖了读者的实际作用。为了让读者能够充分实现自己的实际价值，批评者认为巴特的“作者之死”颠覆了以作者为中心的旧结构，建立起以读者为中心的新结构。参见钟晓文．“作者之死”之后：论自由的读者 *[J]*．福州大学学报（哲学社会科学版），*2005*（*3*）．

[56] 相对于欧氏几何概念的“刚性运动”，如平移、反射、旋转等，是强调作用力与反作用力的存在，例如折叠、弯曲、扭曲等。

[57] 刘宾．拓扑学在当代建筑形态与空间创作中的应用 *[D]*．天津：天津大学，*2012*.

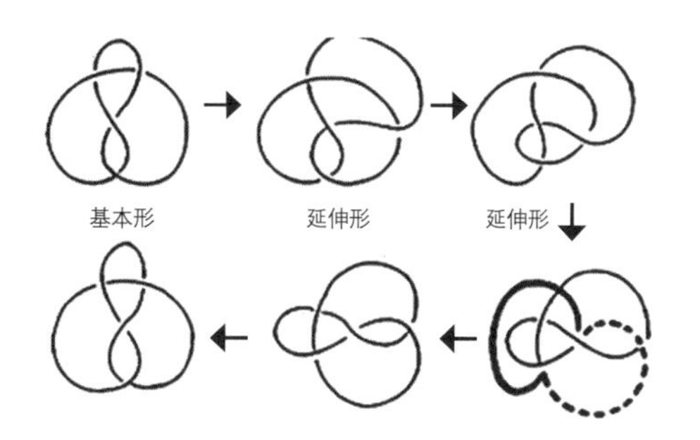

图 6-34 基本形与延伸形——“8 字”结构不变

初形态的尊重。这个“原初形态”这就如同建筑形式背后的哲理旨归，是一种恒定不同的东西，一切的形态变形都可还原到这个根本中来，成为人们可以理解的原始样本。江南传统建筑空间中充满这种形式的拓扑形变，如民居中天井院组合的版块形态向沿街开放的线性形态转变就是佐证。虽然天井空间的样式发生了改变，但这种变化是在迎合了人们日常生活的本真状态和先在的自然条件下自然形成的，实现了一种与自然环境浑然天成的居住境界，这是恒定不变的。我们不妨借助拓扑几何学原理来理解建筑形式与境界的关系。形式本身的多样性是人们根据不同的语境而做的变体呈现，而“浑然天成”的天人境界以及“自然生成”的创作境界是一切形式都将归从的哲理旨归。无论形式如何变化，其都将是我们建筑创作的“形式本源”，具有恒持性的特点。

当代建筑创作中，形式的变化给建筑师带来了无限的创作灵感，而这些变化往往是将形式与特定的语境结合起来，这个既定的语境由此构成了某种形式的本源，成为人们合理解读的线索。这种对语境的注重充分体现在苏州博物馆新馆、香山饭店以及万科第五园的几个当代建筑作品中。形式与不同气候特征、人文环境（语境）的结合实现了不同的表达，而无论形式如何变化，江南真实生活的内在属性作为一种永恒不变的东西，成为其形式的内在支撑。

（1）屋面形态的抽象变形

贝聿铭曾言：“几何学永远是我的建筑的内在的支撑”，在苏州博物馆新馆的形体塑造中，贝聿铭依然体现了几何形体与空间组合的完美演绎。由于苏州博物馆新馆馆体自身的体量巨大，贝大师试图通过对屋面进行几何分解从而实现对自身体量的化解和对周边江南民居的形式呼应。在入口大厅形体的顶部处理中，可以看出正八边形接内正方形再内接菱形的几何关系（图 6-35）。

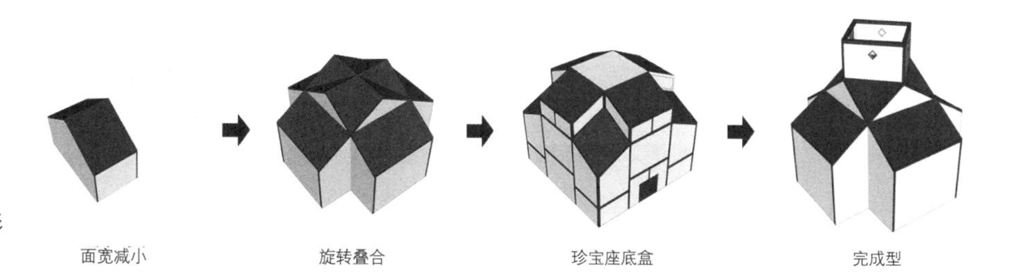

图 6-35 苏州博物馆新馆形体组合基本模式

几个主展厅是正方形与正十字形的内接关联。这种对传统坡顶化整为零的处理是通过小面积、多角度和多层次的拼接使体量较大的展呈空间在屋顶处实现了尺度转化，使原本硕大浑厚的传统坡屋面变得更加小巧轻盈，以此与周边小尺度民居的屋顶保持一种和谐。形式的变换是多样的，而一切的变换都基于这个既定的江南场景之中，是依据人们日常生活中能够感受到的屋面原型而做出的继承与模仿。这是形式与特定语境结合而实现的与环境的浑然天成。同样的屋面几何变形也被运用在香山饭店之中，在中央大厅“四季庭院”处理上。贝聿铭创造性地加上一个了传统九脊顶形制的顶棚，这个玻璃和钢架组合的顶棚给这个传统合院注入了新生。阳光从玻璃与钢的穿插中倾泻下来，营造了灵动的光影效果，在这个没有潺潺流水的宁静自然空间中，使人身心平静释然，眼前一片江南水乡的万种风情。这种形式的变体依然表达了对天地自然的敬畏之情，令人感受到禅宗参悟哲理的韵味，心灵也由此得到净化和洗礼[58]（图 6-36）。

图 6-36 香山饭店“四季庭院”

（2）水环境的意境呈现

水环境是江南空灵意境的载体。在苏州博物馆新馆、香山饭店以及万科第五园的设计中，水被赋予了不同的形态特征，却表达着同一样的诗性情怀和境界。在苏州博物馆新馆主院落北墙面上，贝先生以一面白墙当作案底，挑选打磨出形式各异的泰山石片，从左至右、疏密相间地延伸铺开，冷暖明暗间隔有序，高低起伏极具自然律动。这种“皴纹”石材肌理强化了整体的层次感，于大气中透着精致，远远望去俨然一副《春山瑞松图》的长卷。在山水画卷正面，一座石桥将水面和主庭院一分为二，以此拉开了游客对其的观赏距离，进可观赏山石的细腻纹理，退可见一幅完整的水墨长卷（图 6-37）。在不同的视觉感受中，“平远”的意境油然而生，给整个庭院增添了一种悠然南山的江南氛围和人文情调。如果说苏州博物馆新馆的水是流动的，那么香山饭店的水则体现出一种静谧的禅意。在其后院的理水中，设计师通过将水引入一块曲曲折折的大理石沟槽中而隐喻江南文人典故“曲水流觞”（图 6-38）。这一景观无疑成为整个后院的“画眼”，提升了整个建筑空间的文化气质和颇具南方气息的诗性情怀[59]。万科第五园对水的形态处理更注重对江南“小桥流水人家”意象的还原。住区内部遵照江南聚落水道与建筑的尺度空间关系，设置了一系列景观水道空间。水巷贯穿整个园区，收放自如的水面渗透到建筑组团内部。从透视关系看，水体与建筑充分结合，滨水建筑通过部分深入水体，形成虚幻的倒影，更加具

[58] 张琪，钟晖．“新”和“旧”的诠释：解读苏州博物馆的美学内涵 [J]．华中建筑，2011（3）．

[59] 彭培根．从贝聿铭的北京“香山饭店”设计谈现代中国建筑之路 [J]．建筑学报，1980（4）．

图 6-37 苏州博物馆新馆“米芾”

图 6-38 香山饭店“曲水流觞”

有江南水乡的灵动气质，整个园区建筑在水环境的映衬下更显江南的幽静和空灵（图 6-39）。总之，理水的手法是多样的，随之表达的神韵却是一致的。无论何种方式，均是对江南亦刚亦柔、含蓄内敛的水性文化体现。

（3）空间结构的多样性

江南传统聚落空间是分散而和谐的，这是天人合一居住理念的体现，在香山饭店中，贝聿铭显然考虑到中国北方建筑的布局特征，在总图布局上加入了中轴线的因素，使建筑在体量上具有一种北方官式建筑的对称形态，这是对北方地域性建筑文化的呼应。然而，这种中轴线意识并未渗透到客房部分，两侧发散出去的客房体量却遵循了江南民居的散落分布的原则，在避让开原有树木的同时，围合出形态各异的大小院落，空间曲折多变，有一种庭院深深的园林建筑气质。在这两种布局方式中，江南园林式的分散布局是外显的，而轴线意识则是内敛的。人们在建筑中游走时体验到的是一种灵活多变的园林式空间感受，同时又似乎受到某种向心力量的牵引，以至于在游赏和玩味中时刻明晰着中心的方位。

图 6-39 万科第五园水景观

图 6-40 “冷巷”空间（左）
图 6-41 “四季庭院”框景手法与变体运用（右）

比较来看，万科第五园的总体规划可以说是将江南沿街线性特征与岭南气候条件相结合，从而形成梳形布局，通过减小建筑与建筑之间的空间距离从而得到了另一种表达方式——“冷巷”。在第五园中，冷巷被赋予了江南景观的独特韵味（图 6-40）。设计师通过在巷道端部设置植物有效地对视线进行遮蔽，在功能上增加了空气的对流，从而使空气变得凉爽，而在视觉上，端部的景物恰恰是下一个景观空间的预示和开端。在这里，“冷巷”似乎给了阳光一把梳子，给了微风一个通道，也给了内心一个期许[60]。“冷巷”是线性空间结构形态与粤中气候条件完美结合的典范，同时也成为江南备弄空间的隐喻。密集的布局缩小了居民之间的心理距离，促进了人们之间的广泛交往以及邻里关系的和谐，是江南邻里尺度的再现，是江南线性空间结构形态在岭南语境下的变体呈现，表达了一种自然生成的境界。

（4）合院形制的因地制宜

在香山饭店中，加了玻璃顶的“四季庭院”是该建筑颇受争议的部分。无论是中轴对称的形制还是相对较大的空间体量无疑都是对老北京“四合院”的空间演绎。九脊顶形制的玻璃顶，使整个空间成为一个抽象的“合院”。说其抽象是因为它具有一定的灰空间特质，南侧后院景观向中庭内部的渗透，带给人忽而室内、忽而室外的疏离之感。而从中庭内部的窗口形制和景物陈设看，又是另一番感受，两侧的海棠花窗的“框景”、竹丛的点缀搭配以及前部的月亮门“隔景”是江南园林手法的完美呈现（图 6-41），再加上四周的白色墙

[60] 黄坤银，龙洋，贾凡. 论批判性地域建筑的特征：以深圳万科第五园建筑为例解析 [J]. 城市建筑，2012（15）.

图 6-42 龙泉青瓷及窑场

面和灰色线脚，宛如置身精致的江南“天井小院”之中。这种蒙太奇般的布景效果又造成一种穿越之感，使人不知身处北方还是江南水乡。

古人云：“橘生淮南则为橘，生于淮北则为枳。”正是不同的语境造就了形式语言的变换与多样。人们在既定的语境下，通过对建筑形式本身的解读获得了对其背后的哲学理趣的感知与体会，这个内在的旨归即是“浑然天成”的天人境界以及“自然生成”的创作境界，是恒定不变的，它构成了建筑本质存在的内在基础，也只有以此为基础，建筑形式的每一次变化才能够被人们理解和接受，才会产生一次次思想意识上的共鸣。

6.4.4.2 从形的超越到境界的追求

在客观事物的表述中寄托人的主体情感，便实现了从形式到意境的第一次飞跃。而意境并不等同于境界，王国维对于境界的定义包括了人生境界、生命体验、人格等层面的内容，它是对意境的进一步深化和发展。境界中不仅体现了执着深情的投入，还抒发了个人的悲欢离合之情感。此时的情感已突破了个人的哀鸣，而深窥古往今来整个人类悲剧的真面目 [61]。对于建筑创作的境界而言也是如此，浑然天成的天人境界实则是整个人世存在、人的生命的深刻观照，是与宇宙本体的最终接近；自然生成的创作境界乃是艺术最终实现，是艺术与人生的至高境界。

因此，我们说建筑创作突破形式语言的藩篱，追求意境与境界就是要实现建筑作为人类诗意栖居这个存在的生命本源。如果建筑创作仅仅限于对形式语言之描述，则无疑会沦为徒具形式而无生气的案头之作，成为僵死的艺术，而意境的实现也会沦为情感兴悦或哀鸣的个人把玩。

从形式的追求到境界的实现应当成为当代建筑师的内在追求。这种追求使建筑师摆脱了从形式到形式的枷锁，不断寻找能够使建筑形式与意境、境界有机凝聚在一起的方法，也是对语言与境界之间微妙关系的探索。对于此，程泰宁院士设计的龙泉青瓷博物馆给予了成功的示范，该建筑的创作徜徉于形式和意境之间，从语言形式升华至境界的“迁想”，再由境界的达成返回于形式的描摹之上，而这一切源于对“此地”的认知。

龙泉是青瓷的故乡，建筑所处的区域随处可见不同时期遗留的青瓷碎片与烧制青瓷所用的匣钵，而这也构成当地独具特色的自然人文景观（图 6-42）。在这样的历史文化环境中，如何突破语言的藩篱，展现一种青瓷文化的境界，

[61] 刘凌. 王国维《人间词话》“境界”理论的文化阐释 [D]. 西安：陕西师范大学，2012.

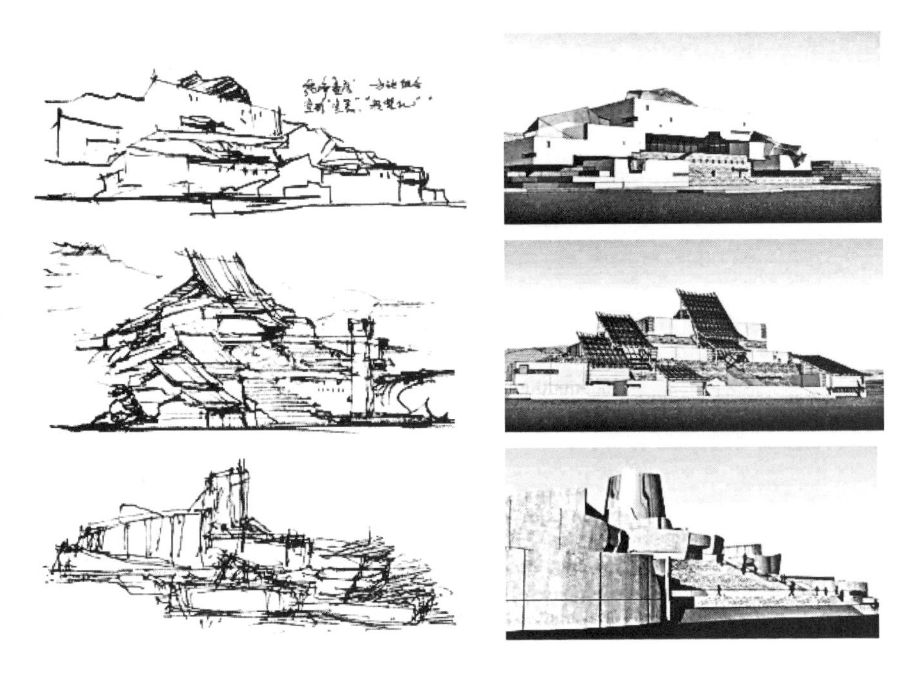

图 6-43 青瓷博物馆方案比较

成为创作的出发点。漫步在青瓷碎片散布的遍野中，断裂的匣钵随处可见，尤其是随山坡起伏跌宕的长长窑体，似乎都可以培养成某种形式语言。然而建筑师所要表达的远非这些，而是希望突破语言的表象，从心灵境界上表达一种“九秋风露越窑开，夺得千峰翠色来”[62] 的辉煌成就，能够记录下历史的沧桑，再现建筑与自然共生的自在境界。于是程院士从几个方面做了尝试：

（1）形体的象征与场所的回应

一种策略是从挖掘龙窑的器型入手，试图寻找一种能够代表青瓷的建筑语汇，以象征性的手法对场所精神进行回应（图 6-43 中）。龙窑是龙泉青瓷的烧制场所，随山势绵延起伏，犹如盘龙一般，方案试图以此培养出既定的建筑语言，通过对当地文化与符号的提炼来作为地方文脉的延续和阐述。从整体形制来看，整个建筑形态端庄典雅，然而这种从形式出发的象征性语言似乎难以突破对既定形式的约束，难以体现青瓷文化的意境和神韵[63]。

（2）注重对境界的“迁想”

由于第一种策略具有形式的局限性，在第二方案的创作中，设计师试图从境界入手，先创造一个具有足够精神容量的精神载体，而后再考虑如何落实到建筑的表达之中。即试图通过“迁想”的方法获得“境界”之所存，再返回形式的塑造。在此过程中，设计师从“九秋风露越窑开，夺得千峰翠色来”的诗

[62] 参见（唐）陆龟蒙《秘色越器》。

[63] 刘鹏飞，殷建栋. 斟酌于“道”“器”之间：龙泉青瓷博物馆方案设计中的思考 [J]. 华中建筑，2012（12）.

句中得到启发，以“青瓷记忆”作为境界承载，再通过龙泉本地特有的碎瓷片嵌于夯土墙体之中来构筑建筑现象，以彩釉玻璃比拟青瓷质感，初步实现了方案雏形（图6-43左）[64]。然而由于形式过于抽象，仅通过材料建构的方法似乎难以承载原初理念，使形式语言和境界难以良好衔接。

（3）“瓷韵”——语言向境界的复合

如上所述，这种从形式语言和纯粹形上理念出发的表达方式并不理想。虽然前者以象征性语言表达了喜闻乐见的符号形态，但会使建筑落实形式直观而严重压缩意境与境界的表达空间；后者以迁想的方式实现了境界的追求，但这种境界难以被常人所体察到，从而也就失去了建筑自我解释的途径。是否可以在语言和境界之间取得一种平衡，使语言能够通过自我言说而实现对自我的跃迁，实现语言向境界的复合？程院士带领团队再次回到田间地头进行实地考察。这次考察中，那些随处可见的匣钵自然地堆积与散落在田野与小丘之间，间或从中穿出青润如玉的碎瓷片场景一再浮现在程院士的脑海中[65]。匣钵是青瓷烧制的容器，是最能体现青瓷特征的东西，这种随处可见的原始意象以一种场景塑造的方式构成了当地人的集体记忆，这是对青瓷历史场景的固化表达。另外一个要点是一定要表达青瓷的“青”，以此将其与其他瓷器区别开来。这无疑也为确定建筑的色彩与材质提供了依据。以青瓷之“理”来表达一种瓷韵，正是所有设计师一直寻找的创作思路。那种随处散布的瓷片犹如随处流动的瓷韵，向人们诉说着一个个古老的故事……它似乎可以此架起一座即存现象与描摹对象之间的桥梁。于是，“流动在田野中的瓷韵”这个主题被确定了下来，它似乎能够掘动形式语言，继而向“瓷韵”的境界延伸。

“瓷韵”的主题被确定下来之后便是通过各个部分体量、空间的组织来进行实现。于是，建筑师以最具代表性的匣钵为原型，通过双曲面的钵体单元和收分的圆筒组合来塑造建筑的整体造型。一个个钵体散落扎根于土地之上，犹如沉睡千年的青瓷器皿破土而出。清水混凝土的暖灰色调与点缀其间的青色瓷片相得益彰，再通过象征窑体的基座作为过渡，显得浑朴自然（图6-44）。立面的变形门洞、瓷坯碎片以及散乱的投柴孔似乎在言说历史的沧桑……基座的粗犷肌理与青绿的瓷面片段似乎隐喻了青瓷的前世今生。从形体组合到细部设计看似随意却是理性、野趣的表达，能够使博物馆更好地融入周围的自然环境中，有别于城市建筑的硬朗线条，其以一种充满韵味的曲线和颇具质感的肌理，在原始的场作环境中表达了建筑与田园自然的共生境界。程院士用建筑语言对场景感进行描摹，但并没有对瓷器器形进行具象刻画。亦如中国画中着眼于人物的“性情笑颜之姿”，而非其身材魁瘦、耳鼻窄阔，是对神韵的追求与

[64] 刘鹏飞，殷建栋．斟酌于“道”“器”之间：龙泉青瓷博物馆方案设计中的思考[J]．华中建筑，2012（12）．

[65] 程泰宁．语言与境界：龙泉青瓷博物馆建筑创作思考//程泰宁．程泰宁文集[M]．武汉：华中科技大学出版社，2011．

图6-44 龙泉青瓷博物馆“瓷韵”（实施）方案

境界实现，从对形的神似跃迁到一种浑然天成的境界实现。

本章小结

本章从对建筑语言的认识论入手，通过对江南传统建筑“语言结构”进行了概括与分析，得出“在语言结构中言说”是江南传统建筑语言的典型特征：指出“自然形态”是其言说方式；“民俗话语”成为其多元化的言说途径；“言以表意、形以寄理”是其言说的本真目标，即对建筑形式语言本身的超越。在当代城镇化快速发展的过程中，极易造成城市建筑空间的“景观化”，导致城市建筑环境秩序的混乱。而江南道法自然的山、水、城一体化布局和小尺度营造对当代城市建筑空间秩序重构具有积极的作用。另外，当代大众文化向建筑领域渗透，一定程度上造成了建筑形式的脸谱化，表面的“多元”实则是建筑自主意识的丧失。江南建筑面向民俗话语的言说途径，以言语的个体言说实现了表达形式的多元。当代建筑的民俗话语体系构建就是以大众传播媒介为桥梁，以现在性为基础，从而实现真正多元化的表达。再者，当代建筑语言表达的“言意矛盾”严重制约了当代建筑形式语言的表达。一方面，言可尽意论将语言视为意义的全部，导致了只言片语的形式符号对建筑整体意义的消解；另一方面，言不尽意论导致了当代建筑师对“创新”的误解。而江南建筑语言的“言以表意”通过“象”打破了言、意之间的沟壑，通过建筑形式的象征与隐喻使建筑语言表达从言的遮蔽走向了意的澄明。此外，当代我国建筑解释中存在解释的单一向度和任意性的倾向，将建筑的意义与价值禁锢在纯粹的形式玩味之中。而江南建筑在语言结构中的言说很好地实现了从形式到境界的追求，即“形以寄理”，通过对既定语境的注重实现了形式向境界的超越与复合，为我国当代建筑解释的有效性奠定了基础。

第7章
结语与展望

刘士林教授在对江南文化的研究分析中指出："对一种特定地域文化形态研究的价值和意义在于它是否可以提供一种解决现代性文化问题的古典精神资源。而现代性的一个基本困境在于：在现代文化中得到充分发展的个体是否能够在'自我'和'他者'日益分离和对立的现实中取得一种沟通与平衡。"[1] 在他看来，除了江南文化之外，中华其他传统文化对于个体都或多或少地持有漠视态度，只有江南文化中的主体觉醒从一定程度上实现了个体的自由。虽然江南文化也仅仅是泱泱中华文化的一个分支，尽管它也或多或少地受到传统儒家文化的影响，但就"个体实现"这一点而言，它便具有了其他传统文化所不可比拟的开创性，因此也最有可能成为启蒙、培育中国民族的个体性的传统人文资源。在之基础上形成和发展起来的江南传统建筑文化也因此具有一种诗性浪漫情怀，其哲学思想内涵是源于中国文明肌体自身的东西，审美意识更贴近

[1] 刘士林. 江南文化与江南生活方式 [J]. 绍兴文理学院学报（哲学社会科学版），2008（2）.

于东方艺术情调特征，形式表达自然也是最本土的言说。在跨文化交流日益深入的今天，这些东西也是我们所能设想的最有可能避免抗体反应的文化基因。它以一种与群体“共在”[2] 的状态磨平了个体与他者之间的沟壑。

基于上述对江南文化和江南建筑的理性认识，本书上篇从哲学思想（理）、艺术审美（意）和形式语言（形）三个层面对江南传统建筑进行考察和论述。而下篇则延续“理—意—形”的写作思路，从江南建筑的视角，从理论线和实证线两个角度分别对当代建筑创作中的本体论内涵、艺术审美以及形式语言表达等创作思维与表达层面的问题进行了分析和阐述，并从一种最本源的视角（江南视角）对上述现实性问题的解决提供了借鉴之道。然而，由于文化的自适性，当代中国建筑中的问题不可能完全从江南建筑文化中寻找到解决途径。本书期望以一种批判的眼光和文化自省的方式激发当代建筑创作中的传统意识，为当代建筑创作中某些问题的解决提供一定的借鉴和启示。

7.1 “他者”的启示

南京大学丁沃沃教授在《文化的自信对中国建筑创作的意义》中指出：“建筑的原创力，是创造自我建造规则的能力。它的有无并不取决于审美或者技术的高低，而取决于自我的意识，取决于在面对他者的眼光下的选择。正如梅洛庞蒂所说，我们总是作为投射于我的他者的眼光中而存在的，我们总是在回应着他者的要求、质询和欲望。”[3] 对于我国当代建筑而言，文化交流中的“他者”话语对本土文化的作用在于以他者的视野去返观和内省，是对自身文化盲点的暴露和改良，以实现自我的符号再编码而进入世界符号这个大的系统中，从而优化和提升自我的本土建筑文化。站在当代创作的立场上，作为地域文化的江南传统建筑文化就是一种“他者”的存在。它将成为我们历史的传统与我们现实社会构造的结合体，江南建筑文化中的个体独立与“共在”意识能够帮助我们在全球秩序当中寻找自己的位置，帮助我们以一种从容的方式和心态进入现代性秩序之中。在消费文化和建筑市场化运作的今天，物质主义和精神主义双向的享乐主义使建筑的意义偏离了人们的价值目标。此时，如果回溯传统，以江南建筑浑然天成的天人境界去审视建筑与环境的关系，以自然生成的创作境界建立起当代建筑本体价值取向，便会离人、建筑、环境三位一体的和谐状态越发接近；如果以江南诗性审美对建筑艺术进行主体情感的投射，则会实现审美意趣的自由翱翔；如果以本土话语进行当代民俗话语体系构建，便会使言说变得亲切而生动……这是江南传统建筑文化这个“他者”给予当代建筑创作的启示。在当今动态而开放的语境下，江南传统建筑文化以一种自省的方式恢

[2] 见前文中对“江南主体间性”的论述，是一种个体觉醒主体间性与社会存在主体间性的同一，具有一种个体与他人（社会）“共在”的意识。

[3] 丁沃沃．文化的自信对中国建筑创作的意义 [M]// 当代中国建筑设计现状与发展课题研究组．当代中国建筑设计现状与发展．南京：东南大学出版社，2014.

复了民族文化的主体地位，以一种个体与他人的“共在”思想在跨文化交流中树立了我国当代建筑创作的文化自信。

7.2 现代建筑的“江南化”与江南建筑的现代化

（1）现代建筑的“江南化”

现代建筑的“江南化”涉及江南建筑文化的适用性和关联域的问题。需要强调的是，这里的“江南化”之所以打引号，旨在表明现代建筑的江南化并非要求当代的建筑创作都具有江南的形式特征和表达（当然，江南建筑的特定表达也未必适应所有地域的环境特征），如果这样便将江南传统建筑文化无限泛化了，同时也把江南建筑思想从“道”的高度降低到“器”的层面。因而，这里的“江南化”意味着一种抽象的继承，即以一种“道”的方式指引当代的创作。事实证明，我国的现代建筑创作完全有可能实现与江南建筑文化思想的并轨。随着时代的发展，我们的建设方针“适用、经济、美观”也会不断地被赋予新的内涵：首先，“适用”从原来的基本满足功能需求，提升到诸如空间复合、空间功能维度拓展与引申、内容与形式相互转换与交错等一系列的新质增加。这与江南建筑中（尤其是园林）功能—形式关联体验具有思想上的一致性，因此，关联体验这一江南建筑思想也可成为当代“适用”原则新的注解。其次“经济”也不是简单地节省成本，而是对成本、材料、用地、技术等投入回报比的社会综合效应的体现。这正是江南建筑经世致用思想和建构思想的当代转译，成为“经济”含义的现代性拓展。另外，当代对于“美观”的理解也上升到对文化内涵的追求，包括显性的环境和造型美和文化美。同时，对意境的塑造已经成为当代体现建筑文化的一个重要指标，说明当代建筑审美意境开始由物质层面上升到了精神层面，这更是江南建筑艺术所追求的终极审美目标。可见，建造原则的现代内涵与江南建筑美学思想具有高度一致性。事实证明，现代建筑的“江南化”完全可以通过对江南建筑精神的抽象继承而得以实现，这也充分说明江南建筑文化思想具有一定的适应性，可以突破地域界线而成为更广泛的建筑信条。

（2）江南建筑的现代化

任何一种传统建筑的实践都会随着时代的改变而呈现出“现在性”和“共时性”的特征，江南建筑文化也不例外。在其发展进程中必然会受到当下时代因素的影响，实现历时性话语和现实性话语的时空交汇，必然要在这个新的寄居场所中实现原生文化与现代生活的双重汇合，继而产生新的话语生产场。从这一层面上说，“现在性”（现实话语体系）构成了江南建筑现代化的实现基础。

由于建筑是与社会紧密相连的，尽管建筑语言的当代转译直接反映了现代建筑思想、观念以及方法，但更本质的是整个社会、文化形态的转化与变迁。所以，实现江南建筑的现代化就不仅仅是把建筑放置于时间历史的链条中去，而是要把建筑活动放到当代社会文化生活这个现实背景中去审视，以此建立起江南建筑的当代时空构架。虽然传统建筑与现代建筑的凝和需要相当长的时间积累，然而令人欣慰的是，江南建筑文化中所体现的天人哲学思想以及东方审美情怀正是我国当代建筑创作中所迫切需要的思想源泉，是在现、当代语境的创作中树立民族文化自信和文化自觉所急需的。因此，我们有理由相信，江南建筑文化一定能够在思想内涵上与现代性加以融合，并以现代的语言予以呈现，真正实现江南建筑的现代化。

7.3 拓展与期望

本书从江南传统建筑文化特征分析入手，并以此为视角对当代建筑创作中的问题进行审视。对于这一论题，笔者认为还有进一步的拓展空间：其一，本书主要从历史性角度对江南建筑文化的发展脉络进行梳理，尽管注意到了其在南北建筑文化对比中的差异性，但与中华其他分支文化，如荆楚建筑文化、巴蜀建筑文化以及岭南建筑文化的横向比较相对较少，如果能将这些同在一个国家语境下的文化进行共时性比较研究，异中求同、同中求异，则会更具有研究的深刻性。其二，本书着眼点更多地集中在对江南传统文化哲学思想以及艺术审美两个层面，而对于底蕴深厚的江南建筑民间营造技术阐述较少。尽管本书在形式语言的介绍中对一些构造形式有所涉及，但并未完全展开，尚未深入涉及江南建造技术的精髓。因此，把形而上的思想意识与形而下的营造技术结合起来，将成为笔者下一步需要悉心研究和挖掘的目标。其三，在江南建筑文化对当代建筑的启示部分，笔者所涉及的例证大多是具有代表性的江南建筑，其类型多以文化类建筑为主，从普适性来看，应该将视野进一步扩大到更广泛的地域范围和更多样的建筑类型中去，以便更加全面地展示出江南建筑思想的现实价值。

2014 年 10 月，习近平在文艺工作者座谈会中指出“不要搞奇奇怪怪的建筑”。所谓“奇奇怪怪”就是怪理乱形，是对建筑本质的偏离、建造逻辑的混乱以及形式语言的莫名离奇，这样的建筑自然是脱离人的真实生活而难以被理解和接受的。在这一契机下，向江南建筑文化传统回归这一论题的提出显得具时效性和现实意义。笔者希望从江南建筑的视角可以为当代建筑创作中的某些现实性问题提供一定的启示和借鉴作用，并以此为契机，激发当代建筑创作的传统意识，以批判的眼光和自省的方式回归建筑的诗意栖居。当然，罗马不是一天建成的，当代建筑中的问题也不可能完全从江南建筑文化中寻找到解决途径，江南建筑的现代化和现代建筑的“江南化”也必将经历一个漫长的过程，这需要一代代建筑师不遗余力地持续探索。正如程泰宁院士所言：“此生有涯而知无涯，以有涯逐无涯，不亦乐乎。”江南建筑文化深刻而丰富，对其的探索和研究也必将成为本人一生所不懈的学术追求。

附录一 改革开放以来江南风格建筑的全国性分布概况

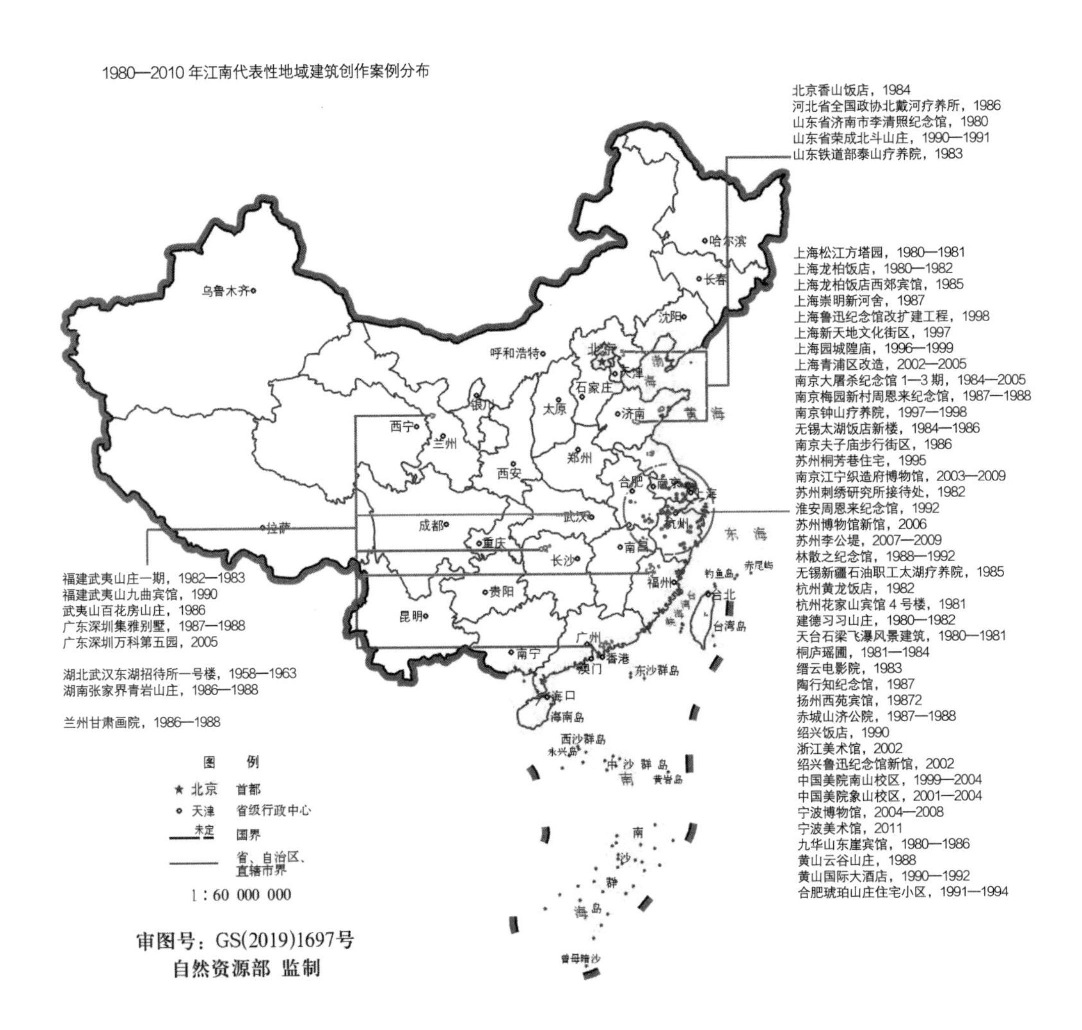

附录二 现、当代江南地区代表建筑师创作历程

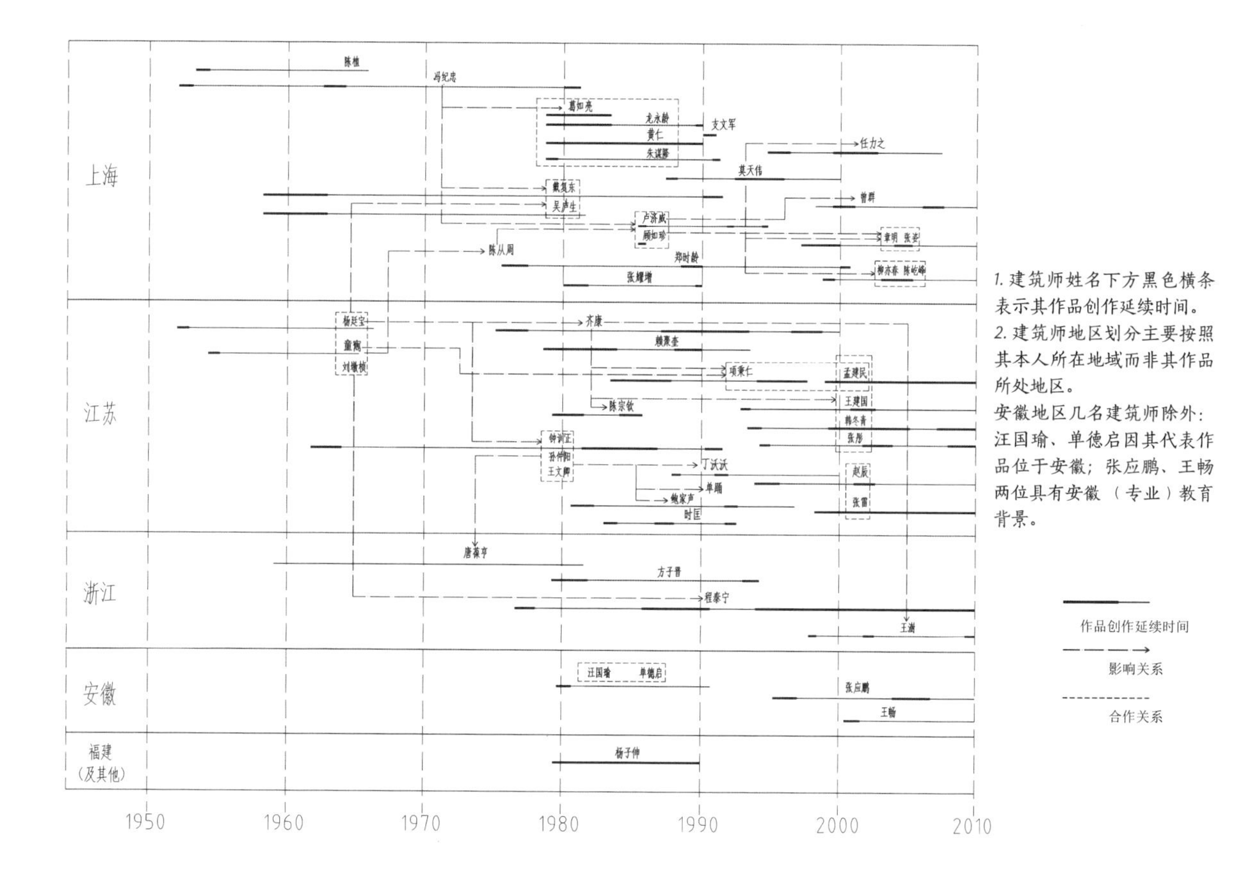

1. 建筑师姓名下方黑色横条表示其作品创作延续时间。
2. 建筑师地区划分主要按照其本人所在地域而非其作品所处地区。
安徽地区几名建筑师除外：汪国瑜、单德启因其代表作品位于安徽；张应鹏、王畅两位具有安徽（专业）教育背景。

附录三 1980—2000年代代表性江南建筑创作实践情况

上海地区

建筑作品	时间	代表建筑师	建筑物地点	类型	面（环境）
上海松江方塔园	1980—1981	冯纪忠	上海松江	风景建筑	园林式布局，以方塔为中心，半围合式布局，园中绿地与水体结合，显自然情趣
上海龙柏饭店	1980—1982	倪天增 张乾远 胡其昌	上海西郊	宾馆	主楼靠北侧，南侧预留绿化，以回廊联系各客房部分并形成内院，建筑整体呈折线形，景观朝向均好
上海西郊宾馆	1985	魏志达 李　康 方菊丽	上海西郊	宾馆	睦如居平面展开；与“怡情小筑”组合成庭院
上海崇明新河客舍	1987	黄　仁	上海崇明	宾馆	方圆组合，将平面上二个向度的圆形方形和基面上加斜撑构成三个向度空间
上海鲁迅纪念馆改扩建	1998		上海虹口	博览建筑	院落式布局，对外相对封闭，对内开放
上海多伦路文化街区	1997	郑时龄	上海虹口	商业街区	
上海豫园城隍庙	1996—1999		上海黄浦	商业街区	结合江南著名园林“豫园”而设计的街区，与历史文化景观保留了良好的对话关系，通过加大建筑密度实现商业集聚效应，并与“豫园”的开敞空间形成对比
上海青浦区改造	2002—2005		上海青浦	商业街区	

建筑作品	形体	空间	参考文献
上海松江方塔园	运用江南园林建筑及民居的分散式组合，方塔为多层楼阁式塔	以回廊联系各个区域，通过回廊、墙体布局造成隔、透、连的景观空间效果	《冯纪忠先生谈方塔园》，城市环境设计，2004/02
上海龙柏饭店	具有英式与中国传统建筑相结合的风格，手法折中，以浅黄色饰面，并以赭色构成线脚，典雅精致	庭院穿二层空间，进厅对外开放，对内封闭，借鉴园林手法，视觉上相互照应，院内结合旋梯，空间变化多样	《龙柏饭店》《龙柏饭店建筑设计构思》，建筑学报，1982（9）
上海西郊宾馆	江南民居坡地与平面处理高低错落，层高上挑下悬，上实下虚	流动性空间，庭院和实体相互穿插，收放自如	《改旧翻新，小中见大：上海西郊宾馆》，时代建筑，1990/02
上海崇明新河客舍	源于民居中架、壁、披、篱的民间建筑词汇，篱插在架、壁之间形成不同要素交织，以形成整体	入口为公共大庭院，内部又嵌入若干小庭院，加大空间进深，小中见大，层次丰富	《半屋数披，小筑允宜：建筑形态构成设计的一次尝试》，建筑学报，1989/08
上海鲁迅纪念馆改扩建	江南传统街巷二层界面样式，入口位于一侧，采用徽派建筑马头墙，白墙黑瓦，清新雅致	以江南民居“天井”院联系游览路径	
上海多伦路文化街区		延续江南街巷空间布局，在主街两侧穿插次要巷道，以呈现上海传统里弄空间意蕴，两侧建筑多为保留性建筑，地面以石料铺砌并结合文化类雕塑，尺度亲人	《上海多伦路环境规划设计分析》，美术大观，2010/05
上海豫园城隍庙	采用江南园林建筑样式，多以三层为主，通过屋檐出挑、起翘、沿街面吊脚楼和垂花门的形式凸显江南园林建筑的多样性	空间相对聚集，多以窄巷相连，内部游线曲折多变，是对江南园林游线的隐喻，与保留的“豫园”空间相得益彰	《上海豫园城隍庙商业区城市设计研究》，河海大学学报，2009/03
上海青浦区改造	以砖石、木等材料营造江南意蕴，建筑以多层为主，屋顶抽取江南民居屋顶元素，底层相对开放，两层以上开小侧窗，相对封闭	街巷空间曲折多变，注重对景效果，既有江南空间意蕴，又有现代商业气息	

江苏地区

建筑作品	时间	代表建筑师	建筑物地点	类型	面（环境）
南京大屠杀遇难同胞纪念馆一期、二期	1984 1995	齐　康 顾强国 朱　雷	南京	博览建筑	以遗骨馆为中心向外辐射，以大片乱石场地作为留白
南京梅园新村周恩来纪念馆	1987—1988	齐　康 孟建民	南京	博览建筑	庭院和室内中庭在结构关系上保持了江南村落状况和历史遗韵，同时沿街道丁字路口封闭以保持街道完整性
南京钟山疗养院	1997—1998	齐　康 张　宏	南京	宾馆	变体形制的四边形平面围合成一个庭院，通过体块的倾斜使每个客房的朝向均好
无锡太湖饭店新楼	1984—1986	正阳卿	无锡	宾馆	化整为零，结合坡地层层跌落，与山势地形融为一体
南京夫子庙步行街	1986	丁沃沃 董　卫	南京	商业街区	考虑历史文脉与商业氛围的结合，T字形布置并向两翼延伸，适应商业、游乐
桐芳巷住宅	1995		苏州	住宅	观光旅游、休闲居住一体化住宅建筑群，沿街商业开放，内核为住宅，以形成围合结构，路径沿用江南传统院落“街—巷—弄”肌理，结构层次丰富
南京江宁织造府博物馆	2003—2009	吴良镛	南京	博览建筑	用地相对紧凑，在矩形地块上通过局部加高，形成竖向的层次感，并通过错落的围墙形成向内的园林空间

建筑作品	形体	空间	参考文献
南京大屠杀遇难同胞纪念馆一期、二期	横向墙面和斜向石墙交织，遗骨馆半地下设置，状如墓冢	向外界面由矮墙封闭，路径曲折突变，运用江南园林空间大小收放以形成对比，台阶和巨墙夹缝起到过渡作用，内部空间开阔荒芜，充满凭吊意味	《侵华日军南京大屠杀遇难同胞纪念馆》，建筑学报，1986/05；《南京大屠杀纪念馆：齐康院士 18 年的项目》，百年潮，2015/02
南京梅园新村周恩来纪念馆	外形保持原有住宅形式，屋顶高度沿街分为二层，与阁楼里弄建筑保持体形上的一致性，立面铺以青砖，并以梅花装饰，颇有江南情怀	外部空间构图中心随人流引申至铜像，以形成视觉中心，流线上人车交流，步行交流，从内院至建筑室内中庭，与车行分开	《建筑环境和历史环境的再现：论梅园周恩来纪念馆建筑创作》建筑学报，1991/10
南京钟山疗养院	以两层为主保持与周边历史建筑的对话关系、意蕴和小尺度建筑的谦虚姿态	以环形流线围绕中庭院落，在转折处形成多个交流空间，并将内部庭院向建筑内部渗透	《环境的感悟：南京钟山干部疗养院楼设计》，建筑，2000/03
无锡太湖饭店新楼	公共部分与老楼取用同一层面标高，沿太湖景观面分散，错落有致、粉墙黛瓦，质朴明快的江南情调	主要入口、门厅位于山麓，人车分流，全部客房与共享空间均有良好的太湖景观朝向	《无锡太湖饭店新楼》，建筑学报，1990/01；《景区坡地的旅游建筑：兼谈无锡太湖饭店新楼设计》建筑学报，1987/07
南京夫子庙步行街	结合秦淮河两岸保留的历史风貌，多以两层建筑为主，沿街店面相对开放，并以防火山墙间隔开来，二层采用传统挑檐，具有明清江南的街市氛围		《南京夫子庙东西市场的规划和设计》，建筑学报，1987/05；《南京夫子庙及其周边地区景观文化网络的构建》，规划师，2008/01
桐芳巷住宅	住宅单元前后错位，矮墙围合院落，墙头装饰分化建筑尺度，对坡顶采用分割错落手法“化大为小”	传统江南院落“街—巷—弄”的空间交通，围合性较强	《城市住宅地域性与建筑设计》天津大学硕士论文
南京江宁织造府博物馆	以江南民居和江南园林建筑为基础设计，外围以跌落的钢构围墙营造封闭感，是对墙的隐喻，内部园林与建筑结合，粉墙黛瓦与现代材料形成强烈对比	向外封闭，向内开放，通过对内部园林空间的精心营造，反对高差的运用，获得丰富的空间层次感，并将视觉焦点引向东北角的塔楼	《关于江宁织造府博物馆的三点思考》，光明日报，2009/01/08

江苏地区续表

建筑作品	时间	代表建筑师	建筑物地点	类型	面（环境）
苏州刺绣研究所接待馆	1982	时　匡	苏州	办公	
淮安周恩来纪念馆	1992	齐　康 张　宏 孟建民	淮安	博览建筑	结合水景，并以轴线控制布局，体现建筑的严肃性，主馆呈合院式布局，既有纪念馆的宏大，又有江南建筑的精致
苏州博物馆新馆	2006	贝聿铭	苏州	博览建筑	毗邻江南经典园林“拙政园”，建筑沿周边布置，留出中央水院景观，并在建筑中穿插院落，与周边园林环境取得良好对应关系
苏州李公堤	2007—2009		苏州	景观建筑	
林散之纪念馆	1988—1992	单　踊	江浦	博览建筑	“L”形布局，因地制宜，分散
无锡新疆石油职工太湖疗养院	1985	卢济威 顾如珍	无锡	居民建筑	依山取势，结合山地分散布局，公共部分与客房均相对独立，保留树木，房中结合良好的景观

建筑作品	形体	空间	参考文献
苏州刺绣研究所接待馆	江南园林建筑样式，白墙黑瓦，又颇具吊脚楼意蕴		《苏州刺绣研究所接待楼空间及环境设计》，建筑学报，1982/04
淮安周恩来纪念馆	以石材体现建筑的纪念意义，雕塑厅采用传统江南四方亭样式，但立面通过转 45° 以实现建筑的灵巧，弱化了体量感，主展厅基本还原江南合院形制，结合苏州民居特点，并通过屋顶的错位而形成韵律	以中轴线控制空间层次，以增强空门序列感，主展厅以回廊相连，形成合院	《象征不朽精神，寄托无限思念：淮安周恩来纪念馆建筑创作设计》，建筑学报，1993/04
苏州博物馆新馆	以方形、菱形为基本几何形体，采用江南民居坡顶样式，并将之划分为小块进行拼合，粉墙黛瓦并以深灰色勾勒成角，朴实精致，传统元素与现代材料完美结合	多层次空间对接，结构中轴线结合园林框景、对景等造园手法，实现游览路径的丰富体验	《纯净的完形：苏州博物馆新馆解读》，新建筑，2010/05;《苏州博物馆新馆》，世界建筑，2004/01
苏州李公堤		步行街区线性展开，部分建筑延伸入水面，具有江南水乡临水面建筑空间韵味	《滨水商业街休闲空间设计研究：以苏州李公堤为例》，苏州大学硕士论文
林散之纪念馆	当地民居韵味，茅草屋顶，玻璃天顶，以替代人工照明		
无锡新疆石油职工太湖疗养院	采用南方坡顶形式，通过地势高低实现屋顶的跌落组合，园内采用月亮门等江南园林语言，并结合山石粗糙肌理，地域性特征极强	大组建筑围绕四个主题院落，并以游步连接，曲径通幽，景观丰富	《从新疆石油职工太湖疗养院设计谈山地建筑与风景环境》，建筑学报，1986/03

浙江地区

建筑作品	时间	代表建筑师	建筑物地点	类型	面（环境）
黄龙饭店	1979	程泰宁	杭州	宾馆	分散布局，加强室外空间对宝塔山的透视效果，独栋高层围合院落以形成“留白”
花家山宾馆四号楼	1981	唐葆亨 方子晋	杭州	风景建筑	地势平坦，人货分流，保留西南大片土地和原有水环境景观，同时预留发展用地
习习山庄	1980—1982	葛如亮	建德	风景建筑	依山就势，充分考虑建筑与山、石、树的关系，分散布局，并以山石作为建筑元素进行创作
天台山石梁飞瀑	1980—1981	黄　仁 葛如亮 朱谋隆	天台县	风景建筑	结合山地地形，建筑布局合成“天井院”
赤城山济公院	1987—1988	齐　康 陈宇钦	天台县	风景建筑	依山而建，体现济公形象个性，园林式分布，又兼具佛教建筑缩影
绍兴酒店	1990	唐葆亨 陈静观 谢永辉 龚景超	绍兴	宾馆	结合原“凌霄社”建筑群进行改扩建，组成10处庭院，乌篷可从酒店水园驶向河网

建筑作品	形体	空间	参考文献
黄龙饭店	方形平面，四坡顶，取江南民居马头墙与吊脚楼西部特征，顶部蓝色与白墙呼应，清秀雅致	庭院与入口大厅组合，视线通透流畅，庭院与建筑以回廊联系，交通分散，分区明确，尤其门厅横向长宽对景庭院景观犹如展开的长轴山水画，意境深远	《环境、功能、建筑观：杭州黄龙饭店创作札记》，建筑学报，1985/12;《独树一帜：杭州黄龙饭店评介》，新建筑，1988/04
花落山宾馆四号楼	采用传统江南园林建筑及江南屋顶组合，竖向空间具有韵律感，以吊脚楼阳台点缀，入口结合井字梁呈不对称形状，并以江南门斗、青瓦廊划分前后庭院	以水为中心贯穿新老建筑，并围合成开敞庭院，以三、四层楼为主体交错布局，并以连廊连接，建筑与空间相互适应，利用建筑公用设施营造江南水乡天然景致	《杭州花家山宾馆四号楼设计》，建筑学报，1983/11
习习山庄	采用不同出挑长度的层营造不同的空间感受，长达22.8米的长屋顶极具特色，开创“灵栖手法”	采用L形转折流线，7次转折造成空间的收敞，在横竖两个高度增加层次感	《中国现代建筑的一个经典读本：习习山庄解析》，现代建筑，2007/05;《葛如亮的新乡土建筑》，时代建筑，1993/01
天台山石梁飞瀑	通过不同层高的屋顶，呈现出纵横交错、高低错落的坡顶形式，底层顺应山势，二层回廊出挑，具有江南民居和吊脚楼的意味		《葛如亮的新乡土建筑》，时代建筑，1993/01
赤城山济公院			《景点·乡土·风貌：天台山济公院的设计构思》，建筑学报，1990/01
绍兴酒店	14栋建筑粉墙青瓦，错落有致地布置成江南民居天井院落，回廊曲桥穿插，一副江南水乡意境	运用庭院水网空间与建筑进行穿插组合，利用现代建筑与建筑材料要素对老建筑进行改造扩建	《传统与现代建筑文化的融合：独具特色的绍兴饭店改扩建》，建筑学报，1991/11

浙江地区续表

建筑作品	时间	代表建筑师	建筑物地点	类型	面（环境）
余姚河姆渡遗址博物馆	1993		浙江余姚	博览建筑	地势空旷，在遗址处修建，采用大坡度屋顶的建筑构造进行围合
绍兴鲁迅纪念馆	2002	程泰宁	绍兴	博览建筑	矩形地块，紧凑布局，水院偏于一侧，并将水引至建筑内部，形成江南水乡意境
浙江美术馆	2003—2006	程泰宁 王大鹏	杭州	博览建筑	杭州玉皇山麓为风景绝佳之地，集中布局，以减法挖出“天井”空间，使自然景观室内渗透
中国美术学院南山校区	1999—2004	李承德	杭州	教学建筑	在较为局限的用地范围内，通过江南传统建筑尺度空间的运用，体现紧凑而又精致的空间效果
中国美术学院象山校区	2001—2004	王　澍	杭州	教学建筑	建筑位于象山山麓，分散布局，疏密相间，并保留大片原始农田和水体、景观，通过“之”字形和“回”字形建筑空间围合，以形成多种样式“院落”，且每一栋建筑均与山景有良好的视觉对应关系
宁波博物馆	2004—2008	王　澍	宁波	博览建筑	“半山半房”的宏大布局，矩形平面结合，构成江南山水建筑意境

建筑作品	形体	空间	参考文献
余姚河姆渡遗址博物馆	形态粗犷，屋顶建筑构件穿插，浑厚有力，局部架空，具有江南地区的形式		《河姆渡遗址博物馆》，宁波通讯，2005/12
绍兴鲁迅纪念馆	采用江南民居样式，白墙黑瓦，并以黑色勾勒线脚，墙面采用马头墙，室内外以玻璃形成空间渗透，传统意境与现代材料结合	入口较为隐蔽，以照壁形成空间转折关系，造成入口的收放对比，院内建筑白墙，营造江南小巷意境，端部以水院水巷的对景作为空间和景观的收头	《绍兴鲁迅纪念馆》，城市环境设计，2011/04
浙江美术馆	考虑与周边环境关系，以隐的手法藏建筑于自然山水之间，加玻璃钢架，通过九脊顶的抽象变体形成丰富的视觉效果，同时是对玉皇山形态的隐喻	局部沉于地下，结合小院落形成江南天井院落，打造民居院落的空间体验，空间分为三部分，展览、办公、储藏各1/3，分隔明确	《通感·意境·建构：浙江美术馆建筑创作后记》，建筑学报， 2010/06
中国美术学院南山校区	通过建筑的架空和玻璃钢构雨棚的运用，并结合大台阶入口空间以强化，内部建筑相互穿插，围合成小型院落，并以回廊连接，空间幽深，层次多变	以青砖、玻璃轻钢等现代材料营造传统江南意境，细部结构多采用江南民居装饰要素，色调以黑、白、灰为主，朴素雅致，体现江南建筑工艺	《中国美术学院南山路校园整体改造工程设计》，山东科技出版社，2004
中国美术学院象山校区	以江南民居青瓦屋顶的主要设计运思，通过不同瓦片的拼合，形成多样化的视觉感受和乡土气息，进而通过形式异常的开窗，将景观引入室内，并将连廊架空于建筑上，形成曲折又联系的行为体验	通过建筑单体的围合，以形成不同形式的院落，营造共享空间，并连廊相互连接，创造性地在平缓的屋顶上设置平台座椅，造成不同于往昔的分散式教学体验	《中国美术学院象山教区设计作品》，2004，《竹、木、砖、瓦：当代建筑中乡土材料的运用——以王澍为例》，南昌大学硕士论文，2012
宁波博物馆	通过墙体的褶皱变形、切断、倾斜等手法，形成抽象的矩形变体，以造成丰富的视觉感受，江南屋顶转而强调肌理特征，以当地青砖、瓦片拼接，营造江南特有的历史沧桑感，具有“建构”的意味	营造江南园林建筑一步一景的空间意境，将展示、休闲、观赏等融为一体	《宁波博物馆》，中国建筑装饰装修，2011/01；《宁波博物馆建筑的审美精神解读》，作家，2009/06

安徽地区

建筑作品	时间	代表建筑师	建筑物地点	类型	面（环境）
九华山 东崖宾馆	1980—1986	黄　仁	九华山	宾馆	总体布局沿地形高差展开，局部三层，分东、西、中三个庭院，视觉上延续周边建筑风格，成为九华山风景建筑的延续部分
黄山云雾山庄	1988	王国瑜 单德启		宾馆	用地内划分成大小不等的院落，以建筑围合，以房屋为主，保持屋顶的连续一致，建筑用地坡度较大，通过对不同层高的安排保证了功能的连贯性
黄山 国际大酒店	1990—1992	齐　康 陈宗钦	屯溪	宾馆	
琥珀山庄小区	1991—1994		合肥	居住建筑	结合城市水系分区建议，五个组呈线性展开，但并不强调轴线，地势高低错落，呈阶梯状布置，内部“8”字形主交通网将各支路连接起来，充分考虑公共空间及宜居性

福建地区

建筑作品	时间	代表建筑师	建筑物地点	类型	面（环境）
1982—1983	武夷山庄一期	齐　康 杨子申 陈宗钦	武夷山	宾馆	主体结合地形,分散布局，具有江南民居布局特点
1990	武夷山 九曲宾馆	齐　康 张　宏 陈继良	武夷山	宾馆	入口塔楼过渡自然景观，回旋引道过渡建筑视觉序列，利用入口道路高差，增强层次感
1986	武夷山 百花山庄	莫天伟	武夷山	宾馆	形态上化整为零，减弱体量感，从而与环境更协调，但仍保留功能性和集中管理的特点

建筑作品	形体	空间	参考文献
九华山 东崖宾馆	线面结合,坡屋连贯一体，穿插用重色调点缀，乡土气息较为浓厚	考虑江南建筑地处的经济位置和对称特点，沿用中心轴线，东崖旧楼安排在中心轴线上，没有程式化的对称布局和一进一进的强调，而是三个部分由低到高，上下相重，前后呼应，似有轴线，形无轴线	《自然为本，庙宅合一：安徽九华山东崖宾馆创作随笔》，新建筑，1989/02
黄山云雾山庄	典型徽派建筑形式，粉墙黛瓦，封火山墙，屋顶开小窗	以组团围合空间“天井院”，再组合形成共享空间，旅客入口与后勤入口放置在不同合理分区，流线通畅	《龙柏饭店》《龙柏饭店建筑设计构思》，建筑学报，1982（9）
黄山 国际大酒店	提取徽派建筑地域性特点，并将之变化应用，与现代建筑构架融合，隐喻传统风貌	手法以徽州民居为原型，用一条纵轴线将主要空间贯穿，将江南传统狭窄变为天井玻璃顶下的共享空间	《改旧翻新，小中见大：上海西郊宾馆》，时代建筑，1990/02
琥珀山庄小区	提取徽派建筑马头墙特点，并进行变化运用，以多层为主，屋顶结构呈多坡面组合，以青色、红色活跃气氛，建筑转向东南 15° 以保证景观和日照条件	用地范围较大，跨越三个街区，人车分流，保障了出行的安全。注重小区内公共设施的服务范围	《琥珀山庄南村规划建筑浅析》，建筑学报，1994/11

建筑作品	形体	空间	参考文献
武夷山庄一期	坡屋顶悬梁垂柱，具有南方吊脚楼意味。地形曲折跌宕，山墙以深色勾勒本来框架，凸显穿斗民居特征	利用山势，形成不同层高跌落而穿墙多变的屋面形式，空间节奏流畅明快	《返朴归真 蹊辟新径：武夷山庄建筑创作回顾》，建筑学报，1985/01；《中国现代建筑史》，2003
武夷山 九曲宾馆	不同墙面用不同手法，仿本架构，毛石垒砌，碎毛石拼砌等，颇有地域及人文特征，屋顶暗绿色呼应自然色调	二层建筑,围绕三个内庭，纵向贯穿，各体块依山就势，错落有致，过渡区域采用大面积落地窗，注重对景效果	《风景建筑中的自然与人文环境意识观：武夷山九曲宾馆设计》，华中建筑，1997/03
武夷山 百花山庄	形成有特色的形态符号，斜面象征南方民居单坡屋顶，立面样式隐喻封火山墙。各面有致穿插，暗含山地民居建筑组织特点	尝试利用形态构成基本操作法，垂直山势错落，前后移位，每个长条屋顶分成 18 块，以造成上下错落的动感	《形态构成与建筑设计：百花岩山庄建筑设计》，时代建筑，1988/03

其他

建筑作品	时间	代表建筑师	建筑物地点	类型	面（环境）
武汉东湖梅岭招待所一号楼	1958—1963	戴复东 吴庐生	武汉	宾馆	顺等高线布局，尽量取消台阶，高差以斜坡替代，小礼堂及附属部分分开，以回廊联系，庭院穿插其中，并将建筑向水面延伸开来
山东聊城北斗山庄	1990—1991	戴复东	聊城	宾馆	采用圆形母题进行切割，形成 4 个半圆拼接组合
湖南张家界青岩山庄	1986—1988	黄　仁	张家界	宾馆	尽量不损害自然的前提下，按照要求采用立、砌、架等手法将建筑自然基石结合
兰州甘肃画院	1986—1988	正阳卿	兰州	博览建筑	建筑与二期工程美术馆组成整体，亦可相对独立开放
香山饭店	1984	贝聿铭	北京	宾馆	中轴对称与分散布局相结合，中央以“四季厅”和后院为主要空间，各小型院落分散分布，并敞开，同时尽量避开植被
深圳集雅别墅	1987—1988	陈宗钦	深圳	住宅	采用江南聚落分散式布局
深圳万科第五园	2005		深圳	住宅	集中布局，高密度集合，并以“梳式”联系，结合水系形成江南水乡特点

建筑作品	形体	空间	参考文献
武汉东湖梅岭招待所一号楼	青瓦屋面结合粉墙，以砌墙点缀，既具有江南建筑的清秀灵动，又有当地建筑风格，采用大片景观落地窗以保证良好的景观朝向	小型院落被安置于建筑内部，具有江南民居意味，各功能相对分散，且流线较长	《因地制宜 普材精用 凡屋尊居：武汉东湖梅岭工程群建筑创作回忆》，建筑学报，1997/12
山东聊城北斗山庄		庭院穿二层空间，进厅对外开放，对内封闭，借鉴园林手法，视觉上相互照应，院内结合旋梯，空间变化多样	《如螺似蚌，起伏跌宕：山东聊城两个小招待所》，建筑学报，1996/02
湖南张家界青岩山庄		流动性空间，庭院和实体相互穿插，收放自如	《张家界青岩山庄设计》，建筑学报，1989/04
兰州甘肃画院	两个圆形体块以连廊联系，客房与服务功能分开，但形式上相互完整照应，平面分隔，形态趋于整体	借鉴江南民居“天井院”形式意蕴，并以此形成共享大厅，结合高塔造型，形成视觉中心	《中国现代建筑史》，邹德侬等
香山饭店	运用大量江南民居建筑元素如粉墙黛瓦等表现质朴雅致，中庭以玻璃钢架覆盖，内部以海棠花房和屏风为点缀，结合植被竹、兰等，颇具江南意境，同时运用北方建筑装饰，是江南建筑与北方建筑的结合	中庭辐射出各客房，侧翼则以曲折的连廊联系	《20年后回眸香山饭店》，百年建筑，2003/Z1
深圳集雅别墅	采用江南民居粉墙黛瓦元素，以显质朴雅致，室内挖出“天井院”实现与自然交流		
深圳万科第五园	江南封火山墙抽象变体，采用双层墙体形式，外层开小窗透出内部别致景观，室内挖出小型“天井院”隐喻江南民居	住宅之间间距狭小，以形成“冷巷”空间，促进空气对流，以适应气候特征，同时隐喻江南备弄空间，以4~6栋住宅形成合院的形式，表现江南院落居民组合多样性	《万科第五园》，建筑创作，2008/06;《创新现代中式：万科第五园案例分析》，中国建筑装饰装修，2013/01

参考文献

专（译）著

[1] 陆九渊．陆九渊集 [M]．钟哲，点校．北京：中华书局，1980.
[2] 黄宗羲．明儒学案（全二册）[M]．沈芝盈，校．北京：中华书局，1985.
[3] 汤显祖．汤显祖诗文集（全二册）[M]．徐朔方，校．上海：上海古籍出版社，1982.
[4] 徐渭．徐渭集 [M]．北京：中华书局，1983.
[5] 刘熙载．艺概 [M]．上海：上海古籍出版社，1798.
[6] 李渔．闲情偶寄（白话插图本）[M]．李树林，译．重庆：重庆出版社，2008.
[7] 黄庭坚．山谷词 [M]．马兴荣，祝振玉，校注．上海：上海古籍出版社，2001.
[8] 陆机．文赋集释 [M]．张少康，集释．北京：人民文学出版社，2002.
[9] 老子．道德经 [M]．昆明：云南人民出版社，2011.
[10] 庄子．庄子（全册）[M]．北京：北京时代华文书局，2018.
[11] 刘义庆．世说新语 [M]．上海：上海古籍出版社，2012.
[12] 王国维．人间词话 [M]．苏州：古吴轩出版社，2012.
[13] 李学勤，徐吉军．长江文化史 [M]．南昌：江西教育出版社，2011.
[14] 李伯重．多视角看江南经济史：1250—1850[M]．北京：生活 · 读书 · 新知三联书店，2003.
[15] 周振甫．文心雕龙今译 [M]．北京：中华书局，1986.
[16] 陈鼓应．庄子今注今译 [M]．北京：中华书局，1983.
[17] 黎靖德．朱子语类 [M]．王星贤，校．北京：中华书局，1986.
[18] 侯外庐．中国思想通史（五卷本）[M]．北京：人民出版社，1958.
[19] 梁启超．苏州文库：论中国学术思想变迁之大势 [M]．夏晓虹，导读．上海：上海古籍出版社，2001.
[20] 冯友兰．中国哲学史：上、下册 [M]．北京：中华书局，1961.
[21] 叶朗．美学原理 [M]．北京：北京大学出版社，2009.
[22] 罗，斯拉茨基．透明性 [M]．金秋野，王又佳，译．北京：中国建筑工业出版社，2008.
[23] 沈克宁．建筑现象学 [M]．北京：中国建筑工业出版社，2008.
[24] 朗格．情感与形式 [M]．刘大基，译，北京：中国社会科学出版社，1986.
[25] 勒菲弗．空间与政治 [M]．李春，译．上海：上海人民出版社，2008.
[26] 巴特．符号学原理 [M]．李幼蒸，译．北京：中国人民大学出版社，2008.
[27] 冯纪忠．建筑弦柱：冯纪忠论稿 [M]．上海：上海科学技术出版社，2003.
[28] 张岱年．中国哲学大纲：中国哲学问题史 [M]．北京：中国社会科学出版社，1982.
[29] 商务印书馆编辑部．辞源 [M]．修订本．北京：商务印书馆，1982.
[30] 徐复观．中国艺术精神 [M]．沈阳：春风文艺出版社，1987.
[31] 魏磊．中国人的人格：从传统到现代 [M]．贵州：贵州人民出版社，1988.
[32] 刘伟林．中国文艺心理学史 [M]．海口：三环出版社，1989.
[33] 韦政通．儒家与现代中国 [M]．上海：上海人民出版社，1990.
[34] 孙隆基．中国文化的深层结构 [M]．北京：中信出版社，2005.
[35] 刘国强．儒学的现代意义 [M]．台北：鹅湖出版社，2001.
[36] 汪凤炎，郑红．中国文化心理学 [M]．第 3 版．广州：暨南大学出版社，2009.
[37] 成复旺．中国古代的人学与美学 [M]．北京：中国人民大学出版社，1992.
[38] 吴言生．禅宗哲学象征 [M]．北京：中华书局，2001.
[39] 郑时龄．建筑批评学 [M]．北京：中国建筑工业出版社，2001.
[40] 戴志中，舒波，羊恂，等．建筑创作构思解析：符号 · 象征 · 隐喻 [M]．北京：中国计划出版社，2006.
[41] 陈治邦，陈宇莹．建筑形态学 [M]．北京：中国建筑工业出版社，2006
[42] 姚承祖．营造法原 [M]．张至刚，增编．北京：中国建筑工业出版社，1986.
[43] 陈从周．园林谈丛 [M]．上海：上海文化出版社，1980.
[44] 宗白华．美学散步 [M]．上海：上海人民出版社，2005.
[45] 宗白华．艺境 [M]．北京：商务印书馆，2011.
[46] 段进，季松，王海宁．城镇空间解析：太湖流域古镇空间结构与形态 [M]．北京：中国建筑工业出版社，2002.
[47] 徐千里．创造与评价的人文尺度：中国当代建筑文化分析与批判 [M]．北京：中国建筑工业出版社，2001.
[48] 朱良志．中国美学十五讲 [M]．北京：北京大学出版社，2006.
[49] 朱良志．曲院风荷：中国艺术论十讲 [M]．北京：中华书局，2014.
[50] 张法．中西美学与文化精神 [M]．北京：中国人民大学出版社，2010.
[51] 刘纲纪．传统文化、哲学与美学 [M]．武汉：武汉大学出版社，2006.
[52] 胡飞．中国传统设计思维方式探索 [M]．北京：中国建筑工业出版社，2007.

[53] 李立．乡村聚落：形态、类型与演变——以江南地区为例 [M]．南京：东南大学出版社，2007.
[54] 樊树志．江南市镇：传统的变革 [M]．上海：复旦大学出版社，2006.
[55] 许超．江南水乡古镇：江南市井文化中的珍贵遗存 [M]．南京：江苏科学技术出版社，2014.
[56] 童寯．江南园林志 [M]．2 版．北京：中国建筑工业出版社，2014.
[57] 顾凯．江南私家园林 [M]．北京：清华大学出版社，2013.
[58] 吴良镛．广义建筑学 [M]．北京：清华大学出版社，2011.
[59] 单军．建筑与城市的地区性：一种人居环境理念的地区建筑学研究 [M]．北京：中国建筑工业出版社，2010.
[60] 周宪．审美现代性批判 [M]．北京：商务印书馆，2005.
[61] 项隆元．《营造法式》与江南建筑 [M]．杭州：浙江大学出版社，2009.
[62] 过汉泉．江南古建筑木作工艺 [M]．北京：中国建筑工业出版社，2015.
[63] 刘森林．江南市镇：建筑 艺术 人文 [M]．杭州：清华大学出版社，2014.
[64] 周学鹰，马晓．中国江南水乡建筑文化 [M]．武汉：湖北长江出版集团，2006.
[65] 丁俊清．江南民居 [M]．英文版．上海：上海交通大学出版社，2009.
[66] 王振复．中国建筑的文化历程 [M]．上海：上海人民出版社，2000.
[67] 赵巍岩．当代建筑美学意义 [M]．南京：东南大学出版社，2000.
[68] 陈士强．佛典精解 [M]．上海：上海古籍出版社，1992.
[69] 培根．培根论说文集 [M]．水天同，译．北京：商务印书馆，1983.
[70] 马克思．政治经济学批判导言 [M]// 马克思恩格斯选集：第二卷．北京：人民出版社，1972.
[71] 司谷特．人文主义建筑学：情趣史的研究 [M]．张钦楠，译．北京：中国建筑工业出版社，1989.
[72] 王岳川，尚水．后现代主义文化与美学 [M]．北京：北京大学出版社，1992.
[73] 贝尔．有意味的形式：上卷 [M]．蒋孔阳，译．上海：复旦大学出版社，1987.
[74] 杜夫海纳．美学与哲学 [M]．孙菲，译．北京：中国社会科学出版社，1985.
[75] 海德格尔．诗 · 语言 · 思 [M]．彭富春，译．北京：文化艺术出版社，1991.
[76] 海德格尔．存在与时间 [M]．陈嘉映，王庆节，译．北京：生活 · 读书 · 新知三联书店，1987.
[77] 王又平．文学批评术语词典 [M]．上海：上海文艺出版社，1999.
[78] 斯托洛维奇．审美价值的本质 [M]．凌继尧，译．北京：中国社会科学出版社，1984.
[79] 丹纳．建筑批评学 [M]．傅雷，译．北京：人民文学出版社，1981.
[80] 芦原义信．街道的美学 [M]．尹培桐，译．天津：百花文艺出版社，2006.
[81] 盖尔．交往与空间 [M]．何人可，译．北京：中国建筑工业出版社，2002.
[82] 考夫卡．格式塔心理学原理 [M]．李维，译．北京：北京大学出版社，2010.
[83] 雷德侯．万物：中国艺术中的模件化和规模化生产 [M]．北京：生活 · 读书 · 新知三联书店，2012.
[84] 楚尼斯，勒费夫尔．批判性地域主义：全球化世界中的建筑及其特征 [M]．王丙辰，译．北京：中国建筑工业出版社，2007.
[85] 弗兰姆普敦．现代建筑：一部批判的历史 [M]．张钦楠，等译．北京：生活 · 读书 · 新知三联书店，2012.
[86] 托多罗夫．象征理论 [M]．王国卿，译．北京：商务印书馆，2004.
[87] 弗兰姆普敦．建构文化研究：论 19 世纪和 20 世纪建筑中的建造诗学 [M]．王骏阳，译．北京：中国建筑工业出版社，2007.
[88] 李黎阳．波普艺术 [M]．北京：人民美术出版社，2008.
[89] 斯坦戈斯．现代艺术观念 [M]．侯翰如，译．成都：四川美术出版社，1998.
[90] 黑格尔．美学：第一卷 [M]．朱光潜，译．北京：商务印书馆，1979.
[91] 黑格尔．美学：第二卷 [M]．朱光潜，译．北京：商务印书馆，1979.
[92] 朗格．艺术问题 [M]．滕守尧，译．北京：中国社会科学出版社，1983.
[93] 胡塞尔．纯粹现象学通论 [M]．李幼蒸，译．北京：商务印书馆，1992.
[94] 贡布里希．艺术发展史 [M]．范景中，译．天津：天津人民美术出版社，2006.
[95] 朱熹，集注 · 诗集传 [M]．北京：中华书局，1958.
[96] 徐亮．意义阐释 [M]．兰州：敦煌文艺出版社，1999.
[97] 阿瑞提．创造的秘密 [M]．钱岗南，译．沈阳：辽宁人民出版社，1987.
[98] 巴尔特．写作的零度 [M]．李幼燕，译．北京：中国人民大学出版社，2008.
[99] 拉普卜特．建成环境的意义：非言语表达方法 [M]．黄兰谷，译．北京：中国建筑工业出版社，2003.
[100] 克罗齐．美学原理 · 美学纲要 [M]．朱光潜，译．北京：外国文学出版社，1983.
[101] 吴文治．宋诗话全编 [M]．南京：凤凰出版社，1998.
[102] 郭绍虞．宋诗话辑佚：下册 [M]．北京：中华书局，1980.
[103] 彭怒，支文军，戴春．现象学与建筑的对话 [M]．上海：同济大学出版社，2009.

[104] 中国社会科学院外国文学研究所．卢卡契文学论文集(1)[M]．北京：中国社会科学出版社，1980.
[105] 李普曼．当代美学[M]．邓鹏，译．北京：光明日报出版社，1986.
[106] 梁从诫．林徽因文集：建筑卷[M]．天津：百花文艺出版社，1999.
[107] 林同华．宗白华全集[M]．合肥：安徽教育出版社，2008.
[108] 勃罗德彭特．符号・象征与建筑[M]．乐民成，译．北京：中国建筑工业出版 社，1991.
[109] 孙周兴．海德格尔选集[M]．上海：生活・读书・新知上海三联书店，1996.
[110] 伍蠡甫．现代西方艺术美学文选：建筑美学卷[M]．沈阳：春风文艺出版社，1989.
[111] 程泰宁．程泰宁文集[M]．武汉：华中科技大学出版社，2011.
[112] 当代中国建筑设计现状与发展课题研究组．当代中国建筑设计现状与发展研究[M]．南京：东南大学出版社，2014.
[113] 《建筑师》编辑部．从现代向后现代的路上[M]．北京：中国建筑工业出版社，2007.
[114] FRAMPTON. Modern architecture: a critical history [M]. 3rd ed. New York：Thames and Hudson，1992.
[115] FLETCHER. A history of architecture[M]. 18th ed. New York: Charles Scribner's Sons，1975.
[116] PREGILL，VOLKMAN. Landscapes in history[M]. New York: Van Nostrand Reinhold，1993.
[117] CURTIS. Modern architecture since 1900[M]. 3rd ed. London：Phaidon Press Limited，1996.
[118] LARMARQUE，OLSEN. Aesthetics and the philosophy of art：the analytic tradition[M]. Oxford：Blackwell Publishing，2004.

学位论文

[119] 刘永．江南文化的诗性精神研究[D]．上海：上海师范大学，2010.
[120] 乌再荣．基于“文化基因”视角的苏州古代城市空间研究[D]．南京：南京大学，2009.
[121] 张骏．当代江南城市审美意象研究[D]．扬州：扬州大学，2013.
[122] 顾蓓蓓．清代苏州地区传统民居“门”与“窗”的研究[D]．上海：同济大学，2007.
[123] 王河．岭南建筑学派研究[D]．广州：华南理工大学，2011.
[124] 熊伟．广西传统乡土建筑文化研究[D]．广州：华南理工大学，2012.
[125] 郝曙光．当代中国建筑思潮研究[D]．南京：东南大学，2006.
[126] 王国光．基于环境整体观的现代建筑创作思想研究[D]．广州：华南理工大学，2013.
[127] 邢凯．建筑设计创新思维研究[D]．哈尔滨：哈尔滨工业大学，2009.
[128] 冯琳．知觉现象学透镜下“建筑—身体”的在场研究[D]．天津：天津大学，2013.
[129] 刘凌．王国维《人间词话》“境界”理论的文化阐释[D]．西安：陕西师范大学，2012.
[130] 刘立东．思辨同一性问题研究：在黑格尔与海德格尔之间[D]．长春：吉林大学，2013.
[131] 马锋辉．美术馆展览的文化坐标及其实践：以浙江美术馆为例[D]．杭州：中国美术学院，2014.
[132] 白晨曦．天人合一：从哲学到建筑——基于传统哲学观的中国建筑文化研究[D]．北京：中国社会科学院，2003.
[133] 蒋春泉．江南水乡古镇空间结构重构研究初探：从水街路街并行模式到立体分形模式的转变[D]．大连：大连理工大学，2004.
[134] 张曼华．扬州八怪绘画思想中的雅俗观[D]．南京：南京艺术学院，2012.
[135] 姚彦彬．1980年代中国江南地区现代乡土建筑谱系与个案研究[D]．上海：同济大学，2009.
[136] 顾晶．解析新江南风格：江南传统民居建筑意象在现代建筑中的传承与发展[D]．无锡：江南大学，2009.
[137] 张美萍．宗白华“空灵”美学思想论[D]．长沙：中南大学，2009.
[138] 姜竞．初探建筑空灵意境的生成要素[D]．杭州：中国美术学院，2012.
[139] 邱晨．江南地区传统建筑的现代表达[D]．郑州：郑州大学，2013.
[140] 杨磊．江南水乡民居的秩序美研究[D]．北京：北京林业大学，2013.
[141] 厉子强．江南明清建筑文化与符号研究[D]．杭州：中国美术学院，2012.
[142] 查方兴．眼前有景：浅论《江南园林志》“三境界说”的涵义[D]．杭州：中国美术学院，2010.
[143] 贾茹．近人尺度城市空间界面耦合设计研究[D]．大连：大连理工大学，2012.
[144] 王琦．建筑语言结构框架及其表达方法之研究[D]．西安：西安建筑科技大学，2004.
[145] 郑艳．论罗兰．巴特的语言观[D]．济南：山东师范大学，2004.
[146] 陈淳．重识建筑的秩序感：中西建筑的伦理功能之比较研究[D]．无锡：江南大学，2007.
[147] 邹喜．对工具理性与价值理性关系的批判性反思[D]．桂林：广西师范大学，2006.
[148] 崔轶群．多重语境下的中国当代建筑创作同质化构成研究[D]．大连：大连理工大学，2012.
[149] 庞璐．事件型纪念空间的设计研究[D]．北京：北京林业大学，2011.
[150] 刘宾．拓扑学在当代建筑形态与空间创作中的应用[D]．天津：天津大学，2012.
[151] 程悦．建筑语言的困惑与元语言：从建筑的语言学到语言的建筑学[D]．上海：同济大学，2006.
[152] 王炜炜．葛如亮“现代乡土建筑”作品解析[D]．上海：同济大学，2007.

期刊论文

[153] TZONIS，LEFAIVRE. Why critical regionalism today[J]. Architecture and Urbanism，1990(5): 22–23.
[154] FRAMPTON. Prospects for a critical regionalism[J]. The Yale Architectural Journal，1983(20): 147–162.

[155] TZONIS，LEFAIVRE. The grid and the pathway：an introduction to the work of Dimitris and Susana Anionakakis with prolegomena to a history of the culture of modern Greek architecture[J]. Architecture in Greece，1981(15): 164–178.
[156] 刘士林. 江南文化与江南生活方式 [J]. 绍兴文理学院学报（哲学社会科学版），2008（2）：25–33.
[157] 刘士林. 江南与江南文化的界定及当代形态 [J]. 江苏社会科学，2009（5）：228–233.
[158] 张兴龙. 从起源角度看江南文化精神 [J]. 江南大学学报（人文社会科学版），2018，7（6）：51–54.
[159] 陈淳. 马家浜文化与稻作起源研究 [J]. 嘉兴学院学报，2010，22（5）：16–21.
[160] 蒋卫东. 问玉凝眸马家浜 [J]. 考古学研究，2012（0）：381–407.
[161] 沈福熙. 江南建筑文化的审美结构 [J]. 时代建筑，1988（2）：15–18.
[162] 胡发贵. 江南文化的精神特质 [J]. 江南论坛，2012（11）：20–22.
[163] 刘士林. 江南文化精神的"在"与"说" [J]. 江南大学学报（人文社会科学版），2008，7（6）：46–50.
[164] 俞吾金. 存在、自然存在和社会存在：海德格尔、卢卡奇和马克思本体论思想的比较研究 [J]. 中国社会科学，2001（2）：54–65.
[165] 杨林. 论诗性美学的阐说方式 [J]. 中共中央党校学报，2001（8）：30–35.
[166] 古风. 意境的泛化与净化 [J]. 北京大学学报（哲学社会科学版），1997，34（6）：60–63.
[167] 叶朗. 说意境 [J]. 文学研究，1998（1）：3–5.
[168] 马峰. 禅宗的"空"与意境"空灵"的内在关联性 [J]. 新疆艺术学院学报，2006，4（4）：71–74.
[169] 汪少华. 通感 · 联想 · 认知 [J]. 现代外语，2002，25（2）：188–194.
[170] 朱斌. 雅俗的审美心理比较及其审美启示 [J]. 南昌大学学报（人文社会科学版），2011，42（5）：116–121.
[171] 房妍. 马头墙意境之美创造研究 [J]. 现代装饰（理论），2012（5）：84.
[172] 裴萱. "归"：中国诗性美学一个关键元范畴 [J]. 云南师范大学学报，2013，45（6）：80–87.
[173] 余虹. 禅诗的"归家"之思 [J]. 社会科学研究，2009（5）：112–116.
[174] 苏宏斌. 何谓"本体"？：文学本体论研究中的概念辨析之一 [J]. 东方丛刊，2006（1）：132–146.
[175] 张庆熊. 本体论研究的语言转向：以分析哲学为进路 [J]. 复旦学报（社会科学版），2008（4）：55–60.
[176] 王大为. 论海德格尔的语言本体论 [J]. 内蒙古工业大学学报（社会科学版），2000，9（1）：8–10.
[177] 孙伯鍨，刘怀玉. "存在论转向"与方法论革命：关于马克思主义哲学本体论研究中的几个问题 [J]. 中国社会科学，2002（5）：14–24.
[178] 黄玉顺. 前主体性对话：对话与人的解放问题：评哈贝马斯"对话伦理学" [J]. 江苏行政学院学报，2014（5）：18–25.
[179] 刘艳茹. 索绪尔与现代西方哲学的语言转向 [J]. 外语学刊，2007（7）：17–21.
[180] 程泰宁，叶湘菡，蒋淑仙. 理性与意象的复合：加纳国家剧院创作札记 [J]. 建筑学报，1990（11）：21–25.
[181] 储建中. 创造发生过程的一般研究 [J]. 内蒙古社会科学（文史哲版），1991，12（4）：33–40.
[182] 邹青. 黑格尔对建筑艺术的精神释义 [J]. 建筑与文化，2011（9）：124–127.
[183] 杨春时. 本体论的主体间性与美学建构 [J]. 厦门大学学报（哲学社会科学版），2006（2）：5–10.
[184] 张廷国. 胡塞尔的"生活世界"理论及其意义 [J]. 华中科技大学学报（人文社会科学版），2002，16（5）：15–19.
[185] 波菲里奥斯. 一种方法的论述：建筑历史学的方法论 [J]. 汪坦，译. 世界建筑，1986（3）：56–61.
[186] 齐康. 构思的钥匙：记南京大屠杀纪念馆方案的创作 [J]. 新建筑，1986（2）：3–7.
[187] 蔡永洁，刘韩昕，邱鸿磊. 裂缝中的记忆：北川地震纪念馆建筑方案设计 [J]. 时代建筑，2011（6）：54–59.
[188] 董豫赣. 预言与寓言：贝聿铭的中国现代建筑 [J]. 时代建筑，2007（5）：60–65.
[189] 彭怒，王炜炜，姚彦彬 . 中国现代建筑的一个经典读本：习习山庄解析 [J]. 时代建筑，2007（5）：50–59.
[190] 付小利. "日常空间"的回归与探寻：焦虑语境下的建筑本体语言转向 [J]. 城市建筑，2013（14）：202.
[191] 扬威. 启蒙与批判：日常生活世界的文化重建之路 [J]. 北京大学学报（哲学社会科学版），2006，43（51）：146–150.
[192] 韦夷. 罗兰 · 巴特符号学中语言结构与言语关系研究 [J]. 重庆科技学院学报（社会科学版），2010（22）：115–117.
[193] 宋启林. 论山水城市 [J]. 华中建筑，2000，18（2）：72–75.
[194] 王超. 基于山水城市理念下的空间战略研究：以浙江省江山市城南新城发展战略规划为例 [J]. 上海城市规划，2011（5）：67–71.
[195] 王澍. 那一天 [J]. 时代建筑，2005（4）：96–106.
[196] 张汝伦. 论大众文化 [J]. 复旦学报（社会科学版），1994，36（3）:16–22.
[197] 洪晓. 民间文化的狂欢与大众文化的狂欢之区别 [J]. 韩山师范学院学报，2014，35（2）：48–53.
[198] 青锋. 建筑 · 姿态 · 光晕 · 距离：王澍的瓦 [J]. 世界建筑，2008（9）：112–116.
[199] 赵奎英. 试论文学语言的惯性与动势 [J]. 山东大学学报（哲学社会科学版），1992（3）：13–19.
[200] 徐嬰. 人文类人物纪念馆的探讨：以李叔同纪念馆为例 [J]. 城市建筑，2014（4）：8–9.
[201] 费一鸣，叶梦. 苏州城市意象解析 [J]. 南方建筑，2008（2）：65–67.
[202] 陈治国，王虹. 传统四合院的现代演绎：深圳何香凝美术馆 [J]. 新建筑，2001（1）：31–33.
[203] 张琪，钟晖. "新"和"旧"的诠释：解读苏州博物馆的美学内涵 [J]. 华中建筑，2011（3）：155–158.
[204] 彭培根. 从贝聿铭的北京"香山饭店"设计谈现代中国建筑之路 [J]. 建筑学报，1980（4）：14–19.
[205] 黄坤银，龙洋，贾凡. 论批判性地域建筑的特征：以深圳万科第五园建筑为例解析 [J]. 城市建筑，2012（15）：8–9.
[206] 刘鹏飞，殷建栋. 斟酌于"道""器"之间：龙泉青瓷博物馆方案设计中的思考 [J]. 华中建筑，2012（12）：62–65.
[207] 孙秀昌. 所谓"艺术之死"：从马塞尔 · 杜尚到安迪 · 沃霍尔 [J]. 博览群书，2009（2）：8–16.
[208] 杨春时. 后现代主义与文学本质言说之可能 [J]. 文艺理论研究，2007（1）：11–16.

[209] KRISTELLER. The modern system of the arts: a study in the history of aesthetics part I [J]. Journal of the History of Ideas, 1951, 12 (4) : 496–527.
[210] 李媛媛. 杜威“艺术即经验”思想对当代“艺术定义”难题的启示 [J]. 文艺理论研究, 2011 (1) : 68–72.
[211] 黄应全. 莫斯利 · 韦兹的艺术不可定义论 [J]. 首都师范大学学报 (社会科学版), 2011 (3) : 108–114.
[212] 孙艳秋. 艺术定义的新可能性: 丹托的“艺术界”之思 [J]. 中国社会科学院研究生院学报, 2009 (2) : 106–111.
[213] 郭湛美. 评《建成环境的意义: 非言语表达方法》[J]. 华中建筑, 2000 (1) : 15–16.
[214] 周立. 从中国山水画“意境”到建筑“意”[J]. 画刊, 2008 (1) :75–76.
[215] 付蓉, 张雷. 张雷: 融合情感的材料与建造 [J]. 城市环境设计, 2010 (7) : 138.
[216] 刘珺. 稻花香里说丰年: 扬州三间院 [J]. 广西城镇建设, 2014 (9) .
[217] 邸笑飞, 吕恒中, 陆文宇. 王澍: 一瓦一世界 [J]. 看历史, 2012 (5) : 82–89.
[218] 王雪垠, 李昌菊. 王澍建筑里的画意美学: 以中国美术学院象山校区为例 [J]. 艺术教育, 2014 (8) : 264.
[219] 程泰宁, 王大鹏. 通感 · 意象 · 建构: 浙江美术馆建筑创作后记 [J]. 建筑学报, 2010 (6) :66–69.

图表来源

表 0–1 李俊波. 建筑业已成为名副其实的支柱产业，据第一次全国经济普查分析报告 [EB/OL]. (2012–06–05). http://www.stats.gov.cn/tjsj/ndsj
图 0–1 李学勤，徐吉军. 长江文化史 [M]. 南昌：江西教育出版社，2011.
图 0–2 李伯重. 多视角看江南经济史：1250—1850[M]. 北京：生活 · 读书 · 新知三联书店，2003. 作者改绘
图 0–3 底图审图号：国标（2020）3189 号
图 0–4~ 图 0–6 作者自绘

图 1–1 http://www.cccedu.net/bbs_9803124_cccedu/thread_1429222_1.html（中国文教）
图 1–2~ 图 1–4 作者自绘
图 1–5 王振复. 中国建筑的文化历程 [M]. 上海：上海人民出版社，2000.
图 1–6 作者自绘
图 1–7 http://www.zgtks.gov.cn/zjtks/tksgk.htm（新疆特克斯县政府官网）
http://www.lanxi.gov.cn/zjlx/lylx/yzlx/201707/t20170720_949624.html（兰溪市政府官网）
图 1–8 庄子 [M]. 北京：北京时代华文书局，2014. 作者改绘
图 1–9 段进，季松，王海宁. 城镇空间解析：太湖流域古镇空间结构与形态 [M]. 北京：中国建筑工业出版社，2002.
图 1–10~ 图 1–13 http://www.wuzhen.com.cn/web/photo/getList?id=26（乌镇官网）. 作者自摄
图 1–12~ 图 1–16 作者自绘、自摄
图 1–17 http://www.wuzhen.com.cn/web/photo/getList?id=26（乌镇官网）
图 1–18 http://art.china.cn/huodong/2013–06/21/content_6051716.htm（艺术中国）
图 1–19 作者自摄
图 1–20、图 1–21 作者自绘
图 1–22 作者自摄
图 1–23 http://image.baidu.com/search，作者改绘
图 1–24~ 图 1–26 作者自绘

图 2–1~ 图 2–3 作者自绘
图 2–4 https://www.ivsky.com/tupian/jiaolou_riluo_v43921/pic_702627.html（天堂图片网）
图 2–5 http://www.wuzhen.com.cn/web/photo/getList?id=26（乌镇官网）
图 2–6 http://en.51bidlive.com/Item/749646
图 2–7 作者自摄
图 2–8 作者自绘
图 2–9 右图源自 https://www.wang1314.com/doc/topic–496860–1.html . 左图作者自摄
图 2–10 郭熙. 林泉高致 [M]. 周远斌，校. 济南：山东画报出版社，2011.
图 2–11 杭州地方志办公室. 明成化杭州府志 [M]. 杭州：西泠印社，2011.
图 2–12 http://www.wuzhen.com.cn/web/photo/getList?id=26（乌镇官网）
图 2–13 作者自绘
图 2–14 乌再荣. 基于“文化基因”视角的苏州古代城市空间研究 [D]. 南京：南京大学，2009 . 作者改绘
图 2–15 作者自摄
图 2–16 作者自绘
图 2–17 http://www.wuzhen.com.cn/web/photo/getList?id=26（乌镇官网）
图 2–18 http://www.wuzhen.com.cn/web/photo/getList?id=26（乌镇官网）
http://baijiahao.baidu.com/s?id=1624276343480512268&wfr=spider&for=pc（新华社媒体）
图 2–19、图 2–20 乌再荣. 基于“文化基因”视角的苏州古代城市空间研究 [D]. 南京：南京大学，2009. 作者改绘

图 3–1~ 图 3–3、表 3–1 段进，季松，王海宁. 城镇空间解析：太湖流域古镇空间结构与形态 [M]. 北京：中国建筑工业出版社，2002. 作者改绘
图 3–4 作者自摄
图 3–5、表 3–2 段进，季松，王海宁. 城镇空间解析：太湖流域古镇空间结构与形态 [M]. 北京：中国建筑工业出版社，2002. 作者改绘
图 3–6 作者自绘
图 3–7 作者自摄. 作者改绘
图 3–8 http://www.lvmama.com/（驴妈妈旅游网）
图 3–9、表 3–3（日）芦原义信. 街道美学 [M]. 尹培桐，译. 天津：百花文艺出版社，2006.
图 3–10 段进，季松，王海宁. 城镇空间解析：太湖流域古镇空间结构与形态 [M]. 北京：中国建筑工业出版社，2002. 作

者改绘
图 3–11 作者自绘
图 3–12、图 3–13 作者自摄
图 3–14 http://www.wuzhen.com.cn/web/photo/getList?id=26（乌镇官网）
图 3–15 作者自摄
表 3–4 作者自绘
图 3–16 邱晨. 江南地区传统建筑的现代表达 [D]. 郑州：郑州大学，2013. 作者改绘
图 3–17 、图 3–18 作者自摄
图 3–19 作者自摄，作者自绘
图 3–20 作者自绘
图 3–21 顾晶. 解析新江南风格：江南传统民居建筑意象在现代建筑中的传承与发展 [D]. 无锡：江南大学，2009.
图 3–22 作者自摄

图 4–1、图 4–3、图 4–5 作者自绘
图 4–2 https://baike.baidu.com（百度百科）
图 4–4 https://www.evolife.cn/html/2015/82050.html（爱活网）
http://news.winshang.com/html/065/0050.html（赢商网）
图 4–6 http://www.visitbeijing.com.cn（北京旅游官网）
https://baike.baidu.com（百度百科）
http://www.wuzhen.com.cn/web/photo/getList?id=26（乌镇官网）
图 4–7 作者自绘
图 4–8 中联筑境建筑设计院提供
图 4–9 作者自绘
图 4–10~ 图 4–12 中联筑境建筑设计院提供
图 4–13 作者自绘
图 4–14~ 图 4–16 中联筑境建筑设计院提供，“每筑见文”媒体访谈视频资料截取
图 4–17 程泰宁. 程泰宁文集 [M]. 武汉：华中科技大学出版社，2011.
图 4–18 作者自绘

图 5–1~ 图 5–3 作者自绘
图 5–4、图 5–5 https://baike.baidu.com（百度百科）. 作者自摄
图 5–6 作者自摄
图 5–7 胡飞. 中国传统设计思维方式探索 [M]. 北京：中国建筑工业出版社，2007.
图 5–8 http://www.19371213.net/（南京大屠杀遇难同胞纪念馆官网）.
http://news.iqilu.com/meitituijian/20180408/3880142.shtml（齐鲁网）. 作者自摄
图 5–9 庞璐. 事件型纪念空间的设计研究 [D]. 北京：北京林业大学，2011. 作者改绘
图 5–10 http://dy.163.com/v2/article/detail/EE1N3L6A05149S87.html（庐阳发布）
https://baike.baidu.com（百度百科）
图 5–11 蔡永杰，刘韩昕，邱鸿磊. 裂缝中的记忆：北川地震纪念馆建筑方案设计 [J]. 时代建筑，2011（6）. 作者改绘
表 5–1 庞璐. 事件型纪念空间的设计研究 [D]. 北京：北京林业大学，2011. 作者改绘
图 5–12 http://www.wuzhen.com.cn/web/photo/getList?id=26（乌镇旅游官网），
https://baike.baidu.com（百度百科）
图 5–13 作者自摄
图 5–14 蔡永杰，刘韩昕，邱鸿磊. 裂缝中的记忆：北川地震纪念馆建筑方案设计 [J]. 时代建筑，2011（6）.
图 5–15 作者自绘
图 5–16、图 5–17 彭怒，王炜炜，姚彦彬. 中国现代建筑的一个经典读本：习习山庄解析 [J]. 时代建筑，2007（5）. 作者改绘
图 5–18 王炜炜. 葛如亮“现代乡土建筑”作品解析 [D]. 上海：同济大学，2007.
图 5–19 http://www.wuzhen.com.cn/web/photo/getList?id=26（乌镇旅游官网）
图 5–20、图 5–21 王澍. 那一天 [J]. 时代建筑，2005（4）. 作者自摄
图 5–22 作者自绘
图 5–23 https://baike.baidu.com（百度百科），http://cass.cssn.cn/xuezhejiayuan/201610/t20161028_3254607.html（中国社会科学院官网）
图 5–24 作者自摄
图 5–25 段进，季松，王海宁. 城镇空间解析：太湖流域古镇空间结构与形态 [M]. 北京：中国建筑工业出版社，2002. 作者改绘
图 5–26、图 5–27 刘珺. 稻花香里说丰年：扬州三间院 [J]. 广西城镇建设，2014（9）.
图 5–28、表 5–2 张雷，付蓉. 张雷：融合情感的材料与建造 [J]. 城市环境设计，2010（7）. 作者改绘
图 5–29、表 5–3 袁烽，吕东旭，梦媛，等. 兰溪庭（水墙）[J]. 新建筑杂志，2014（1）. 作者改绘

图 5-30 胡飞．中国传统设计思维方式探索 [M]．北京：中国建筑工业出版社，2007．作者改绘
图 5-31 作者自摄

图 6-1、图 6-2 作者自绘
图 6-3 作者参与“文渊狮城商业街规划设计”项目文本资料
图 6-4 作者自绘
图 6-5 https://baike.baidu.com/item（百度百科）
图 6-6 https://news.qq.com/zt2011/Witness/baixiaoci.htm（腾讯新闻网），作者自摄
图 6-7、图 6-8 王超．基于山水城市理念下的空间战略研究：以江山市城南新城发展战略规划为例 [J]．上海城市规划，2011（10）．
图 6-9 邸笑飞，吕恒中，陆文宇．王澍：一瓦一世界 [J]．看历史，2012（5）．
图 6-10 陈鑫．现代传媒影响下商业建筑造型的语义生成与价值导向研究 [D]．合肥：合肥工业大学，2008.
图 6-11 https://society.huanqiu.com/gallery/9CaKrnQhfVt（环球网）
图 6-12 作者自绘
图 6-13 张曼华．扬州八怪绘画思想中的雅俗观 [D]．南京：南京艺术学院，2012.
图 6-14 作者自绘
图 6-15 青锋．建筑 · 姿态 · 光晕 · 距离：王澍的瓦 [J]．世界建筑，2008（9）．
图 6-16 作者自摄
图 6-17、图 6-18 王雪垠．王澍建筑里的画意美学：以中国美术学院象山校区为例 [J]．艺术教育，2014（8）．
图 6-19 青锋．建筑 · 姿态 · 光晕 · 距离：王澍的瓦 [J]．世界建筑，2008（9）．
图 6-20 邸笑飞，吕恒中，陆文宇．王澍：一瓦一世界 [J]．看历史，2012（5）．
图 6-21、图 6-22 https://baike.baidu.com/item（百度百科）
http://www.huaxia.com/xw/mttt/2014/10/4112322.html（华夏经纬网）
图 6-23 https://news.china.com/domestic/945/20141016/18864668_all.html（中华网）
图 6-24、图 6-25 作者自绘
图 6-26 徐曌．人文类人物纪念馆的探讨：以李叔同纪念馆为例 [J]．城市建筑，2014（2）．
图 6-27 https://baike.baidu.com/item（百度百科）．作者自摄
图 6-28 孙亚峰．金茂大厦的品位之美 [J]．建筑杂志，2014（4）．
图 6-29 陈治国，王虹．传统四合院的现代演绎：深圳何香凝美术馆 [J]．新建筑，2001（1）．作者改绘
图 6-30 陈治国，王虹．传统四合院的现代演绎：深圳何香凝美术馆 [J]．新建筑，2001（1）．
表 6-1 作者自绘
图 6-31 https://www.sohu.com/a/192720010_263276（搜狐网）
https://www.zhulong.com/zt_yl_3002258/detail41491483/（筑龙网）
图 6-32 https://news.china.com/domestic/945/20141016/18864668_all.html（中华网）
https://baike.baidu.com/item（百度百科）
图 6-33 赵巍岩．当代建筑美学意义 [M]．南京：东南大学出版社，2000.
图 6-34 刘宾．拓扑学在当代建筑形态与空间创作中的应用 [D]．天津：天津大学，2012.
图 6-35 邱晨．江南地区传统建筑的现代表达 [D]．郑州：郑州大学，2013. 作者自绘
图 6-36~ 图 6-38 作者自摄
图 6-39、图 6-40 黄坤银，龙洋，贾凡．论批判性地域建筑的特征：以深圳万科第五园建筑为例解析 [J]．城市建筑，2012（15）．
图 6-41 作者自摄
图 6-42、图 6-43 刘鹏飞，殷建栋．斟酌于“道”“器”之间：龙泉青瓷博物馆方案设计中的思考 [J]．华中建筑，2012（12）．
图 6-44 程泰宁．程泰宁文集．武汉：华中科技大学出版社，2011.

致谢

时光荏苒，从 2011 年入学到现在已经整整五个年头。回首走过的岁月，心中备感充实和感慨。五年来，有过辛苦的工作，有过成功的喜悦，亦有过失败的沮丧，有太多的人和事值得记忆。而在这五年学习、生活以及本书的写作中，更是要感谢诸多良师益友的深切鼓励与关怀，因为正是在他们的诚挚帮助下，我才得以不断获得进步，坚持并顺利走完人生中最重要的一段旅程。

首先，衷心感谢我的恩师程泰宁院士。五年来，老师在学术和专业上一直对我谆谆教诲和悉心关怀，这些教诲已经成为学生一生中最为珍贵的财富。程院士具有深厚的理论素养、精深的专业技能和高深的学术追求，无论在做人、做建筑还是做学问上都是我毕生学习的对象。程老师的言传身教将对我今后的职业生涯继续起着指明灯的作用。在本书完成之际，谨向程老师致以最衷心的感谢和崇高的敬意！

其次，我要感谢朱光亚教授、韩冬青教授、龚凯教授在本书开题答辩中给予的宝贵意见。还要感谢建筑设计与理论研究中心的王静老师、费移山老师、周霖老师、蒋楠老师、金坤老师、刘青老师以及唐斌老师、沈旸老师对本书写作的关心和指导；感谢中联筑境建筑设计有限公司的王幼芬老师在我每次写作的瓶颈期给予我的极大鼓励和支持；感谢殷建栋所长、王大鹏、吴妮娜等同事在我建筑实践期间给予的帮助；感谢陶韬、刘鹏飞、胡晓明、叶俊几位师兄以及来嘉隆博士、桂汪洋博士，每次与你们的讨论都能够为我带来丰富的灵感和收获；感谢“中心”所有的师弟、师妹们，因为有你们，本书写作生活才变得多姿多彩。

最后，我要深深感谢我的父母和家人，他们无私的支持和关爱是我前进的无限动力。还要特别感谢我的妻子，在我的整个博士生涯中，妻子不仅在思想上给予我充分的理解和鼓励，更是承担大部分的家庭事务，同时在本书上也协助我做了大量的文字编排工作，本书的完成离不开她的支持。

在此，再一次向所有支持和帮助过我的老师、领导、同学和家人表示深深的感谢！

陈 鑫

2016 年 4 月 于南京文昌十舍

图书在版编目（CIP）数据

江南传统建筑文化及其对当代建筑创作思维的启示 / 陈鑫著. -- 南京 ：东南大学出版社，2020.12

（建筑文化理论探索丛书 / 程泰宁主编）

ISBN 978-7-5641-9400-0

Ⅰ. ①江… Ⅱ. ①陈… Ⅲ. ① 建筑文化 – 研究 – 中国②建筑设计 – 研究 – 中国 Ⅳ. ① TU-092②TU2

中国版本图书馆CIP数据核字（2020）第 264644 号

书　　名：江南传统建筑文化及其对当代建筑创作思维的启示
　　　　　Jiangnan Chuantong Jianzhu Wenhua Jiqi Dui Dangdai Jianzhu Chuangzuo Siwei De Qishi
著　　者：陈　鑫
责任编辑：戴　丽　魏晓平
出版发行：东南大学出版社
地　　址：南京市四牌楼2号 邮编：210096
出 版 人：江建中
网　　址：http://www.seupress.com
电子邮箱：press@seupress.com
印　　刷：南京新世纪联盟印务有限公司
经　　销：全国各地新华书店
开　　本：787 mm × 1092 mm 1/16
印　　张：19
字　　数：420千字
版　　次：2020年 12 月第1版
印　　次：2020年 12 月第1次印刷
书　　号：ISBN 978-7-5641-9400-0
定　　价：78.00元

（若有印装质量问题，请与营销部联系。电话：025-83791830）